国家出版基金项目
NATIONAL PUBLICATION FOUNDATION

动物疾病组织病理学诊断图谱

Histopathological Diagnosis Atlas of Animal Diseases

杨利峰　赵德明　周向梅　等◎著

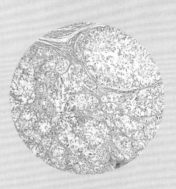

中国农业大学出版社
China Agricultural University Press
·北京·

内容简介

本书包括 4 个部分，第一部分为动物基础组织病理学，包括 11 章内容，分别介绍了动物基本病理变化以及多个系统在疾病发生过程中的典型病理特征，涉及哺乳动物、禽类、鱼类等，动物种类广泛，病例内容丰富。第二部分为伴侣动物肿瘤组织病理学，包括 15 章内容，介绍了皮肤与软组织肿瘤、血液淋巴系统肿瘤、组织细胞肿瘤、关节和骨的肿瘤、肌肉肿瘤、呼吸系统肿瘤、消化系统肿瘤、肝脏和胆囊肿瘤、泌尿系统肿瘤、生殖系统肿瘤、乳腺肿瘤、眼部和耳部肿瘤等，呈现了上千种犬猫等伴侣动物的肿瘤病例，从肿瘤分类、主要特征、鉴别诊断等进行病理学诊断。第三部分为水生动物组织病理学，包括 5 章内容，介绍了中华鲟、绿海龟、斑马鱼、鲤鱼、牡蛎等组织病理学。第四部分为实验动物组织病理学，包括 4 章内容，不仅介绍了模式实验动物大鼠、稀有鮈鲫的组织学特点，而且也列出了多种实验动物模型的组织病理学评价及常见实验动物的基础病变。本书所有的图片均来源于作者实验室诊断过程中收集的病例，与生产实践紧密结合，实用性强。

本书既可以作为本科生、研究生的动物病理学实验的指导用书，也可以作为从事动物临床诊断工作者的工具书，还可作为科研工作人员或医药安全评价工作者的参考用书。

图书在版编目（CIP）数据

动物疾病组织病理学诊断图谱 / 杨利峰等著. --北京：中国农业大学出版社，2024.7
ISBN 978-7-5655-3221-4

Ⅰ.①动… Ⅱ.①杨… Ⅲ.①动物疾病—病理组织学—诊断学—图谱
Ⅳ.①S854.4-64

中国国家版本馆CIP数据核字（2024）第108352号

书　名	动物疾病组织病理学诊断图谱
	Dongwu Jibing Zuzhi Binglixue Zhenduan Tupu
作　者	杨利峰　赵德明　周向梅　等著

策划编辑	张秀环　张　程	责任编辑	张秀环
封面设计	李尘工作室		
出版发行	中国农业大学出版社		
社　址	北京市海淀区圆明园西路 2 号	邮政编码	100193
电　话	发行部 010-62818525，8625	读者服务部	010-62732336
	编辑部 010-62732617，2618	出　版　部	010-62733440
网　址	http://www.caupress.cn	E-mail	cbsszs@cau.edu.cn
经　销	新华书店		
印　刷	涿州市星河印刷有限公司		
版　次	2024 年 7 月第 1 版　　2024 年 7 月第 1 次印刷		
规　格	210 mm×285 mm　　16 开本　　33.5 印张　　991 千字		
定　价	398.00 元		

著者

杨利峰	赵德明	周向梅	赖梦雨	李雪源
赵梦洋	孙芷馨	温　沛	戴悦欣	涂颖欣
苟凤亭	范　青	王静静	马天瀛	王筱宇
贾　红	李　杰	李志萍	杨东明	王冬冬
纪依澜	梁正敏	张茜茜	宋银娟	董玉慧
王元智	屈孟锦	刘一朵	王浩然	吴　伟

　　兽医病理学是兽医学的重要分支，是具有兽医临床性质的基础学科，它既可作为兽医基础理论学科为临床医学奠定坚实的基础，又可作为应用学科直接参与动物疾病的诊断和防治。因此，兽医病理学在临床诊断中发挥着至关重要的作用，是动物疾病诊断的"金标准"。

　　《动物疾病组织病理学诊断图谱》一书共有1 000余幅动物病理学和组织学图片，均来自本实验室多年来从事动物病理诊断和研究过程中收集的珍贵病例，我们对这些病例进行了组织切片制作、图片采集、诊断评价和整理分析。这些病例来源于科研一线、动物医院、动物园、海洋馆、医药评价、实验动物平台等生产实践领域，其组织病理学变化涉及物种广泛、内容丰富、病变典型。全书共分为四大部分，第一部分为动物基础组织病理学，包括基本病变和心血管系统、呼吸系统等七类器官系统的非增生性病变；第二部分为伴侣动物肿瘤组织病理学，鉴于近年来宠物已成为许多人类家庭的"重要成员"，而肿瘤则是伴侣动物主要的疾病类型，本书呈现了伴侣动物常发、多发的肿瘤病例，包含了分类依据、病理特征、鉴别诊断等；第三部分为水生动物组织病理学，因水生动物组织结构独特且多样化，再加之水体环境复杂，影响因素较多等原因，水生动物的病理也很有特色，我们收集了中华鲟、绿海龟、斑马鱼、鲤鱼、牡蛎等物种的病例，通过病理学诊断进一步认识水生动物疾病的本质及规律；第四部分为实验动物组织病理学，随着生物医药的高质量发展，实验动物作为推动科研新质生产力的重要"工具"和"基石"，其作用和地位越发凸显。为此，我们整理了一些常见实验动物、特色实验动物及部分实验动物模型的组织及病理学内容，为实验动物的应用和动物试验的开展提供参考。同时各部分对相应背景知识进行了呈现，并提供了相应的病理组织学图片，清晰地展示病变特征，有助于读者加深对疾病和病变的理解。

　　在本书付梓之际，感谢全体参编人员付出的辛勤劳动，感谢国家出版基金项目对本书的全力资助，感谢依托国家重点研发计划（2021YFF0702400，2022YFF0710500）对本书部分样本收集提供的大力支持。回顾过去的编写工作，深感时间短促，水平有限，如有不妥之处，希望读者和同行们不吝赐教，批评指正。

杨利峰

2024 年 2 月

目 / 录

第❶部分 动物基础组织病理学

1 局部血液循环障碍 ⋯⋯⋯⋯⋯⋯⋯⋯⋯⋯⋯⋯⋯⋯⋯⋯⋯⋯⋯ 3

  1.1 充血 ⋯⋯⋯⋯⋯⋯⋯⋯⋯⋯⋯⋯⋯⋯⋯⋯⋯⋯⋯⋯⋯⋯⋯ 3

  1.2 淤血 ⋯⋯⋯⋯⋯⋯⋯⋯⋯⋯⋯⋯⋯⋯⋯⋯⋯⋯⋯⋯⋯⋯⋯ 4

  1.3 梗死 ⋯⋯⋯⋯⋯⋯⋯⋯⋯⋯⋯⋯⋯⋯⋯⋯⋯⋯⋯⋯⋯⋯⋯ 5

  1.4 出血 ⋯⋯⋯⋯⋯⋯⋯⋯⋯⋯⋯⋯⋯⋯⋯⋯⋯⋯⋯⋯⋯⋯⋯ 6

  1.5 水肿 ⋯⋯⋯⋯⋯⋯⋯⋯⋯⋯⋯⋯⋯⋯⋯⋯⋯⋯⋯⋯⋯⋯⋯ 7

  1.6 血栓 ⋯⋯⋯⋯⋯⋯⋯⋯⋯⋯⋯⋯⋯⋯⋯⋯⋯⋯⋯⋯⋯⋯⋯ 8

2 组织和细胞损伤 ⋯⋯⋯⋯⋯⋯⋯⋯⋯⋯⋯⋯⋯⋯⋯⋯⋯⋯⋯⋯ 10

  2.1 颗粒变性 ⋯⋯⋯⋯⋯⋯⋯⋯⋯⋯⋯⋯⋯⋯⋯⋯⋯⋯⋯⋯ 10

  2.2 水泡变性 ⋯⋯⋯⋯⋯⋯⋯⋯⋯⋯⋯⋯⋯⋯⋯⋯⋯⋯⋯⋯ 11

  2.3 脂肪变性 ⋯⋯⋯⋯⋯⋯⋯⋯⋯⋯⋯⋯⋯⋯⋯⋯⋯⋯⋯⋯ 12

  2.4 玻璃样变性 ⋯⋯⋯⋯⋯⋯⋯⋯⋯⋯⋯⋯⋯⋯⋯⋯⋯⋯⋯ 15

  2.5 淀粉样变性 ⋯⋯⋯⋯⋯⋯⋯⋯⋯⋯⋯⋯⋯⋯⋯⋯⋯⋯⋯ 15

  2.6 坏死 ⋯⋯⋯⋯⋯⋯⋯⋯⋯⋯⋯⋯⋯⋯⋯⋯⋯⋯⋯⋯⋯⋯ 16

  2.7 病理性钙化 ⋯⋯⋯⋯⋯⋯⋯⋯⋯⋯⋯⋯⋯⋯⋯⋯⋯⋯⋯ 19

  2.8 病理性色素沉着 ⋯⋯⋯⋯⋯⋯⋯⋯⋯⋯⋯⋯⋯⋯⋯⋯⋯ 20

3 适应与修复 ⋯⋯⋯⋯⋯⋯⋯⋯⋯⋯⋯⋯⋯⋯⋯⋯⋯⋯⋯⋯⋯⋯ 24

  3.1 萎缩 ⋯⋯⋯⋯⋯⋯⋯⋯⋯⋯⋯⋯⋯⋯⋯⋯⋯⋯⋯⋯⋯⋯ 24

  3.2 增生 ⋯⋯⋯⋯⋯⋯⋯⋯⋯⋯⋯⋯⋯⋯⋯⋯⋯⋯⋯⋯⋯⋯ 25

  3.3 肉芽组织 ⋯⋯⋯⋯⋯⋯⋯⋯⋯⋯⋯⋯⋯⋯⋯⋯⋯⋯⋯⋯ 27

  3.4 创伤愈合 ⋯⋯⋯⋯⋯⋯⋯⋯⋯⋯⋯⋯⋯⋯⋯⋯⋯⋯⋯⋯ 29

  3.5 机化 ⋯⋯⋯⋯⋯⋯⋯⋯⋯⋯⋯⋯⋯⋯⋯⋯⋯⋯⋯⋯⋯⋯ 31

4 炎症 ⋯⋯⋯⋯⋯⋯⋯⋯⋯⋯⋯⋯⋯⋯⋯⋯⋯⋯⋯⋯⋯⋯⋯⋯⋯ 33

  4.1 坏死性炎 ⋯⋯⋯⋯⋯⋯⋯⋯⋯⋯⋯⋯⋯⋯⋯⋯⋯⋯⋯⋯ 33

  4.2 渗出性炎 ⋯⋯⋯⋯⋯⋯⋯⋯⋯⋯⋯⋯⋯⋯⋯⋯⋯⋯⋯⋯ 35

  4.3 增生性炎 ⋯⋯⋯⋯⋯⋯⋯⋯⋯⋯⋯⋯⋯⋯⋯⋯⋯⋯⋯⋯ 38

5　心血管系统病理 ··· 41

　　5.1　心肌炎 ··· 41

　　5.2　心包炎 ··· 44

　　5.3　脉管炎——慢性动脉炎 ··· 45

　　5.4　心脏寄生虫感染 ··· 47

6　呼吸系统病理 ··· 49

　　6.1　气管炎 ··· 49

　　6.2　化脓性肺炎 ··· 50

　　6.3　大叶性肺炎 ··· 51

　　6.4　间质性肺炎 ··· 52

　　6.5　肺结核 ··· 56

　　6.6　肺水肿 ··· 57

7　消化系统病理 ··· 59

　　7.1　化脓性口炎 ··· 59

　　7.2　嗜酸性口炎 ··· 61

　　7.3　浆细胞性口炎 ··· 62

　　7.4　出血性齿龈炎 ··· 63

　　7.5　肝炎 ··· 64

　　7.6　肝硬化 ··· 69

　　7.7　肝结核 ··· 71

　　7.8　肝包炎 ··· 72

　　7.9　鸡马立克病 ··· 73

　　7.10　淋巴细胞白血病 ·· 74

　　7.11　胆管增生 ·· 75

　　7.12　胰腺坏死 ·· 77

　　7.13　胰腺炎 ·· 78

　　7.14　增生性肠炎 ·· 78

　　7.15　坏死性肠炎 ·· 79

　　7.16　肠道寄生虫感染 ·· 82

8　泌尿生殖系统病理 ·· 83

　　8.1　肾病 ··· 83

　　8.2　肾管型 ··· 85

　　8.3　肾炎 ··· 85

　　8.4　肾包膜炎 ·· 87

　　8.5　膀胱炎 ··· 88

　　8.6　子宫内膜炎 ··· 89

　　8.7　卵巢囊肿 ·· 90

8.8 子宫囊肿 ·· 91

8.9 乳腺炎 ·· 92

8.10 睾丸炎 ·· 94

8.11 附睾炎 ·· 95

8.12 前列腺炎 ·· 97

9 神经系统病理 ·· 98

9.1 李斯特菌性脑炎 ·· 98

9.2 脑膜脑炎 ·· 99

9.3 化脓性脑炎 ·· 100

9.4 非化脓性脑炎 ·· 101

10 血液和造血免疫系统病理 ·· 104

10.1 出血性淋巴结炎 ·· 104

10.2 慢性淋巴结炎 ·· 107

10.3 坏死性脾炎 ·· 107

10.4 慢性脾炎 ·· 109

10.5 脾脏髓外造血 ·· 110

11 运动系统病理 ·· 112

11.1 肌纤维萎缩 ·· 112

11.2 肌腱化生 ·· 113

第二部分 伴侣动物肿瘤组织病理学

12 皮肤与软组织肿瘤 ·· 117

12.1 皮肤上皮和黑色素细胞肿瘤 ·· 117

12.2 来源于皮肤和软组织的间叶细胞肿瘤 ·· 167

13 肥大细胞瘤 ·· 200

13.1 犬肥大细胞瘤 ·· 200

13.2 猫肥大细胞瘤 ·· 203

14 血液淋巴系统肿瘤 ·· 206

14.1 淋巴系统的肿瘤 ·· 206

14.2 脾脏肿瘤 ·· 211

15 犬和猫的组织细胞疾病 215
　15.1 犬组织细胞疾病 215
　15.2 猫组织细胞疾病 217

16 关节肿瘤 219
　16.1 恶性肿瘤 219
　16.2 良性肿瘤 220
　16.3 肿瘤样增生 221

17 骨肿瘤 223
　17.1 良性肿瘤 223
　17.2 恶性肿瘤 227

18 肌肉肿瘤 234
　18.1 平滑肌肿瘤 234
　18.2 骨骼肌肿瘤 237

19 呼吸道肿瘤 239
　19.1 犬鼻腔及鼻窦的肿瘤 239
　19.2 喉部和气管的肿瘤 240

20 消化道肿瘤 242
　20.1 口腔肿瘤 242
　20.2 胃肿瘤 260
　20.3 肠道肿瘤 263
　20.4 胰腺外分泌肿瘤 266

21 肝脏和胆囊肿瘤 268
　21.1 肝脏上皮性肿瘤 268
　21.2 胆管肿瘤 270
　21.3 肝脏间叶性肿瘤 273

22 泌尿系统肿瘤 276
　22.1 肾脏肿瘤 276
　22.2 膀胱和尿道肿瘤 279

23 生殖系统肿瘤 291
　23.1 卵巢肿瘤 291
　23.2 输卵管和子宫肿瘤 304

23.3　子宫颈、阴道和外阴肿瘤 ·· 309

23.4　睾丸肿瘤 ··· 315

23.5　精索、附睾和附属性腺肿瘤 ·· 326

23.6　雄性外生殖器肿瘤 ··· 328

24　乳腺肿瘤 ··· 334

24.1　增生与发育不良 ··· 334

24.2　良性肿瘤 ·· 338

24.3　恶性上皮性肿瘤 ··· 346

24.4　特殊类型恶性上皮肿瘤 ··· 352

24.5　肉瘤 ··· 355

24.6　癌肉瘤 ··· 359

25　眼部肿瘤 ··· 362

25.1　眼表面组织的肿瘤 ··· 362

25.2　眼球的肿瘤 ··· 363

26　耳部肿瘤 ··· 366

26.1　鳞状细胞癌 ··· 366

26.2　血管肉瘤 ·· 367

第三部分　**水生动物组织病理学**

27　中华鲟病理学 ·· 371

27.1　充血 ··· 372

27.2　淤血 ··· 373

27.3　坏死 ··· 374

27.4　含铁血黄素沉着 ··· 375

27.5　心内膜炎 ·· 375

27.6　坏死性肠炎 ··· 376

27.7　间质性肾炎 ··· 377

27.8　肾小球肾炎 ··· 377

27.9　咽炎 ··· 378

27.10　胃炎 ··· 379

27.11　食道炎 ·· 379

28 绿海龟病理学 ·· 381

    28.1 充血 ·· 382

    28.2 淤血 ·· 383

    28.3 坏死 ·· 384

    28.4 局灶性肝炎 ·· 384

    28.5 间质性肺炎 ·· 385

    28.6 坏死性脾炎 ·· 386

    28.7 肠炎 ·· 386

    28.8 肾病 ·· 387

    28.9 胃炎 ·· 388

    28.10 膀胱炎 ·· 388

29 斑马鱼病理学 ·· 390

    29.1 脂肪变性 ·· 391

    29.2 坏死 ·· 393

    29.3 坏死性肠炎 ·· 393

    29.4 胰腺炎 ·· 394

    29.5 卵巢炎 ·· 395

    29.6 肾病 ·· 395

30 鲤鱼病理学 ·· 397

    30.1 肝炎 ·· 398

    30.2 坏死性肝炎 ·· 398

    30.3 坏死性肠炎 ·· 399

    30.4 鳃炎 ·· 400

31 牡蛎组织学 ·· 401

    31.1 外套膜 ·· 402

    31.2 闭壳肌 ·· 404

    31.3 唇瓣 ·· 404

    31.4 消化腺 ·· 405

    31.5 鳃 ·· 406

第㈣部分 实验动物组织病理学

32 大鼠组织学 ·· 411

    32.1 心血管系统 ·· 411

32.2 呼吸系统 …………………………………………………………………………… 412

32.3 消化系统 …………………………………………………………………………… 413

32.4 泌尿系统 …………………………………………………………………………… 422

32.5 生殖系统 …………………………………………………………………………… 425

32.6 皮肤、肌肉与骨组织 ……………………………………………………………… 430

33 稀有鮈鲫组织学 ………………………………………………………………… **434**

33.1 被皮系统 …………………………………………………………………………… 435

33.2 消化系统 …………………………………………………………………………… 436

33.3 呼吸系统 …………………………………………………………………………… 439

33.4 心血管系统 ………………………………………………………………………… 441

33.5 免疫系统 …………………………………………………………………………… 442

33.6 泌尿系统 …………………………………………………………………………… 443

33.7 生殖系统 …………………………………………………………………………… 444

33.8 神经系统 …………………………………………………………………………… 446

33.9 运动系统 …………………………………………………………………………… 448

33.10 感觉系统 ………………………………………………………………………… 450

34 实验动物模型组织病理学评价 ……………………………………………… **452**

34.1 $FeCl_3$ 表面处理大鼠心脏 ……………………………………………………… 452

34.2 动脉粥样硬化 ……………………………………………………………………… 454

34.3 小鼠感染链球菌模型 ……………………………………………………………… 455

34.4 小鼠金黄色葡萄球菌乳腺炎模型 ………………………………………………… 456

34.5 大鼠乳腺炎模型 …………………………………………………………………… 457

34.6 猪颈部肌肉药物注射试验 ………………………………………………………… 457

34.7 尼莫地平注射液注射兔耳部损伤模型 …………………………………………… 459

34.8 裸鼠肿瘤模型 ……………………………………………………………………… 460

34.9 胎鼠肺脏发育迟缓模型 …………………………………………………………… 460

34.10 小鼠感染基孔肯雅病毒模型 …………………………………………………… 461

34.11 小鼠川崎病模型 ………………………………………………………………… 463

34.12 小鼠劳力热射病与经典热射病模型 …………………………………………… 465

34.13 猪血管取栓模型 ………………………………………………………………… 466

34.14 小鼠新冠模型 …………………………………………………………………… 467

34.15 小鼠非酒精性脂肪肝模型 ……………………………………………………… 468

34.16 高脂饮食和 CCl_4 联合诱导的大鼠肝纤维化模型 …………………………… 468

34.17 小鼠感染大肠杆菌模型 ………………………………………………………… 469

35 实验动物基础病变 ……………………………………………………………… **471**

35.1 小鼠 ………………………………………………………………………………… 471

35.2 大鼠 ………………………………………………………………………………… 476

35.3　豚鼠 ……………………………………………………………… 483

35.4　金黄地鼠 ………………………………………………………… 494

35.5　裸鼠 ……………………………………………………………… 496

附　录 ………………………………………………………………… 498

附表 1　皮肤上皮和黑色素细胞肿瘤 ………………………………… 498

附表 2　来源于皮肤和软组织的间叶细胞肿瘤 ……………………… 500

附表 3　血液淋巴系统肿瘤 …………………………………………… 501

附表 4　组织细胞疾病 ………………………………………………… 503

附表 5　关节肿瘤 ……………………………………………………… 503

附表 6　骨肿瘤 ………………………………………………………… 504

附表 7　肌肉的肿瘤 …………………………………………………… 505

附表 8　呼吸道的肿瘤 ………………………………………………… 505

附表 9　肺脏的肿瘤 …………………………………………………… 506

附表 10　消化道的肿瘤 ……………………………………………… 507

附表 11　肝脏和胆囊肿瘤 …………………………………………… 510

附表 12　泌尿系统肿瘤 ……………………………………………… 510

附表 13　生殖系统肿瘤 ……………………………………………… 511

附表 14　乳腺肿瘤 …………………………………………………… 513

附表 15　眼部肿瘤 …………………………………………………… 514

附表 16　耳部肿瘤 …………………………………………………… 515

参考文献 ……………………………………………………………… 517

第一部分

动物基础组织病理学

<h1>① 局部血液循环障碍</h1>

　　心血管系统结构、功能正常，与神经体液调节协调一致是血液正常运行的重要保证。血液循环障碍是指机体心血管系统受到损害、血容量或血液性状发生改变，导致血液运行异常，从而影响组织和器官代谢，导致其机能和形态结构出现一系列病理变化的现象。血液循环障碍根据其发生的原因与波及的范围不同，可分为全身性和局部性两类。

　　全身性血液循环障碍是由于心血管系统的机能紊乱（如心机能不全、休克、心力衰竭等）或血液性状改变（如弥漫性血管内凝血）等引起的波及全身各组织、器官的血液循环障碍。

　　局部性血液循环障碍是指某些病因作用于机体局部引起的局部组织或个别器官的血液循环障碍，包括局部组织器官含血量变化（充血、淤血、缺血、梗死）、血管壁损伤或通透性改变（出血、水肿）、血液性状改变（血栓、栓塞）三个主要方面。

1.1　充血

　　【概念】由于小动脉扩张而流入局部组织或器官中的血量增多的现象称为动脉性充血（arterial hyperemia），又称主动性充血（active hyperemia），简称充血（hyperemia）。

　　【病例背景信息】鸡，禽流感模型。

　　【组织病理学变化】见图1-1和图1-2。

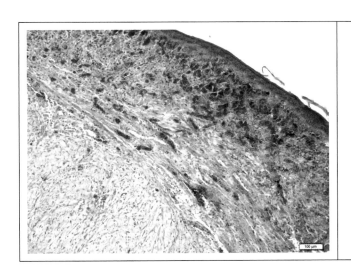

图1-1　鸡　鸡冠充血（a）
接近表层的真皮层中可见大量扩张的小血管，
并伴有深染的炎性细胞浸润。
（HE×100）

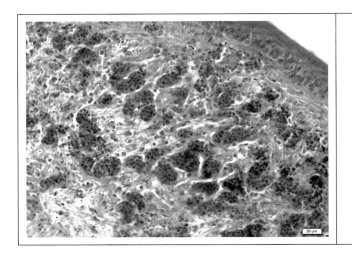

图 1-2　鸡　鸡冠充血（b）

小血管扩张，其内充满有核的红细胞。周围
结缔组织中可见细胞核呈圆形、嗜碱性深染、
胞浆稀少的淋巴样细胞浸润。

（HE×400）

1.2　淤血

【概念】静脉性充血（venous hyperemia）是由于静脉血回流受阻，血液淤积在小静脉和毛细血管内，使局部组织或器官的静脉血含量增多的现象，又称被动性充血（passive hyperemia），简称淤血（congestion）。

【病例背景信息】高加索犬，6岁，肝脏肿物。

【组织病理学变化】见图1-3至图1-5。

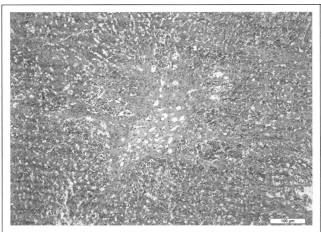

图 1-3　犬　肝淤血（a）

可见肝组织结构紊乱，组织内充满大量红细胞。

（HE×100）

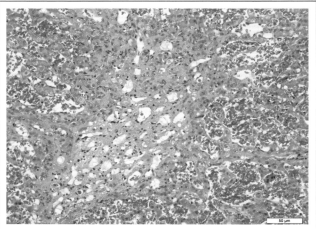

图 1-4　犬　肝淤血（b）

局部可见新生血管，周围肝血窦扩张，血窦内
充满红细胞。

（HE×200）

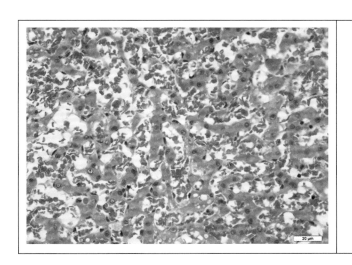

图1-5　犬　肝淤血（c）

肝血窦扩张，其内充满大量红细胞。部分
肝细胞受挤压变形。

（HE×400）

【病例背景信息】小鼠，肺淤血。
【组织病理学变化】见图1-6和图1-7。

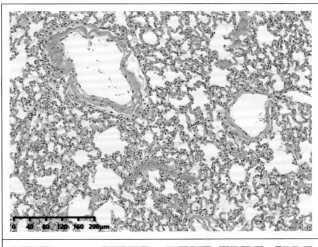

图1-6　小鼠　肺淤血（a）

局部肺泡毛细血管扩张充血、淤血。

（HE×100）

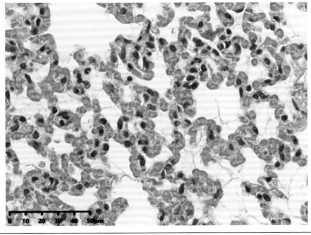

图1-7　小鼠　肺淤血（b）

肺泡毛细血管内可见大量红细胞。

（HE×200）

1.3　梗死

【概念】梗死（infarct）是指局部组织或器官因动脉血流断绝而引起的坏死。

【病例背景信息】犬，脾梗死。
【组织病理学变化】见图1-8和图1-9。

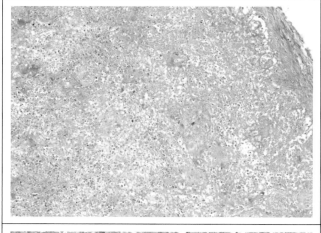

图1-8　犬　脾梗死（a）

脾脏正常结构消失，红白髓界限不清。

（HE×100）

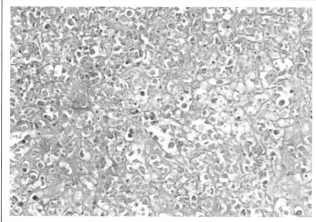

图1-9　犬　脾梗死（b）

淋巴细胞大量坏死崩解。

（HE×400）

1.4　出血

【概念】血液流出心脏或血管之外的现象称为出血（hemorrhage）。
【病例背景信息】贵宾犬，7岁，雄性。胰腺肿物，肿物突出胰腺表面，无游离性，有包膜。
【组织病理学变化】见图1-10和图1-11。

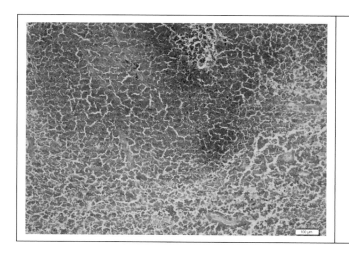

图1-10　犬　胰腺出血（a）

胰腺组织严重出血，仅残存极少量
正常胰腺结构。

（HE×100）

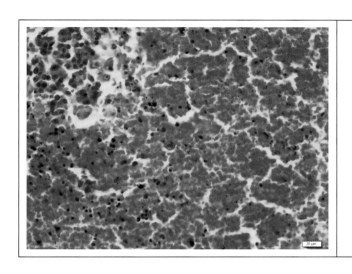

图 1–11　犬　胰腺出血（b）

可见大量的红细胞和残存的胰腺上皮细胞，

部分红细胞破裂，释放出粉染蛋白样物质。

（HE×400）

1.5　水肿

【概念】等渗性体液在细胞间隙或浆膜腔内积聚过多的病理过程称为水肿（edema）。

【病例背景信息】新西兰白兔。右耳静脉注射药物后，取右耳注射部位组织。

【组织病理学变化】见图 1–12 和图 1–13。

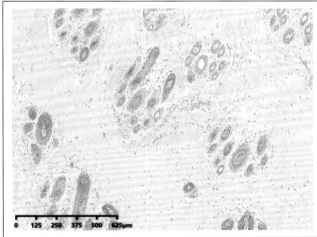

图 1–12　新西兰兔　右耳水肿（a）

真皮层纤维结缔组织排列紊乱，间距增大，

纤维结缔组织间可见粉染均质

无定形水肿液。

（HE×40）

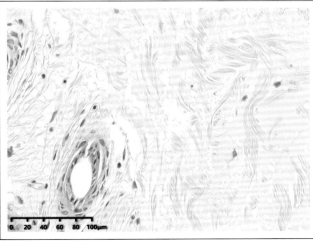

图 1–13　新西兰兔　右耳水肿（b）

纤维结缔组织间距增大，可见粉染均质

无定形水肿液。

（HE×200）

【病例背景信息】犬，9岁，雄性。血尿，膀胱结石。手术取结石过程中，发现膀胱头侧黏膜多发性占位性病变。

【组织病理学变化】见图1-14和图1-15。

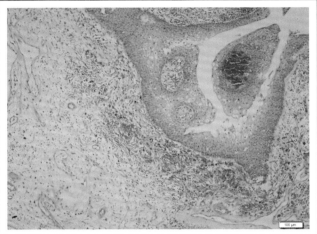

图1-14　犬　膀胱出血、水肿（a）

黏膜下层疏松、水肿，血管扩张，淋巴样
细胞浸润，含铁血黄素沉着。

黏膜层可见坏死灶。

（HE×100）

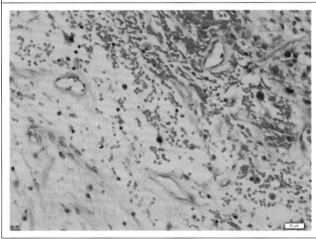

图1-15　犬　膀胱出血、水肿（b）

黏膜下层结构疏松、水肿，结缔组织间散在
红细胞，并可见吞噬有含铁血黄素的巨噬
细胞和少量淋巴样细胞浸润。

（HE×400）

1.6　血栓

【概念】在活体心脏或血管内血液凝固或血液中某些成分析出并凝集形成的固体团块，称为血栓（thrombus）。

【病例背景信息】大鼠，颈动脉。

【组织病理学变化】见图1-16和图1-17。

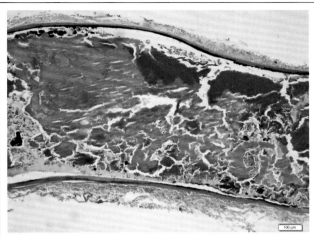

图 1-16 大鼠 颈动脉血栓（a）

血管壁薄，管腔内形成条索状混合血栓，
堵塞血管腔；血栓内有成片的
均质红染区域。

（HE×100）

图 1-17 大鼠 颈动脉血栓（b）

血管内膜损坏，覆盖有含铁血黄素和巨噬
细胞碎片；中膜和外膜结构基本完整，
弹性层变薄。

（HE×200）

② 组织和细胞损伤

　　机体的细胞和组织不断经受内外环境不同刺激因子的影响，通过自身的反应和调节机制对刺激做出应答反应、适应环境条件的改变、抵御刺激因子的损害。细胞对刺激因子的反应大致归为三类：适应性反应、可复性损伤、不可复性损伤。适应性反应包括肥大、增生、萎缩和化生；可复性损伤包括变性和病理性物质沉着；不可复性损伤即细胞死亡。本章主要描述可复性损伤和不可复性损伤两部分内容。

　　变性和病理性物质沉着是可复性的细胞损伤。变性是指由于物质代谢障碍在细胞内或细胞间质出现某些异常物质或正常物质蓄积过多的病理现象，因物质性质不同可分为细胞肿胀、脂肪变性、玻璃样变性、黏液样变性。病理性物质沉着是指某些病理性物质在器官、组织或细胞内的异常沉积，本章主要描述病理性色素沉着和病理性钙化。

　　细胞死亡指细胞受到严重损伤，导致代谢停止、结构破坏与功能丧失等不可逆性变化，可分为两类：细胞的病理性死亡即坏死；程序性细胞死亡，亦称为细胞凋亡。形态学上可将坏死分为凝固性坏死、液化性坏死、纤维素样坏死。细胞凋亡是由基因所调控的单个细胞的程序性死亡。细胞凋亡可以通过超微结构上形成的凋亡小体来鉴定，另外一些生化改变如核酸内切酶的激活、磷脂酰丝氨酸的外露等也可以作为鉴定的指标。

2.1 颗粒变性

　　【概念】颗粒变性（granular degeneration）是组织细胞最轻微的、最易发生的一种细胞变性。主要特征是变性细胞体积增大，胞浆内出现微细的蛋白质颗粒，苏木精–伊红（HE）染色呈淡红色，胞核一般无明显变化，或稍显淡染。

　　【病例背景信息】骡，肾脏。

　　【组织病理学变化】见图2-1和图2-2。

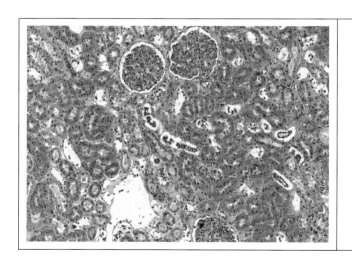

图2-1　骡　肾小管上皮细胞颗粒变性（a）
肾小管结构染色不均，部分肾小管管腔狭窄。
（HE×100）

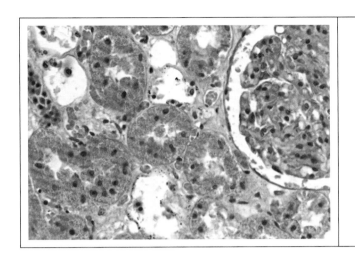

图 2-2　骡　肾小管上皮细胞颗粒变性（b）

肾小管上皮细胞肿胀，胞浆中有大量
细小的粉染颗粒。

（HE×400）

2.2　水泡变性

【概念】水泡变性（vacuolar degeneration）是指细胞内水分增多，在胞浆和胞核内形成大小不等的水泡，使整个细胞呈蜂窝状结构。镜检时，由于细胞内的水泡呈空泡状，所以又称为空泡变性。严重的水泡变性时，细胞显著肿大，胞浆空白，形如气球，因此也称气球样变（ballooning degeneration）。

【病例背景信息】小鼠，非酒精性脂肪性肝模型。

【组织病理学变化】见图 2-3 和图 2-4。

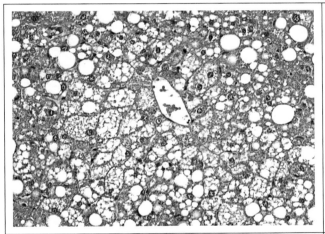

图 2-3　小鼠　肝细胞气球样变（a）

肝索排列紊乱，部分肝细胞显著肿大，
胞浆空白；部分肝细胞发生脂变。

（HE×200）

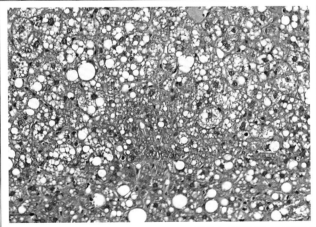

图 2-4　小鼠　肝细胞气球样变（b）

肝索排列紊乱，部分肝细胞显著肿大，
胞浆空白，胞浆呈蜂窝状；
部分肝细胞发生脂变。

（HE×200）

【病例背景信息】犬，9岁，雄性。血尿，膀胱结石。手术取结石过程中，发现膀胱头侧黏膜多发性占位性病变。

【组织病理学变化】见图2-5和图2-6。

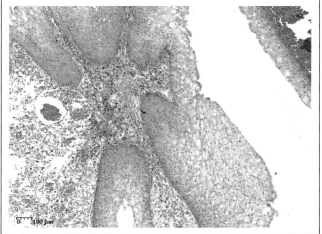

图2-5　犬　膀胱黏膜上皮细胞水泡变性（a）

黏膜下层疏松水肿，血管扩张，淋巴样
细胞浸润，含铁血黄素沉着。

（HE×100）

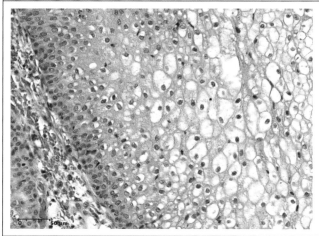

图2-6　犬　膀胱黏膜上皮细胞水泡变性（b）

水泡变性的黏膜上皮细胞肿胀，胞浆内充满
大小不一的空泡，呈蜂窝状。小的水泡
可相互融合，使整个细胞被水泡充盈，
胞浆原有结构破坏，胞核悬浮于
细胞中央或被挤至细胞一侧。

（HE×400）

2.3　脂肪变性

【概念】脂肪变性（fatty degeneration）简称脂变，是指变性细胞的胞浆内有大小不等的游离脂肪滴蓄积。其特点是在光学显微镜下可见细胞浆内出现正常情况下看不见的脂肪滴，或胞浆内脂肪滴增多。

【病例背景信息】长爪沙鼠，肝脏。

【组织病理学变化】见图2-7和图2-8。

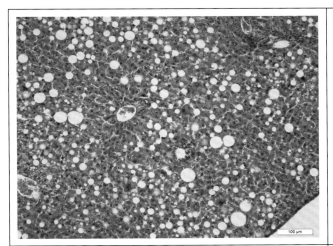

图 2-7 长爪沙鼠 肝细胞脂肪变性（a）

肝小叶结构不清晰，多处肝小叶内存在
大小不一的圆形透明空泡。

（HE×100）

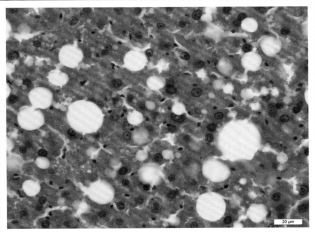

图 2-8 长爪沙鼠 肝细胞脂肪变性（b）

肝细胞肿胀，部分细胞胞浆被脂肪滴占满，
呈大的空泡状，部分区域肝细胞变性
坏死，小空泡可融合
形成较大空泡。

（HE×400）

【病例背景信息】小鼠，肝脏。高脂饲料饲喂。

【组织病理学变化】见图 2-9 和图 2-10。

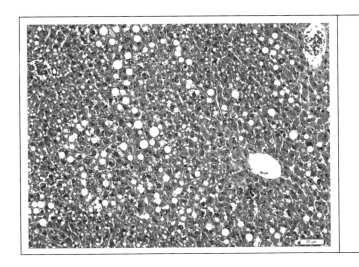

图 2-9 小鼠 肝细胞脂肪变性（a）

肝小叶结构不清，肝组织中可见大小
不一的圆形空泡。

（HE×200）

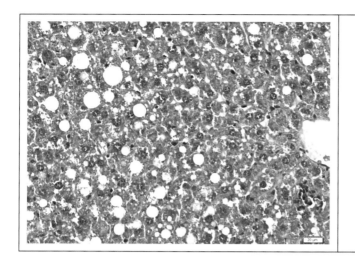

图 2-10　小鼠　肝细胞脂肪变性（b）

肝细胞肿胀，细胞界限不清，其内出现大小
不一的空泡；严重者空泡融合成一个
大空泡，将细胞核挤向一侧，
形态与脂肪细胞类似。

（HE×400）

【病例背景信息】豚鼠，肝脏。

【组织病理学变化】见图 2-11 和图 2-12。

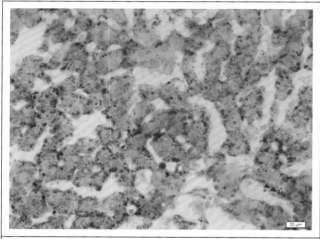

图 2-11　豚鼠　肝脂肪变性（a）

肝细胞内可见被染成红色的圆形脂滴。

（油红 O 染色 ×400）

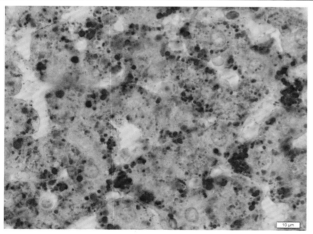

图 2-12　豚鼠　肝脂肪变性（b）

肝细胞胞浆可见红色的大小不一的圆形脂滴。

（油红 O 染色 ×1000 油镜）

2.4　玻璃样变性

【概念】玻璃样变性（hyaline degeneration）又称透明变性或透明化，是指在细胞间质或细胞内出现一种光镜下呈均质、无结构、半透明的玻璃样物质的现象。

【病例背景信息】大鼠，肾脏。银离子制剂注射。

【组织病理学变化】见图2-13和图2-14。

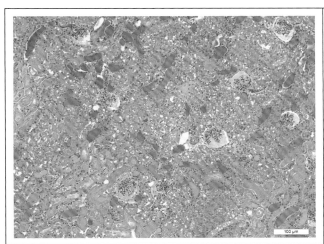

图2-13　大鼠　肾小管上皮细胞玻璃样变性（a）

肾小管结构不清晰，部分肾小管扩张，其内可见均质、嗜酸性的蛋白管型。肾小球囊腔内可见粉染的漏出物。

（HE×100）

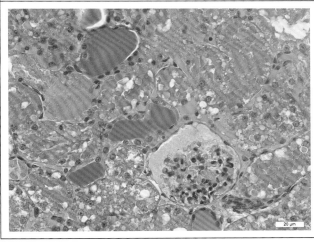

图2-14　大鼠　肾小管上皮细胞玻璃样变性（b）

发生玻璃样变性的肾小管上皮细胞肿胀，肾小管管腔消失，肾小管上皮细胞内可见大小不一的、边界清晰的圆形嗜酸性颗粒。部分肾小管管腔扩张，其内可见均质嗜酸性染色的蛋白管型。

（HE×400）

2.5　淀粉样变性

【概念】淀粉样变性（amyloid degeneration）也称为淀粉样变（amyloidosis），是指淀粉样物质（amyloid）在某些器官的网状纤维、血管壁或组织间沉着的一种病理过程。

【病例背景信息】羊驼。无明显临床症状，精神状态良好，食欲正常，晚间猝死。剖检见肝脏肿胀。

【组织病理学变化】见图2-15和图2-16。

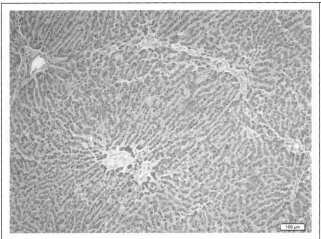

图 2-15 羊驼 肝淀粉样变性（a）

肝细胞索呈辐射状排列在中央静脉的周围，

肝血窦中可见粉红染蛋白样物质。

（HE×100）

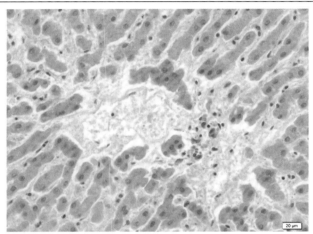

图 2-16 羊驼 肝淀粉样变性（b）

肝细胞呈多边形，胞质均质红染，部分肝细胞

萎缩。粉红色淀粉样物质主要沉淀于肝血

窦中。部分肝细胞的细胞核溶解

消失，残余细胞轮廓。

（HE×400）

2.6 坏死

【概念】坏死（necrosis）是指活体机体局部组织细胞的病理性死亡。坏死的镜下变化表现在细胞核、细胞浆及间质。细胞核的变化是细胞坏死的主要标志，其表现有 3 种形式，即核浓缩、核破裂和核溶解。

【病例背景信息】小鼠，肝脏。

【组织病理学变化】见图 2-17 和图 2-18。

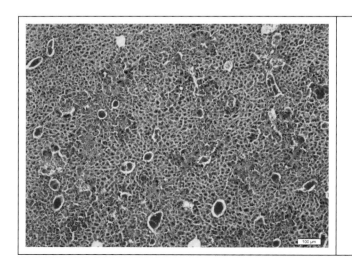

图 2-17 小鼠 肝脏局灶性坏死（a）

肝脏散在分布多个坏死灶。肝索排列轻度

紊乱，多数中央静脉扩张淤血。

（HE×100）

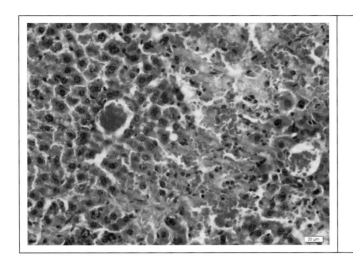

图 2-18　小鼠　肝脏局灶性坏死（b）
坏死灶内肝细胞结构消失，细胞核崩解，
并有炎性细胞浸润。坏死灶周围
肝细胞肿胀。
（HE×400）

【病例背景信息】大鼠，肝脏。银离子制剂注射。
【组织病理学变化】见图 2-19 和图 2-20。

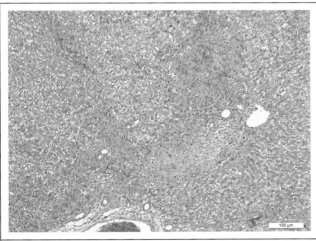

图 2-19　大鼠　肝脏局灶性坏死（a）
肝细胞肿胀，空泡变性。
肝组织间可见坏死灶。
（HE×100）

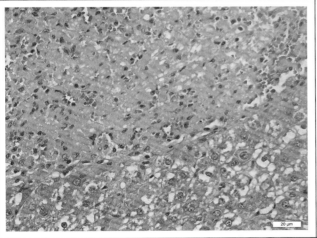

图 2-20　大鼠　肝脏局灶性坏死（b）
坏死灶内肝细胞结构消失，细胞核固缩、
碎裂或溶解消失，坏死灶内可见散在的
红细胞，以及炎性细胞浸润。
坏死灶周围肝细胞肿胀，
发生空泡变性。
（HE×400）

【病例背景信息】C57BL/6J 小鼠，基孔肯雅病毒感染模型。

【组织病理学变化】见图 2-21 至图 2-24。

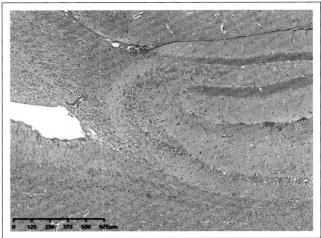

图 2-21 小鼠 大脑海马区神经元变性坏死（a）

海马区局部可见坏死灶。

（HE×40）

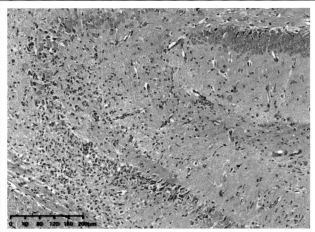

图 2-22 小鼠 大脑海马区神经元变性坏死（b）

海马区局部细胞排列紊乱，局部区域

可见坏死灶。

（HE×100）

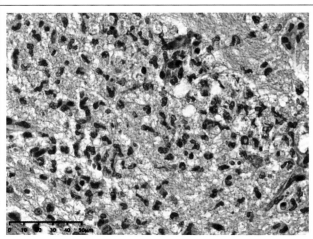

图 2-23 小鼠 大脑海马区神经元变性坏死（c）

海马变性坏死区域神经元核碎裂、溶解至消失，

可见淋巴细胞及单核细胞为主的

炎性细胞浸润。

（HE×400）

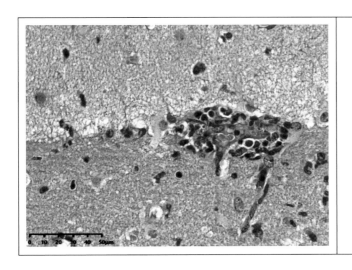

图 2-24 小鼠 大脑海马区神经元变性坏死（d）

海马坏死区域附近血管周围形成管套。

（HE×400）

2.7 病理性钙化

【概念】在病理情况下，钙盐析出呈固体状态，沉积于除骨和牙齿外的其他组织内称为钙盐沉着或病理性钙化（pathological calcification）。

【病例背景信息】犬，舌右侧肿物，直径 1.5 cm，有包膜，无游离性，生长速度较快，无瘙痒。

【组织病理学变化】见图 2-25 和图 2-26。

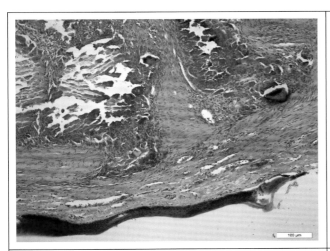

图 2-25 犬 舌钙化、坏死（a）

舌表皮层部分破溃，真皮层结缔组织增生，
可见大面积蓝染的钙化灶及
粉染坏死区域。

（HE×100）

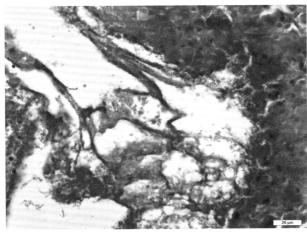

图 2-26 犬 舌钙化、坏死（b）

钙化灶内未见炎性细胞，但可见有少许红细胞。

（HE×400）

【病例背景信息】绵羊，6个月，雄性。病畜消瘦，死亡前1天不进食，剖检内脏无明显变化，血液稀薄，数分钟凝固，肠黏膜淋巴结水肿，十二指肠肠壁变薄。

【组织病理学变化】见图2-27和图2-28。

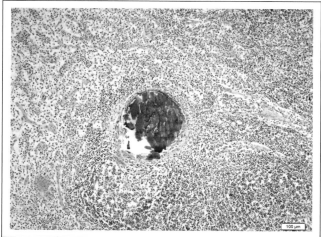

图2-27 绵羊 淋巴结坏死、钙化（a）

淋巴结中有蓝染钙化灶，与周围组织界限清晰。

（HE×100）

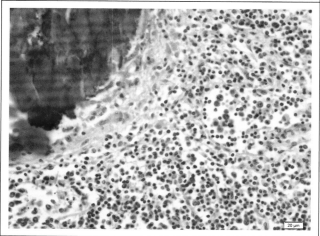

图2-28 绵羊 淋巴结坏死、钙化（b）

钙化灶呈蓝紫色颗粒状或块状，外周可见
粉红色网状细胞及淋巴样细胞，
可见少量的巨噬细胞。

（HE×400）

2.8 病理性色素沉着

【概念】病理性色素沉着（pathologic pigmentation）是指体内色素的异常沉积，种类较多，如黑色素沉着、脂褐素沉着以及来自血红蛋白的各种色素沉着等。

【病例背景信息】猪，肺门淋巴结。

【组织病理学变化】见图2-29和图2-30。

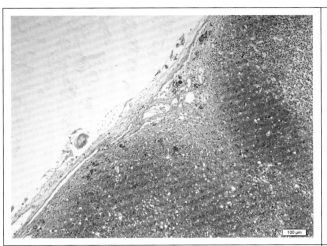

图 2-29　猪　肺门淋巴结含铁血黄素沉着（a）
淋巴结被膜下可见大量出血，淋巴细胞
减少，正常组织结构不可见，可见
棕黄色含铁血黄素沉积。

（HE×100）

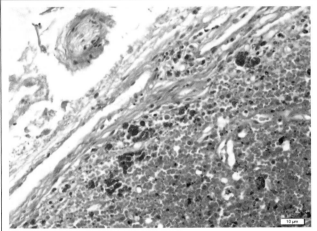

图 2-30　猪　肺门淋巴结含铁血黄素沉着（b）
被膜下可见棕黄色的含铁血黄素呈颗粒状，
分布于组织间或巨噬细胞中，巨噬细胞的
细胞核被色素颗粒掩盖。

（HE×400）

【病例背景信息】斑马，3 岁，雄性。
【组织病理学变化】见图 2-31 至图 2-33。

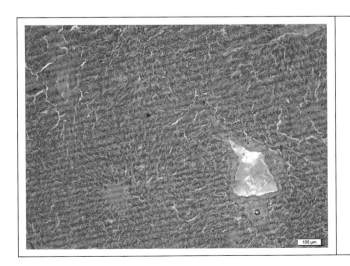

图 2-31　斑马　肝脂褐素沉着（a）
肝脏内血管淤血，肝细胞索充满粉红染浆
液性物质。

（HE×100）

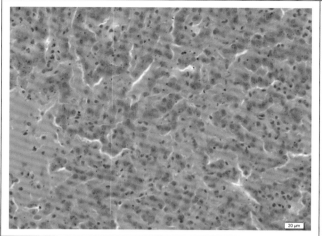

图 2-32 斑马 肝脂褐素沉着（b）

肝索间有炎性细胞浸润，肝细胞萎缩，

胞浆内可见棕红色的脂褐素颗粒。

（HE×400）

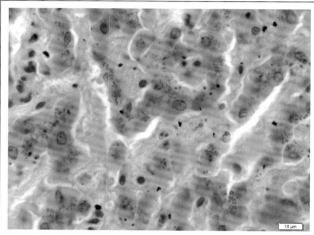

图 2-33 斑马 肝脂褐素沉着（c）

肝细胞胞浆内可见棕红色脂褐素颗粒。

（HE×1000）

【病例背景信息】混血犬，6 岁，雄性，已去势。持续 4 天食欲不振，期间呕吐数次，血红蛋白尿，黄疸。血涂片可见红细胞形态尚可。彩超回声增强，肝叶萎缩。进行肝脏活组织检查。

【组织病理学变化】见图 2-34 和图 2-35。

图 2-34 犬 肝内胆红素沉着（a）

肝小叶结构紊乱。肝内可见大量大小不一的

圆形空泡。汇管区结缔组织增生，

其间见少量炎性细胞浸润。

（HE×100）

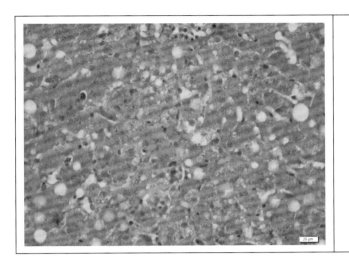

图 2-35　犬　肝内胆红素沉着（b）

肝细胞肿胀、变性，细胞浆内见大小不一的
圆形空泡，细胞核被挤向一侧。部分
肝细胞坏死。肝细胞内可见黄褐色
物质（胆色素）沉积，部分视野
见毛细胆管扩张，内有胆栓。

（HE×400）

【病例背景信息】金毛寻回犬，9 岁，雌性绝育。

【组织病理学变化】见图 2-36 和图 2-37。

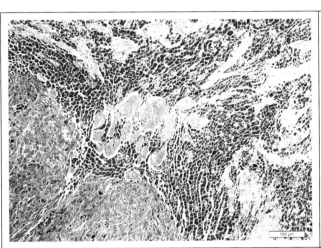

图 2-36　犬　皮肤黑色素瘤（a）

结缔组织可见大量深褐色、大小不一的
黑色素细胞。

（HE×100）

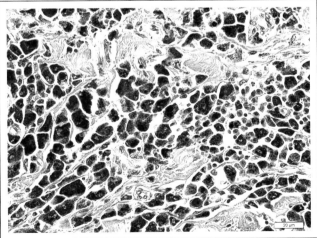

图 2-37　犬　皮肤黑色素瘤（b）

细胞间和胞浆内可见大量黑色素颗粒沉着，
部分细胞的细胞核被黑色素
颗粒掩盖不可见。

（HE×400）

③ 适应与修复

　　适应（adaptation）是指机体对体内、外环境变化所产生的各种积极有效的反应。在生理情况下，动物机体会出现一定程度的适应性反应，如饥饿时动用机体储备，寒冷时动物表现出寒战等。在致病因素的作用下，机体所出现的适应性反应主要包括：代偿（compensation）、萎缩（atrophy）、肥大（hypertrophy）、增生（hyperplasia）和化生（metaplasia）等。

　　萎缩是指已经发育成熟的组织或器官由于物质代谢障碍使其实质细胞体积缩小、数量减少，最终导致组织或器官体积缩小和功能减退的病理过程。

　　增生与萎缩相反，是指实质细胞数量增多而造成的组织或器官内细胞数目增多。与肿瘤的恶性增生不同，增生是在机体控制下进行的一种局部细胞有限的分裂增殖现象，一旦除去刺激因素，增生便会停止。

　　化生是指一种发育成熟的组织转变为另一种形态结构的组织的过程。化生并非由已分化的细胞直接转化为另一种细胞，而是由该处具有多方向分化功能的未分化细胞分化而成，化生一般在同类组织范围内出现。

　　修复（repair）是指机体的细胞、组织或器官受损伤而缺损时，由周围健康组织细胞分裂增生来加以修补恢复的过程。修复主要是通过细胞的再生来完成的，可分为完全再生和不完全再生。完全再生由损伤周围的同类细胞修复，多见于生理性再生；而不完全再生是由形态不同、功能较低的结缔组织增生替代的过程，多见于病理性再生。

　　创伤愈合是指创伤造成组织缺损的修复过程。任何创伤愈合都是以组织的再生和炎症为基础的。创伤愈合的类型分为一期愈合、二期愈合和痂下愈合。一期愈合又称直接愈合，主要见于组织缺损少、创缘整齐、无感染、经黏合或缝合后创面对合严密的伤口，愈合时增生的肉芽组织（granulation tissue）少，创口表皮覆盖较完整。二期愈合又称间接愈合，见于组织缺损较大、创缘不整、无法整齐对合，或伴有感染的伤口。伤口表面的血液、渗出液及坏死物质干燥后形成黑褐色硬痂（scab），在痂下进行上述愈合过程称为痂下愈合。当创伤的坏死组织、血栓、脓液或异物等不能被完全溶解吸收或分离排出时，将由被新生的肉芽组织取代，这一过程称为机化，最终形成瘢痕组织。

3.1 萎缩

　　【概念】萎缩（atrophy）是指已经发育成熟的组织或器官由于物质代谢障碍使其实质细胞体积缩小、数量减少，最终导致组织或器官体积缩小和功能减退的病理过程。其眼观病理学特征为萎缩器官外观体积变小，质地变硬，边缘变锐，色泽变深，如肝脏、心脏的褐色萎缩。

　　【病例背景信息】比熊犬，14岁，雄性。双侧睾丸大小不一，左小右大，左软右硬。

　　【组织病理学变化】见图3-1和图3-2。

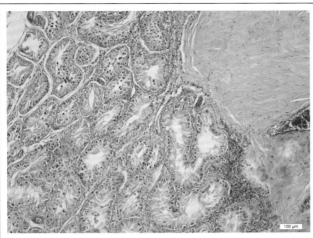

图 3-1 犬 睾丸萎缩（a）

睾丸内见大量结缔组织，曲细精管
管腔变窄，塌陷，结构紊乱。

（HE×100）

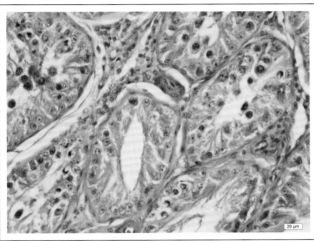

图 3-2 犬 睾丸萎缩（b）

曲细精管管腔狭窄，生精上皮变薄，
仅见少量精原细胞和支持细胞。
部分精原细胞核固缩，碎裂。

（HE×400）

3.2 增生

【概念】因为实质细胞数量增多而造成器官、组织内细胞数目增多称为增生（hyperplasia）。

【病例背景信息】犬。右侧倒数第二乳腺肿物，生长 1 年，无瘙痒，未见转移。

【组织病理学变化】见图 3-3 和图 3-4。

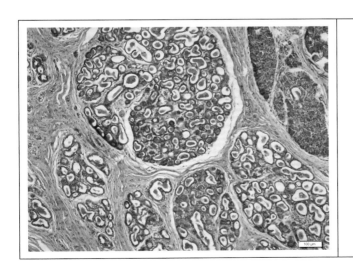

图 3-3 犬 乳腺增生（a）

乳腺小叶呈岛状分布，乳腺小叶中
导管数量增多。

（HE×100）

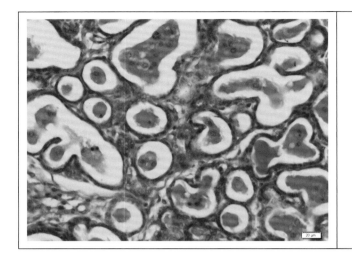

图 3-4 犬 乳腺增生（b）
在多数腺管内，单层的腺上皮因内容物淤积，
受到挤压，而呈扁平状，细胞核呈梭形，
胞浆嗜酸性粉染。管腔内可见脱落
坏死的上皮细胞和淤积的
嗜酸性蛋白样物质。
（HE×400）

【病例背景信息】鸡，淋巴组织。
【组织病理学变化】见图3-5至图3-7。

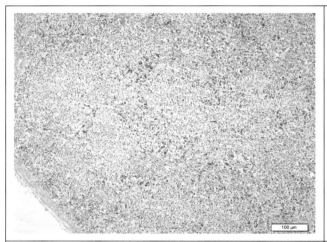

图 3-5 鸡 淋巴组织网状细胞增生（a）
淋巴组织被膜增厚，被膜下弥漫性分布有
大量的嗜碱性细胞并伴有出血。
（HE×100）

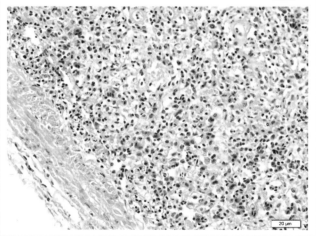

图 3-6 鸡 淋巴组织网状细胞增生（b）
增生的被膜结缔组织呈嗜酸性红染。被膜下
淋巴样细胞和网状细胞不同程度地增生，
交织在一起，排列紊乱。
（HE×400）

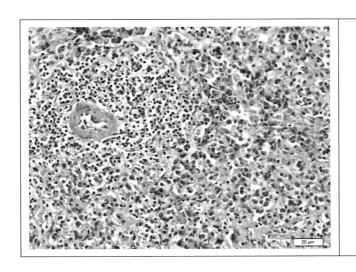

图 3-7　鸡　淋巴组织网状细胞增生（c）

小动脉周围可见较多炎性细胞，主要为淋巴样细胞、巨噬细胞、网状细胞等。

（HE×400）

3.3　肉芽组织

【**概念**】肉芽组织（granulation tissue）是指富有新生毛细血管、增生的成纤维细胞和炎性细胞的新生结缔组织，眼观创面常呈鲜红色、颗粒状、柔软湿润，形似鲜嫩的肉芽。除创伤愈合之外，体内慢性炎症病灶、坏死组织周围、血栓机化过程、梗死边缘等，凡由新生的毛细血管、成纤维细胞和炎性细胞浸润构成的组织，均称为肉芽组织。

【**病例背景信息**】大鼠。肌肉烫伤模型。

【**组织病理学变化**】见图 3-8 至图 3-10。

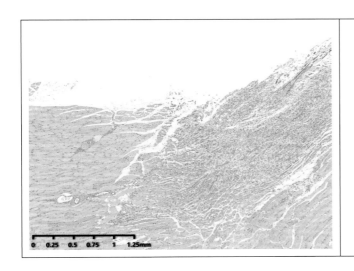

图 3-8　大鼠　创伤愈合肉芽组织（a）

损伤的肌肉组织间可见肉芽组织形成。

（HE×20）

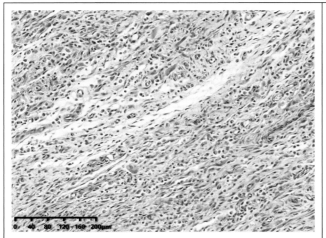

图 3-9　大鼠　创伤愈合肉芽组织（b）
大量纤维结缔组织增生，可见新生的毛细
血管，散在炎性细胞浸润。
（HE×100）

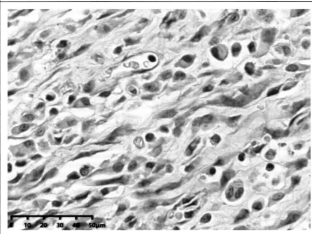

图 3-10　大鼠　创伤愈合肉芽组织（c）
新生的毛细血管、增生的成纤维细胞及其间
浸润的淋巴细胞、巨噬细胞。
（HE×400）

【病例背景信息】纯血马，9 岁，雄性。一个月前右后肢跛行，开始高烧。用抗生素类药无效。马匹消瘦，死前呼吸困难。剖检可见肾脏内有白色脓液，肺脏有弥散性白色小结节。

【组织病理学变化】见图 3-11 至图 3-13。

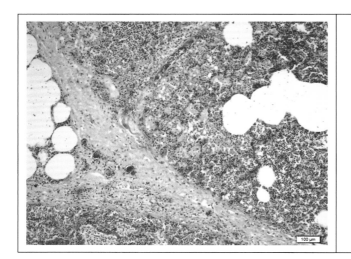

图 3-11　马　肺肉芽组织增生（a）
肺脏整体结构损伤严重，肺泡腔内填充大量
异物，周围可见大量纤维结缔组织，形成
典型的肉芽组织结构。
（HE×100）

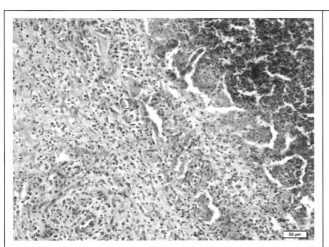

图 3-12　马　肺肉芽组织增生（b）
肉芽组织包裹着严重的蓝染变性坏死区域，
肉芽组织中含有大量梭形纤维母细胞和
大小不一的血管结构。

（HE×100）

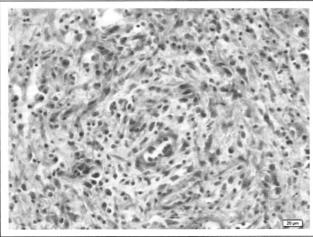

图 3-13　马　肺肉芽组织增生（c）
大量不同成熟度的纤维母细胞，新生内皮细
胞形成的小血管结构，组织间可见
炎性细胞浸润。

（HE×400）

3.4　创伤愈合

【概念】创伤愈合是指机体遭受外力作用所致组织损伤后，通过组织再生进行修复的过程。包括各种组织的再生和肉芽组织增生、瘢痕形成的复杂过程，表现出各种修复过程的协同作用。

【病例背景信息】大鼠。肌肉烫伤模型。

【组织病理学变化】见图 3-14 至图 3-16。

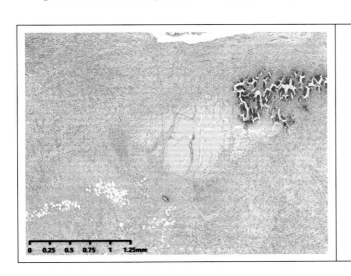

图 3-14　大鼠　创伤愈合（a）
大面积肉芽组织形成，包裹坏死的
肌肉组织；局部可见组织钙化。

（HE×20）

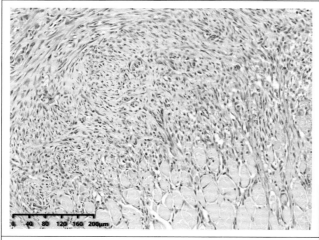

图 3-15 大鼠 创伤愈合（b）

增生的纤维结缔组织包裹坏死的肌肉组织；

局部组织钙化。

（HE×100）

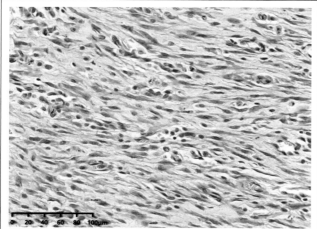

图 3-16 大鼠 创伤愈合（c）

新生的毛细血管、增生的成纤维细胞及其间

浸润的少量淋巴细胞、巨噬细胞。

（HE×200）

【病例背景信息】山羊。股骨周围组织，骨折固定 3 周，弹力钛钉固定一侧大体解剖有感染。

【组织病理学变化】见图 3-17 至图 3-19。

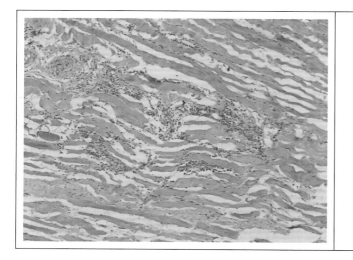

图 3-17 山羊 肌肉创伤愈合（a）

损伤部位组织水肿，局部肌纤维断裂，凝固

性坏死，肌间炎性细胞浸润。

（HE×100）

图 3-18　山羊　肌肉创伤愈合（b）

损伤部位周围成纤维细胞和毛细血管数量

增多，形成成熟的肉芽组织。

（HE×100）

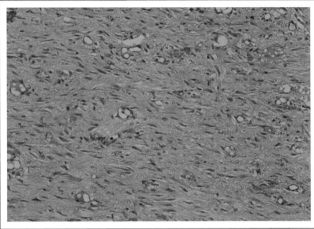

图 3-19　山羊　肌肉创伤愈合（c）

结缔组织增生，肉芽组织形成，处于创伤

愈合的修复晚期。

（HE×200）

3.5　机化

【概念】坏死组织、炎性渗出物、血凝块和血栓等病理性产物如果不能完全溶解吸收或分离排出，则由周围组织新生的肉芽组织所取代的过程，称为机化（organization）。

【病例背景信息】新西兰兔，耳，聚多卡醇静脉注射。（聚多卡醇作为血管硬化剂，能够损伤血管内皮细胞，使得血管发生纤维化闭塞。）

【组织病理学变化】见图 3-20 至图 3-22。

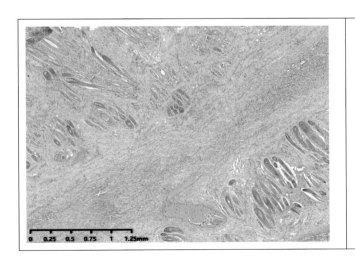

图 3-20　新西兰兔　血栓机化（a）

血管壁各层组织结构显示不清晰，

血管管腔闭塞。

（HE×20）

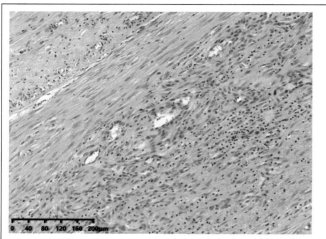

图 3-21　新西兰兔　血栓机化（b）

管腔中大量成纤维细胞增生，局部成纤维
细胞间散在有红细胞。可见新生
毛细血管及炎性细胞浸润。

（HE×100）

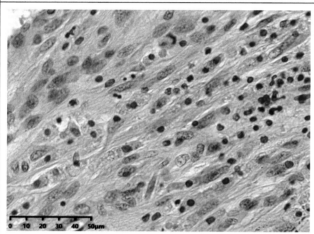

图 3-22　新西兰兔　血栓机化（c）

可见增生的成纤维细胞及其浸润的
淋巴细胞、巨噬细胞。

（HE×400）

❹ 炎症

炎症（inflammation）是具有血管系统的活体组织对损伤因子所诱发的、以防御为主的反应。变质、渗出和增生是炎症的三大基本病理变化。

炎症局部的临床表现为红、肿、热、痛和机能障碍，全身反应为发热、白细胞增多、单核巨噬细胞系统机能亢进与细胞增生、实质器官病变。

按照炎症的局部病变，可以将炎症分为坏死性炎、渗出性炎和增生性炎。在渗出性炎中，由于渗出物的主要成分和病变特点不同，又分为浆液性炎、纤维素性炎、化脓性炎、出血性炎。增生性炎除了一般增生性炎症之外，还包括由巨噬细胞增生形成边界清楚的结节状病灶，即肉芽肿（granuloma）。

4.1 坏死性炎

【概念】坏死性炎（necrotic inflammation）的特征是炎灶内的组织细胞变质性变化明显，而炎症的渗出和增生现象轻微。常见于各种实质器官，如肝脏、心脏、肾脏等。常由各种中毒或一些病原微生物的感染所引起，主要病变为组织器官的实质细胞出现明显的变性和坏死。

【病例背景信息】大鼠，胰腺。

【组织病理学变化】见图 4-1 至图 4-3。

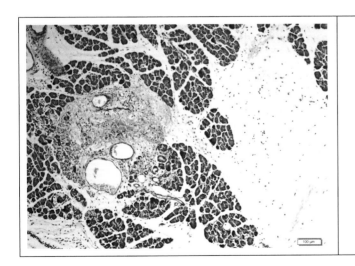

图 4-1 大鼠 胰腺坏死性炎（a）

胰腺小叶间隔增宽，结缔组织疏松水肿，

存在大量炎性细胞浸润。可见呈

团块状的坏死区域。

（HE×100）

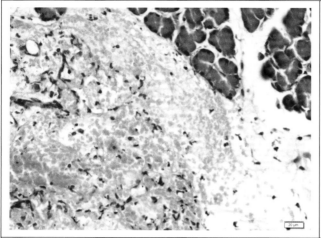

图4-2 大鼠 胰腺坏死性炎（b）
坏死区域腺泡结构消失，腺泡细胞崩解，
可见大量嗜酸性粉染的蛋白样物质、
大量的红细胞和炎性细胞浸润。
（HE×400）

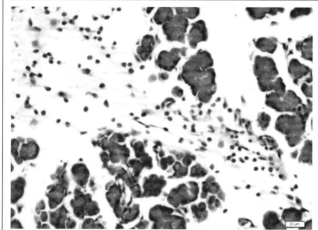

图4-3 大鼠 胰腺坏死性炎（c）
胰腺腺细胞变性坏死，结缔组织间质可见浸润
的炎性细胞，主要为中性粒细胞及淋巴细胞。
（HE×400）

【病例背景信息】猪，肠系膜淋巴结。
【组织病理学变化】见图4-4和图4-5。

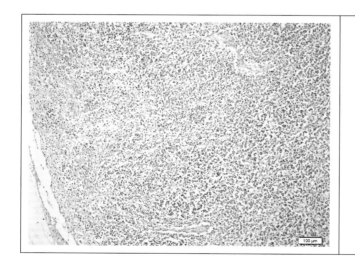

图4-4 猪 坏死性淋巴结炎（a）
淋巴结被膜较完整，淋巴结内正常结构
破坏，淋巴细胞明显减少。
（HE×100）

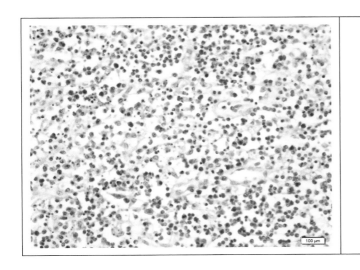

图 4-5 猪 坏死性淋巴结炎（b）

可见大量坏死细胞残留的细胞碎片；残余
组织间淋巴细胞、嗜酸性粒细胞、
巨噬细胞等炎性细胞浸润。

（HE×400）

4.2 渗出性炎

【**概念**】渗出性炎（exudative inflammation）以渗出性变化为主，变质和增生轻微的一类炎症。其发生机制主要是微血管壁通透性显著增高引起的，炎灶内大量渗出物包括液体成分和细胞成分，不同的渗出性炎症其渗出物的成分和性状不同，根据渗出物的特征可将渗出性炎分为浆液性炎、纤维素性炎、化脓性炎、出血性炎和卡他性炎。

【**病例背景信息**】小鼠，流感病毒感染。

【**组织病理学变化**】见图 4-6 和图 4-7。

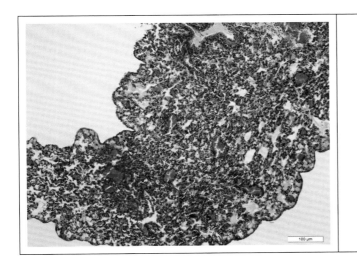

图 4-6 小鼠 肺炎（a）

肺被膜完整，肺泡结构紊乱，可见肺小叶内
有明显的淤血、出血。

（HE×100）

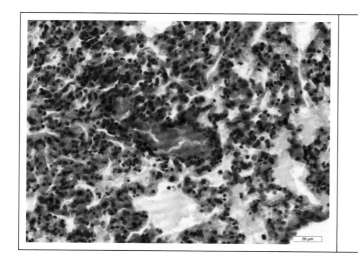

图 4-7　小鼠　肺炎（b）

肺泡隔轻度增厚，内有少量淋巴样细胞和
巨噬细胞。毛细血管扩张充血、出血，
肺泡腔内可见粉染的浆液性渗出。

（HE×400）

【病例背景信息】猫，口腔黏膜。
【组织病理学变化】见图 4-8 和图 4-9。

图 4-8　猫　嗜酸性粒细胞性口炎（a）

口腔黏膜下结缔组织疏松水肿，血管扩张，
大量炎性细胞浸润。

（HE×100）

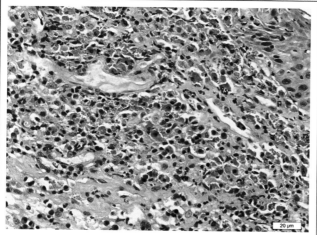

图 4-9　猫　嗜酸性粒细胞性口炎（b）

渗出的炎性细胞以嗜酸性粒细胞、淋巴细胞
和少量的浆细胞为主。

（HE×400）

【病例背景信息】犬，10 岁，雌性。乳腺。

【组织病理学变化】见图 4-10 至图 4-12。

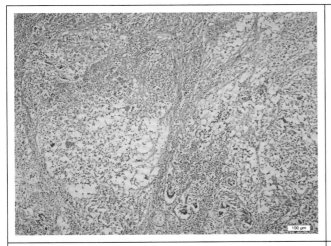

图 4-10　犬　乳腺化脓性炎（a）

可见乳腺组织内部坏死区域呈片状，局部
残存的结缔组织疏松、淡染。

（HE×100）

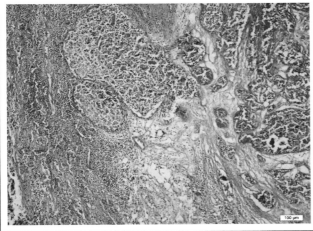

图 4-11　犬　乳腺化脓性炎（b）

坏死区域可见大量蓝染的炎性细胞浸润，
偶见残存的腺管轮廓。

（HE×100）

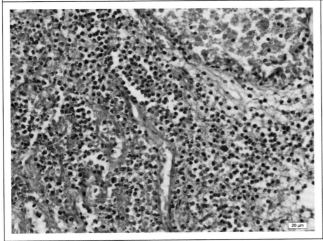

图 4-12　犬　乳腺化脓性炎（c）

周围结缔组织间大量炎性细胞浸润，主要为
胞核嗜碱性、呈分叶状、胞质红染的
中性粒细胞。

（HE×400）

【病例背景信息】犬，眼睑肿物。

【组织病理学变化】见图 4-13 和图 4-14。

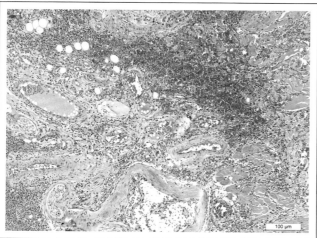

图 4-13　犬　眼睑出血性化脓性炎（a）

可见结缔组织中散在大量红细胞，出血灶
周围可见炎性细胞浸润。

（HE×100）

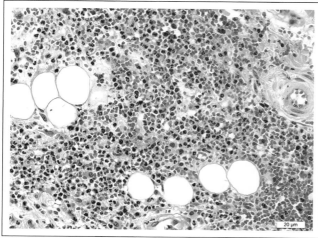

图 4-14　犬　眼睑出血性化脓性炎（b）

浸润的炎性细胞主要为中性粒细胞。

（HE×100）

4.3　增生性炎

【概念】增生性炎（proliferative inflammation）是以组织、细胞的增生为主要特征的炎症。增生的细胞成分包括巨噬细胞、成纤维细胞等，同时炎症灶内也有一定程度的变质和渗出。一般为慢性炎症，但亦可呈急性经过。

【病例背景信息】猫，颈背部皮肤。

【组织病理学变化】见图 4-15 至图 4-17。

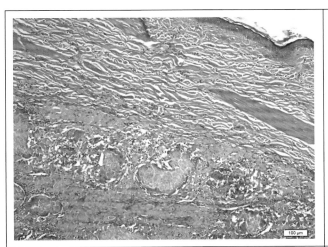

图 4-15　猫　皮肤肉芽肿（a）

真皮层深部及皮下组织内可见多处形状

不规则的坏死灶。

（HE×100）

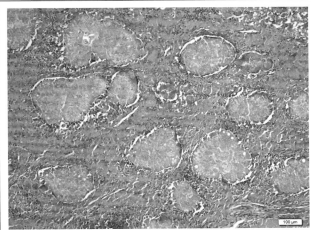

图 4-16　猫　皮肤肉芽肿（b）

真皮层深部及皮下组织内可见多处形状

不规则的坏死灶。

（HE×100）

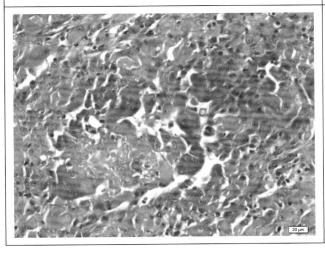

图 4-17　猫　皮肤肉芽肿（c）

坏死灶周围可见上皮样细胞，细胞体积较大，

胞浆丰富，细胞核呈圆形或卵圆形，染色

质少，呈空泡状，核仁清晰可见。还

可见朗罕氏多核巨细胞，胞体巨大，

内有多个核排列在细胞

周边，呈马蹄状。

（HE×400）

【病例背景信息】犬，阴囊。

【组织病理学变化】见图 4-18 和图 4-19。

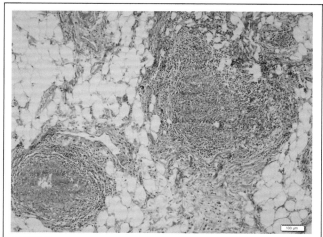

图4-18 犬 阴囊肉芽肿性炎（a）

脂肪组织中可见细胞成分丰富的团块，团块

中心为粉染无结构的坏死组织。

（HE×100）

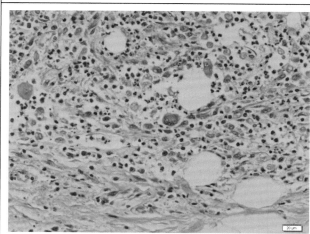

图4-19 犬 阴囊肉芽肿性炎（b）

炎性细胞多为核圆形深染、细胞质较少的淋

巴样细胞和分叶核的中性粒细胞。细胞核

呈梭形的成纤维细胞和细胞核呈圆形，

胞质丰富的上皮样细胞松散排列；

可见多核巨细胞。

（HE×400）

心血管系统是由心脏、动脉、静脉和毛细血管组成的一个封闭的管道系统。当心血管系统发生机能性或器质性疾病时，就必然引起全身或局部血液循环紊乱，进而导致各器官组织发生代谢、机能和结构方面的改变，甚至造成对生命的威胁。反过来，机体其他器官和组织一旦发生疾患时，也必定以不同方式和不同程度影响心血管系统，使其功能和结构发生改变。

本章主要内容是心血管系统各部分的炎症，即心肌炎、心内膜炎、心包炎以及脉管炎。心肌炎根据炎症发生的部位和性质，可分为实质性心肌炎、间质性心肌炎和化脓性心肌炎三种基本类型。心内膜炎根据心瓣膜受损严重程度分为疣状血栓性内膜炎和溃疡性心内膜炎两种类型；心包炎是指心包的壁层和脏层浆膜（即心外膜）的炎症，可表现为局灶性或弥漫性。心包炎按其炎性渗出物的性质可区分为浆液性、浆液纤维素性、化脓性、浆液出血性等类型，但兽医临床诊断上最常见的是浆液纤维素性心包炎。脉管炎可分为动脉炎和静脉炎两类。

5.1　心肌炎

【概念】心肌炎（myocarditis）是指心肌的炎症。动物的心肌炎，一般呈急性经过，而且伴有明显的心肌纤维变性和坏死过程。

【病例背景信息】梅花鹿，心脏。大体剖检可见心外膜散布着大小不一、灰白色的结节样病灶；心脏质地改变，触之坚硬。

【组织病理学变化】见图 5-1 至图 5-3。

图 5-1　梅花鹿　化脓性心肌炎（a）

心肌纤维广泛性坏死、崩解；大量炎性

细胞浸润。

（HE×100）

图 5-2　梅花鹿　化脓性心肌炎（b）

心肌纤维断裂、崩解。大量炎性细胞浸润。

（HE×200）

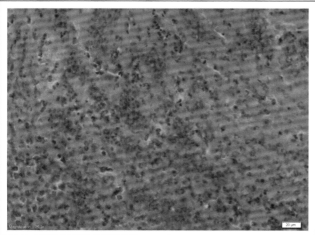

图 5-3　梅花鹿　化脓性心肌炎（c）

心肌坏死灶内可见大量中性粒细胞、

淋巴细胞等炎性细胞浸润。

（HE×400）

【病例背景信息】肉鸡，心脏。

【组织病理学变化】见图 5-4 和图 5-5。

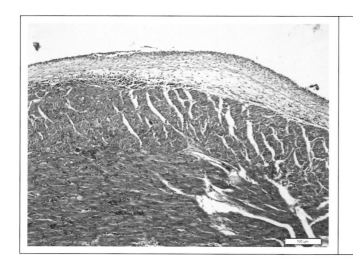

图 5-4　肉鸡　间质性心肌炎（a）

心外膜增宽，结缔组织疏松水肿，其间可见

炎性细胞浸润。局部心肌间有大量炎性

细胞浸润及少量出血，

心肌纤维断裂。

（HE×100）

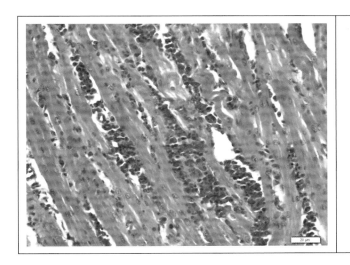

图 5-5　肉鸡　间质性心肌炎（b）

心肌细胞肿胀、部分断裂、溶解、心肌纤维

间可见异嗜性粒细胞、巨噬细胞及

淋巴样细胞浸润。

（HE×400）

【病例背景信息】SD 大鼠，雄性，SPF 级。

【组织病理学变化】见图 5-6 和图 5-7。

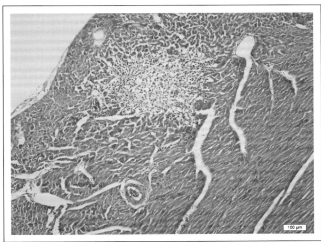

图 5-6　SD 大鼠　局灶性心肌炎（a）

局部心肌纤维断裂坏死，炎性细胞浸润。

（HE×100）

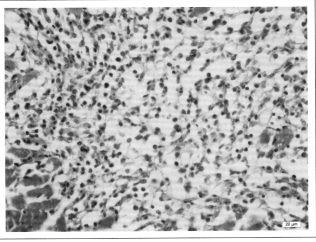

图 5-7　SD 大鼠　局灶性心肌炎（b）

坏死灶内可见淋巴样细胞浸润。

（HE×400）

【病例背景信息】猪，心脏。

【组织病理学变化】见图 5-8 和图 5-9。

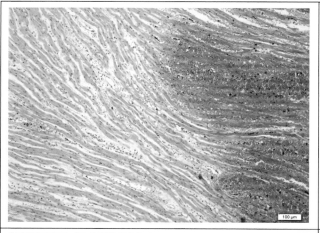

图 5-8　猪　出血性心肌炎（a）

心肌纤维间大量出血，排列疏松，

细胞间可见细胞成分。

（HE×100）

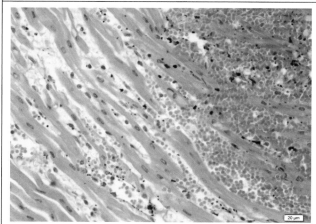

图 5-9　猪　出血性心肌炎（b）

出血灶内心肌纤维断裂，出血部位心肌纤维

间散在大量红细胞，含铁血黄素沉积，

可见少量淋巴样细胞浸润。

（HE×400）

5.2　心包炎

　　【概念】心包炎（pericarditis）是指心包的壁层和脏层浆膜的炎症，可表现为局灶性或弥漫性。动物的心包炎多呈急性经过，通常伴发于其他疾病过程中，有时也以独立疾病（如牛创伤性心包炎）的形式表现出来。心包炎按其炎性渗出物的性质可区分为浆液性、浆液纤维素性、化脓性、浆液出血性等类型，但兽医临床诊断上最常见的是浆液纤维素性心包炎。

　　【病例背景信息】肉鸡，心脏。

　　【组织病理学变化】见图 5-10 和图 5-11。

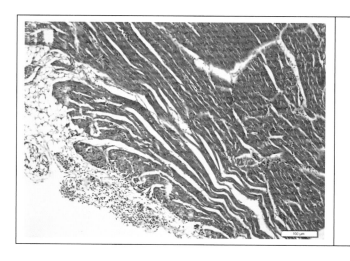

图 5-10　肉鸡　心包炎（a）

心脏外膜增厚，组织疏松水肿，其间可见

大量蓝染的炎性细胞浸润。

（HE×100）

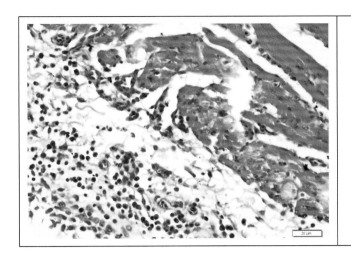

图 5-11　肉鸡　心包炎（b）

增厚的心外膜内可见胞核蓝染呈圆形，偏于
细胞一侧，胞浆较丰富、红染的浆细胞
以及胞核呈圆形、蓝染，胞浆较少的
淋巴细胞等炎性细胞浸润。邻近的
心肌间可见炎性细胞浸润，
心肌细胞肿胀变性。

（HE×400）

5.3　脉管炎——慢性动脉炎

【概念】慢性动脉炎（chronic arteritis）多由急性炎症发展而来，常见于受损伤血管的修复、血栓机化以及慢性炎症中的血管。其特点是血管壁有炎性细胞浸润，初期细小纤维和弹性纤维增多，后期则是致密纤维组织增生。

【病例背景信息】小型猪，高脂喂养，动脉粥样硬化模型。

【组织病理学变化】见图 5-12 和图 5-13。

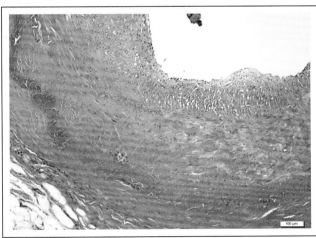

图 5-12　小型猪　动脉粥样硬化（a）

内膜增厚，可见大量泡沫样细胞聚集。

（HE×200）

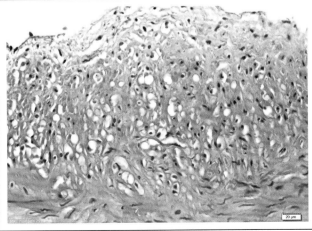

图 5-13　小型猪　动脉粥样硬化（b）

泡沫样细胞圆形，体积较大，
在胞质内有大量小空泡。

（HE×400）

【病例背景信息】C57 小鼠，动脉粥样硬化模型。

【组织病理学变化】见图 5-14 至图 5-18。

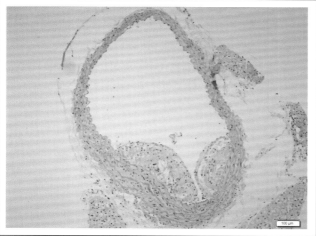

图 5-14　C57 小鼠　动脉粥样硬化（a）

可见动脉内膜局部增厚，突起形成斑块，
血管管腔变窄。
（HE×100）

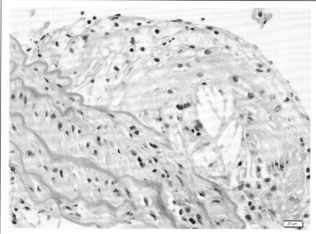

图 5-15　C57 小鼠　动脉粥样硬化（b）

斑块内可见吞噬有脂类物质的胞浆呈泡沫
样的巨噬细胞，纤维结缔组织增生。
（HE×400）

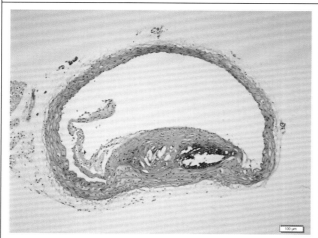

图 5-16　C57 小鼠　动脉粥样硬化（c）

可见动脉内膜局部增厚，突起形成斑块，
血管管腔变窄。
（HE×100）

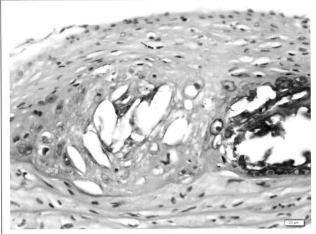

图 5-17　C57 小鼠　动脉粥样硬化（d）
斑块内可见吞噬有脂类物质的胞浆呈泡沫
样的巨噬细胞，纤维结缔组织增生，
可见蓝染的钙化灶。
（HE×400）

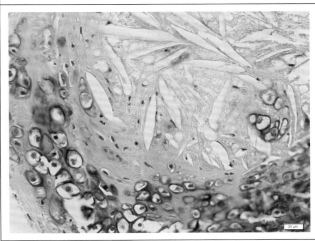

图 5-18　C57 小鼠　动脉粥样硬化（e）
部分斑块内可见胆固醇结晶形成的裂隙。
（HE×400）

5.4　心脏寄生虫感染

【病例背景信息】羊，心脏。
【组织病理学变化】见图 5-19 和图 5-20。

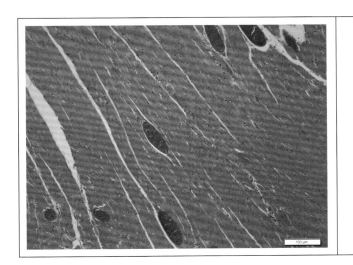

图 5-19　羊　心脏寄生虫感染（a）
心肌间可见大小、数量不等的纺锤形、圆柱
形或卵圆形的与肌纤维平行的包囊。
（HE×100）

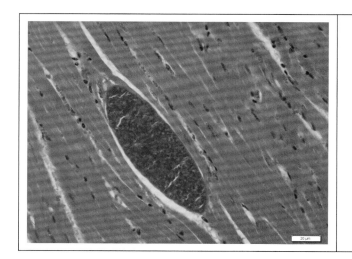

图5-20 羊 心脏寄生虫感染（b）

心肌间可见大小、数量不等的纺锤形、圆柱形或卵圆形的与肌纤维平行的包囊。

（HE×400）

6 呼吸系统病理

呼吸系统是执行机体与外界进行气体交换的器官总称，包括呼吸道（鼻腔、咽、喉、气管、支气管）和肺。外源性致病因子（病原微生物、有毒气体、粉尘等）易随呼吸进入呼吸系统引起疾病。最常见的呼吸系统疾病包括气管支气管炎（tracheobronchitis）和肺炎（pneumonia）。

气管支气管炎指气管和支气管黏膜的炎症。按照病程长短，可分为急性气管支气管炎和慢性气管支气管炎。

肺炎是肺脏多见的病理过程，肺炎有不同的分类方法。按照病因进行分类，可分为细菌性肺炎、病毒性肺炎、支原体肺炎、霉菌性肺炎、寄生虫性肺炎、中毒性肺炎和吸入性肺炎等。按炎症性质进行分类，可分为浆液性肺炎、卡他性肺炎、纤维素性肺炎、化脓性肺炎、出血性肺炎、坏疽性肺炎和肉芽肿性肺炎等。按发生的部位和病变累及的范围分类，可分为小叶性肺炎（支气管肺炎）、融合性肺炎、大叶性肺炎（纤维素性肺炎）和间质性肺炎。

6.1 气管炎

【概念】气管炎（tracheitis）是指气管发生弥漫性炎症。通常由病毒、细菌或其他感染性因素引起。

【病例背景信息】鸡，通过免疫新支二联活苗后不同时间，使用传染性支气管炎强毒进行攻毒评价疫苗保护效果，采集气管环进行病理切片观察，评价气管环的损伤情况。

【组织病理学变化】见图 6-1 和图 6-2。

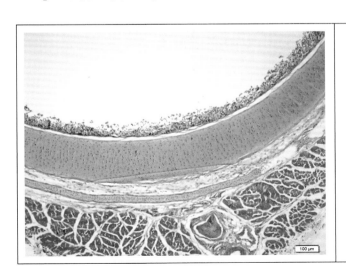

图 6-1　鸡　气管炎（a）

大部分黏膜上皮脱落，黏膜固有层水肿增厚，

结构稀疏，并伴有炎性细胞浸润，

黏膜固有层及黏膜下层轻度

充血或出血。

（HE×100）

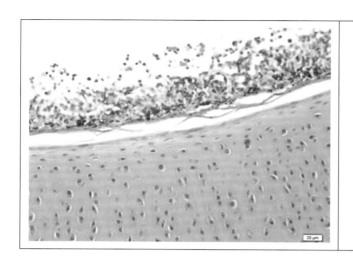

图 6-2　鸡　气管炎（b）

黏膜层细胞的纤毛脱失，大部分纤毛细胞、
杯状细胞等黏膜上皮细胞变性、坏死、
脱落，黏膜固有层可见大量淋巴细胞
浸润和红细胞散在分布。

（HE×400）

6.2　化脓性肺炎

【概念】化脓性肺炎（suppurative pneumonia）是指肺组织中感染细菌引起的炎症反应，化脓性肺炎肺脏有大量中性粒细胞渗出，并伴有不同程度的组织坏死和脓液形成。

【病例背景信息】家猫，5 岁 3 个月。临床表现呼吸急促，食欲差，精神萎靡。送检肺叶比重大，沉于固定液中，表面颜色不均匀，质地较实。

【组织病理学变化】见图 6-3 和图 6-4。

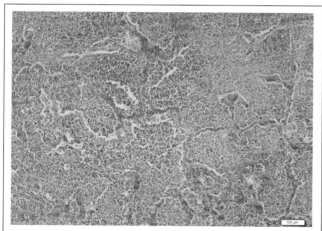

图 6-3　家猫　化脓性肺炎（a）

肺泡腔融合，扩张，血管充血、淤血，肺泡
腔内充满细胞成分。可见局部
肺泡腔内出血。

（HE×100）

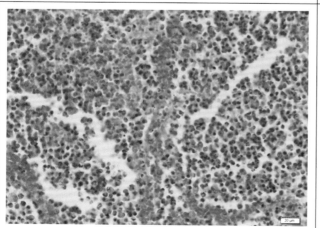

图 6-4　家猫　化脓性肺炎（b）

肺泡隔结构不清，肺泡腔内可见大量中性
粒细胞和少量胞核呈不规则形，胞体
较大的巨噬细胞浸润。红细胞散在
分布于炎性细胞之间。

（HE×400）

6.3 大叶性肺炎

【**概念**】大叶性肺炎（lobar pneumonia）是以肺泡内渗出大量纤维素为特征的急性炎症，所以又称为纤维素性肺炎（fibrinous pneumonia）。

【**病例背景信息**】犬，肺脏。

【**组织病理学变化**】见图6-5至图6-10。

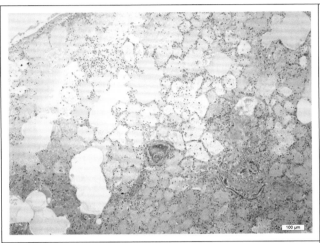

图6-5 犬 大叶性肺炎——充血水肿期（a）

肺脏血管充血、淤血，肺泡腔内
充满浆液性淡粉染渗出物。

（HE×100）

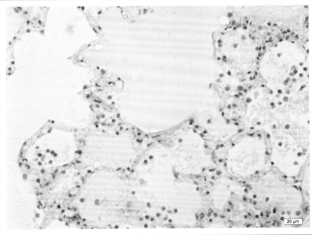

图6-6 犬 大叶性肺炎——充血水肿期（b）

肺泡腔中有浆液性渗出物，伴有少量
中性粒细胞浸润。

（HE×400）

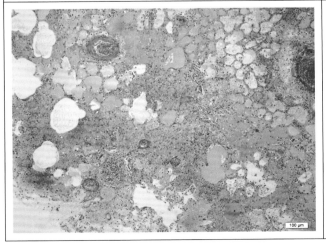

图6-7 犬 大叶性肺炎——红色肝变期（c）

肺脏血管充血、淤血，肺泡腔中有大量
红细胞渗出和纤维素性渗出物，伴有
炎性细胞浸润。

（HE×100）

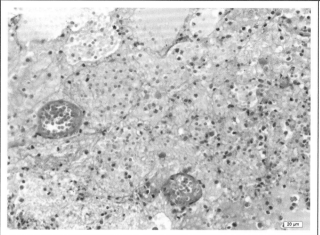

图 6-8　犬　大叶性肺炎——红色肝变期（d）

可见肺脏血管充血、淤血，肺泡腔中有大量
红细胞渗出和纤维素性渗出物，伴有
多量中性粒细胞浸润。

（HE×400）

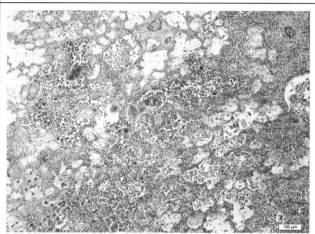

图 6-9　犬　大叶性肺炎——灰色肝变期（e）

肺泡腔内有大量纤维素性渗出物和大量炎性
细胞浸润；可见多处蓝染菌团。

（HE×100）

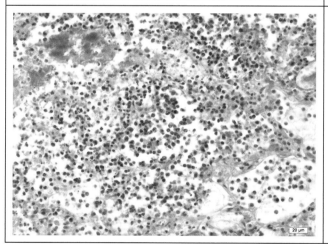

图 6-10　犬　大叶性肺炎——灰色肝变期（f）

可见浸润的炎性细胞以中性粒细胞和
淋巴样细胞为主。

（HE×400）

6.4　间质性肺炎

【概念】间质性肺炎（interstitial pneumonia）是指肺泡壁、支气管周围、血管周围及小叶间质等间质部位发生的炎症，特别是肺泡壁因增生、炎性浸润而增宽的炎性反应。

【病例背景信息】SD 大鼠，雄性，SPF 级。

【组织病理学变化】见图 6-11 和图 6-12。

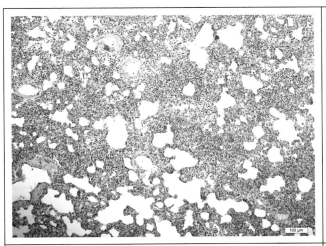

图 6-11　大鼠　间质性肺炎（a）

部分肺泡腔断裂、融合，局部肺泡隔增宽、
增厚，细胞成分增多。

（HE×100）

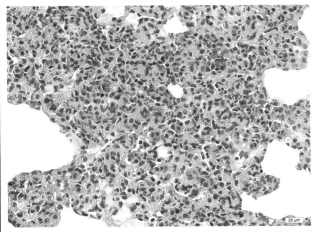

图 6-12　大鼠　间质性肺炎（b）

局部增厚的肺间质区域可见变性、坏死、
脱落的肺泡上皮细胞，并伴有胞核
深染、胞浆稀少的淋巴细胞浸润。

（HE×400）

【病例背景信息】C57 小鼠，肺脏。疫苗免疫效果评价，滴鼻攻毒组。

【组织病理学变化】见图 6-13 至图 6-15。

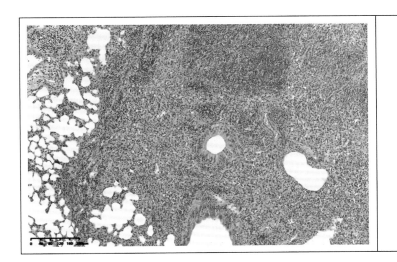

图 6-13　C57 小鼠　间质性肺炎（a）

部分肺泡腔断裂、融合，局部肺泡隔
增宽、增厚，细胞成分增多。

（HE×100）

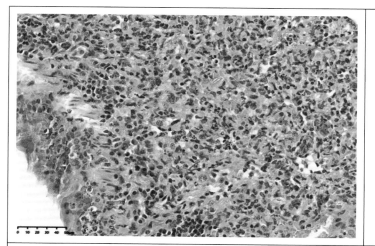

图 6-14　C57 小鼠　间质性肺炎（b）

局部增厚的肺间质区域可见变性、坏死、脱落的肺泡上皮细胞，并伴有大量淋巴细胞与中性粒细胞浸润。

（HE×400）

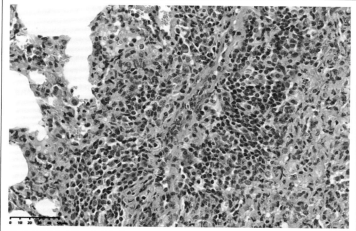

图 6-15　C57 小鼠　间质性肺炎（c）

局部增厚的肺间质区域可见变性、坏死、脱落的肺泡上皮细胞，并伴有大量淋巴细胞与中性粒细胞浸润。

（HE×400）

【病例背景信息】C57 小鼠，基孔肯雅病毒（CHIKV）滴鼻攻毒。

【组织病理学变化】见图 6-16 和图 6-17。

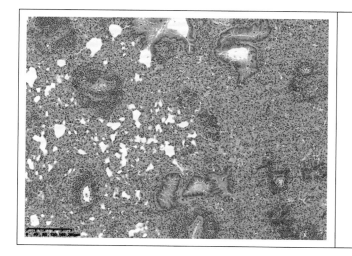

图 6-16　C57 小鼠　间质性肺炎（a）

局部肺泡隔增宽；血管及支气管周围炎性细胞浸润，并在血管周围形成管套。

（HE×100）

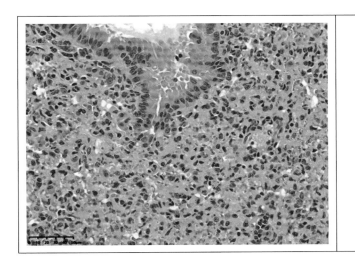

图 6-17　C57 小鼠　间质性肺炎（b）

血管周围可见大量淋巴细胞浸润。

（HE×400）

【病例背景信息】SD 大鼠，雌性，SPF 级。

【组织病理学变化】见图 6-18 和图 6-19。

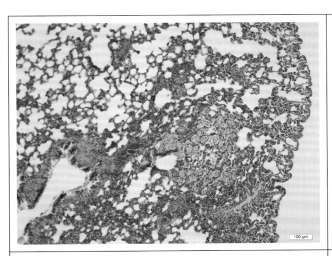

图 6-18　大鼠　肺脏泡沫细胞增生（a）

部分肺泡隔增宽，局部可见肺泡腔内填充
有体积较大、胞浆粉染的泡沫细胞。

（HE×100）

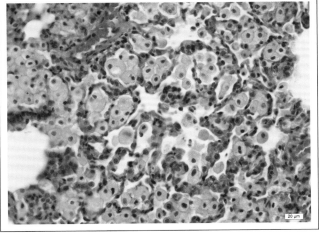

图 6-19　大鼠　肺脏泡沫细胞增生（b）

肺脏局部可见肺泡腔内填充有体积较大、
胞浆粉染的泡沫细胞。

（HE×400）

6.5　肺结核

【概念】肺结核（pulmonary tuberculosis）是结核分枝杆菌复合群侵入肺部引起的感染性疾病，会形成有相对诊断意义的特征性肉芽肿。

【组织病理学变化】见图 6-20 至图 6-23。

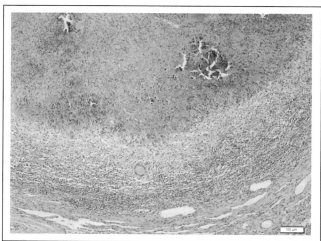

图 6-20　牛　肺结核（a）

肺组织结构辨别不清，肺结核结节

中心可见大片坏死。

（HE×100）

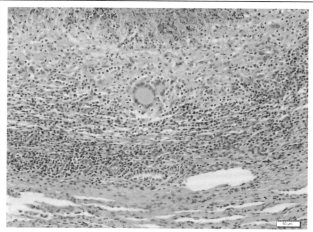

图 6-21　牛　肺结核（b）

结核结节外层为上皮样细胞和多核巨细胞

组成的特殊肉芽组织，最外层为结缔

组织构成的普通肉芽组织。

（HE×200）

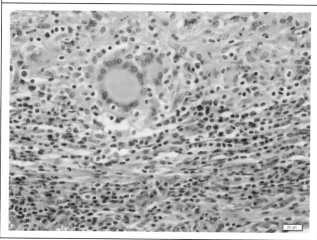

图 6-22　牛　肺结核（c）

坏死灶外层为上皮样细胞和多核巨细胞组成

的特殊肉芽组织，最外层为结缔组织

构成的普通肉芽组织，其中有

大量淋巴细胞浸润。

（HE×400）

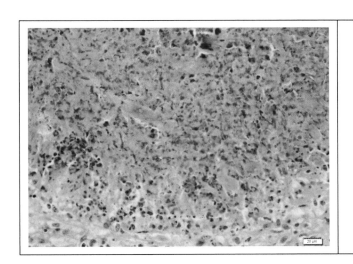

图 6-23   牛   肺结核（d）

肺结核中心为均质红染的坏死细胞和
蓝染的颗粒状钙化灶。

（HE×400）

6.6   肺水肿

【概念】肺水肿（pulmonary edema）是指肺组织中异常积聚液体。这种液体可以是血浆、红细胞、白细胞、蛋白质和细胞碎片等。肺水肿的病理学表现包括肺泡壁和间质的水肿、肺泡内液体积聚和肺泡腔内液体积聚等。

【病例背景信息】C57BL/6J 小鼠，肺脏。流感病毒 H7 毒株攻毒组。

【组织病理学变化】见图 6-24 至图 6-26。

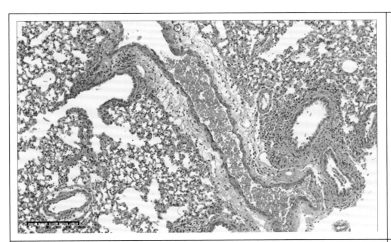

图 6-24   小鼠   肺水肿（a）

部分血管扩张、充血，管壁周围结缔
组织疏松水肿，炎性细胞浸润。

（HE×100）

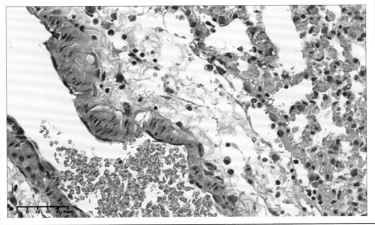

图 6-25   小鼠   肺水肿（b）

可见血管管壁周围结缔组织疏松水肿，
炎性细胞浸润。

（HE×400）

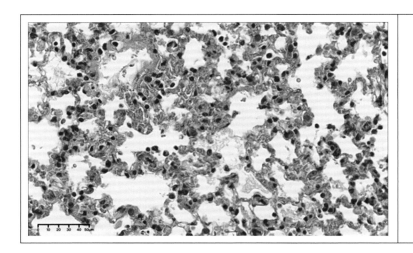

图 6-26　小鼠　肺水肿（c）
部分肺泡腔内可见浆液性、纤维素性
渗出物，少量坏死脱落的肺泡上皮
细胞及淋巴细胞等炎性细胞。
（HE×400）

7 消化系统病理

消化系统由口腔、消化道和消化腺等构成，是机体的重要组成部分。消化道与外界相通，最易受各种病原的侵害而出现多种病理过程，如胃炎、肠炎、肝炎、肝硬化和胰腺炎等。

胃炎（gastritis）是指胃壁表层或深层组织的炎症。胃炎的性质视渗出物的种类而定，有卡他性、浆液性、化脓性、出血性和纤维素性几种。

肠炎（enteritis）是指肠道的某段或整个肠道的炎症。根据病程长短而将肠炎分为急性和慢性两种；根据渗出物性质和病变特点又分为卡他性肠炎、出血性肠炎、纤维素性肠炎和慢性增生性肠炎。

肝炎（hepatitis）是指肝脏在某些致病因素作用下发生的以肝细胞变性、坏死、炎性细胞浸润和间质增生为主要特征的一种炎症过程。引起肝炎的病因很多，根据病原是否具有传染性把肝炎分为传染性肝炎和中毒性肝炎两类。各类型的肝炎病变基本相同，都是以肝实质损伤为主，即肝细胞变性和坏死，同时伴有不同程度的炎性细胞浸润、间质增生和肝细胞再生等。

肝硬化（cirrhosis of liver）是由多种原因引起的以肝组织严重损伤和结缔组织增生为特征的慢性肝脏疾病。肝硬化的病理变化特征基本一致，首先是肝细胞发生缓慢的进行性变性坏死，继之肝细胞再生和间质结缔组织增生，增生的结缔组织将残余的和再生的肝细胞围成结节状（假性肝小叶），最后结缔组织纤维化，导致肝硬化。

胰腺炎（pancreatitis）是胰腺因胰蛋白酶的自身消化作用引起的一种炎症性疾病。急性胰腺炎（acute pancreatitis）是指以胰腺水肿、出血和坏死为特征的胰腺炎。慢性胰腺炎（chronic pancreatitis）是指胰腺呈现以弥漫性纤维化、体积显著缩小为特征的胰腺炎，多由急性胰腺炎演变而来。

7.1 化脓性口炎

【概念】化脓性口炎（suppurative stomatitis）是指口腔黏膜部位发生以中性粒细胞的浸润为主的炎性反应。

【病例背景信息】长毛猫，13岁，雄性，已去势。口腔内肿物大小为 0.5 cm×0.8 cm×0.3 cm，褐色，多块组织，糟脆。无包膜，有破溃，与周围组织有粘连，侵袭性生长，刀片切割采样，含正常黏膜组织及白色溃疡组织；左侧颊部黏膜溃疡性肿胀，口腔内其他部位牙龈及黏膜均正常，未见牙周炎，怀疑口腔鳞状上皮癌。

【组织病理学变化】见图 7-1 至图 7-3。

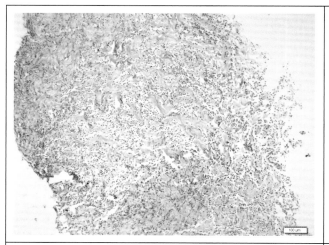

图7-1　猫　口腔化脓性炎（a）

溃疡处口腔黏膜上皮层不完整，固有层纤维
结缔组织间可见大量炎性细胞浸润。

（HE×100）

图7-2　猫　口腔化脓性炎（b）

未破溃处黏膜上皮细胞轻度增生，上皮细胞
与纤维结缔组织间可见较多
炎性细胞浸润。

（HE×100）

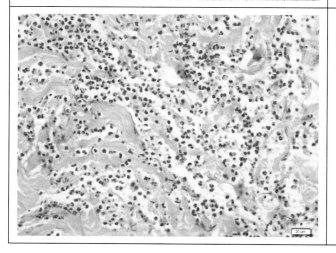

图7-3　猫　口腔化脓性炎（c）

结缔组织疏松水肿，胶原纤维断裂，浸润的
炎性细胞主要以中性粒细胞为主。

（HE×400）

【病例背景信息】猫，雌性，已绝育，5岁。口腔左侧后臼齿内侧增生物。口腔问题已有3个月，用抗生素和激素曾有好转，但又复发。

【组织病理学变化】见图7-4和图7-5。

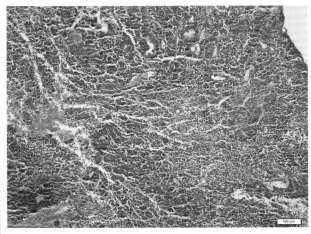

图7-4　猫　口腔化脓性炎（a）

固有层纤维结缔组织间有大量
炎性细胞浸润。

（HE×100）

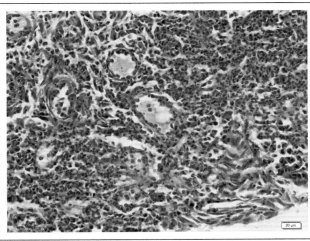

图7-5　猫　口腔化脓性炎（b）

结缔组织疏松水肿，胶原纤维断裂，浸润的
炎性细胞主要以中性粒细胞为主。

（HE×400）

7.2　嗜酸性口炎

【概念】嗜酸性口炎（eosinophilic stomatitis）是指口腔黏膜部位发生以嗜酸性粒细胞的浸润为主的炎性反应。

【病例背景信息】俄罗斯蓝猫，2岁，雄性，未去势。口腔舌下肿物，大小为1.5 cm×1.0 cm×1.0 cm，褐色，质中。原发肿物大小为2.0 cm×0.8 cm×1.0 cm，无包膜，有破溃，无粘连。从肿物下方基部切除，可能附带少量正常组织，口臭流涎，异常肿物占位，口臭大约持续3个月，抗生素阿莫西林克拉维酸钾治疗。

【组织病理学变化】见图7-6至图7-8。

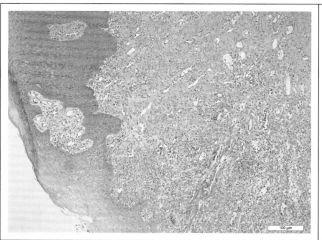

图 7-6　猫　嗜酸性口炎（a）
可见黏膜层表面破溃，破溃区域周围的
局部黏膜有轻度增厚，固有层结缔
组织之间可见炎性细胞浸润。

（HE×100）

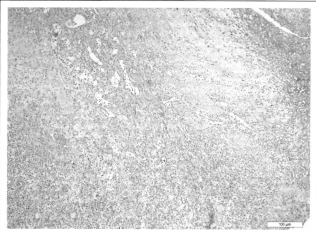

图 7-7　猫　嗜酸性口炎（b）
肿物深层为增生的结缔组织，可在组织间见
大小不等的血管分布，血管内充满红细胞。
局部结缔组织疏松水肿，间隙增宽，
并可见出血。局部可见结缔组织
坏死，胶原纤维溶解。

（HE×100）

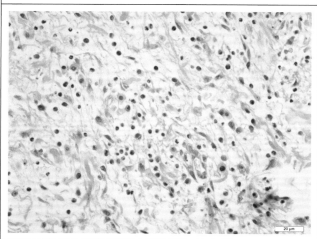

图 7-8　猫　嗜酸性口炎（c）
深层的结缔组织间可见有嗜酸性粒细胞和中
性粒细胞浸润。坏死区域组织结构消失，
胶原纤维溶解，可见残存的组织碎片。

（HE×400）

7.3　浆细胞性口炎

【概念】浆细胞性口炎（plasma cell stomatitis）是指口腔黏膜部位发生以浆细胞浸润为主的炎性反应。

【病例背景信息】DSH 猫，6 岁，雄性，未去势。送检样本为一口腔颊黏膜肿物，大小约 0.5 cm×0.5 cm，质地较软。

【组织病理学变化】见图 7-9 和图 7-10。

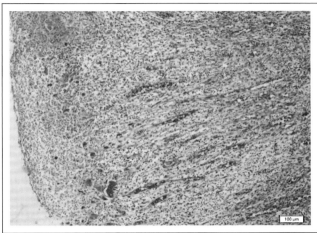

图 7-9　猫　浆细胞性口炎（a）

肿物间可见炎性细胞浸润。

（HE×100）

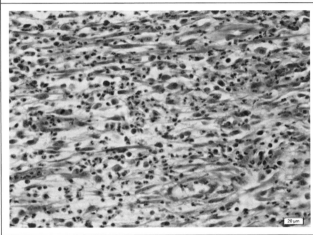

图 7-10　猫　浆细胞性口炎（b）

肿物中央区域浸润细胞主要为胞体呈圆形或
卵圆形，胞浆丰富，胞核为圆形、偏于
细胞一侧的浆细胞，局部浆细胞间
可见大量红细胞。

（HE×400）

7.4　出血性齿龈炎

【概念】出血性齿龈炎（hemorrhagic gingivitis）指齿龈组织发生炎症，主要表现为齿龈组织的红肿、充血和增厚。

【病例背景信息】比熊犬，5岁，雄性。右上犬齿与切齿之间的肿物，直径约为 1.5 cm，粉色，无包膜，质地坚硬。

【组织病理学变化】见图 7-11 至图 7-13。

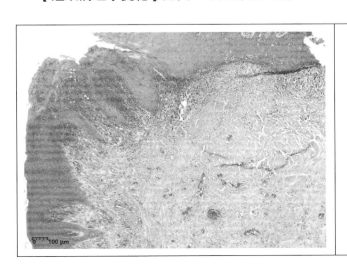

图 7-11　犬　出血性齿龈炎（a）

表皮破溃，固有层出血，炎性细胞浸润。

（HE×100）

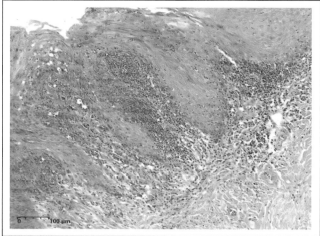

图 7-12　犬　出血性齿龈炎（b）
表皮破溃的区域下可见大量红细胞，
固有层结缔组织增生，可见大量
浸润的炎性细胞。
（HE×200）

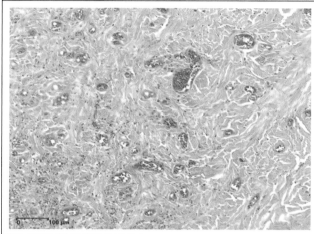

图 7-13　犬　出血性齿龈炎（c）
表皮层下可见大量的小血管成分，血管腔
大小不等，小血管内大量充血。
（HE×200）

7.5　肝炎

【肝炎】肝炎（hepatitis）是指肝脏在某些致病因素作用下发生的以肝细胞变性、坏死、炎性细胞浸润和间质增生为主要特征的一种炎症过程。

【病例背景信息】加州鲈鱼，肝脏。

【组织病理学变化】见图 7-14 至图 7-16。

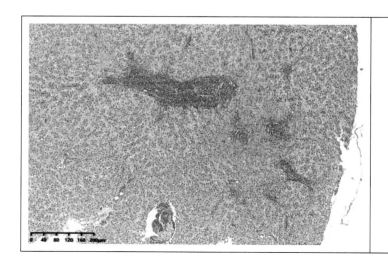

图 7-14　加州鲈鱼　局灶性肝炎（a）
局部肝实质、血管周围以及胰腺周围
可见炎性细胞浸润。
（HE×100）

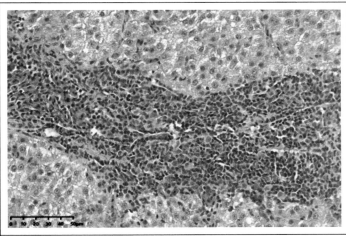

图 7-15　加州鲈鱼　局灶性肝炎（b）

局部肝实质、血管周围以及胰腺周围

可见炎性细胞浸润。

（HE×400）

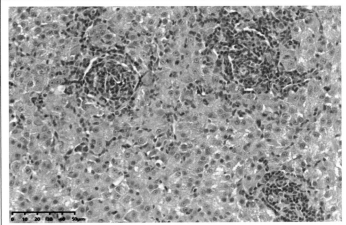

图 7-16　加州鲈鱼　局灶性肝炎（c）

局部肝实质可见大量淋巴样细胞浸润，

周围肝细胞肿胀、变性。

（HE×400）

【病例背景信息】肉鸡，肝脏。

【组织病理学变化】见图 7-17 和图 7-18。

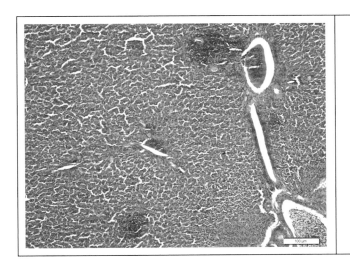

图 7-17　鸡　局灶性肝炎（a）

肝脏组织中散在分布有多个炎性灶。

（HE×100）

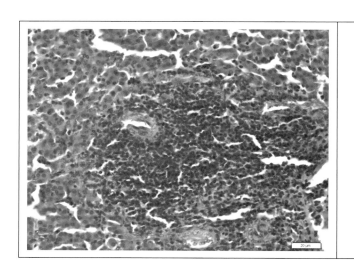

图 7-18 鸡 局灶性肝炎（b）

炎性灶内以淋巴样细胞为主，可见巨噬细胞。

（HE×400）

【病例背景信息】羊，肝脏。

【组织病理学变化】见图 7-19 和图 7-20。

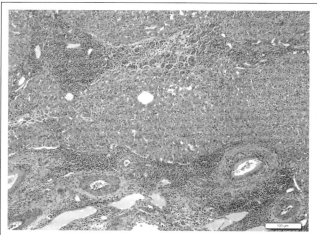

图 7-19 羊 肝炎（a）

肝脏组织中散在分布有多个炎性灶，

汇管区可见炎性细胞浸润。

（HE×100）

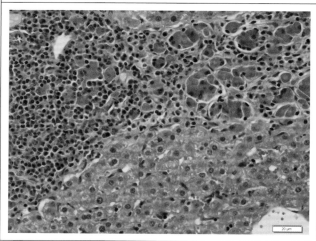

图 7-20 羊 肝炎（b）

炎性灶内可见大量淋巴样细胞浸润。

（HE×400）

【病例背景信息】犬。贫血，剖检可见肝脏广泛性点状病变。

【组织病理学变化】见图 7-21 至图 7-23。

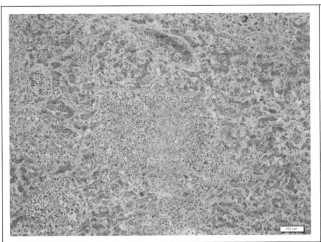

图 7-21　犬　坏死性肝炎（a）

肝脏原有组织结构不清，散在大量炎性细胞
浸润灶和坏死灶。残存的肝细胞呈条索状，
肝索之间可见均质粉染物质。

（HE×100）

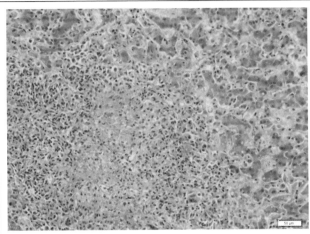

图 7-22　犬　坏死性肝炎（b）

坏死灶内细胞崩解，残余粉染蛋白样物质、
胞核碎片及淤积的胆色素，坏死灶
周围可见炎性细胞浸润。

（HE×200）

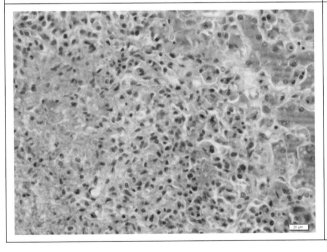

图 7-23　犬　坏死性肝炎（c）

坏死灶周围浸润的炎性细胞以淋巴样细胞和
巨噬细胞为主。肝细胞形状不规则，胞浆
内可见大小不一的空泡，胞核被挤向
细胞一侧。肝细胞周围窦周隙扩张，
其内充满无结构的粉染物质。
扩张的毛细胆管内可见
胆汁淤积。

（HE×400）

【病例背景信息】长爪沙鼠，肝脏。

【组织病理学变化】见图 7-24 和图 7-25。

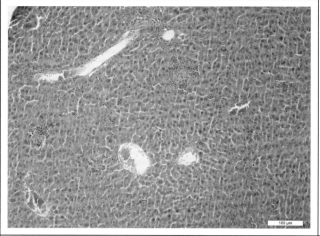

图 7-24　长爪沙鼠　坏死性肝炎（a）

局部肝实质内可见多个散在的坏死灶。

（HE×100）

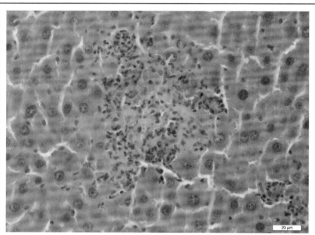

图 7-25　长爪沙鼠　坏死性肝炎（b）

坏死灶内肝细胞崩解，胞核碎裂，残余粉染

蛋白样物质，可见散在红细胞、

淋巴细胞浸润。

（HE×400）

【病例背景信息】小鼠，肝脏。

【组织病理学变化】见图 7-26 至图 7-28。

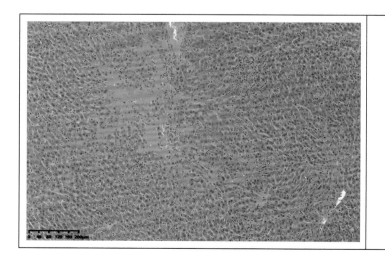

图 7-26　小鼠　坏死性肝炎（a）

肝脏局部区域可见坏死灶，炎性细胞浸润。

（HE×100）

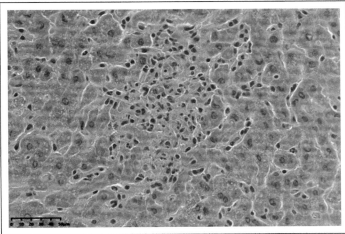

图 7-27　小鼠　坏死性肝炎（b）

坏死区域肝细胞崩解，残余粉染无定形物质
和胞核碎片，其间可见枯否氏细胞浸润。

（HE×400）

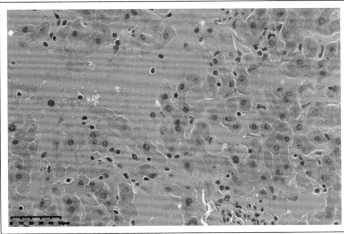

图 7-28　小鼠　坏死性肝炎（c）

坏死区域不可见细胞轮廓，呈现均质粉染。

（HE×400）

7.6　肝硬化

【概念】肝硬化（cirrhosis of liver）是指肝组织严重损伤后，大量结缔组织增生和肝细胞结节状再生而导致的肝脏变硬、变性。

【病例背景信息】羊，肝脏。

【组织病理学变化】见图 7-29 至图 7-31。

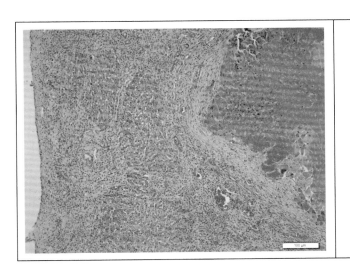

图 7-29　羊　肝硬化（a）

肝脏被膜下及汇管区周围结缔组织增生，
并伴有淋巴样细胞浸润，结缔组织
发生桥联，形成假小叶。

（HE×100）

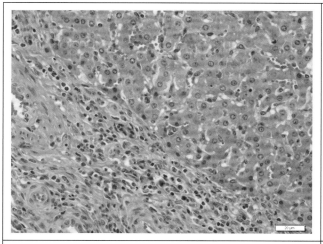

图 7-30　羊　肝硬化（b）

增生的结缔组织和其间浸润的淋巴样细胞。

（HE×400）

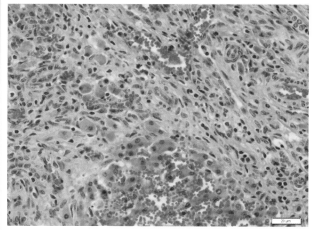

图 7-31　羊　肝硬化（c）

可见肝索结构紊乱、肝细胞坏死。

（HE×400）

【病例背景信息】大鼠，肝脏。高脂饲料＋四氯化碳诱导的非酒精性脂肪性肝炎模型。

【组织病理学变化】见图 7-32 和图 7-33。

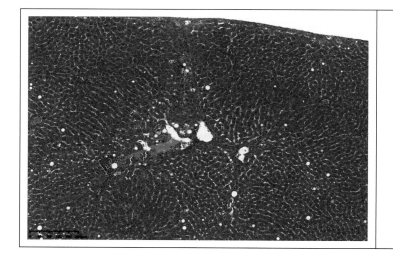

图 7-32　大鼠　肝纤维化（a）

肝脏局部区域发生桥接纤维化，可见较多
纤维延伸形成桥，在肝实质中形成
大量纤维间隔。

（Masson×100）

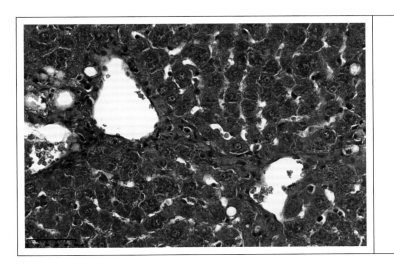

图 7-33 大鼠 肝纤维化（b）

肝脏局部区域发生桥接纤维化，可见较多
纤维延伸形成桥，在肝实质中形成
大量纤维间隔。

（Masson×400）

7.7 肝结核

【概念】肝结核（hepatic tuberculosis）是指结核分枝杆菌侵染至肝脏引起的特异性感染性疾病。多为肝外结核播散引起。

【组织病理学变化】见图 7-34 至图 7-37。

图 7-34 牛 肝结核（a）

结核结节中心可见大片坏死，外层为上皮样
细胞和多核巨细胞组成的特殊肉芽组织，
最外层为结缔组织构成的
普通肉芽组织。

（HE×100）

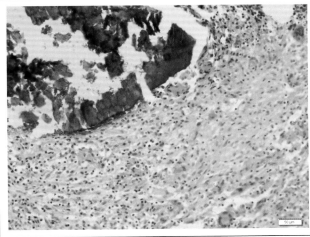

图 7-35 牛 肝结核（b）

坏死区域周围可见上皮样细胞和多核巨细胞
组成的特殊肉芽组织。

（HE×200）

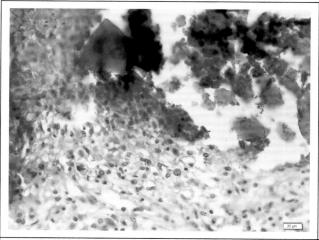

图7-36　牛　肝结核（c）

结核中心为均质红染的坏死细胞和蓝染的

颗粒状钙化灶。

（HE×400）

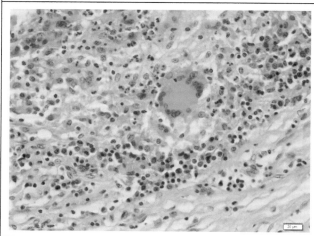

图7-37　牛　肝结核（d）

坏死灶外层为上皮样细胞和多核巨细胞

组成的特殊肉芽组织，其间可见少量

中性粒细胞和淋巴样细胞浸润。

（HE×400）

7.8　肝包炎

【概念】肝包炎（perihepatitis）是指主要发生在肝脏包膜上的炎症反应，可能会导致肝脏包膜纤维组织的过度增生和沉积。

【病例背景信息】昆明小鼠，链球菌试验组，肝脏。

【组织病理学变化】见图7-38至图7-40。

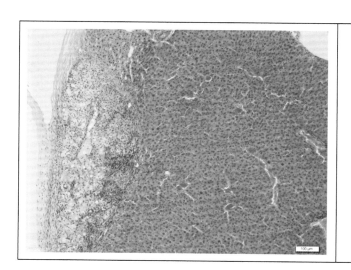

图7-38　小鼠　肝包炎（a）

肝表面被覆的结缔组织被膜明显增厚。

（HE×100）

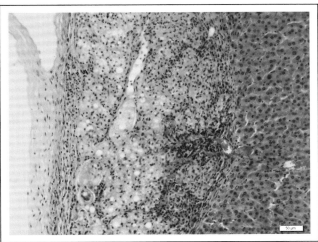

图 7-39　小鼠　肝包炎（b）

被膜结缔组织增生，组织疏松水肿，可见淋
巴样细胞浸润，毛细血管充血、淤血。
被膜下肝实质淤血。

（HE×200）

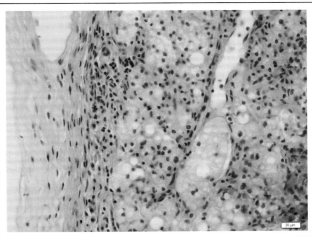

图 7-40　小鼠　肝包炎（c）

被膜结缔组织增生，组织疏松水肿，组织间
可见蛋白样水肿液，以及淋巴样
细胞浸润。

（HE×400）

7.9　鸡马立克病

【概念】鸡马立克病（Marek's disease）是指由双股 DNA 病毒目疱疹病毒科类鸡马立克病毒属病毒引起的鸡淋巴组织增生性肿瘤病。特征是病鸡的外周神经、性腺、虹膜、脏器、肌肉和皮肤等部位的单核细胞浸润和形成肿瘤病灶。

【病例背景信息】鸡，肝脏。在饲养第 75 天出现第一只病鸡死亡，在随后的 5 天内分别有死亡发生，7 天内有 87 只鸡死亡，临床症状表现为白冠。剖检发现肝脏和脾脏肿大。

【组织病理学变化】见图 7-41 和图 7-42。

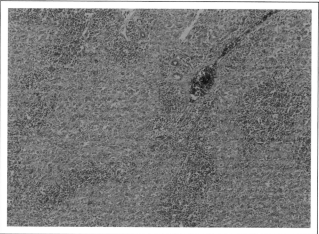

图 7-41　鸡　鸡马立克病（a）

肝脏中可见大量蓝染细胞浸润，呈岛屿状、

片状。局部肝细胞坏死崩解。

（HE×100）

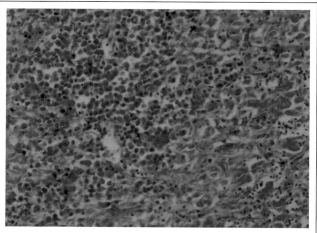

图 7-42　鸡　鸡马立克病（b）

可见增生的细胞形态多样，有的细胞胞体

较大，核偏于一侧，嗜碱性淡蓝染，

胞浆嗜酸性；有的细胞胞核染色

较深，胞浆较少。

（HE×400）

7.10　淋巴细胞白血病

【概念】淋巴细胞白血病（lymphocytic leukemia，LL）也称淋巴细胞增生病或淋巴肉瘤，是禽白血病、肉瘤群中最常见的肿瘤病。淋巴细胞白血病的潜伏期长，一般在 16 周龄以后发病。

【病例背景信息】鸡。剖检可见肝脏、脾脏肿大，部分肝脏和脾脏出现结节样变化，并且腺胃肿胀，肾脏肿胀，部分卵巢发育不良。

【组织病理学变化】见图 7-43 和图 7-44。

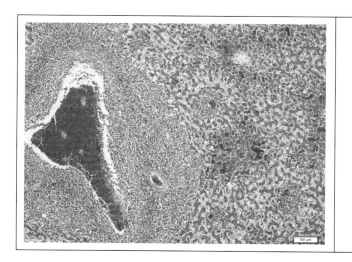

图 7-43　鸡　淋巴细胞白血病（a）

肝组织中出现大小不等的肿瘤细胞灶，

局部肝细胞坏死；肝血窦扩张，

充满粉染物质。

（HE×100）

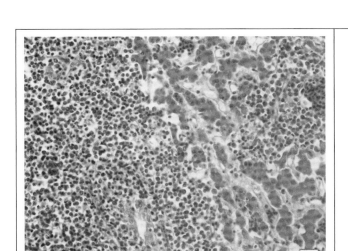

图 7-44　鸡　淋巴细胞白血病（b）

肿瘤细胞大小各异，排列密集，胞核染色较深，
胞浆较少。尚存的肝细胞间可见红细胞和
淋巴样细胞，有些区域可见胞浆为
红色的嗜酸性细胞，胞核为杆状或
椭圆形，无分叶核。

（HE×400）

7.11　胆管增生

【概念】胆管增生（ductular proliferation）是指胆管的上皮细胞数量和形态异常增加。

【病例背景信息】羊，肝脏。

【组织病理学变化】见图 7-45 和图 7-46。

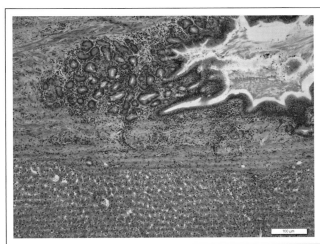

图 7-45　羊　胆管增生（a）

胆管及周围结缔组织增生。

（HE×100）

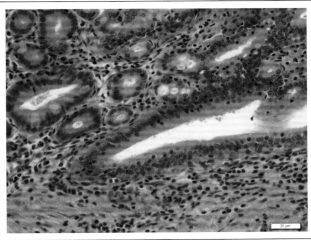

图 7-46　羊　胆管增生（b）

胆管增多，管壁的立方上皮由单层变为多层，
周围结缔组织增生，可见淋巴样
细胞浸润。

（HE×400）

動物疾病組織病理學 *诊断图谱*

【病例背景信息】猫，7 岁，雌性。厌食 2 天。

【组织病理学变化】见图 7-47 至图 7-50。

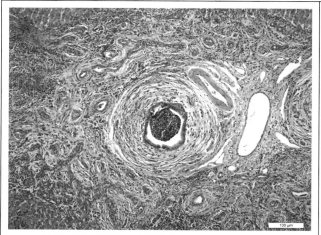

图 7-47　猫　胆管增生（a）

胆管增多，周围结缔组织增生，在胆管内及
周围可见大量淋巴样细胞。

（HE×100）

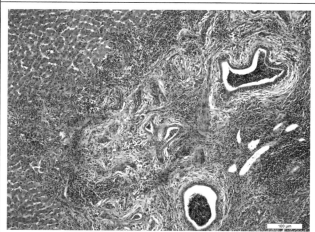

图 7-48　猫　胆管增生（b）

胆管增多，周围结缔组织增生，在胆管内及
周围可见大量淋巴样细胞浸润。

（HE×100）

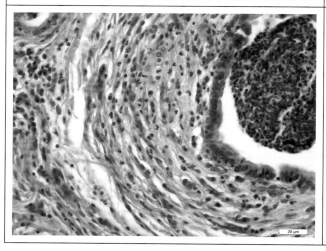

图 7-49　猫　胆管增生（c）

在增生的胆管内及间质中可见大量淋巴样
细胞浸润。

（HE×400）

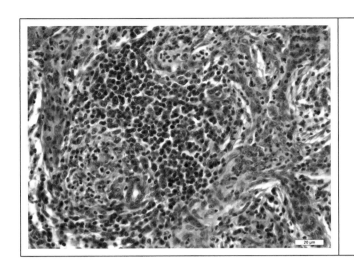

图 7-50 猫 胆管增生（d）

增生的结缔组织内可见大量淋巴样细胞浸润。

（HE × 400）

7.12 胰腺坏死

【概念】胰腺坏死（pancreatic necrosis）是指胰腺组织发生广泛坏死的病理过程。

【病例背景信息】大鼠，胰腺。

【组织病理学变化】见图 7-51 和图 7-52。

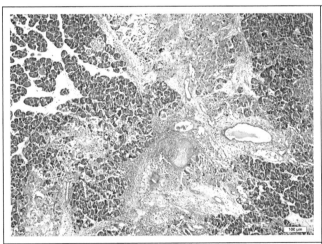

图 7-51 大鼠 胰腺坏死（a）

胰腺内腺泡正常组织结构消失，大量结缔组
织增生、结构疏松、出血。坏死区和
残留的组织间界限不清晰。

（HE × 100）

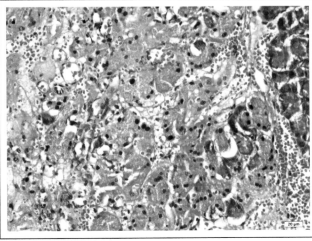

图 7-52 大鼠 胰腺坏死（b）

坏死区胰腺组织结构消失，腺上皮细胞崩解，
坏死灶内可见淋巴细胞。

（HE × 400）

7.13 胰腺炎

【概念】胰腺炎（pancreatitis）是胰腺因胰蛋白酶的自身消化作用而引起的一种炎症性疾病。按胰腺炎的病变特点可分为急性胰腺炎和慢性胰腺炎两种。

【病例背景信息】长爪沙鼠，胰腺。

【组织病理学变化】见图 7-53 和图 7-54。

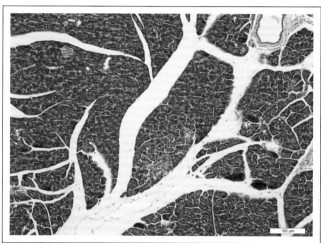

图 7-53 长爪沙鼠 胰腺炎（a）

胰腺组织内可见多个炎性灶。

（HE×100）

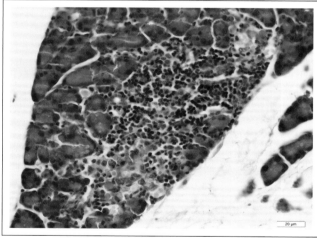

图 7-54 长爪沙鼠 胰腺炎（b）

炎性灶内以淋巴细胞浸润为主。

（HE×100）

7.14 增生性肠炎

【概念】增生性肠炎（proliferative enteritis）以肠黏膜和黏膜下层结缔组织增生及炎性细胞浸润为特征，又称肉芽肿性肠炎（granulomatous enteritis）。

【病例背景信息】鼠，肠道。

【组织病理学变化】见图 7-55 至图 7-57。

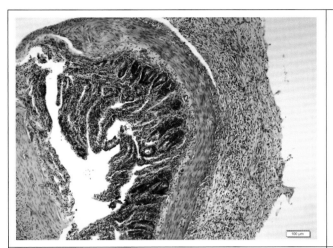

图 7-55 　鼠 　增生性肠炎（a）

可见浆膜层显著增厚，结构疏松，

可见炎性细胞浸润。

（HE×100）

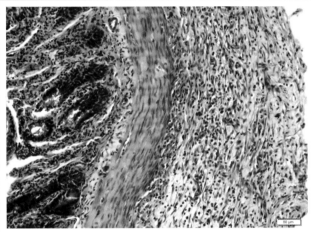

图 7-56 　鼠 　增生性肠炎（b）

黏膜层固有层及浆膜层可见炎性细胞浸润。

（HE×200）

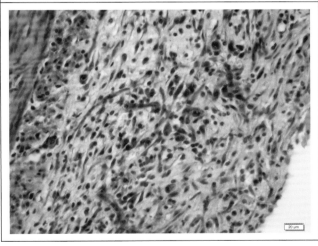

图 7-57 　鼠 　增生性肠炎（c）

浆膜层可见大量的呈梭形的成纤维细胞、

胞浆丰富的巨噬细胞、淋巴细胞、含有

分叶核的中性粒细胞以及少量的

嗜酸性粒细胞。小血管及毛细

血管丰富，其内含有红细胞。

（HE×400）

7.15 　坏死性肠炎

【概念】坏死性肠炎（necrotizing enterocolitis）指肠道组织发生坏死、溃疡和炎症。

【病例背景信息】猫，肠道。

【组织病理学变化】见图 7-58 至图 7-61。

图 7-58　猫　坏死性肠炎（a）

可见肌层增厚，疏松水肿。肌层平滑肌细胞

呈束状排列，间质可见炎性细胞浸润。

（HE×100）

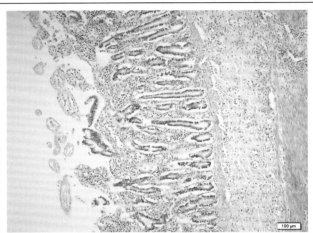

图 7-59　猫　坏死性肠炎（b）

黏膜层可见明显的肠绒毛脱落，固有层疏松

水肿，可见炎性细胞浸润。

（HE×100）

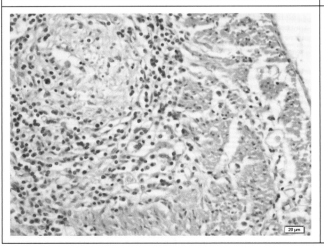

图 7-60　猫　坏死性肠炎（c）

肌层浸润的炎性细胞以淋巴细胞和浆细胞

为主。平滑肌细胞结构模糊不清，

胞核固缩，细胞崩解。

（HE×400）

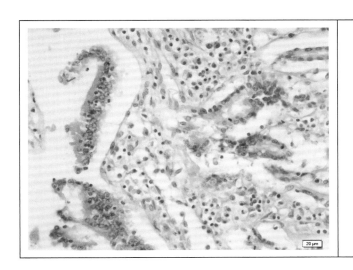

图 7-61　猫　坏死性肠炎（d）
肠黏膜上皮细胞坏死脱落，固有层疏松
水肿，可见淋巴细胞及浆细胞等
炎性细胞浸润。
（HE×400）

【病例背景信息】海兰蛋鸡，21～29 日龄。从 11 日龄开始，十二指肠出现出血点，或出血斑，随着日龄增大，向下蔓延，至全肠。

【组织病理学变化】见图 7-62 至图 7-64。

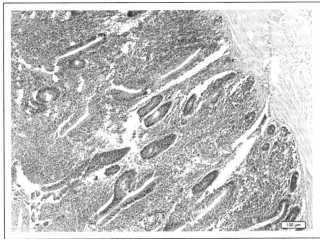

图 7-62　鸡　坏死性肠炎（a）
肠黏膜上皮坏死脱落，固有层和黏膜下层内
可见大量炎性细胞浸润。
（HE×100）

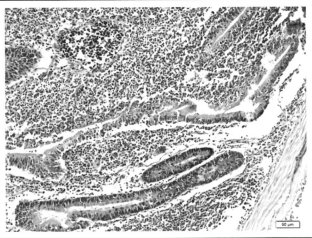

图 7-63　鸡　坏死性肠炎（b）
黏膜上皮坏死、脱落，固有层及黏膜下层可
见大量炎性细胞浸润。
（HE×200）

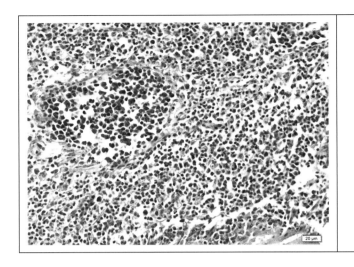

图7-64 鸡 坏死性肠炎（c）
肠上皮细胞脱落，坏死，炎性细胞以
淋巴样细胞为主。

（HE×400）

7.16 肠道寄生虫感染

【概念】肠道寄生虫感染（intestinal parasitic infection）指机体肠道内寄生虫引起的感染。
【病例背景信息】豚鼠，大肠。
【组织病理学变化】见图7-65和图7-66。

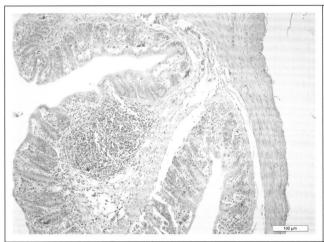

图7-65 豚鼠 大肠寄生虫感染（a）
肠黏膜固有层疏松水肿，炎性细胞浸润。
黏膜上皮内可见圆形虫体。

（HE×100）

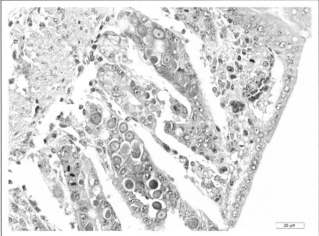

图7-66 豚鼠 大肠寄生虫感染（b）
在肠黏膜的固有层可见数量不等的各个发育
阶段的球虫虫体，肠黏膜固有层破坏，
小血管充血，也可见出血。

（HE×400）

8 泌尿生殖系统病理

由于泌尿系统与生殖系统在胚胎发生与解剖结构上存在着密切关系，病理上常将二者合并为泌尿生殖系统病理。

泌尿系统由肾脏、输尿管、膀胱和尿道四部分组成。肾脏是动物生命运动的重要器官，其主要功能有：排泄功能，肾脏通过生成尿液排出代谢终末产物、毒物和药物；调节功能，肾脏调节体内水、电解质、渗透压和酸碱平衡以维持体内环境稳定；内分泌功能，肾脏分泌肾素、促红细胞生成素、激肽、前列腺素等多种生物活性素物质，同时灭活甲状旁腺素和胃泌素。肾脏疾病可根据病变累及的主要部位分为肾小球疾病、肾小管疾病、肾间质疾病和血管性疾病。不同部位的病变引起的最初临床表现常有区别，不同部位对不同损伤的易感性也有不同，如肾小球病变多由免疫性因素引起，而肾小管和间质的病变常由中毒或感染引起。然而，由于各部位在结构上相互连接，一个部位病变的发展可累及其他部位。慢性肾脏疾病最终可累及肾脏各部分组织，引起肾功能不全。

生殖系统病理包括雄性和雌性生殖系统病理，生殖系统疾病以炎症性疾病最为常见，常常导致繁殖功能和泌乳功能障碍，严重影响动物的生产性能。

8.1 肾病

【概念】肾病（nephrosis）是指肾小管上皮细胞变性、坏死为主的一类病变，是各种内源性毒素和外源性毒素随血液进入肾脏引起的。

【病例背景信息】C57 小鼠，肾脏。高温高湿环境下跑步 1 天进行劳力型热射病模型造模。

【组织病理学变化】见图 8-1 和图 8-2。

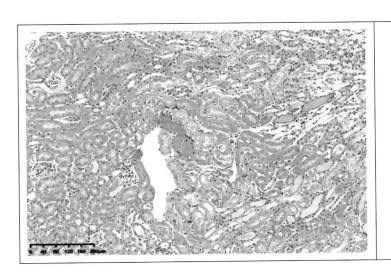

图 8-1　小鼠　肾病（a）

肾脏皮质、外髓质多处肾小管变性、坏死；部分肾小管管腔内可见粉染蛋白样物质，形成肾管型。

（HE×100）

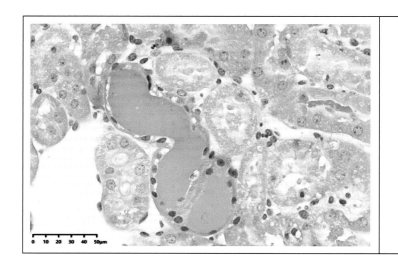

图 8-2　小鼠　肾病（b）

部分肾小管上皮细胞胞浆可见大小不一的
空泡，部分胞核固缩、碎裂、崩解，坏死，
不可见上皮细胞形态。

（HE×400）

【病例背景信息】巴马猪，雄性，普通级，肾脏。高脂高糖饮食诱导 5 个月。

【组织病理学变化】见图 8-3 和图 8-4。

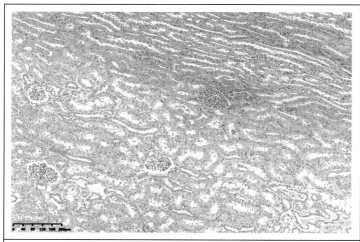

图 8-3　巴马猪　肾病（a）

皮质、髓质部肾小管广泛性空泡变性、
坏死，刷状缘减少，局部肾小管内
可见均质红染的蛋白样物质。

（HE×100）

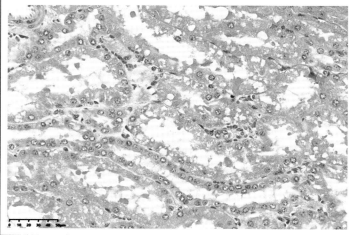

图 8-4　巴马猪　肾病（b）

部分皮质、髓质部肾小管上皮细胞胞浆内
可见大量大小不一的空泡，局部区域
肾小管上皮细胞严重坏死，
胞核固缩、碎裂、消失。

（HE×400）

8.2　肾管型

【概念】肾管型（cast）是指肾小管上皮细胞增生、肿胀及增生，形成管型结构，常见于肾小管间质性肾炎等肾脏疾病。

【病例背景信息】SD 大鼠，肾脏。银离子制剂注射。

【组织病理学变化】见图 8-5 和图 8-6。

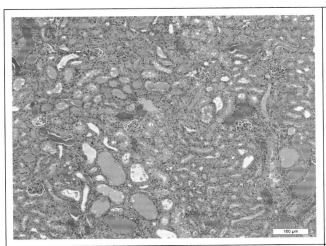

图 8-5　大鼠　肾管型（a）

部分肾小管扩张，其内可见大量均质粉染物质，肾小球萎缩。

（HE×100）

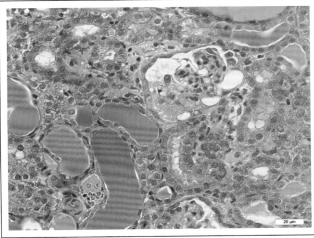

图 8-6　小鼠　肾管型（b）

肾小管内可见大量均质粉染蛋白样物质，即蛋白管型，肾小管上皮细胞因受到挤压而呈扁平状。肾小球萎缩，肾小球囊内可见漏出物。

（HE×400）

8.3　肾炎

【概念】肾炎（nephritis）是指以肾小球、肾小管和肾间质的炎症变化为特征的疾病。根据发生的部位和性质，通常把肾炎分为肾小球肾炎、间质性肾炎和化脓性肾炎。

【病例背景信息】肉鸡，肾脏。

【组织病理学变化】见图 8-7 和图 8-8。

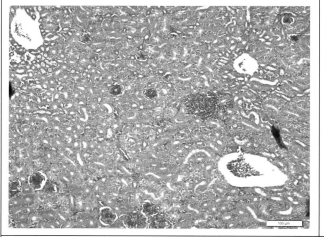

图 8-7 鸡 间质性肾炎（a）

肾脏局部区域可见炎性灶。

（HE×100）

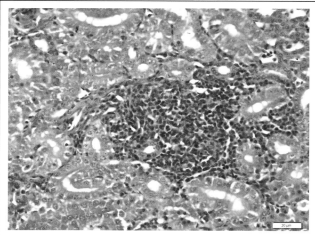

图 8-8 鸡 间质性肾炎（b）

肾脏炎性灶内可见大量淋巴样细胞浸润。

（HE×400）

【病例背景信息】牛，肾脏；牛静脉注射 BCG。屠宰剖检无明显变化。

【组织病理学变化】见图 8-9 和图 8-10。

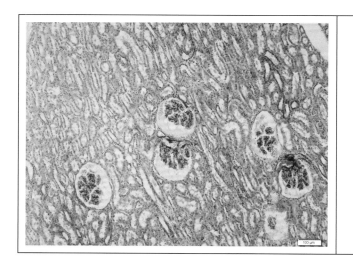

图 8-9 牛 肾小球肾炎（a）

肾小囊腔内可见粉染的蛋白样物质。

（HE×100）

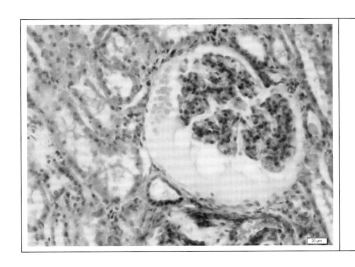

图 8-10　牛　肾小球肾炎（b）

肾小囊囊腔内可见呈滴状或均质粉染蛋白
样物质，肾小管上皮被挤压呈扁平状。

（HE×200）

8.4　肾包膜炎

【概念】肾包膜炎（perinephritis）指主要发生在肾脏包膜上的炎症反应，可能会导致包膜纤维组织的过度增生和沉积。

【病例背景信息】昆明小鼠；腹腔注射疫苗免疫，约1个月后腹腔注射感染大肠杆菌，感染9天后取样。

【组织病理学变化】见图 8-11 和图 8-12。

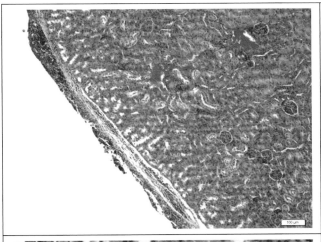

图 8-11　小鼠　肾包膜炎（a）

肾表面被膜明显增厚。

（HE×100）

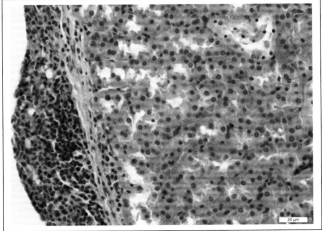

图 8-12　小鼠　肾包膜炎（b）

增厚的被膜内有大量淋巴样细胞浸润。

（HE×400）

8.5 膀胱炎

【概念】膀胱炎（cystitis）指各种生物、物理、化学等原因引起膀胱发生炎症性疾病。

【病例背景信息】加菲猫，5 岁，雄性。膀胱壁肿物。尿闭后有大量出血。

【组织病理学变化】见图 8-13 至图 8-15。

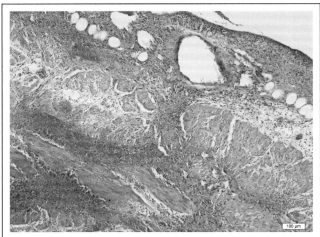

图 8-13　猫　膀胱出血性坏死性炎（a）

可见膀胱外膜、肌层、黏膜层都有不同
程度出血、坏死，炎性细胞浸润。
（HE×100）

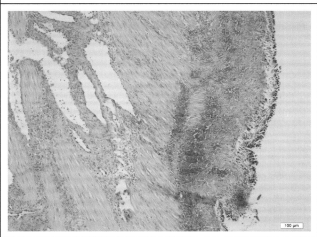

图 8-14　猫　膀胱出血性坏死性炎（b）

可见膀胱黏膜层增厚，大量红细胞弥漫性
分布，有的区域可见含铁血黄素。
（HE×100）

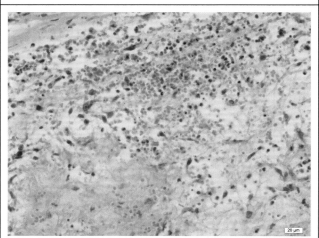

图 8-15　猫　膀胱出血性坏死性炎（c）

外膜层可见少量炎性细胞浸润。固有层疏松
水肿，可见大量出血，细胞崩解、坏死，
残余粉染蛋白样物质，也可见大量
中性粒细胞、浆细胞等炎性
细胞散在浸润。
（HE×400）

8.6　子宫内膜炎

【概念】子宫内膜炎（endometritis）是指炎症仅局限于子宫内膜的病理过程，可分为急性子宫内膜炎和慢性子宫内膜炎。

【病例背景信息】犬，10岁，雌性。子宫肿物，生长速度慢，扩张性生长。

【组织病理学变化】见图8-16至图8-18。

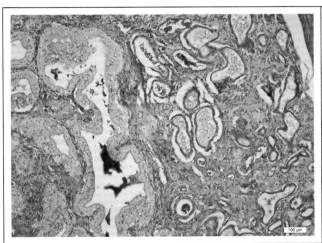

图8-16　犬　子宫内膜炎，伴子宫腺增生（a）

子宫黏膜层及固有层内的子宫腺上皮细胞增
生，向子宫腔或腺腔内呈乳头状或树枝
状生长。子宫腺扩张，部分管腔
内可见絮状物或细胞成分。

（HE×100）

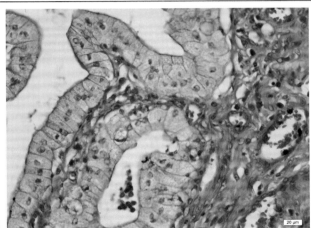

图8-17　犬　子宫内膜炎，伴子宫腺增生（b）

子宫黏膜上皮细胞呈高柱状，胞核位于中央，
核仁明显。胞浆淡染。局部增生形成
多层，或向管腔内呈乳头状突起。

（HE×400）

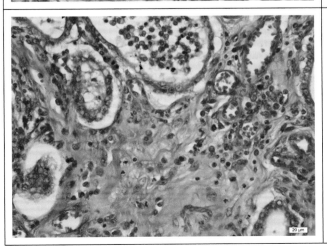

图8-18　犬　子宫内膜炎，伴子宫腺增生（c）

部分腺腔内可见脱落的上皮细胞，间质结缔组
织中炎性细胞浸润，主要以中性粒细胞
为主，还可见少量淋巴细胞。

（HE×400）

【**病例背景信息**】金毛犬，2岁，雌性，已绝育。子宫体，常规绝育时发现子宫体有囊腔。

【**组织病理学变化**】见图8-19和图8-20。

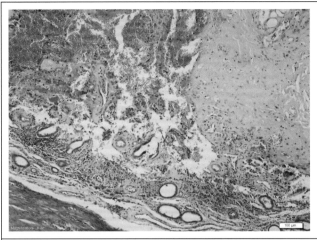

图8-19 犬 子宫内膜炎（a）

子宫内膜腺管扩张，黏膜上皮坏死脱落，

腺管内可见大量红细胞。间质炎

性细胞浸润。

（HE×100）

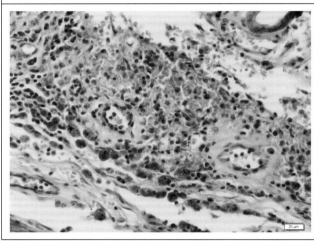

图8-20 犬 子宫内膜炎（b）

子宫内膜固有层内可见巨噬细胞、中性粒细胞、

淋巴细胞浸润。并可见巨噬细胞内吞噬

有棕黄色的含铁血黄素颗粒。

（HE×400）

8.7 卵巢囊肿

【**概念**】卵巢囊肿（ovarian cyst）是指卵巢的卵泡或黄体内出现液性分泌物积聚，或由其他组织（如子宫内膜）异位性增生而在卵泡中形成的囊泡。卵巢囊肿多发生于牛、猪、马和鸡。发病原因尚不清楚，一般认为与遗传因素有关。

【**病例背景信息**】犬，2岁，雌性，未绝育。卵巢大小约为2.5 cm×2.0 cm×1.3 cm，褐色。

【**组织病理学变化**】见图8-21和图8-22。

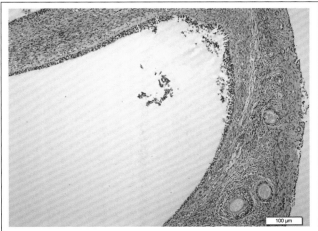

图 8-21　犬　卵巢囊肿（a）

可见一个大型囊泡，挤压周围组织，囊泡中

可见少量粉色淡染的物质，囊壁可见

纤维结缔组织包裹。

（HE×100）

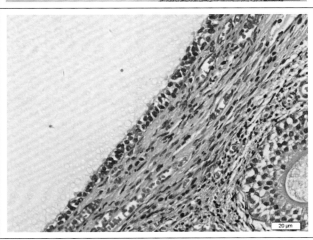

图 8-22　犬　卵巢囊肿（b）

可见卵泡壁结缔组织增生变厚，卵泡的颗粒

细胞变性减少，在基部仅残留少量颗

粒细胞，甚至完全消失。卵细胞

坏死消失，卵泡液增多。

（HE×400）

8.8　子宫囊肿

【概念】子宫囊肿（uterine cyst）是指子宫内存在液体充满的囊肿或腔隙。子宫囊肿可以是良性的或恶性的，并可能引起盆腔疼痛、异常出血或不孕症等状。

【病例背景信息】贵宾犬，9岁，雌性，未绝育。子宫肿物，子宫蓄脓，肿物大小为 6.0 cm×3.0 cm×2.2 cm，褐色，质中。

【组织病理学变化】见图 8-23 至图 8-25。

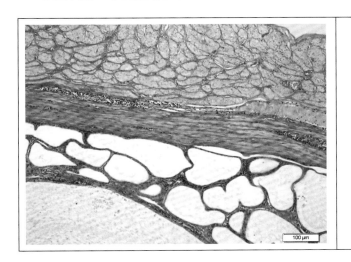

图 8-23　犬　子宫囊肿（a）

子宫浆膜完整，肌间有小血管。在固有层中

可见大量大小不一、形态各异的呈分支

管状的子宫腺及其导管增生，子宫腺

及子宫腔内可见大量絮状或

团块状物质。

（HE×100）

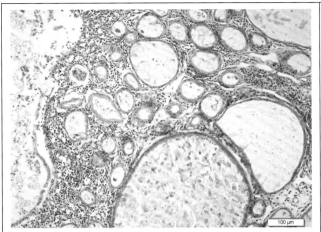

图 8-24　犬　子宫囊肿（b）

子宫腺及子宫腔内可见大量絮状或团块状物
质，其间可见大量炎性细胞浸润。

（HE×400）

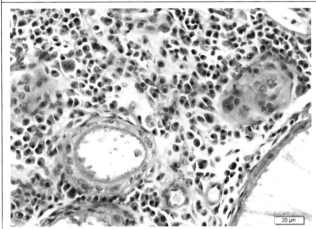

图 8-25　犬　子宫囊肿（b）

子宫腺壁由单层柱状上皮细胞构成，有些则
由于被邻近扩张的腺体挤压而变成扁平
上皮细胞，可见大量胞浆丰富，核
圆形且位于细胞一侧的
浆细胞浸润。

（HE×400）

8.9　乳腺炎

【概念】乳腺炎（mastitis）是动物常见的乳房疾病，指母畜乳腺的炎症，可发生于各种动物，最常
发生于奶牛和奶山羊。

【病例背景信息】英短猫，2 岁，雌性，未绝育。绝育时切开腹中线发现体型偏瘦，生产 3 个月后，
腹部未见突起。无瘙痒，有游离性，表面破溃。

【组织病理学变化】见图 8-26 至图 8-29。

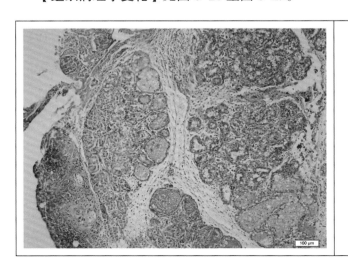

图 8-26　猫　乳腺增生、坏死、化脓性炎（a）

可见肿物结缔组织疏松水肿，其间见大量炎性
细胞浸润。乳腺小叶呈岛状分布，乳腺腺泡
和导管数量增多，排列紧密，管腔内可见
粉染分泌物。部分视野可见血管
充血、出血区域。

（HE×100）

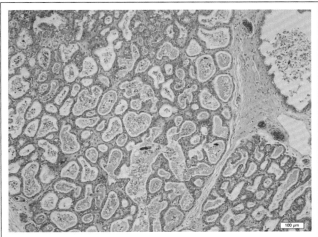

图 8-27　猫　乳腺增生、坏死、化脓性炎（b）
可见乳腺腺泡和导管数量增多，排列紧密，
管腔内可见粉染分泌物及细胞成分。
（HE×100）

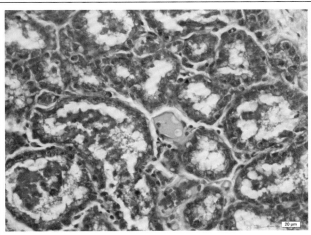

图 8-28　猫　乳腺增生、坏死、化脓性炎（c）
单层腺上皮细胞围绕形成管腔样结构，细胞之
间排列紧密，多为立方状，管腔内可见
红染的分泌物和脱落的腺上皮细胞。
（HE×400）

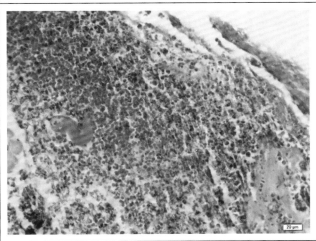

图 8-29　猫　乳腺增生、坏死、化脓性炎（d）
肿物外围见大片坏死区域，腺上皮细胞胞核
崩解，形态各异，有的溶解消失，破溃
部位周围见大量中性粒细胞
以及大量散在的红细胞。
（HE×400）

【病例背景信息】混血犬，10 岁，雌性。乳腺肿物。
【组织病理学变化】见图 8-30 和图 8-31。

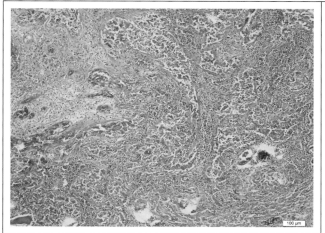

图 8-30 犬 乳腺化脓性炎（a）

组织深部可见呈片状的无组织形态的坏死区域，

局部疏松、淡染；坏死区域可见大量

蓝染的炎性细胞浸润，偶见

残存的腺管轮廓。

（HE×100）

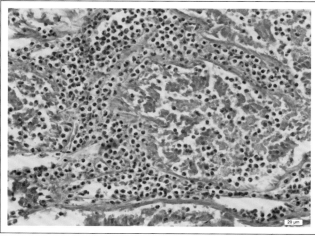

图 8-31 犬 乳腺化脓性炎（b）

可见坏死区域细胞胞核固缩、碎裂、溶解

消失，其间浸润的炎性细胞

主要为中性粒细胞。

（HE×400）

8.10 睾丸炎

【概念】睾丸位于阴囊鞘膜内，其表面被覆厚而坚韧的白膜，可以阻止细菌和其他致病因素对睾丸的直接危害，因此睾丸炎（orchitis）的发生原因多是经血源扩散的细菌感染或病毒感染。

【病例背景信息】大白熊犬，3 岁，雄性。睾丸肿胀，大小约为 10.5 cm×6.5 cm×3.0 cm，褐色，无破溃，无粘连。

【组织病理学变化】见图 8-32 和图 8-33。

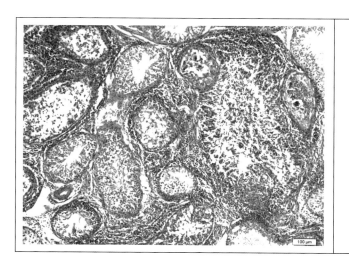

图 8-32 犬 间质性睾丸炎（a）

组织深部的生精小管内，细胞成分减少，细胞

层次紊乱，生精上皮坏死脱落，仅存

生精小管轮廓。间质内可见大量

炎性细胞浸润。

（HE×100）

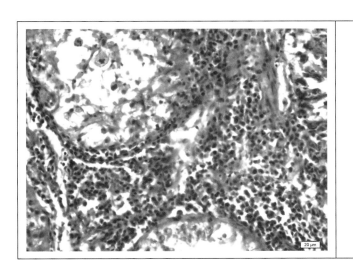

图 8-33　犬　间质性睾丸炎（b）

生精小管内，生精上皮细胞坏死脱落。间质

浸润的炎性细胞以淋巴细胞和

浆细胞为主。

（HE×400）

8.11　附睾炎

【概念】附睾炎（epididymitis）指附睾发生各种感染性或非感染性炎症。

【病例背景信息】比熊犬，11岁，雄性。附睾肿物，大小约为2cm×2cm，疼痛。

【组织病理学变化】见图 8-34 和图 8-35。

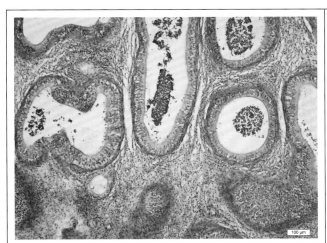

图 8-34　犬　化脓性附睾炎（a）

附睾管内无成熟精子，可见嗜碱性细胞

成分。间质内纤维结缔组织增生。

（HE×100）

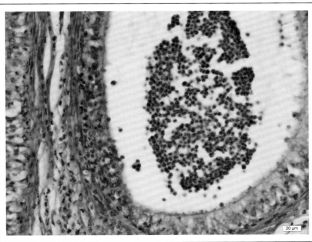

图 8-35　犬　化脓性附睾炎（b）

附睾管内的细胞成分以中性粒细胞为主，

伴有少量淋巴样细胞。

（HE×400）

【病例背景信息】加菲猫，1 岁 5 个月。附睾肿物，直径约为 0.2 cm，白色结节。

【组织病理学变化】见图 8-36 和图 8-37。

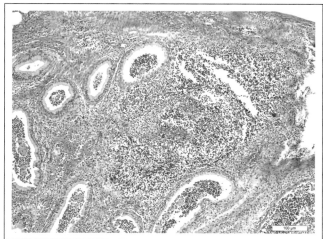

图 8-36　猫　坏死性附睾炎（a）

可见组织坏死，间质内炎性细胞浸润，部分

附睾管中可见炎性细胞；局部

炎性灶周围出血。

（HE×100）

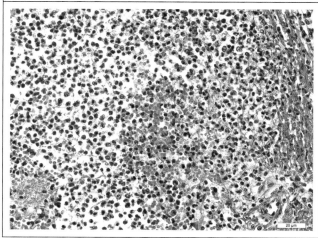

图 8-37　猫　坏死性附睾炎（b）

坏死区域中的炎性细胞以中性粒细胞为主，

可见大量红细胞，以及组织坏死崩解

残存的粉染无定形物质。

（HE×400）

【病例背景信息】卡南犬，3 岁，雄性。右侧附睾肿物，肿物大小为 4.0 cm×3.0 cm。

【组织病理学变化】见图 8-38 和图 8-39。

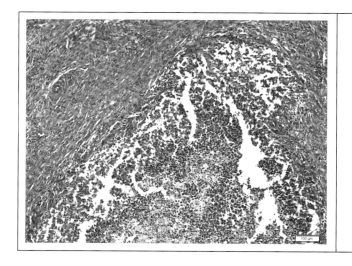

图 8-38　犬　坏死性附睾炎（a）

局部区域不可见正常附睾结构，可见坏死灶

周围炎性细胞浸润。

（HE×100）

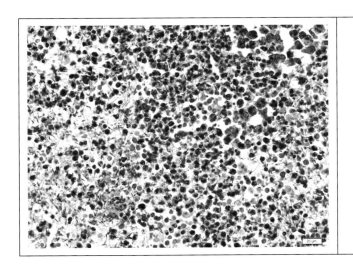

图 8-39　犬　坏死性附睾炎（b）

坏死灶内可见大量坏死的精子、中性粒
细胞、巨噬细胞、淋巴细胞
及无定形物质。

（HE×400）

8.12　前列腺炎

【概念】前列腺炎（prostatitis）指在病原体和（或）某些非感染因素作用下引起的前列腺炎症性疾病。

【病例背景信息】SD 大鼠，益肾骨康颗粒灌胃给药 26 周阴性对照组。

【组织病理学变化】见图 8-40 和图 8-41。

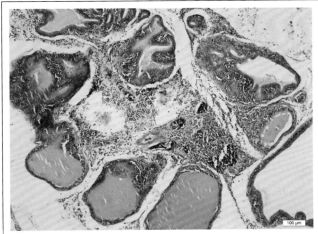

图 8-40　大鼠　前列腺炎（a）

可见前列腺间质内有大量炎性细胞浸润。

（HE×100）

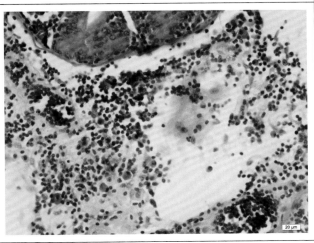

图 8-41　大鼠　前列腺炎（b）

间质内的炎性细胞以淋巴样细胞为主。

（HE×400）

⑨ 神经系统病理

神经系统主要由神经细胞、神经纤维、神经胶质和结缔组织组成。神经组织的病理变化包括神经细胞的病变、神经纤维和神经胶质细胞的病变。

神经细胞的病变包括染色质溶解（chromatolysis）、急性肿胀（acute neuronal swelling）、神经细胞凝固（coagulation of neurons）、空泡变性（cytoplasmic vacuolation）、液化性坏死（liquefactive neerosis）、包涵体形成（intracytomic inclusion）。

神经纤维的变化主要包括轴突和髓鞘的变化，在距神经细胞胞体近端和远端的轴突及其所属的髓鞘会发生华氏变性（wallerian degeneration），即轴突变化、髓鞘崩解和细胞反应。

神经组织病变过程中神经胶质细胞增生并围绕在变性的神经细胞周围（一般由 3～5 个组成），形成卫星现象（satellitosis）。在神经细胞坏死后小胶质细胞进入细胞内，吞噬神经元残体，称为噬神经元现象（neuronophagia）。在吞噬髓鞘过程中，小胶质细胞胞体变大变圆，胞浆内含有脂肪滴，形成格子细胞或泡沫样细胞（gitter cell）。星形胶质细胞大量增生时称为神经胶质增生或神经胶质瘤（gliosis）。神经系统的病变除神经组织上述的基本病变以外，也会有血液循环障碍、脑脊液循环障碍的变化（引起脑积水和脑水肿）。在脑组织受到损伤时，血管周围间隙中出现围管性细胞浸润（炎性反应细胞），环绕血管如套袖形成血管周围管套（perivascular cuffing）。管套的厚薄与浸润细胞的数量有关。管套的细胞成分与病因有一定关系。在链球菌感染时，以中性粒细胞为主；在李氏杆菌感染时，以单核细胞为主；在病毒性感染时，以淋巴细胞和浆细胞为主；食盐中毒时，以嗜酸性粒细胞为主。

脑炎分为化脓性脑炎（suppurative encephalitis）、非化脓性脑炎（nonsuppurative encephalitis）、嗜酸性粒细胞性脑炎（eosinophilic encephalitis）、变态反应性脑炎（allergic encephalitis）。脑组织坏死后，坏死部分组织分解变软或呈液态，称为脑软化（encephalomlacia）。

神经炎（neuritis）是指外周神经的炎症。其特征是在神经纤维变性的同时，神经纤维间质有不同程度的炎性细胞浸润或增生。根据发病的快慢和病变特性可分为急性神经炎和慢性神经炎两种。

9.1 李斯特菌性脑炎

【概念】李斯特菌性脑炎（Listeria encephalitis）指感染李斯特菌引起的脑部炎症。

【病例背景信息】奶牛，20 月龄。出现神经症状。死亡个体剖检见脑膜出血、胃肠道出血。未死亡个体解剖仅有脑炎表现。

【组织病理学变化】见图 9-1 至图 9-3。

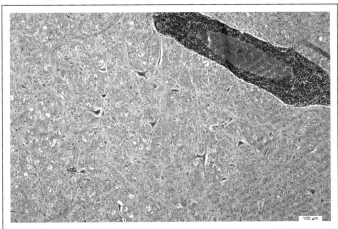

图 9-1　奶牛　李斯特菌性脑炎（a）
脑组织的血管周围有大量炎性细胞浸润，
形成典型的"血管套"现象。
（HE×100）

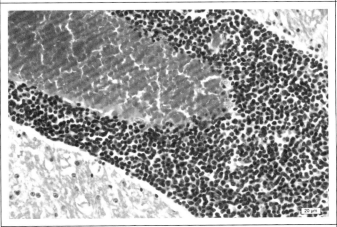

图 9-2　奶牛　李斯特菌性脑炎（b）
血管周围有大量炎性细胞浸润，形成
典型的"血管套"现象。
（HE×100）

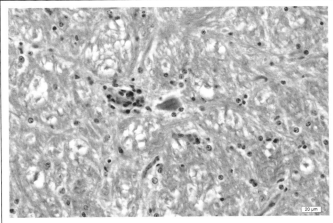

图 9-3　奶牛　李斯特菌性脑炎（c）
脑组织局部区域可见"卫星现象"。
（HE×400）

9.2　脑膜脑炎

【概念】脑膜脑炎（meningoencephalitis）指由多种病原微生物（包括细菌、病毒、螺旋体、真菌、寄生虫等）感染引起的脑膜及相邻脑实质的炎症。

【病例背景信息】猪，脑。

【组织病理学变化】见图 9-4 和图 9-5。

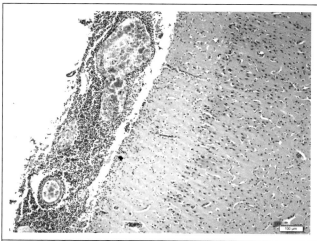

图 9-4　猪　脑膜脑炎（a）

脑膜增厚，可见较多的炎性细胞浸润，
血管扩张淤血。

（HE×100）

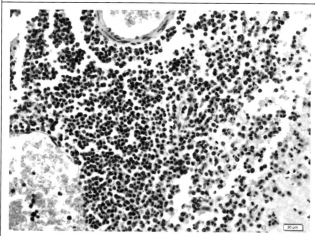

图 9-5　猪　脑膜脑炎（b）

炎性细胞以中性粒细胞和巨噬细胞为主。

（HE×400）

9.3　化脓性脑炎

【概念】化脓性脑炎（suppurative encephalitis）是指脑组织由于化脓菌感染所引起的有大量中性粒细胞渗出，同时伴有局部组织的液化性坏死和脓汁形成特征的炎症。

【病例背景信息】C57 小鼠，雌性，普通级；基孔肯雅病毒（CHIKV）感染，感染第 9 天取脑组织。

【组织病理学变化】见图 9-6 和图 9-7。

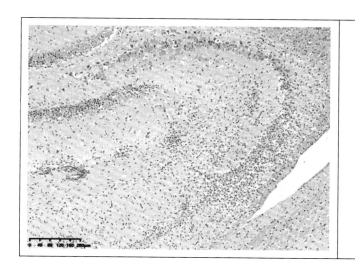

图 9-6　小鼠　化脓性脑炎（a）

在大脑不同区域（脑膜、皮层、海马区、丘
脑等）及血管周围可见炎性细胞浸润，
海马区及丘脑可见化脓坏死灶。

（HE×100）

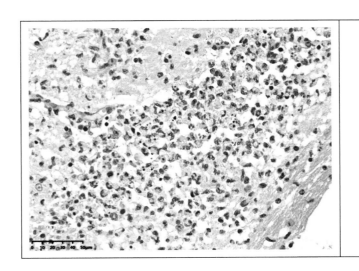

图 9-7　小鼠　化脓性脑炎（b）

化脓灶内中性粒细胞浸润，神经元及

中性粒胞核碎裂。

（HE×400）

9.4　非化脓性脑炎

【概念】非化脓性脑炎（nonsuppurative encephalitis）主要是指由于多种病毒性感染引起脑的炎症过程。其病变特征是神经组织的变性坏死、血管反应，以及胶质细胞增生等变化。

【病例背景信息】C57 小鼠，雌性，普通级；基孔肯雅病毒（CHIKV）感染，感染第 6 天取脑组织。

【组织病理学变化】见图 9-8 和图 9-9。

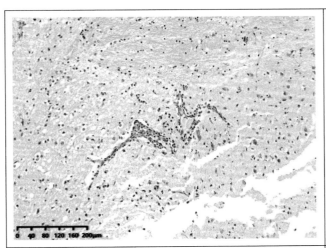

图 9-8　小鼠　非化脓性脑炎（a）

在大脑不同区域（皮层、海马区、丘脑等）

及血管周围可见炎性细胞浸润。

（HE×100）

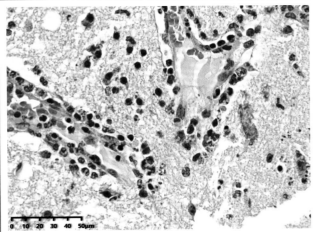

图 9-9　小鼠　非化脓性脑炎（b）

炎性细胞以巨噬细胞和淋巴细胞为主；局部

区域神经元核碎裂，溶解，出现坏死。

（HE×400）

【病例背景信息】C57 小鼠，雌性，普通级。冠状病毒感染。

【组织病理学变化】见图 9-10 至图 9-13。

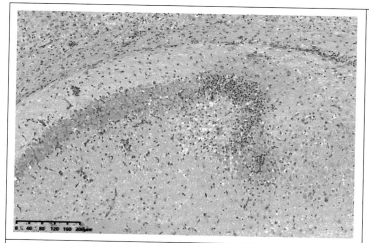

图 9-10　小鼠　非化脓性脑炎（a）
局部海马区可见神经元坏死。
（HE×100）

图 9-11　小鼠　非化脓性脑炎（b）
大脑局部区域血管周围形成"管套"现象。
（HE×100）

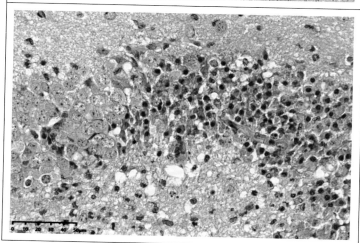

图 9-12　小鼠　非化脓性脑炎（c）
海马区可见神经元固缩、坏死，核碎裂、
崩解，残存不定量的细胞碎片，并
可见较多小胶质细胞、淋巴
细胞等炎性细胞浸润。
（HE×400）

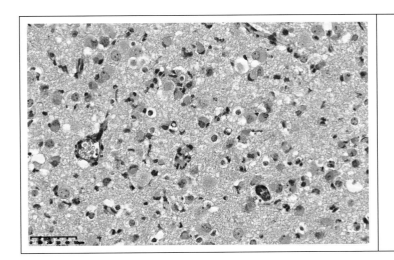

图9-13　小鼠　非化脓性脑炎（d）
局部区域可见小胶质细胞围绕神经元形
成"卫星现象"和"噬神经元现象"。
（HE×400）

⑩ 血液和造血免疫系统病理

血液中的红细胞、白细胞以及免疫系统中的各种淋巴细胞均来自骨髓造血干细胞。免疫器官是机体与病原斗争的主战场，主要包括淋巴结、脾脏、胸腺、腔上囊、扁桃体和黏膜相关淋巴组织。所以，在疾病过程中免疫器官、组织最容易受到损伤，病变最为明显，表现出各种各样的病理变化，其中最为重要的是炎症。

淋巴结炎（lymphadenitis）是由各种致病因素经血液或淋巴进入淋巴结而引起的炎症。按其经过方式分为急性淋巴结炎和慢性淋巴结炎两类。急性淋巴结炎又分为单纯性淋巴结炎（simple lymphadenitis）、出血性淋巴结炎（hemorrhagic lymphadenitis）、坏死性淋巴结炎（necrotic lymphadenitis）和化脓性淋巴结炎（suppurative lymphadenitis）。

脾炎（splenitis）是脾脏的炎症，是脾脏最常见的一种病理过程，多伴发于各种传染病，也见于血原虫病。脾炎根据其病变特征和病程急缓可分为急性脾炎（acute splenitis）、坏死性脾炎（necrotic splenitis）、化脓性脾炎（suppurative splenitis）和慢性脾炎（chronic splenitis）。

法氏囊炎主要见于鸡传染性法氏囊病、鸡新城疫、禽流感及禽隐孢子虫感染等传染病中。可见法氏囊肿大，质地硬实，潮红或呈紫红色，似血肿。切开法氏囊，腔内常见灰白色黏液、血液或干酪样坏死物，黏膜肿胀、充血、出血，或可见灰白色坏死点。后期法氏囊萎缩，壁变薄，黏膜皱褶消失，颜色变暗、无光泽，腔内可含有灰白色或紫黑色干酪样坏死物。

10.1 出血性淋巴结炎

【概念】出血性淋巴结炎（hemorrhagic lymphadenitis）是指伴有严重出血的单纯性淋巴结炎，多见于伴有较严重出血的败血型传染病和某些急性原虫病。

【病例背景信息】犬，肠系膜淋巴结。

【组织病理学变化】见图 10-1 至图 10-4。

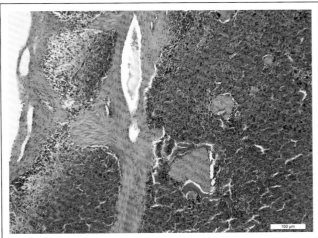

图 10-1　犬　急性出血性淋巴结炎（a）

外周由致密的结缔组织包裹，被膜向组织内
部形成小梁。淋巴结内部大量淤血、
含铁血黄素沉着。

（HE×100）

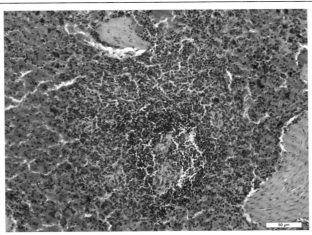

图 10-2　犬　急性出血性淋巴结炎（b）

可见由淋巴样细胞聚集形成的淋巴小结。

（HE×200）

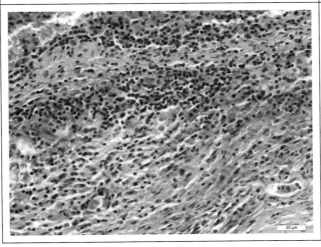

图 10-3　犬　急性出血性淋巴结炎（c）

淋巴结充血、出血。巨噬细胞增多，胞浆内
及胞外有大量棕黄色含铁血黄素沉积。

（HE×400）

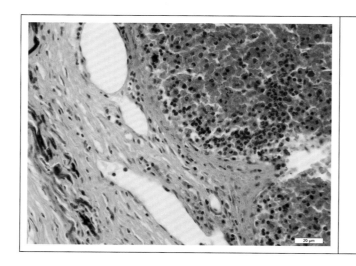

图 10-4 犬 急性出血性淋巴结炎（d）
局部大量胞浆嗜酸性，胞核蓝染呈分叶状的
中性粒细胞浸润。
（HE×400）

【病例背景信息】猪，下颌淋巴结。
【组织病理学变化】见图 10-5 和图 10-6。

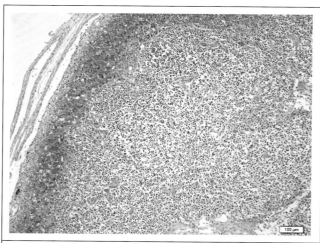

图 10-5 猪 出血性坏死性淋巴结炎（a）
淋巴结被膜较完整，淋巴结内正常结构破
坏，淋巴细胞明显减少，被膜下
可见明显出血。
（HE×100）

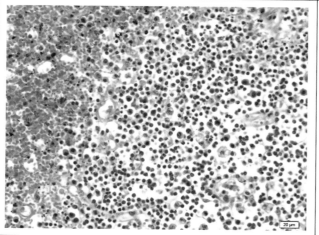

图 10-6 猪 出血性坏死性淋巴结炎（b）
出血区域散在大量红细胞，含铁血黄素沉
积。随处可见坏死细胞残留的细胞碎片；
残余组织间淋巴细胞、浆细胞、
嗜酸性粒细胞、巨噬细胞等
炎性细胞浸润。
（HE×400）

10.2 慢性淋巴结炎

【概念】慢性淋巴结炎（chronic lymphadenitis）是由病原因素反复或持续作用所引起的以细胞显著增生为主要表现的淋巴结炎，故又称为增生性淋巴结炎；通常见于慢性经过的传染病（如布鲁氏菌病、副结核病等）或组织器官发生慢性炎症时，也可以由急性淋巴结炎转变而来。

【病例背景信息】猪，腹股沟淋巴结。

【组织病理学变化】见图 10-7 和图 10-8。

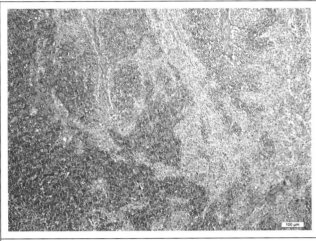

图 10-7 猪 慢性增生性淋巴结炎（a）
大量粉染细胞呈片状增生。
（HE×100）

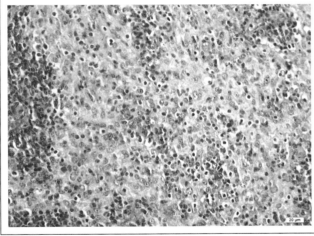

图 10-8 猪 慢性增生性淋巴结炎（b）
大量粉染网状细胞增生，其间散在中性粒细胞和淋巴细胞浸润。
（HE×400）

10.3 坏死性脾炎

【概念】坏死性脾炎（necrotic splenitis）是指以脾脏实质坏死为主要特征的急性脾炎，多见于巴氏杆菌病、弓形体病、猪瘟、鸡新城疫等急性传染病。镜检，在脾脏白髓或红髓内可见散在的组织坏死灶，其中多数淋巴细胞和网状细胞坏死，其胞核溶解、破碎或肿胀淡染。坏死灶内可同时见浆液渗出和中性粒细胞浸润。

【病例背景信息】鸡，禽流感模型。

【组织病理学变化】见图 10-9 和图 10-10。

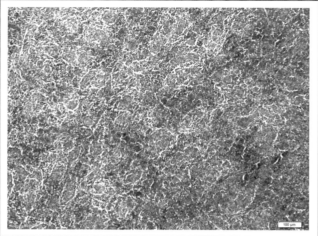

图 10-9 鸡 坏死性脾炎（a）
脾脏结构紊乱，红髓淤血、出血明显，
白髓淋巴细胞减少，结构较为疏松。
（HE×100）

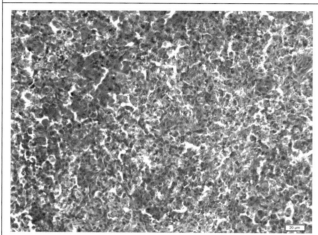

图 10-10 鸡 坏死性脾炎（b）
白髓中脾脏淋巴细胞坏死，胞核固缩崩解，
正常结构消失不见。白髓淋巴
细胞大量减少。
（HE×400）

【病例背景信息】猪，脾脏。
【组织病理学变化】见图 10-11 和图 10-12。

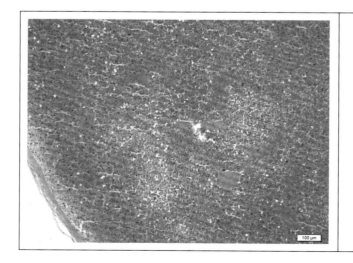

图 10-11 猪 出血性坏死性脾炎（a）
脾脏正常组织结构不可见，严重出血。
（HE×100）

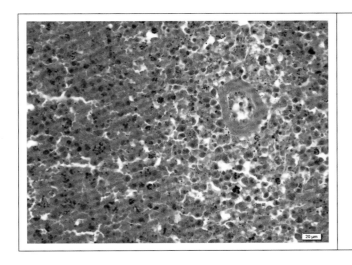

图 10-12 猪 出血性坏死性脾炎（b）
淋巴细胞严重减少，可见大量散在红细胞和
坏死细胞碎片，含铁血黄素沉积。
（HE×400）

10.4 慢性脾炎

【概念】慢性脾炎（chronic splenitis）是指伴有脾脏肿大的慢性增生性脾炎，多见于亚急性或慢性马传染性贫血、结核、牛传染性胸膜肺炎和布鲁氏菌病等病程较长的传染病。镜检，慢性脾炎的增生过程明显，淋巴细胞和巨噬细胞均见分裂增殖，但在不同的传染病过程中有的以淋巴细胞增生为主，有的以巨噬细胞增生为主，有的淋巴细胞和巨噬细胞都明显增生。

【病例背景信息】小鼠，脾脏。

【组织病理学变化】见图 10-13 和图 10-14。

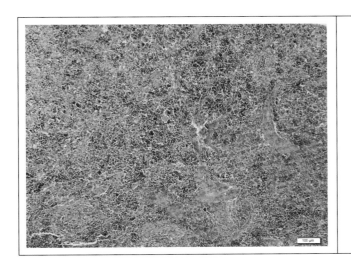

图 10-13 小鼠 脾脏增生性炎症（a）
脾脏红白髓界限不清，白髓显著减少，红髓
大量粉染细胞呈片状增生。
（HE×100）

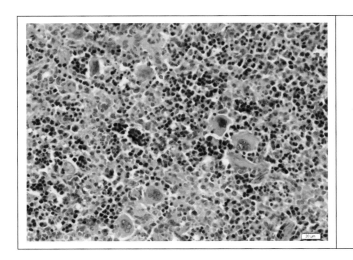

图 10-14　小鼠　脾脏增生性炎症（b）
大量粉染网状细胞增生，同时伴有红系、
巨核系髓外造血增加。

（HE×400）

10.5　脾脏髓外造血

【概念】髓外造血（extramedullary hematopoiesis，EMH）是发生于骨髓腔以外的器官或组织的造血增生现象，当出现疾病或骨髓代偿功能不足时，成年动物肝脏、脾脏、淋巴结能够恢复胚胎时期的造血功能。髓外造血包括三种造血细胞谱系中的一种或多种，即红系造血祖细胞、髓系造血祖细胞和巨核细胞。

【病例背景信息】小鼠，脾脏。

【组织病理学变化】见图 10-15 和图 10-16。

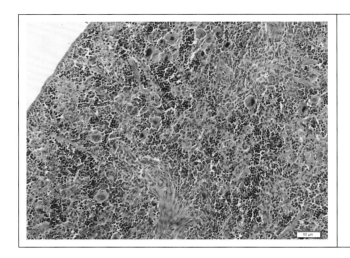

图 10-15　小鼠　脾脏髓外造血（a）
红髓与白髓界限不清，白髓显著减少。

（HE×200）

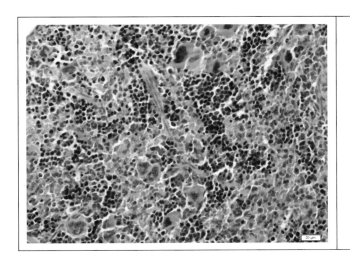

图 10-16　小鼠　脾脏髓外造血（b）
红髓网状细胞增生，可见呈岛状分布的胞核
染色较深的红系细胞，大量胞体巨大、
多个胞核的巨核细胞以及中等大小的、
胞浆多少不一、核呈杆状或
分叶状的粒细胞系细胞。
（HE×400）

【病例背景信息】大鼠，脾脏。

【组织病理学变化】见图 10-17 和图 10-18。

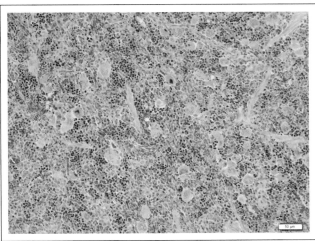

图 10-17　大鼠　脾脏髓外造血（a）
红髓与白髓界限不清，白髓显著减少。
（HE×200）

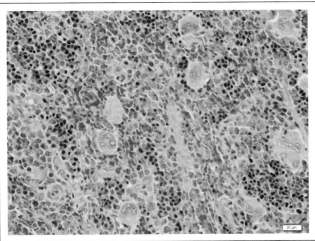

图 10-18　大鼠　脾脏髓外造血（b）
红髓网状细胞增生，可见呈岛状分布的胞核
染色较深的红系细胞和大量胞体巨大、
多个胞核的巨核细胞。
（HE×400）

⑪ 运动系统病理

运动系统由骨、关节及肌肉三部分组成。运动以骨骼为杠杆，关节为枢纽，肌肉收缩为动力。

引起运动系统疾病的因素很多，其分类形式也较多。运动系统的病变包括代谢性骨病（佝偻病、骨软症、纤维性骨营养不良和胫骨软骨发育不良）、关节炎、白肌病和肌炎。

关节炎（arthritis）是指关节的炎症过程。关节炎病变为关节肿胀，关节囊紧张，关节腔内积聚有浆液性、纤维素或化脓性渗出物，滑膜充血、增厚。化脓性关节炎时，关节囊、关节韧带及关节周围软组织内常有大小不等的脓肿；进一步侵害关节软骨和骨骼则引起化脓性软骨炎和化脓性骨髓炎，关节软骨面粗糙、糜烂。在慢性关节炎时关节囊、韧带、关节骨膜、关节周围结缔组织呈慢性纤维性增生，进一步发展则关节骨膜、韧带及关节周围结缔组织发生骨化，关节明显粗大、活动受限，最后两骨端被新生组织完全连接在一起，导致关节变形和强硬。

肌炎（myositis）是指肌肉发生的炎症。肌炎时不仅肌纤维发生变性和坏死，而且肌纤维之间的结缔组织、肌束膜和肌外膜也发生病理变化。

11.1 肌纤维萎缩

【概念】肌纤维萎缩（muscular atrophy）指不同病因引起肌肉纤维变细及肌肉体积减小，导致肌肉力量减退的疾病，临床上常分为神经源性和肌源性两种类型。

【病例背景信息】Wistar 大鼠，SPF 级，雄性；比目鱼肌中段横切面。

【组织病理学变化】见图 11-1 至图 11-3。

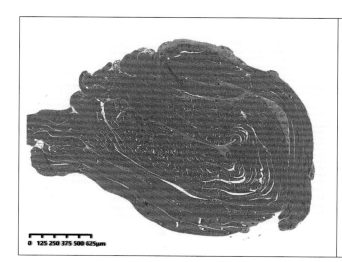

图 11-1 大鼠 比目鱼肌中段横切面
——肌萎缩，排列紊乱（a）
肌群轻度萎缩，可见多条骨骼肌纤维排列
疏松无序，有的呈多角形，
有的呈长梭形。
（HE×40）

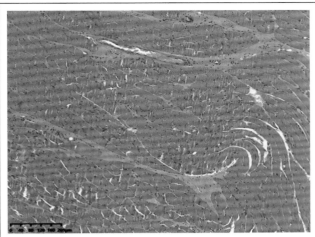

图 11-2　大鼠　比目鱼肌中段横切面

——肌萎缩，排列紊乱（b）

肌群轻度萎缩，可见多条骨骼肌纤维

排列疏松无序，有的呈多角形，

有的呈长梭形。

（HE×100）

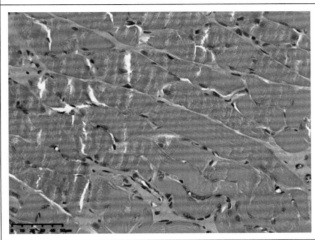

图 11-3　大鼠　比目鱼肌中段横切面

——肌萎缩，排列紊乱（c）

局部肌纤维之间结缔组织疏松水肿；

偶可见胞核位于肌丝中央的

成肌细胞。

（HE×400）

11.2　肌腱化生

【概念】肌腱化生（tendon metaplasia）指由于肌腱组织受到损伤或炎症刺激，导致细胞分化发生异常而产生软骨样细胞。这种变化可能会导致肌腱组织的结构和功能发生改变，影响肌腱的弹性和柔韧性。

【病例背景信息】SD 大鼠，雄性，跟腱。过度使用跟腱造模。

【组织病理学变化】见图 11-4 和图 11-5。

图 11-4　大鼠　跟腱化生（a）

可见局部区域胶原纤维束改变、分界

消失，结构排列紊乱。

（HE×100）

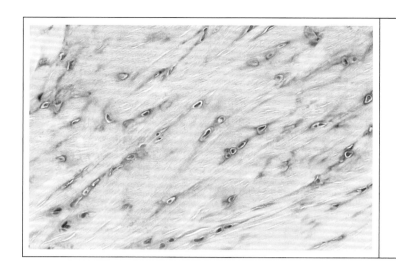

图 11-5 大鼠 跟腱化生（b）
跟腱组织部分细胞增大，胞核呈圆形，
有大量的胞浆形成腔隙。
（HE×400）

第二部分

伴侣动物肿瘤组织病理学

⑫ 皮肤与软组织肿瘤

皮肤与软组织肿瘤（tumors of the skin and soft tissue）是兽医临床实践中较为常见的肿瘤。因为它们很容易被主人发现，也容易引起兽医工作者的注意，通常很容易被清除。

12.1　皮肤上皮和黑色素细胞肿瘤

皮肤由表皮及其相关的附属结构组成，包括毛发、皮脂腺和特化皮脂腺、顶分泌腺和特化顶分泌腺、小汗腺等，均由真皮和脂膜支撑。黑色素细胞分布于表皮基底细胞之间和毛囊球的生发细胞之间。

皮肤肿瘤的发生具有一定的品种偏好，例如，长须柯利犬易患漏斗状角化棘皮瘤、毛母细胞瘤和毛母质瘤，而拳师犬易患皮肤肥大细胞瘤。由于不同犬种在选育时对特定的特征进行了筛选，上皮及黑色素细胞肿瘤（epithelial and melanocytic tumors of the skin）与间质肿瘤的好发犬种也可能具有一定的遗传学基础，其相关性有待进一步研究。

12.1.1　无鳞状或皮肤附属结构分化的表皮肿瘤

无鳞状或皮肤附属结构分化的表皮肿瘤（epithelial neoplasms without squamous and adexal differentiation）主要为基底细胞癌。

基底细胞癌

基底细胞癌（basal cell carcinoma）是一种低级别的恶性肿瘤，其特征为无表皮或皮肤附属结构分化。此肿瘤为局部侵袭性肿瘤，很少有病例被证实有转移。基底细胞癌在猫中比较常见。3 ～ 16 岁的猫多发，12 ～ 16 岁为发病高峰，好发于布偶猫。

【大体病变】

头部和颈部最常受影响，有 3% 的病例出现多部位皮肤肿块。这种肿瘤常表现为表皮溃疡，广泛侵袭真皮和皮下组织，触诊时有坚实感。

【镜下特征】

基底细胞癌可分为两种类型。

（1）浸润型：从表皮的基底细胞延伸到真皮和皮下，可见束状或片状的小型嗜碱性细胞，胞核深染，几乎看不到胞浆。胞核多形性较小，但常见较多核分裂象。侵袭型肿瘤的细胞索或细胞岛中央可见坏死。无鳞状上皮或皮肤附属结构分化，可与有皮肤附属结构分化的肿瘤进行鉴别。浸润型基底细胞癌常伴有真皮成纤维细胞的明显增生。

（2）透明细胞型：具有侵袭性，可能与表皮缺乏密切联系。肿瘤细胞呈岛状分布于真皮层，常延伸至皮下组织。肿瘤细胞具有透明或细颗粒状的胞浆。胞核呈卵圆形，相对均一，核仁不明显，核分裂象的数目差异很大。

◇ 病例 1

【背景信息】

雪纳瑞犬，6 岁，雄性，未去势。原发肿物大小为 5.0 cm×3.0 cm×2.0 cm，有包膜，无破溃，无粘连，扩张性生长。发病周期约 4 年，肿物表面光滑，有一定游离性，有包膜，粉色。未见明显瘙痒，有增大现象，大小同鸡蛋黄。外用消炎药未见好转。另一肿物大小为 2.0 cm×1.8 cm×1.8 cm，褐色，质中，表面破溃，与周围组织无粘连。（图 12-1 和图 12-2）

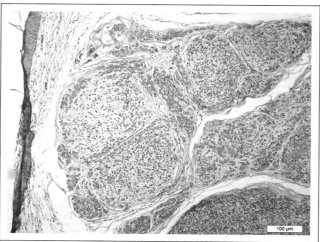

图 12-1　犬　基底细胞癌（a）

肿瘤细胞团块位于真皮层，细胞呈束状或

片状排列，嗜碱性蓝染。

（HE×100）

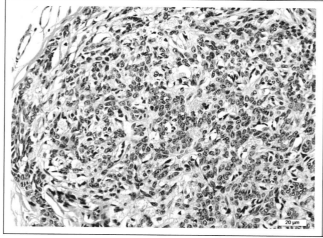

图 12-2　犬　基底细胞癌（b）

肿瘤细胞似表皮基底细胞，胞核较大，

嗜碱性深染，胞浆较少。

（HE×400）

◇ 病例 2

【背景信息】

犬，2.5 岁，雄性，未去势，前肢腋下。动物血糖偏高，2 次测血糖间隔 1 周，第 1 次血糖值为 11.6，第 2 次血糖值为 9.8。肿物大小为 2.0 cm×0.5 cm×1.8 cm，浅褐色，质中，有包膜，无破溃，无粘连。（图 12-3 和图 12-4）

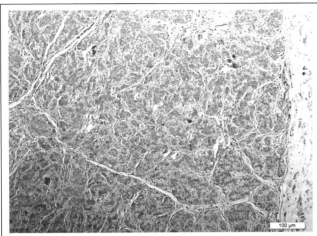

图 12-3　犬　基底细胞癌（a）
肿物内部形成大小不一的小叶结构，呈多角形，
团岛形，长椭圆形，细胞排列紧密。
（HE×100）

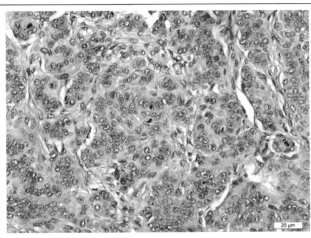

图 12-4　犬　基底细胞癌（b）
肿瘤细胞形态较一致，细胞较大，排列不
规则，胞核较大且呈圆形或椭圆形，
胞浆适中，界限不清，
可见核分裂象。
（HE×400）

12.1.2　表皮肿瘤

表皮肿瘤（neoplasms of the epidermis）包括乳头状瘤、鳞状细胞癌和基底鳞癌等。

12.1.2.1　乳头状瘤

乳头瘤病毒（papillomavirus，PV）是乳头瘤病毒科的环状双链 DNA 病毒，其感染可引起良性表皮（鳞状上皮）外生性增生。人和动物的乳头状瘤可能与乳头瘤病毒的感染有关，已鉴定出多种不同的毒株。每种动物都可能被多种乳头瘤病毒感染，每种病毒的亚型通常与一个特定的组织有关。马、牛、猫和犬科动物以及人均可能被感染。皮肤乳头状瘤（papilloma）在犬中较常见，在猫中不常见。高风险犬种是法国斗牛犬、罗得西亚脊背犬、惠比犬、维兹拉犬和大牛獒犬。无性别偏好。表 12-1 列出了犬乳头瘤病毒和相关临床症状。

表 12-1　犬乳头瘤病毒分型及相关症状

病毒分型	临床症状
CPV-1	无症状感染，有外生型的乳头状瘤、内生型的乳头状瘤、浸润型鳞状细胞癌
CPV-2	外生型的乳头状瘤、内生型的乳头状瘤、浸润型鳞状细胞癌
CPV-3	色素斑、原位鳞状细胞癌、浸润型鳞状细胞癌
CPV-4	色素斑
CPV-5	色素斑
CPV-6	内生型的乳头状瘤

病毒分型	临床症状
CPV-7	外生型的乳头状瘤
CPV-8	色素斑
CPV-9	色素斑
CPV-10	色素斑
CPV-11	色素斑
CPV-12	色素斑
CPV-13	口腔黏膜乳头状瘤
CPV-14	色素斑
CPV-16	色素斑

【大体病变】

犬的乳头状瘤可能是单发或多发性的，最常累及头部，也可表现为多部位色素沉着的病毒斑块和结节。其中，内翻性乳头状瘤多见于前肢和腹部，为单发病灶，直径 1 ～ 2 cm，位于真皮内，随着病灶的增大逐渐向皮下组织延伸。在切片上，内凹的肿块中心有许多角蛋白聚集的细小丝状突起，边界清晰。

【镜下特征】

在犬中，皮肤乳头状瘤与 CPV-2、CPV-6 和 CPV-7 相关，根据其组织病理学特征可分为以下三类。

（1）乳头状亚型：最常见，其特征是由真皮纤维结缔组织支撑的乳头状突起。增生的表皮角质层增厚，可能发生角化或角化不全。颗粒层缺失或细胞内角化透明颗粒显著增大。偶尔在棘层的上部可见有核偏向一侧并具有核周晕的细胞，称为挖空细胞。偶有嗜碱性核内包涵体。在真皮层内可见淋巴浆细胞浸润和中性粒细胞浸润。

（2）漏斗状亚型：临床表现为小结节状真皮病变，只影响毛囊的漏斗部，不影响上覆的表皮。其组织病理学特征是上覆的表皮增生，与表皮内陷形成充满角蛋白的毛囊漏斗。正常的漏斗部角化细胞转变为受感染细胞。受损组织的特征是基底层和下棘层增生，而增生的棘层细胞具有丰富的灰蓝色胞浆（病毒细胞病变效应）。

（3）Le Net 亚型：病变可能是外生性的，也可能是内生性的。该亚型的组织病理学特征是胞浆内可见明亮的嗜酸性纤维状物质（角蛋白）占据细胞的大部分，胞核偏于细胞一侧，并可见嗜碱性核内包涵体。

【鉴别诊断】

病毒性乳头状瘤和鳞状上皮乳头状瘤的鉴别诊断见表 12-2。

表 12-2　病毒性乳头状瘤和鳞状上皮乳头状瘤的鉴别诊断

病毒性乳头状瘤	鳞状上皮乳头状瘤
表皮分化可表现为角化或角化不全	表皮分化正常
透明角质颗粒增大	正常大小的角质透明颗粒
有挖空细胞	有挖空细胞
角质形成细胞表现出病毒细胞病变效应	角化细胞正常
可能存在核内包涵体	没有核内包涵体

◈ 病例 1

【背景信息】

犬，金毛，1岁。雌性，未绝育。口腔。肿物大小为 0.6 cm×0.6 cm×0.5 cm，白色，质中，无破溃，有粘连。（图 12-5 至图 12-7）

图 12-5 犬 病毒性乳头状瘤（a）

表皮呈手指状或乳头状向外突出，表皮的
最外层可见过度角化的角化层。

（HE×40）

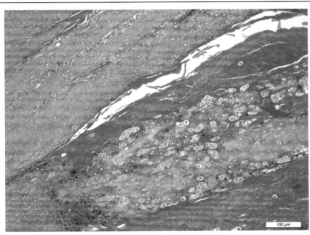

图 12-6 犬 病毒性乳头状瘤（b）

可见过度角化的角化层，红染，呈片状覆盖
在表皮细胞上，角化层下可见大量的
表皮细胞，染色深浅不一。

（HE×100）

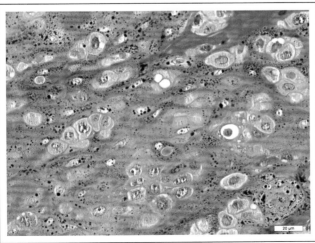

图 12-7 犬 病毒性乳头状瘤（c）

肿瘤细胞呈椭圆形，胞体较大，可见挖空
细胞，有些颗粒细胞或棘细胞的胞核中
可见红染的核内包涵体。

（HE×400）

◈ 病例 2

【背景信息】

法斗犬，5 月龄。眼睑部位、口腔部位肿物，位于皮肤与黏膜交界处。（图 12-8 至图 12-10）

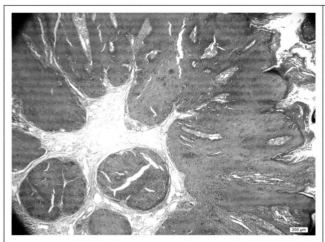

图 12-8　犬　病毒性乳头状瘤（a）

表皮明显增厚，大量鳞状上皮增生形成大小

不等的乳头状突起，结缔组织将部分

增生的肿瘤细胞分割成

团块状结构。

（HE×40）

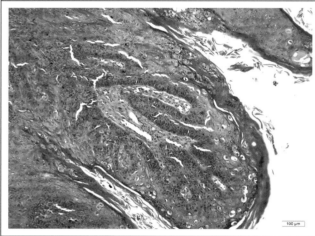

图 12-9　犬　病毒性乳头状瘤（b）

可见大量鳞状上皮增生形成大小不等的

乳头状突起。

（HE×100）

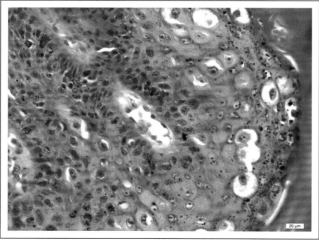

图 12-10　犬　病毒性乳头状瘤（c）

在棘细胞层和颗粒层可见挖空细胞分布，

挖空细胞的胞浆透明，胞核浓缩。

（HE×400）

◈ 病例 3

【背景信息】

秋田犬，5 岁，雄性，未去势，下眼睑肿物，肿物大小为 0.7 cm×0.6 cm×0.5 cm，褐色，质中。

（图 12-11 和图 12-12）

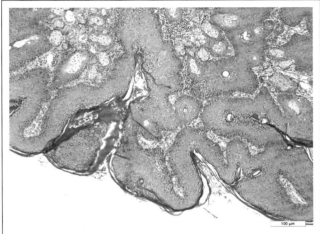

图 12-11　犬　鳞状乳头状瘤（a）

角化层角化过度，下层棘细胞增生形成乳头

样结构，分化良好。

（HE × 100）

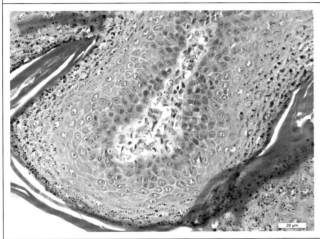

图 12-12　犬　鳞状乳头状瘤（b）

增厚的棘细胞层形成手指样突起。颗粒层

细胞内可见较大的角蛋白颗粒。

（HE × 400）

◇ 病例 4

【背景信息】

腊肠犬，6 岁，雌性，未绝育，皮肤肿物，肿物大小为 2.0 cm × 2.0 cm × 1.3 cm，褐色，质中，无包膜，有破溃，无粘连，无临床表现。（图 12-13 至图 12-15）

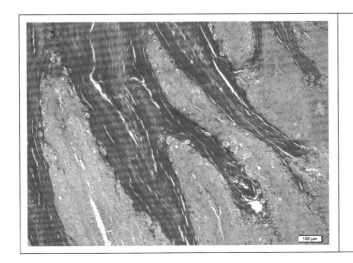

图 12-13　犬　内翻性乳头状瘤（a）

可见大量均质红染的角化层，并向肿物内

延伸形成乳头样结构。

（HE × 100）

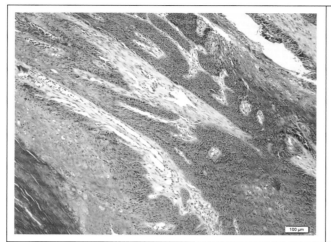

图 12-14　犬　内翻性乳头状瘤（b）

角化的乳头样结构内部可见正在发生角化的

成熟的棘细胞。肿物内部可见大量

胞核相对深染的棘细胞相互

堆积，周围间质大量增生。

（HE×100）

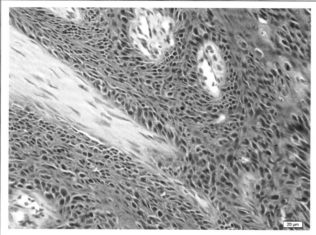

图 12-15　犬　内翻性乳头状瘤（c）

瘤细胞多呈椭圆形，排列密集，棘细胞最

内层可见新生的基底样细胞。

（HE×400）

12.1.2.2　鳞状细胞癌

鳞状细胞癌（squamous cell carcinoma）是一种表皮细胞向角质细胞分化的恶性肿瘤。它是所有家畜以及鸡中最常见的恶性皮肤肿瘤。有几个因素与鳞状细胞癌的发生有关，如长时间暴露在紫外线下、表皮缺乏色素、缺少毛发或毛发非常稀疏。因此，地理位置、气候（紫外线照射）和解剖位置（结膜、外阴、会阴）对发病率有很大影响。研究发现乳头瘤病毒与鳞状细胞癌在几个物种中存在联系。

这种肿瘤常见于猫和犬。所有物种的鳞状细胞癌都可能发生在幼龄动物身上，但发病率随着年龄的增长而增加。猫的鳞状细胞癌发病高峰在 9～14 岁，犬的发病高峰在 6～13 岁。高风险犬种包括猎犬、巨型雪纳瑞犬、荷兰毛狮犬、凯利蓝梗犬、斗牛犬。没有性别偏好。

【大体病变】

犬的病变最常见于头部、腹部、前肢、后肢、会阴和足趾。长时间在户外活动的白色或花斑短毛犬也有较高的皮肤鳞状细胞癌发病率，通常发生在腹部和头部。少部分病例会出现在肛门囊壁，其内衬有分层的鳞状上皮。猫最常见的病变部位是耳廓、眼睑和鼻平面。白猫耳尖是鳞状细胞癌典型的发生部位。

有报道称，犬皮下组织内的侵袭性鳞状细胞癌与接种乳头状瘤病毒疫苗的部位有关。这些病例的潜伏期为 11～34 个月。猫的鳞状细胞癌也与紫外线辐射有关，而发生在猫鼻平面上的鳞状细胞癌病例中，有半数检测到乳头瘤病毒 DNA，这表明乳头瘤病毒感染也可能是一个致病因素。

【镜下特征】

分化较好的鳞状细胞癌很容易诊断，然而早期或癌前改变可能难以辨认。早期的病变被称为光化性角化病，表现为表皮增生、角化过度、棘层增厚和角化细胞异常增生等。受影响的角质细胞主要存在于基底层和棘层，表现为极性丧失、核增大、核深染、核仁增大和突出，基底和基底上层角质细胞可见有丝分裂象。由于这种病变是由长时间的紫外线照射引起的，一些病例可表现为弹性纤维变性，伴有真皮浅表弹性纤维和胶原纤维的变性、碎裂。在这一阶段，没有发育不良的角质细胞侵入基底膜。

　　鳞状细胞癌的组织学表现差异很大。这种特征已被用于对这些肿瘤进行分级。分化良好的鳞状细胞癌（1级）的特征是具有丰富的嗜酸性胞浆的肿瘤细胞、细胞间桥和同心层状角蛋白角化珠。核多形性和有丝分裂活性极小。真皮和皮下组织的浸润伴有纤维结缔组织的增生。中度分化鳞状细胞癌（2级和3级）肿瘤细胞的特征是嗜酸性胞浆少，胞核多形、深染，有丝分裂象多。较少形成角化珠和细胞间桥。肿瘤细胞岛看起来比分化良好的鳞状细胞癌小，浸润更明显。低分化的鳞状细胞癌（4级）很少有鳞状上皮分化。胞浆呈双嗜性，胞核为多形，深染，有丝分裂象活跃。肿瘤细胞具有很强的侵袭性，在一个纤维增生基质中经常出现单个细胞或小群细胞。

◈ 病例 1

【背景信息】

　　沙利犬，12 岁。颈背部团块，曾破溃，内容物呈干酪样。（图 12-16 至图 12-17）

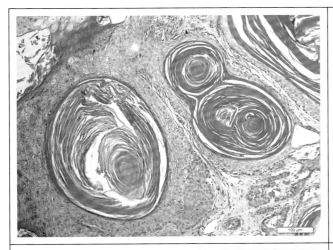

图 12-16　犬　鳞状细胞癌（a）

可见较多分化程度不同的鳞状细胞团或
细胞索，即"癌巢"。

（HE×100）

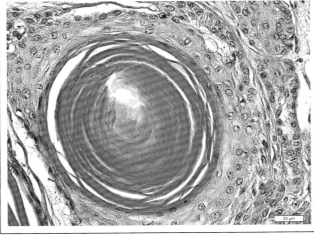

图 12-17　犬　鳞状细胞癌（b）

增生的鳞状上皮分化良好，中央可见
角化珠（癌珠）。

（HE×400）

◈ 病例 2

【背景信息】

　　田园犬，雌性，已绝育。颈部皮肤肿物，大小一种为 1.8 cm×1.5 cm×1.2 cm，褐色，糟脆；另一种为 1.8 cm×1.5 cm×1.2 cm，浅褐色，质硬。（图 12-18 和图 12-19）

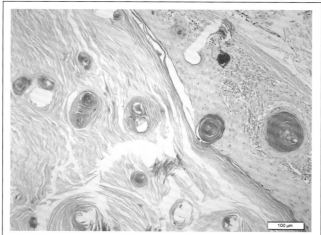

图 12-18 犬 鳞状细胞癌（a）
可见肿瘤细胞形成大小不等、形态不同的
癌巢。大的癌巢中央有均质红染，
呈同心层状结构的癌珠。

（HE×100）

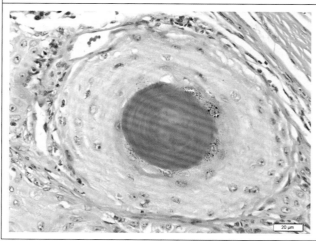

图 12-19 犬 鳞状细胞癌（b）
癌巢外层的细胞相对较小，靠近癌珠的肿瘤
细胞胞体相对较大，呈椭圆形或圆形，
细胞界限不清。

（HE×400）

12.1.2.3 基底鳞癌

基底鳞癌（basosquamous carcinoma）是一种低度恶性肿瘤，主要由具有鳞状分化灶的基底细胞组成。这种肿瘤并不常见，最常在犬身上诊断出来。发病高峰期为 6 ～ 12 岁。风险较高的品种有圣伯纳犬、猎犬、萨摩耶犬等。没有发现性别偏好。

【大体病变】

基底鳞癌最常发生于头、颈和四肢。肿瘤位于皮内至皮下，常伴有表皮溃疡和脱发灶。在切面上，肿瘤可能呈棕色、黑色，并被结缔组织小梁细分为大小不等的小叶，可能显示中央囊肿形成。通过肉眼检查可能并不总是能够识别肿瘤的边界。

【镜下特征】

肿瘤小叶的外围是未分化的基底样细胞。在小叶的中心，细胞显示出突然分化和角质形成细胞的形成，其表现出适度的核多形性、有丝分裂活性和角化不良。黑色素通常存在于外周基底细胞内。

【鉴别诊断】

由于基底细胞癌不显示鳞状分化，因此很容易与基底鳞癌区分开来。

◇ *病例 1*

【背景信息】

田园猫，2 岁左右，雌性，未绝育。颌下皮肤肿物，粉色，大小为 2.0 cm×0.8 cm×2 cm。细胞学结果：细胞量较少，巨噬细胞占 10%，中性粒细胞占 80%，疑纤维来源细胞稍多，核质比较高。（图12-20 和图 12-21）

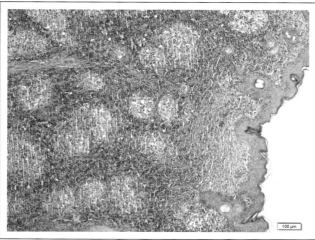

图 12-20　猫　基底鳞癌（a）

肿瘤内部形成颜色深浅不一的小岛状结构。

（HE×100）

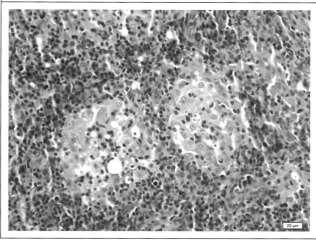

图 12-21　猫　基底鳞癌（b）

肿瘤细胞主要由鳞状上皮细胞构成，细胞

异型性较大，可见部分细胞发生有

丝分裂象，未见明显角化珠。

（HE×400）

12.1.3　皮肤附属结构分化的肿瘤

皮肤附属结构分化的肿瘤（neoplasms with adnexal differentiation）主要包括滤泡性肿瘤、皮脂腺及特化皮脂腺肿瘤、肝样腺肿瘤、顶浆腺和特化顶浆腺肿瘤和肛门囊腺肿瘤。

12.1.3.1　滤泡性肿瘤

滤泡性肿瘤（follicular neoplasms）是指来源于滤泡的肿瘤，可能是良性肿瘤，也可能是低恶性度的恶性肿瘤。

12.1.3.1.1　漏斗状角质化棘皮瘤

漏斗状角质化棘皮瘤（infundibular keratinizing acanthoma）是一种良性肿瘤，可见分化为毛囊峡部和漏斗部的鳞状上皮。这种肿瘤以前被称为皮内角化上皮瘤、皮肤内新生角化上皮瘤、角化棘皮瘤或鳞状乳头状瘤。漏斗状角质化棘皮瘤仅在犬中常见，发病高峰在 4 ～ 10 岁。有研究表明，13% 的病例发现于 4 岁以下的犬中。风险较高的品种是挪威猎鹿犬、西藏梗犬、贝灵顿梗犬、凯利蓝梗犬和哈巴犬。未发现明显性别倾向。

【大体病变】

常见于背部、颈部、尾巴和四肢。同一条犬身上多发肿瘤很常见，尤其是挪威猎鹿犬、德国牧羊犬、拉萨犬和荷兰毛狮犬。肿瘤位于真皮和皮下组织，直径为 0.3 ～ 5 cm。大多数有一个中央毛孔，延伸到皮肤表面并代替先前存在的毛囊漏斗部，肿瘤从其底部发生并生长。

肿物切面中心有角蛋白堆积，周围的肿瘤细胞形成厚度不等的红棕色活细胞区，与周围的真皮和皮下组织界限清楚。

【镜下特征】

毛孔内衬有复层鳞状角化上皮，具有明显的胞浆内透明角质颗粒。肿瘤从毛孔底部延伸至真皮和皮下组织。角蛋白集中聚集，通常形成同心片层。在角蛋白下方，肿瘤壁由大的浅色角质形成细胞组成，其中可能含有小的嗜碱性透明角质颗粒。这些细胞具有正常染色的胞核，细胞边界非常清晰，并且看不到桥粒。纤维血管基质围绕肿块，并延伸到上皮细胞吻合索之间的肿瘤中。

从中央腔的衬里细胞向外延伸的是上皮细胞索，这些索也形成肿瘤细胞的外围区域，吻合并形成小角囊肿，囊腔内有角蛋白的同心层状聚集体。这些细胞的中央核比管腔细胞的核颜色更深，有适量的嗜酸性胞浆和明显的细胞边界。细胞和核的多形性和有丝分裂活性极小。

【鉴别诊断】

肿瘤间质可能是黏液性的，在某些情况下会呈软骨样或骨化生，混合顶浆腺瘤也有这一特征，必须通过角质形成细胞的形态进行鉴别诊断。

【病例背景信息】

雪纳瑞犬，7岁，雄性，已去势。右前肢肿物，存在数年，最近生长较快，有破溃迹象。（图12-22 和图 12-23）

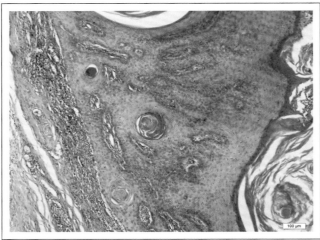

图 12-22 犬 漏斗状角质化棘皮瘤（a）

肿物位于真皮层，与周围组织界限清晰，
肿物内可见大小不等的囊腔，腔内出现
大量同心排列的层状、丝状角化物，
肿瘤细胞围绕囊腔紧密排列。

（HE×100）

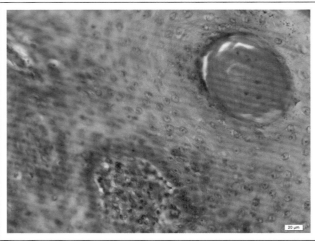

图 12-23 犬 漏斗状角质化棘皮瘤（b）

肿瘤细胞体积较大，细胞间桥不明显；胞核
清亮，有一个位于中央的明显核仁，胞浆
呈弱嗜酸性，内有嗜碱性颗粒物。

（HE×100）

12.1.3.1.2 毛母细胞瘤

毛母细胞瘤（trichoblastoma）是一种良性肿瘤，起源于原始毛发生殖细胞，在犬和猫常见。犬的发病高峰在 4 ～ 10 岁。风险较大的品种有克里蓝梗犬、普利牧羊犬、卷毛比熊犬、喜乐蒂牧羊犬和贝灵顿梗犬。有轻微的雄性性别倾向。

【**大体病变**】

头部和颈部是毛母细胞瘤发生的主要部位。肿瘤通常是外生肿块，直径可为 0.5 ～ 18 cm。大多数从表皮与真皮界面延伸至皮下和真皮。与周围组织界限分明，上覆表皮，无毛发，可能有继发性破溃。

在切面，肿块常被结缔组织小梁分割成多个大小不一的小叶。一些肿瘤呈黑色，其他则表现为局灶性或多灶性囊性病变。

【**组织学特征**】

毛母细胞瘤有几种组织学亚型，包括缎带型、水母型、实性型、颗粒细胞型、小梁型和梭形细胞型。然而，这些肿瘤的组织学评估有相当大的差异性，但并不影响其预后，因为它们都是良性的。

（1）缎带型：缎带型毛母细胞瘤由分枝和交织的长细胞条索组成。细胞通常呈栅栏状，胞核明显，胞浆很少。胞核深染，核仁不明显。少量的胞浆是嗜酸性的，细胞边界不清楚。有丝分裂象的数目可能是可变的，一些肿瘤表现出明显的有丝分裂活性。这种亚型常见于犬。

（2）水母型：水母型毛母细胞瘤与缎带型相似。然而，细胞索从细胞的中央聚集处向外延伸，细胞内有大量嗜酸性胞浆。这种亚型常见于犬。

（3）实性型：实性型毛母细胞瘤由大小不一的、由细胞围绕形成的岛状结构组成，周围环绕中度至广泛的结缔组织间质。胞核呈正常染色或深染，核仁不明显。胞浆轻度嗜酸性，细胞边界不清。

（4）颗粒细胞型：颗粒细胞型毛母细胞瘤由岛状和片状的肿瘤细胞组成，肿瘤细胞具有丰富的嗜酸性颗粒状胞浆，细胞边界清晰。胞核小，深染，很少有核分裂象。间质胶原基质的数量是可变的。这种亚型常见于犬。

（5）小梁型：小梁型毛母细胞瘤由多个小叶状的新增生细胞组成，被小叶间胶原间质的细带所分割。小叶周围的细胞呈现明显栅栏状，而小叶中心的细胞有卵圆形到细长的胞核和丰富的嗜酸性胞浆。这种亚型常见于猫。

（6）梭形细胞型：梭形毛母细胞瘤可能与上覆的表皮有关。肿瘤为多分叶，有小叶间质。肿瘤细胞的形态变化取决于细胞是纵向被切割（细胞呈梭形）的，还是横向被切割（细胞呈卵圆形）的。纺锤状细胞通常相互交织呈网状。这种肿瘤的肿瘤细胞和噬黑素细胞可能含有黑色素。这种亚型常见于猫。

◈ **病例 1**

【**背景信息**】

雪纳瑞犬，4 岁，雄性，未去势。前肢皮肤肿物，单发性病变，有游离性，无转移。（图 12-24 和图 12-25）

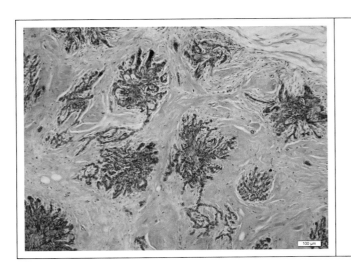

图 12-24　犬　缎带型毛母细胞瘤（a）

可见肿瘤细胞排列呈串珠样、缎带样或团块样结构。

（HE×100）

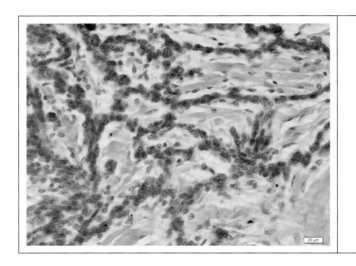

图 12-25 犬 缎带型毛母细胞瘤（b）

基底样角质细胞被胶原纤维包围、分割成

串珠样、条索状结构。

（HE×400）

◇ 病例 2

【背景信息】

金毛寻回犬，5 岁 5 个月，雄性，未去势。左耳根部皮肤肿物，大小约为 8.0 cm×6.0 cm，生长时间无法确定。生长速度快，无瘙痒，粉色，无转移部位，单发性病变。（图 12-26 和图 12-27）

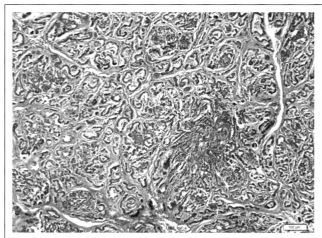

图 12-26 犬 缎带型毛母细胞瘤（a）

肿瘤细胞成分单一、呈串珠样、缎带样或

团块样结构。

（HE×100）

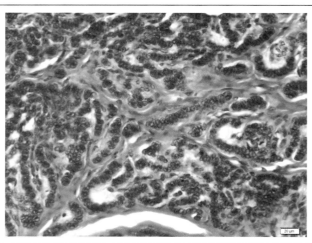

图 12-27 犬 缎带型毛母细胞瘤（b）

肿瘤细胞排列成串珠样结构，肿瘤细胞排列

2～3 层。肿瘤细胞之间界限不清晰。

（HE×400）

◆ 病例 3

【背景信息】

比熊犬，8 岁，雌性，肿物位于颈部背侧前部偏右位置，无游离性。（图 12-28 至图 12-29）

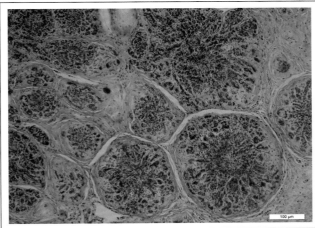

图 12-28　犬　水母型毛母细胞瘤（a）

肿物细胞被结缔组织分割成菊花样、

水母样的结构。

（HE×100）

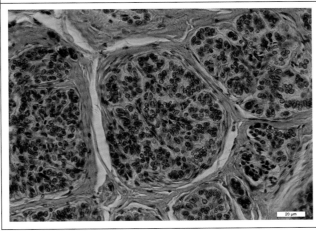

图 12-29　犬　水母型毛母细胞瘤（b）

肿瘤细胞分化良好，呈多层环状排列或

缎状排列，形态较一致。

（HE×400）

◆ 病例 4

【背景信息】

阿拉斯加犬，6 岁，雄性，已去势，犬左侧颈部皮肤肿物，直径 1.0 cm，球形，生长速度较慢，无瘙痒，无转移。（图 12-30 和图 12-31）

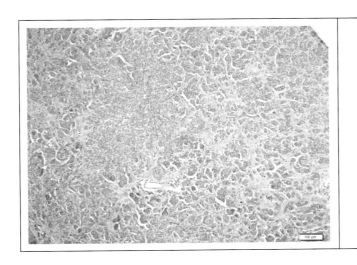

图 12-30　犬　实性型毛母细胞瘤（a）

排列致密的肿瘤细胞主要形成片状或岛状结构。

（HE×100）

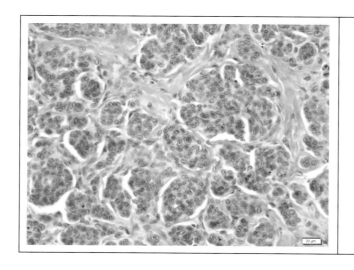

图 12-31 犬 实性型毛母细胞瘤（b）
肿瘤细胞呈团状或片状排列，含轻度嗜酸性
胞浆、强嗜碱性胞核。
（HE×400）

◇ 病例 5
【背景信息】
东方短毛猫，13 岁，雌性。头顶肿物。从小一直存在，近 2～3 年变大，直径 0.5 cm，切除后送检。
（图 12-32 和图 12-33）

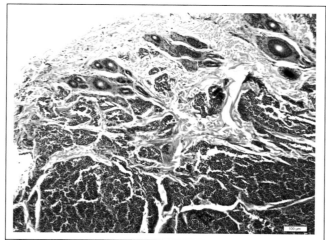

图 12-32 猫 颗粒细胞型毛母细胞瘤（a）
大量肿瘤细胞占据真皮层，主要形成团块状
或小岛状结构。
（HE×100）

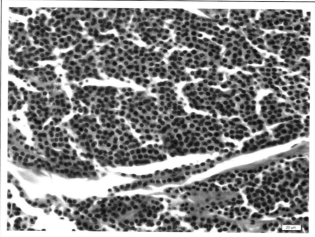

图 12-33 猫 颗粒细胞型毛母细胞瘤（b）
肿瘤细胞呈圆形或椭圆形，胞浆较丰富，
呈嗜酸性，胞核呈圆形或卵圆形，
呈强嗜碱性。
（HE×400）

◈病例 6

【背景信息】

泰迪犬，2 岁 3 个月，左前肢桡尺骨处皮肤肿物，有游离性，单发性病变。（图 12-34 和图 12-35）

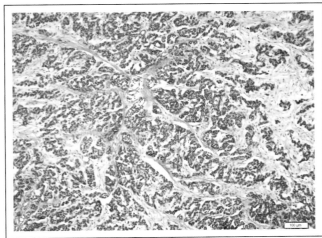

图 12-34　犬　小梁型毛母细胞瘤（a）

肿物被结缔组织分割成多个小叶，形成小岛
状或小梁状结构，小岛或小梁的周围
包裹着小叶间胶原基质。

（HE×100）

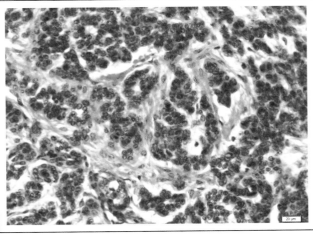

图 12-35　犬　小梁型毛母细胞瘤（b）

肿瘤细胞被结缔组织分割成栅栏样、串珠样
或小岛样，增生的细胞呈椭圆形或圆形，
核仁明显，核质比较高。

（HE×400）

◈病例 7

【背景信息】

比熊犬，6 岁，雄性，皮肤肿物。（图 12-36 和图 12-37）

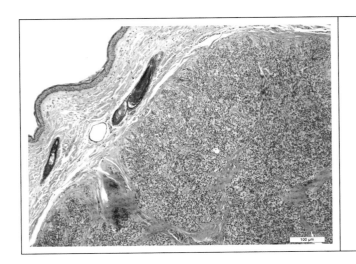

图 12-36　犬　梭形细胞型毛母细胞瘤（a）

肿瘤细胞呈片状、网状排列，其外围有一层
较薄的结缔组织包膜。肿瘤呈多小叶，
小叶间基质较少。

（HE×100）

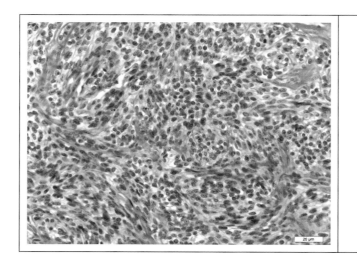

图 12-37　犬　梭形细胞型毛母细胞瘤（b）

肿瘤细胞呈纺锤形或椭圆形，互相交织

成网，胞浆较少，弱嗜酸性。

（HE×400）

◈ 病例 8

【背景信息】

　　猫，16 岁，右侧后腹部皮下肿物，直径 3.0 cm，无瘙痒。肿物白色，质地较脆。（图 12-38 和图 12-39）

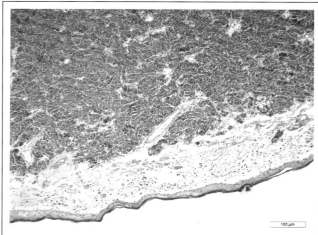

图 12-38　猫　梭形细胞型毛母细胞瘤（a）

真皮层内有大量染色较深的细胞团块占据，

呈岛状或团状。

（HE×100）

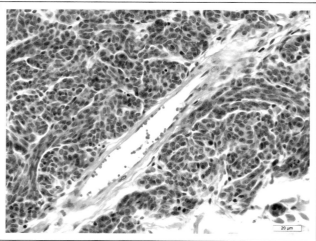

图 12-39　猫　梭形细胞型毛母细胞瘤（b）

增生的细胞主要呈圆形、椭圆形或纺锤形，

细胞呈漩涡状或螺旋状排列，

偶见核分裂象。

（HE×400）

12.1.3.1.3 毛发上皮瘤

毛发上皮瘤（trichoepithelioma）为良性肿瘤，毛囊的三个部分都分化，可能存在不成熟或正在形成的毛发。毛发上皮瘤在犬中很常见，在猫中不常见。犬的该肿瘤可发生在 1 ～ 15 岁，发病高峰在 5 ～ 11 岁。风险较高的犬种有巴吉度犬、斗牛獒犬、软毛惠顿梗犬和金毛寻回犬。雌性绝育的犬有更高的患病风险。猫的发病高峰主要在 4 ～ 11 岁，没有品种偏好。

【大体病变】

毛发上皮瘤主要见于背部（17%）、胸部（12%）、颈部（10%）和尾部（7%），约 7.5% 的病例是多中心的，尤其是巴吉度猎犬。肿瘤位于真皮内，并延伸至皮下组织。可出现表皮溃疡、肿块周围皮肤脱毛和继发感染。大多数肿瘤在直径 0.5 ～ 5.0 cm 时被切除。在切面上通常有多个直径 1 ～ 2 mm 的灰白色病灶，并有纤维血管结缔组织带。尽管有些毛发上皮瘤可以侵入更深的组织，但大多数病例中，肿瘤与周围组织界限清晰。

【镜下特征】

大多数肿瘤由上皮细胞岛组成，周围有基质，基质可能是胶原的或含有黏液。在这些细胞岛的中心有角蛋白和影子细胞的聚集。外层上皮细胞通常是异质群体，包括胞核深染、胞浆少的小细胞或具有轻度嗜酸性胞浆和泡状核的细胞或胞浆内含有透明颗粒的细胞。

毛发上皮瘤可能含有一个大的囊肿或几个较小的囊肿，囊肿内充满角化的碎片。外周常可见增厚的嗜酸性基膜，内有单层栅栏状细胞，胞核深染，胞浆很少。这些细胞向囊肿中心不规则地排列，胞核染色较少，细胞内有中等数量的嗜酸性胞浆。囊肿的管腔内有影子细胞、角化物质和胆固醇结晶。可以发现较小的囊肿从较大的中央囊肿延伸到周围组织。

◈ 病例 1

【背景信息】

美国短毛猫，1 岁，雄性。右侧颈背部肿物，大小为 1.5 cm × 0.8 cm × 0.3 cm，褐色，质中。无包膜，无破溃，有粘连。（图 12-40 和图 12-41）

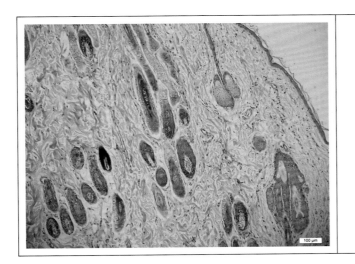

图 12-40　猫　毛发上皮瘤（a）

大量大小不一、形态各异、染色不均一的囊腔结构散在分布于结缔组织间，有些囊腔样结构聚集分布，部分囊腔内有呈漩涡状排列的粉染物质。

（HE × 100）

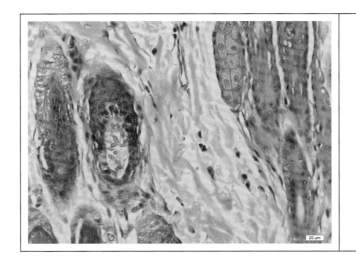

图 12-41　猫　毛发上皮瘤（b）

可见囊腔外围的细胞呈杆状，部分细胞的胞
核圆形或椭圆形，呈强嗜碱性，核仁
明显，胞浆较少；部分细胞的胞核
呈空泡样，胞浆呈弱嗜酸性。

（HE×400）

◈ 病例 2

【背景信息】

　　金毛犬，8 岁，雌性，未绝育。肿物大小为 14.0 cm×11.0 cm×8.0 cm，褐色，质中；原发大小为 10.0 cm×10.0 cm×6.0 cm，无包膜，无破溃，无粘连，多处病变。肿瘤检测，臀部右侧，髂关节处有突出物，背部有 5 个突出物。（图 12-42 和图 12-43）

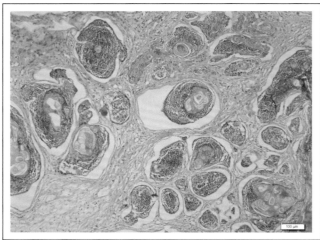

图 12-42　犬　毛发上皮瘤（a）

增生的肿瘤组织主要位于真皮层，可见大量
大小不一、形态各异的囊腔结构
散在分布于结缔组织间。

（HE×100）

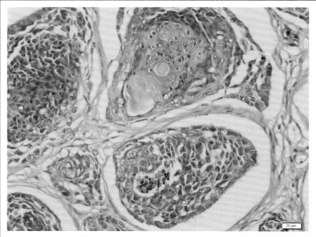

图 12-43　犬　毛发上皮瘤（b）

囊腔外围的细胞较小，呈圆形或椭圆形。
囊腔内层为单层扁平角化细胞，可见
不同程度的坏死、角化现象。

（HE×400）

12.1.3.1.4　毛母质瘤

毛母质瘤（pilomatricoma）是良性滤泡性肿瘤，仅显示基质分化。这种肿瘤最常发于犬，在猫和其他家畜身上很少见。在犬中，大多数肿瘤发生在2～7岁，克里蓝梗犬、软毛惠顿梗犬、标准贵宾犬、英国古代牧羊犬患病率较高，无性别偏好。

【大体病变】

大多数毛母质瘤出现在背部、颈部、胸部和尾部。肿瘤坚实，表面皮肤脱毛，由于肿瘤内有骨，难以横切。肿瘤切面可见一个或几个较大的、含有灰白色白垩质的小叶，偶见黑色素沉积。肿瘤边缘清晰可见。

【镜下特征】

小叶的周围是嗜碱性细胞区，胞核小而深染，胞浆稀少。尽管这是一种良性肿瘤，嗜碱性细胞也可能常见有丝分裂象。当嗜碱性细胞向小叶中心分化时，细胞体积会因嗜酸性胞浆含量增加而增大。进一步分化导致胞核失去嗜碱性外观，但仍可将其视为圆形的空白空间，周围环绕着丰富的嗜酸性胞浆和明显的细胞边界。这些细胞被称为"幽灵细胞"或"影子细胞"。

小叶中央的影子细胞聚集并退化。在退行性细胞内可发现营养不良钙化灶和骨板形成。伴随着多核巨细胞和成纤维细胞的浸润。成纤维细胞是否与小叶中心钙化有关，成纤维细胞和巨噬细胞浸润是否是继发性的，尚不明确。小叶中央也可见淀粉样蛋白。黑色素可在肿瘤细胞的胞浆或巨噬细胞的小叶周围间质中发现。生长较长时间的毛母质瘤外围有一层薄薄的嗜碱性细胞，在小叶中心有明显的影子细胞聚集。

【病例背景信息】

雪纳瑞犬，3岁，雄性，后背体表肿块切除，大小为5.0 cm×3.5 cm×2.5 cm，灰色，质中，内有糟脆物质。无包膜，无破溃，与周围组织无粘连。（图12-44至图12-46）

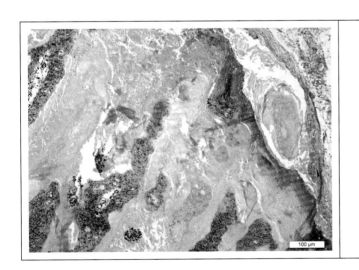

图12-44　犬　毛母质瘤（a）

肿物深层可见有大小不等的囊腔形成小叶
结构，小叶外周是强嗜碱性细胞区域，
囊腔内可见角化和黑色素沉积。

（HE×100）

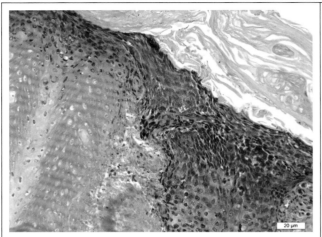

图 12-45　犬　毛母质瘤（b）

小叶外周可见有嗜碱性较强的毛根鞘细胞
围绕，细胞呈多形性，胞浆蓝染，
胞核呈椭圆形或不规则形。

（HE×400）

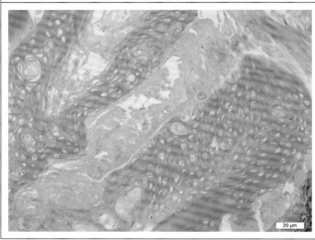

图 12-46　犬　毛母质瘤（c）

小叶中央可见大量胞浆丰富，呈嗜酸性，
胞核消失的影子细胞。腔内还可见大小
不等的粉染的角化蛋白。

（HE×400）

12.1.3.2　皮脂腺及特化皮脂腺肿瘤

皮脂腺和睑板腺有两个组成部分：腺体部分在腺体外围具有未分化的细胞，在腺体中心有成熟的皮脂细胞以及进入毛囊漏斗的导管，并有起伏的、扁平的角质化上皮衬里。皮脂腺及特化皮脂腺肿瘤（sebaceous and modified sebaceous gland neoplasms）是指起源于皮脂腺和起源于特化皮脂腺的肿瘤。起源于皮脂腺的肿瘤包括皮脂腺腺瘤、皮脂腺导管腺瘤、皮脂腺上皮瘤和皮脂腺癌。在眼睑内部起源于特化皮脂腺的肿瘤包括睑板腺瘤、睑板腺导管腺瘤、睑板腺上皮瘤、睑板癌。此外，起源于特化的皮脂腺的肿瘤还包括肛周腺肿瘤等。

12.1.3.2.1　皮脂腺腺瘤

皮脂腺腺瘤（sebaceous adenoma）含有较多成熟的皮脂腺细胞，但较少见（＜50%）基底细胞储备细胞和导管。这些肿瘤在犬中很常见，在猫中不常见，在其他家养物种中也很少见。在犬的发病高峰为 8～13 岁。风险较大的品种有可卡犬、西伯利亚哈士奇、萨摩耶犬和阿拉斯加雪橇犬。没有性别偏好。猫的发病高峰在 7～13 岁，波斯猫易患这种肿瘤。

【大体病变】

犬的皮脂腺腺瘤多见于头部，而猫常见背部、尾部和头部，或为多中心病灶。许多肿块是外生的，但也有侵入性成分，可能累及皮下组织。隆起的结节状皮肤肿物表面可能出现脱毛、色素沉着和溃疡并继发感染。皮脂腺肿瘤切面呈浅黄色至白色，常被细小结缔组织分成小叶。偶尔可在犬和猫的肛门囊颈部区域发现皮脂腺腺瘤。

【镜下特征】

皮脂腺腺瘤从表皮延伸至真皮，也可累及皮下组织。肿瘤细胞有多个小叶，由结缔组织小梁和预先存在的真皮胶原蛋白束的残余物隔开。小叶周围为较小的嗜碱性细胞，胞核深染，胞浆稀少。这些细胞少见或无多形性，但偶可见有丝分裂象。储备细胞层数不一，可为一层至几层细胞。储备细胞分化为成熟的皮脂腺细胞，具有丰富嗜酸性泡沫样胞浆和位于细胞中央较小的深染胞核。皮脂腺细胞中不可见有丝分裂象。肿瘤内可见不规则排列的导管，其外部细胞有卵圆形、水泡状核，中度嗜酸性胞浆，细胞边界清晰，但缺乏细胞间桥粒。这些细胞沿管腔方向变平，管腔由波纹状、明亮的嗜酸性鳞状上皮排列形成。皮脂腺细胞是皮脂腺腺瘤的主要细胞类型。

【鉴别诊断】

区分皮脂腺腺瘤和皮脂腺增生是很重要的，犬、猫的皮脂腺增生通常多中心肿瘤样病变，与衰老有关。皮脂腺增生的病变包括成熟皮脂腺的增生性小叶，分布在大的皮脂腺管周围，皮脂腺管常与毛囊漏斗重合。皮脂腺增生占据真皮的表面和深层，但不延伸到毛囊水平以下。单个大导管的存在，病变的整体大小（小）和毛囊上方增殖的限制是区分增生和腺瘤的最佳特征。

◇ **病例1**

【背景信息】

拉布拉多犬，9岁1个月，雌性，已绝育。右后肢肿物。（图12-47和图12-48）

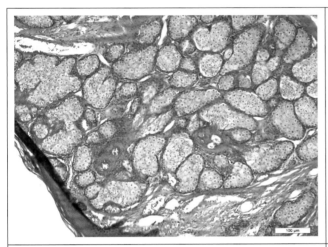

图12-47　犬　皮脂腺腺瘤（a）

皮下可见多个较大的皮脂腺小叶。皮脂腺
发育成熟，细胞分化良好，形态正常。

（HE×100）

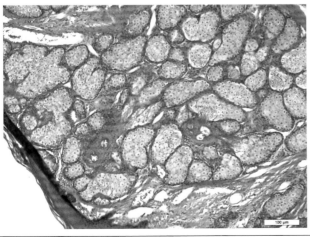

图12-48　犬　皮脂腺腺瘤（b）

成熟的皮脂细胞胞浆较透亮，核仁清晰。

（HE×400）

◇ *病例 2*

【背景信息】

可卡犬，12 岁，雄性。左耳下皮肤肿物，核桃大小，有游离性，最近 1 个月生长快（已发生破溃），有瘙痒症状，肿物切面呈粉色，无包膜。（图 12-49 和图 12-50）

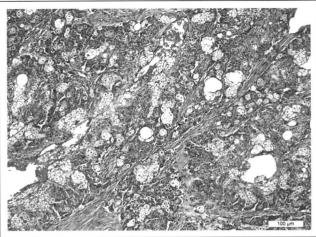

图 12-49　犬　复合型皮脂腺腺瘤（a）

增生的细胞呈团岛样，结节样，有的细胞
团岛被结缔组织包裹，团岛内有
多少不等的空泡样结构。

（HE×100）

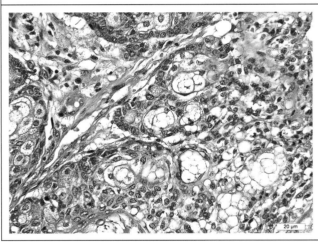

图 12-50　犬　复合型皮脂腺腺瘤（b）

肿瘤细胞异型性较大，有的细胞较大，胞浆
有大小不一的空亮泡状结构，有的细胞
呈梭形、卵圆形或纺锤形，
嗜碱性较强。

（HE×400）

12.1.3.2.2　皮脂腺上皮瘤

皮脂腺上皮瘤（sebaceous epithelioma）为低级别恶性肿瘤，含有大量的基底样储备细胞，少数细胞分化为皮脂腺细胞和导管。这些肿瘤常见于犬。犬的发病高峰在 10～15 岁。风险较大的品种有爱尔兰水猎犬、可卡犬、英国可卡犬和爱斯基摩犬。无性别偏好。

【大体病变】

常发于犬的头部（53%）。许多肿瘤是浅表性的，但也可具有侵袭性，肿瘤延伸到真皮层并可累及皮下组织。由于肿瘤内的黑色素细胞，一些肿瘤可能呈现棕色、黑色。

【镜下特征】

皮脂腺上皮瘤以嗜碱性的储备细胞为主，成熟的皮脂腺细胞和导管较少。储备细胞中可能常见有丝分裂象。有时甚至需要仔细寻找具有皮脂腺细胞分化特征的单个细胞。黑色素细胞（其树突过程可能在肿瘤细胞之间发现）和黑色素颗粒可见于储备细胞的胞浆和小叶间基质的巨噬细胞内。

◆ 病例 1

【背景信息】

　　金毛犬，6 岁，雄性。右眼睑肿物，大小为 0.5 ～ 1.0 cm，无游离性，约 3 月个前发病，生长速度不定，破溃后长得快，无瘙痒，红色，无包膜。（图 12-51 和图 12-52）

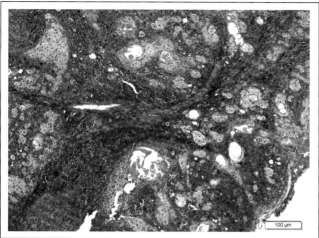

图 12-51　犬　皮脂腺上皮瘤（a）

肿瘤中可见导管结构，一般由角化的鳞状上
皮围绕而成，导管内有粉染
角质化物质。

（HE×100）

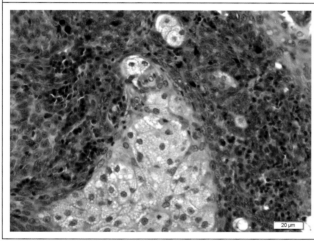

图 12-52　犬　皮脂腺上皮瘤（b）

增生的皮脂腺细胞不显示有丝分裂活动，
部分储备细胞中含有黑色素颗粒，
黑色素细胞及噬黑色素
细胞分布在间质中。

（HE×400）

◆ 病例 2

【背景信息】

　　拉布拉多犬，12 岁，雌性，已绝育。耳周皮肤肿物，大小为 1.0 cm×1.0 cm，生长速度缓慢，无瘙痒，黑色，无转移。（图 12-53 和图 12-54）

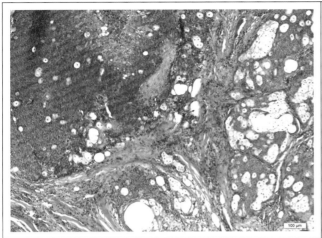

图 12-53　犬　皮脂腺上皮瘤（a）

增生的肿瘤细胞呈大小不等的不规则的小叶

状排列，小叶周围由纤维结缔

组织所包裹。

（HE×100）

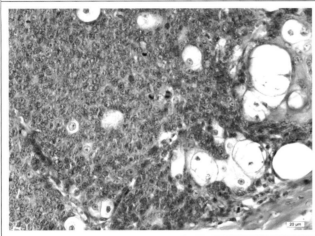

图 12-54　犬　皮脂腺上皮瘤（b）

增生的细胞呈圆形或多角形，大小不一，

可见有丝分裂象。

（HE×400）

12.1.3.2.3　皮脂腺癌

皮脂腺癌（sebaceous carcinoma）为恶性肿瘤，细胞呈皮脂腺分化。皮脂腺癌在犬和猫以及其他物种中均不常见。犬的发病高峰在 10～13 岁。风险较大的品种包括骑士查理王猎犬、可卡犬、西伯利亚雪橇犬、萨摩犬、西高地白梗犬。无性别偏好。猫的发病高峰在 8～15 岁。无品种或性别偏好。

【大体病变】

皮脂腺癌主要发生在犬的头部（39%）和颈部（11%），猫的胸部和会阴部。大体检查和切面与皮脂腺腺瘤和皮脂腺上皮瘤相似。最常见的是皮内多发性分叶状肿块。

【镜下特征】

纤维血管结缔组织将肿瘤划分为大小不一的小叶。肿瘤细胞胞浆内含有脂质小泡，但脂化程度各不相同。胞核大，核仁明显，呈中度多形性。有丝分裂象的数目是可变的，但可见不典型的有丝分裂象。不同形态的皮脂细胞和储备细胞中均可见有丝分裂象；而在皮脂腺腺瘤中，只在储备细胞中可见。皮脂腺癌组织呈多叶状，可与脂肪肉瘤区分。与皮脂腺腺瘤的鉴别是基于细胞和胞核的多形性，皮脂腺细胞可见有核分裂象，少数情况下侵袭周围淋巴管。

局部浸润性生长是皮脂腺癌最常见的表现。经淋巴管转移到局部淋巴结是罕见的，更广泛的转移是极其罕见的。

◇ *病例 1*

【背景信息】

可卡犬，14 岁，雌性，已绝育；右后背部肿物，肿物大小约 8.0 cm×4.5 cm×3.0 cm，褐色，质中，有包膜；有破溃；与周围组织有粘连；侵袭性生长。肿物表面破溃，游离性差，发病时间长，菜花状，可见脓性分泌物。曾局部冲洗用药，抗生素治疗无效，细胞学诊断结果怀疑恶性肿瘤。（图 12-55 和图 12-56）

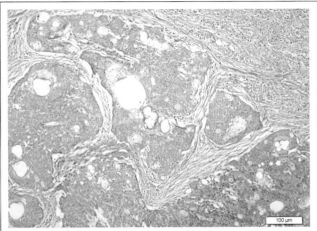

图 12-55　犬　皮脂腺癌（a）

肿物细胞被结缔组织分隔成大小不一的小叶

状结构，肿物小叶内部可见导管及

分散的分化的皮脂腺细胞。

（HE×100）

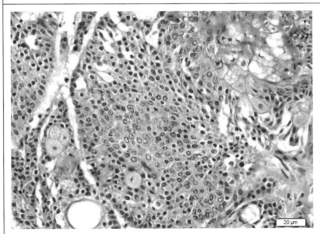

图 12-56　犬　皮脂腺癌（b）

增生的细胞多为核呈椭圆形或圆形、胞浆不

丰富的基底样储备细胞，也可见体积

较大的皮脂腺细胞。

（HE×400）

◇ *病例 2*

【背景信息】

安格鲁貂，9 岁。头顶部肿物，原发大小为 2.0 cm×1.5 cm×0.5 cm，表面菜花样，质地脆，皮下无明显的浸润和粘连。动物饮食排泄正常。（图 12-57 和图 12-58）

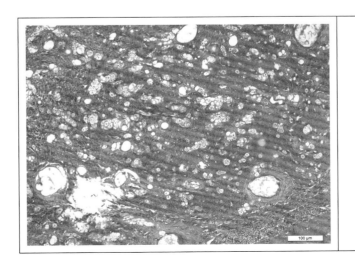

图 12-57　貂　皮脂腺癌（a）

可见大量皮脂腺细胞和储备细胞交错紧密

排列，局部可见成熟阶段的皮脂细胞，

融合形成导管。

（HE×100）

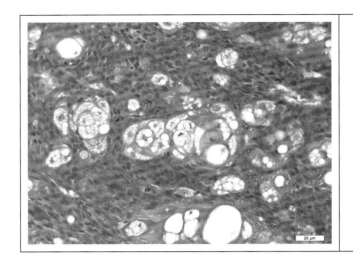

图 12-58　貂　皮脂腺癌（b）

含淡红染的胞浆的未成熟皮脂细胞排列致密，

成熟的皮脂细胞相互融合。

可见有丝分裂象。

（HE×400）

12.1.3.2.4　睑板腺腺瘤

眼睑内侧的睑板腺是特化的皮脂腺，因此皮脂腺瘤的分类标准也适用于睑板腺起源的肿瘤。睑板腺腺瘤（meibomian adenoma）在犬中很常见，在其他物种中很少见。犬的发病年龄为 3～15 岁，发病高峰在 7～12 岁。风险较高的品种包括法老王猎犬、爱斯基摩犬、萨摩耶犬、戈登塞特犬和挪威猎犬。没有性别偏好。

【大体病变】

肿瘤位于眼睑内侧，外观可能为棕色、黑色或淡红色。它们与周围组织界限清晰。肿瘤表面可能有小的乳头状瘤外生成分，但大部分肿块存在于更深的组织中。

【镜下特征】

组织学特征与皮脂腺腺瘤相似。尽管许多睑板腺腺瘤含有大量的黑色素，但在经过漂白处理的切片中，可根据细胞形态与眼睑上常见的黑色素细胞瘤进行鉴别。

【病例背景信息】

可卡犬，14 岁，雄性。左上眼睑肿物，大小为 1.0 cm×1.5 cm×0.5 cm，白色，质中，有破溃。（图 12-59 和图 12-60）

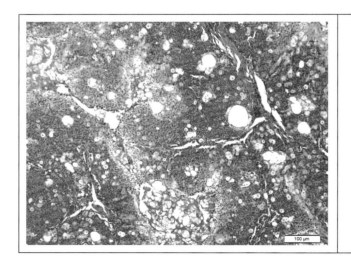

图 12-59　犬　睑板腺腺瘤（a）

增生的肿物大小不等，形态不规则，呈巢状

弥散分布于结缔组织基质中，由嗜酸性

结缔组织包裹形成，增生的肿物整体

呈嗜碱性蓝染，也可见大小不一的

空泡状结构或嗜酸性的网格状

空泡聚集团块。

（HE×100）

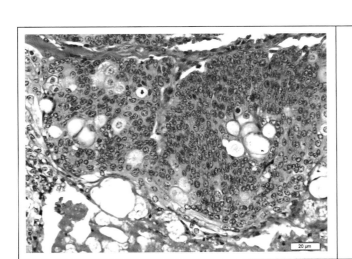

图 12-60　犬　睑板腺腺瘤（b）

可见细胞圆球形或多角形，胞浆丰富，呈透明
空泡状，胞核嗜碱性深染、位于细胞中央；
大量胞核呈椭圆形、嗜碱性、核仁清晰，
胞浆界限不清的基底细胞样细胞，
环绕腺泡分布。

（HE×400）

12.1.3.2.5　睑板腺导管腺瘤

与睑板腺腺瘤相比，犬的睑板腺导管腺瘤（meibomian ductal adenoma）并不常见，在其他物种中也很罕见。4～14 岁的犬受到影响，发病高峰在 7～10 岁。风险较高的品种有意大利灵缇犬、切萨皮克湾猎犬、刚毛猎狐犬、秋田犬和万能梗犬。无明显性别偏好。这些肿瘤不能与其他睑板腺肿瘤明显区分。组织学特征如先前描述的皮脂腺导管腺瘤。

【病例背景信息】

雪纳瑞犬，11 岁。右眼睑肿物，直径 0.8 cm。（图 12-61 和图 12-62）

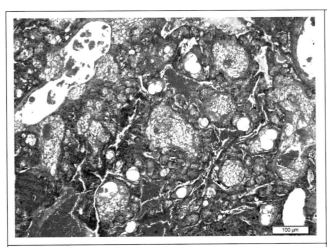

图 12-61　犬　睑板腺导管腺瘤（a）

肿物一部分由网状结构的区域组成，其是由
腺细胞构成，该区域由多层基底储存细胞
围绕，导管排列混乱浸润生长在基底
储存细胞中，部分区域
可见红细胞。

（HE×100）

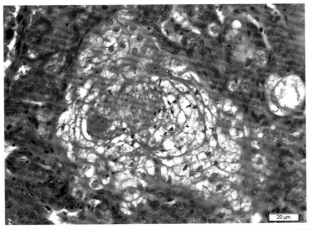

图 12-62　犬　睑板腺导管腺瘤（b）

肿物由大量的成熟细胞组成，胞浆丰富，
胞核较小，细胞交织呈网状，成熟的
细胞被基底储存细胞围绕。

（HE×400）

12.1.3.2.6 睑板腺上皮瘤

睑板腺上皮瘤（meibomian epithelioma）在犬中很常见，在其他物种中很少见。5～15岁的犬受影响，发病高峰在8～12岁。风险较高的品种包括软毛惠顿梗犬、狮子犬、拉布拉多犬和标准贵宾犬。雄性更容易发病。这些肿瘤在大体上不能与其他睑板腺肿瘤明显区分。组织学特征与皮脂腺上皮瘤相似。

【病例背景信息】

西施犬，8岁，雄性，已去势。左侧上眼睑肿物，大小约为0.2 cm×0.2 cm，粉白色，生长速度缓慢，未见瘙痒。（图12-63和图12-64）

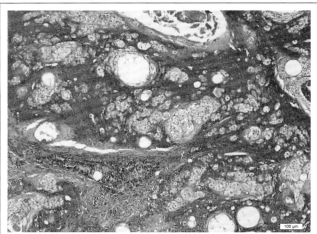

图12-63　犬　睑板腺上皮瘤（a）
增生的肿瘤细胞呈大小不等的不规则小叶状
结构，小叶之间由数量不等的红染的
纤维结缔组织所分隔。
（HE×100）

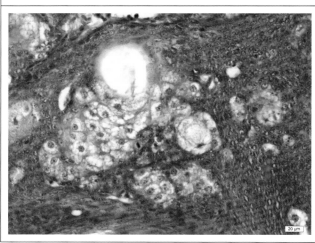

图12-64　犬　睑板腺上皮瘤（b）
增生的肿瘤细胞主要以基底样储备细胞为主，
细胞之间界限不清晰，可见核分裂象。
（HE×400）

12.1.3.2.7 睑板腺癌

睑板腺的恶性肿瘤在所有物种中是非常罕见的。肉眼无法将这种肿瘤与眼睑上的良性肿瘤区别开来。睑板腺癌（meibomian carcinoma）的组织学特征与皮脂腺癌相似。

【病例背景信息】

京巴犬，10岁，雄性。右眼内睑结膜，质地软易碎。（图12-65和图12-66）

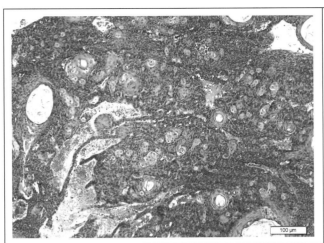

图 12-65　犬　睑板腺癌（a）

肿物由大量管状结构及细胞成分构成，管状
结构为内含红细胞的血管结构以及增生的
睑板腺导管样结构，细胞成分为
皮脂腺细胞和深染的
基底样细胞。

（HE×100）

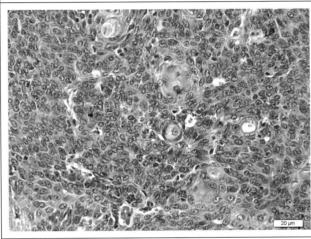

图 12-66　犬　睑板腺癌（b）

增生的细胞胞核呈圆形较大，细胞界限不
明显，胞浆弱嗜酸性的基底样细胞，
可见有丝分裂象。

（HE×400）

12.1.3.3　肝样腺肿瘤

肝样腺是特化的皮脂腺，这类无导管腺体只出现在犬科动物中，由于细胞形态类似于肝细胞，而被称为肝样腺。这类腺体位于动物的肛周区、尾部背侧和腹侧、雄性位于侧缘区、雌性位于腹乳腺区、后肢后部、背部和胸部中线。偶尔也出现在其他部位。肝样腺肿瘤（hepatoid gland neoplasms）是犬的常见肿瘤，分类与皮脂腺肿瘤相似，但不存在导管腺瘤。

12.1.3.3.1　肛周腺腺瘤

肛周腺腺瘤（circumanal adenoma）是一种以肝样细胞为主，基底样储备细胞较少的良性肿瘤，这是犬会阴部最常见的肿瘤。年幼的犬（小至 2 岁）和年长的犬都可能发生，发病高峰在 8 ～ 13 岁。高风险品种包括西伯利亚哈士奇犬，萨摩犬和德国硬毛指示猎犬。有明显的性别倾向，未去势雄性风险增加（44% 的病例），未绝育雌性风险降低（7% 的病例）。去势可能使肿瘤体积减小和 / 或消退。

【大体病变】

大多数肝样腺肿瘤（88%）发生在肛周，它们可能是孤立的或多个外生或内生的皮内肿块，肿瘤直径为 0.5 ～ 5 cm，常发生溃疡。未溃烂的肿瘤表皮很薄，当肿瘤发展到周围有被毛的皮肤时，可以观察到脱毛。其他部位的肿瘤也可能是外生或内生的，但很少发生溃疡。除肛周区域外，最常见的部位是尾巴的背侧与腹侧（5%）和包皮旁区域（2%）。

肛周腺肿瘤切面呈浅棕色至棕褐色，常呈多分叶状。常见出血区域，可能是局灶性或多灶性的，并涉及大面积的肿瘤。肛周腺腺瘤可能比肛周腺上皮瘤具有更好的包裹性。

【镜下特征】

肛周腺腺瘤常为有包膜、多分叶的皮内和皮下肿块。在肿瘤内，细胞排列成束状、岛状和小梁状。对这些分化良好的肿瘤进行细胞学诊断可得出组织学一样准确的结果，但需要有肿物的背景信息。肿瘤细胞呈多面体形；胞核较大，呈卵球形，囊泡状，位于细胞中央，胞核中心可见较小的核仁；胞浆丰富，呈嗜酸性；常见有丝分裂象。小叶的外周是储备细胞，通常为单层，胞核小而深染，胞浆稀少。

小叶间质富含血管，可能含有炎性细胞，结缔组织包裹肿物形成包膜。在某些情况下，小叶间质内的血管极度扩张，周围可见出血。

一些肿瘤细胞胞浆内可见空泡，显示出皮脂腺的分化。雄性犬肛周腺瘤肿瘤细胞呈互相吻合的小梁状排列；雌性犬肛周腺瘤肿瘤细胞则呈多发性小岛状，周围有小叶间质。在肿物周围可发现小岛状的腺组织。结缔组织中经常有来自结缔组织的回缩伪影，使细胞似乎占据淋巴管的管腔。这种组织学特征应该与肿瘤细胞侵袭淋巴管进行鉴别。

◇ 病例 1

【背景信息】

泰迪犬，2 岁，雄性。肛周肿物，犬舔舐肛周，X 射线检查未发现转移。（图 12-67 和图 12-68）

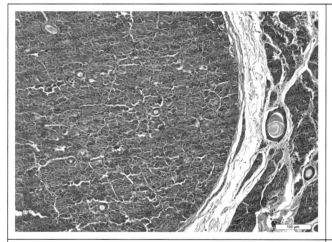

图 12-67　犬　肛周腺腺瘤（a）
肿瘤细胞呈小岛状或片状分布，由
纤维结缔组织分隔形成小叶。
（HE×100）

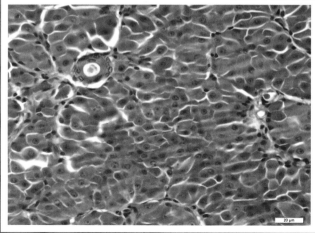

图 12-68　犬　肛周腺腺瘤（b）
小叶内肿瘤细胞主要为胞核圆形且透亮、
核仁清晰、胞浆嗜酸性、细胞
多角形的肛周腺细胞。
（HE×400）

◇ 病例 2

【背景信息】

柯基犬，13 岁 2 个月，雄性，已去势；肛周肿物，大小约为 2.0 cm×1.5 cm。（图 12-69 和图 12-70）

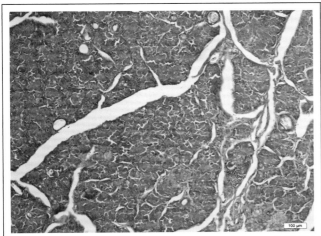

图 12-69　犬　肛周腺腺瘤（a）

肿瘤细胞呈小岛状，或片状分布，被纤维
结缔组织分隔形成小叶。

（HE × 100）

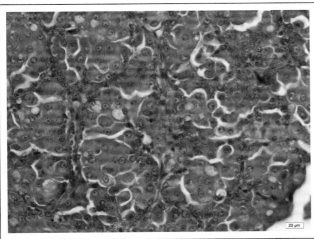

图 12-70　犬　肛周腺腺瘤（b）

肿物由胞核圆而透亮、胞浆嗜酸性、呈多角
形的肛周腺细胞组成，肛周腺细胞外围
为胞浆少、核深染的基底样
储备细胞。

（HE × 400）

12.1.3.3.2　肝样腺上皮瘤

肝样腺上皮瘤（hepatoid gland epithelioma）是一种低级别恶性肿瘤。其特征是大部分细胞为储备细胞，肝样细胞较少，且比肝样腺瘤少见。犬的发病高峰在 9 ～ 13 岁。风险较高的品种包括澳大利亚黄牛犬、萨摩耶犬、爱斯基摩犬、西伯利亚哈士奇犬和松狮犬。有性别偏好，未去势雄性（41%）和去势雄性（33%）风险增加，而未绝育雌性风险降低（3%）。

【大体病变】

大多数肿瘤（95%）发生于肛周区域，也被称为肛周腺上皮瘤，呈单发或多发性皮内肿块。肿瘤有近期增大的趋势。未溃烂肿瘤的表皮通常很薄。肿瘤通常是内生的。肉眼不能对肝样腺上皮瘤和其他肝样腺肿瘤进行区分，尽管有些肝样腺上皮瘤病例的包膜不如肝样腺瘤完整。

【镜下特征】

肛周腺上皮瘤是一种低级别恶性肿瘤。特征是大量的储备细胞，较少的肝样细胞，这些肿瘤通常生长紊乱，通常不形成明显的小叶。储备细胞有丝分裂象常见，核多形性小。有丝分裂象的出现局限于储备细胞。肿瘤细胞可能侵袭被膜，但很少延伸到包膜以外的邻近组织。

◇ 病例 1

【背景信息】

犬，雄性。肛周左侧肿物，发现肿物 1 年，肿物生长直径至 1.5 cm。（图 12-71 和图 12-72）

图 12-71 犬 肛周腺上皮瘤（a）

大量增生的储备细胞呈片状、团块状、
岛状排列。细胞染色较深、
排列紧密。

（HE×100）

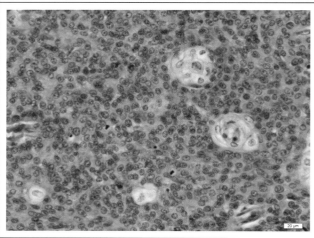

图 12-72 犬 肛周腺上皮瘤（b）

增生的储备细胞大小、形态较均一，细胞界
限不清晰。局部可见体积较大，胞浆呈
空泡状的成熟肛周腺细胞。

（HE×400）

◇ 病例 2

【背景信息】

萨摩耶犬，11 岁 6 个月，雄性，未去势。肛周肿物，未用药。（图 12-73 和图 12-74）

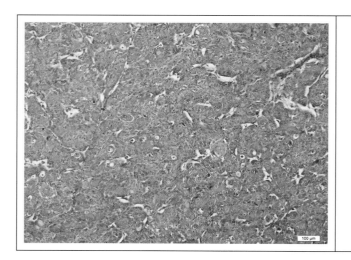

图 12-73 犬 肛周腺上皮瘤（a）

肿瘤细胞呈较致密的片状排列。

（HE×100）

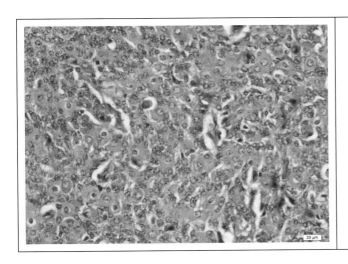

图 12-74　犬　肛周腺上皮瘤（b）
增生的肿瘤细胞大多数为储备细胞，胞核呈
椭圆形至圆形，蓝染，胞浆较少，
排列较乱。
（HE×400）

12.1.3.3.3　肝样腺癌

肝样腺癌（hepatoid gland carcinoma）是一种罕见的恶性肿瘤，表现为肝样腺上皮分化。转移并不常见，可能发生在附近淋巴结区域，但远处转移是极其罕见的。6～15 岁的犬会受到影响，发病高峰在 9～13 岁。风险较高的品种包括蓝蜱猎犬、比利时牧羊犬、西伯利亚哈士奇犬、萨摩耶犬和阿拉斯加雪橇犬。未去势雄性（55%）的风险增加，但未绝育雌性（4%）和绝育雌性（15%）的风险降低。

【大体病变】

肝样腺癌的常见原发部位为肛周（83%）、肛旁（6%）和尾部（4%）皮肤。根据生长部位或大体特征，不能区分肛周腺瘤和肝样腺癌。

【镜下特征】

肝样腺癌细胞不形成清晰的小叶或小梁。肿瘤可能只有一种细胞类型；这些细胞分化差，胞核深染，核仁明显，胞浆稀少。只有小叶和小叶中的单个细胞才能向肝样细胞分化。其他肿瘤可能由储备细胞和肝样细胞组成：储备细胞有丝分裂象增多。恶性的肝样细胞有丰富的嗜酸性胞浆和大的核，有多个明显的核仁，有丝分裂象多少不一。

组织学上，肝样腺癌最重要的特征是已分化的肝样腺细胞中出现有丝分裂象或肿瘤细胞侵袭周围结缔组织和淋巴管，这是恶性肿瘤的指标。由于肿瘤组织从周围的间质中收缩，必须小心区分真正的淋巴浸润和肿瘤组织收缩迹象。这种现象似乎在会阴部结缔组织中特别常见。

【病例背景信息】

混血犬，14 岁，雄性。生长速度一般，肿物直径约 6 cm，无游离性，无瘙痒，无包膜（图 12-75 至图 12-78）

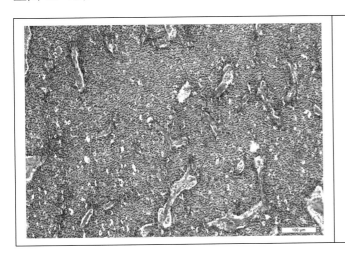

图 12-75　犬　肝样腺癌（a）
肿瘤细胞成分较单一，排列密集，呈片状
分布，肿瘤组织内可见形状
各异的血管。
（HE×100）

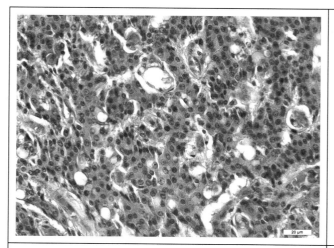

图 12-76 犬 肝样腺癌（b）

部分肿瘤细胞排列形成互相吻合的小梁状，

其间可见丰富的血管。

（HE×100）

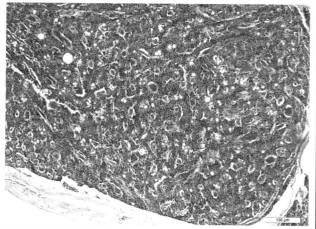

图 12-77 犬 肝样腺癌（c）

肿瘤细胞呈圆形或椭圆形，胞浆呈嗜酸性，

胞核圆形或椭圆形，核仁明显，

可见明显的有丝分裂象。

（HE×400）

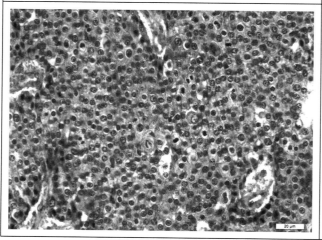

图 12-78 犬 肝样腺癌（d）

肿瘤细胞呈椭圆形或梭形，细胞大小不一，

异型性较大，并可见明显的

有丝分裂象。

（HE×400）

12.1.3.4 顶浆腺和特化顶浆腺肿瘤

顶浆腺和特化顶浆腺肿瘤（apocrine and modified apocrine gland neoplasms）是由分泌腺和导管组成的肿瘤。分泌细胞呈柱状，胞核位于基底，胞浆丰富，呈嗜酸性。顶浆腺导管进入毛囊漏斗部，由双层上皮细胞排列形成。在腺管上皮周围是肌上皮细胞，肌上皮细胞之外为基底层。肿瘤可能表现出以上所有成分的分化。

12.1.3.4.1 耵聍腺腺瘤

耵聍腺腺瘤（ceruminous adenoma）为良性肿瘤，肿瘤细胞表现为耵聍腺上皮细胞分化。良性耵聍腺腺瘤在4～13岁的犬和猫中比较常见，7～10岁为发病高峰。风险较高的犬种包括可卡犬、西施犬、拉萨阿普索犬、北京犬和玩具贵宾犬。没有性别偏好。

【大体病变】

这些肿瘤为耳道（包括垂直耳道）内肿块。常见溃疡和继发感染。良性肿瘤通常是外生性的，尤其是对于犬的病例。该肿瘤很难与严重的增生性息肉样外耳炎进行鉴别，尤其当发病犬为可卡犬时。有些肿瘤呈深褐色，可能为残留在肿瘤腺体腔内的耵聍。在猫的病例中，该肿瘤必须与外耳的炎性息肉区分，后者起源于中耳，可通过鼓膜延伸到外耳；炎性息肉通常发生在年幼的猫身上。

【镜下特征】

耵聍腺腺瘤在组织学上类似于顶浆腺腺瘤。腺腔内经常可见棕色物质，在肿瘤的腺上皮胞浆内可见棕色球状颗粒。许多肿瘤间质内可见富含色素的巨噬细胞，在腺腔中可见中性粒细胞，在腺体周围基质中可见浆细胞浸润。偶见肿瘤细胞侵入腺体的表皮内导管部分（acrosyringium），并在表皮内形成巢状结构。

由于肿瘤细胞的多形性更强，胞核的颜色更深，继发炎症使耵聍腺腺瘤良性和恶性的区分变得困难。然而，在腺瘤中未见特殊形态的肿瘤细胞，该类型细胞在腺癌中较为常见，其胞核大而深染核仁突出、通常浸润基底层。外耳道增生性病变呈弥漫性，表皮增生明显，皮脂腺、耵聍腺增生，耵聍腺和间质结缔组织具有严重慢性活动性炎症。猫的炎性息肉起源于中耳，表面通常有纤毛细胞或鳞状上皮，下层可见浆液性腺体，以及大量结缔组织间质，淋巴细胞和浆细胞浸润，通常形成淋巴滤泡。

【病例背景信息】

犬，15岁，雄性，未去势。耳道肿物，肿物大小约为2.0 cm×1.5 cm×1.0 cm，浅灰色，质中，无包膜，未见破溃；与周围组织有粘连，侵袭性生长。（图12-79和图12-80）

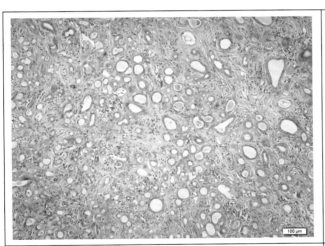

图12-79　犬　耵聍腺腺瘤（a）

可见大量增生的管腔样腺体结构，腺管大小形状不一，部分区域可见腺管扩张，腺管被挤压成扁平状。

（HE×100）

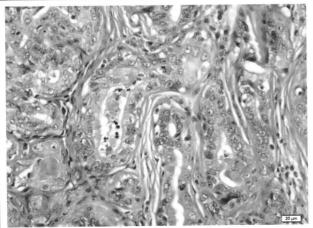

图12-80　犬　耵聍腺腺瘤（b）

大小不一的腺管排列不规则，管腔形状不规则，管内有脱落的细胞或嗜酸性红染的分泌物。腺上皮呈单层或多层。

（HE×400）

12.1.3.4.2 耵聍腺癌

耵聍腺癌（ceruminous gland carcinoma）为恶性肿瘤，向耵聍腺上皮细胞分化。猫的耵聍腺癌比耵聍腺腺瘤更常见，发病高峰在 7 ～ 13 岁。家养短毛猫易发生耵聍腺癌。耵聍腺癌在犬中较少见，常发生在 5 ～ 12 岁，10 ～ 12 岁是发病高峰。风险较高的品种包括英国斗牛梗犬、比利时马里诺斯犬、西施犬及可卡犬。没有发现性别倾向。

【大体病变和镜下特征】

癌通常是浸润性、糜烂性和 / 或溃疡性生长。继发性感染很常见。耵聍腺癌具有许多耵聍腺腺瘤的特征。然而，肿瘤细胞的胞核更大，更具多形性，通常有一个大核仁。常见有丝分裂象。大多数细胞具有丰富的嗜酸性胞浆。肿瘤细胞在表皮内浸润至顶端汗管（acrosyringium）。与腺瘤的鉴别基于浸润邻近的非肿瘤区域、胞核多形性、核仁更明显和较多的有丝分裂象。

【病例背景信息】

可卡犬，13 岁，雄性，未去势。肿物大小约为 1.5 cm×1.5 cm，粉色，已发现 3 ～ 4 年，无瘙痒，无转移，扩张性生长。（图 12-81 和图 12-82）

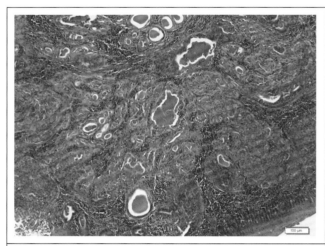

图 12-81 犬 耵聍腺癌（a）

可见许多大小不等、形状不规则的管腔样

结构。部分区域见管腔扩张。

（HE×100）

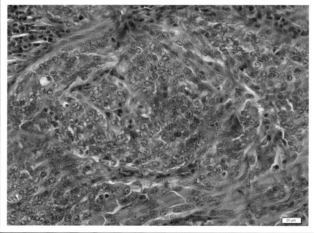

图 12-82 犬 耵聍腺癌（b）

增生的细胞排列形成不规则的管状、单层、

双层或散在排列，细胞异型性大。

间质内可见大量胶原纤维。

（HE×400）

12.1.3.5 肛门囊腺肿瘤

肛门囊腺肿瘤（anal sac gland neoplasms）是指发生在肛门及其周围的囊性肿瘤性病变。

肛门囊腺癌

肛门囊腺癌（anal sac gland carcinoma）是起源于肛门囊壁的顶浆分泌上皮的恶性肿瘤。肛门囊腺癌在犬中比较常见，在猫中比较少见。它是犬会阴区域最常见的恶性肿瘤。5 ～ 15 岁的犬主要受影响，犬的发病高峰在 8 ～ 12 岁。风险较高的品种包括英国可卡犬、丹迪丁蒙梗犬，德国牧羊犬、英国史宾格猎犬和荷兰毛狮犬。最初报道了雌性偏好，但更多数据评估的结果显示只有去势雄性（42%）的风险增加。

这种肿瘤也见于猫。这些患病猫的年龄为 6 ～ 17 岁，平均年龄为 12 岁，风险较高的品种为暹罗猫。雌性比雄性更易发病。

【大体病变】

肿瘤起源于排列在肛门囊的大分泌腺，因此只在会阴部或骨盆穹窿发现，直到转移。它们位于肛门的腹外侧，是皮内和皮下的肿块，经常侵入直肠周围组织。大约 50% 的肿瘤表现为外生性肿块，很容易被观察到，另外 50% 只有在体检或直肠触诊时才能被发现。与肛周腺肿瘤相反，肛周腺肿瘤通常以外生性肿块的形式生长，很容易被发现。

大多数猫有与会阴肿块有关的临床症状，或者过度舔会阴区域、肛门囊。在猫身上没有发现与高钙血症有关的临床症状。

大体检查发现肛门囊壁上有大小不等的肿块，直径为 0.5 ～ 10 cm，原发肿物很可能会穿过骨盆穹窿进入局部淋巴结。肛囊的分层鳞状衬里通常高度黑色化，而周围的肿瘤是白色的，可能出现多叶状，偶尔可能发现小囊肿。由于肿瘤细胞可产生甲状旁腺激素相关蛋白，部分病例还会继发高钙血症而出现多尿、多饮和虚弱。

【镜下特征】

这种肿瘤包括三种亚型，单个肿瘤内可能出现单个或多个亚型。肿瘤细胞形成片状和 / 或玫瑰花环状，玫瑰花环状中心可扩展形成不同直径的小管，管腔内可能有嗜酸性分泌物。

（1）实性型肛门囊腺癌的细胞，核圆形至椭圆形，染色正常至深染，核仁明显，胞浆中嗜酸性弱。在组织学和细胞学上，细胞和胞核较均一，因此看起来是良性的（微小异型性）。

（2）在玫瑰花环状中，胞核位于基部，顶端嗜酸性胞浆放射状排列在少量嗜酸性分泌物周围。

（3）管状腺癌是一种分化良好的腺癌，有大而清晰的管腔，管腔内排列有立方状到柱状细胞，胞浆丰富，胞核深染。在分化良好的腺瘤中，腺腔内可见乳头状突起。

所有亚型的有丝分裂象数目都是可变的，尽管该肿瘤是恶性的，但有丝分裂象数目很低。侵犯周围组织引起纤维增生反应，侵犯直肠周围肌肉是常见的。淋巴管的管腔内可能有肿瘤栓子，但是真正的血管淋巴管侵袭和收缩效应应加以区分，因为收缩效应经常发生在这种肿瘤中。

肛门腺在直肠肛门交界处呈环状分布，与肛门囊腺相似，由分泌上皮和一个直接开口至皮肤表面的导管组成。这些肛门腺癌可能被误认为是肛门囊腺癌，而且非常罕见，但是这些腺体的炎症是肛周瘘管形成的一个诱因。

【病例背景信息】

加菲猫，1 岁，雄性。肿物大小为 1.3 cm × 1.3 cm × 1.0 cm，浅褐色，质中，无包膜，无破溃。（图 12–83 和图 12–84）

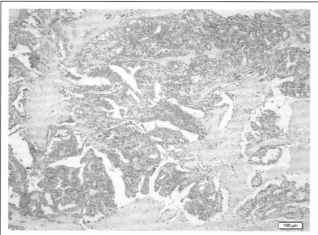

图 12-83 猫 肛门囊腺癌（a）

增生的瘤细胞形成囊腔状或小叶状向内突起，

或被结缔组织包裹呈团块状，

或分割成岛状。

（HE×100）

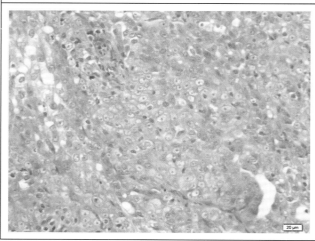

图 12-84 猫 肛门囊腺癌（b）

肿瘤细胞排列紧密，异型性大，胞核空亮、

体积较大，核仁明显，胞浆丰富，

可见有丝分裂象。

（HE×400）

12.1.4 黑色素细胞肿瘤

黑色素母细胞起源于神经外胚层，在胎儿发育期间迁移到皮肤和毛球。成熟的产生色素的细胞被称为黑色素细胞。黑色素细胞肿瘤（melanocytic neoplasms）就来源于黑色素细胞。这些树突状细胞散布于表皮基底角质形成的细胞和毛球之间。E-钙黏蛋白分子存在于黑素细胞和角质形成细胞表面。这些分子是两种细胞之间的黏附机制。黑色素细胞产生的黑色素储存在黑色素小体中。黑色素小体通过入胞分泌（cytocrinia）转移到角质形成的细胞中。黑色素小体聚集在角质形成细胞的胞浆中，可以保护皮肤免受紫外线辐射的伤害。未到达表皮的黑素细胞将发展成皮内黑色素细胞。在真皮层中，可能会发现第二种含有黑色素的细胞，即噬黑素细胞。这些细胞可吞噬由于表皮或毛囊黑色素细胞的渗漏或破坏而进入真皮的黑色素。

12.1.4.1 黑色素细胞瘤

黑色素细胞瘤（melanocytic neoplasms）是起源于表皮、真皮或附属结构（主要来自毛囊的外毛根鞘）中的黑色素细胞的良性肿瘤。黑色素细胞瘤在犬中很常见，1岁以下的犬偶尔会出现黑色素细胞瘤，但很难确定是否为先天性病变。发病高峰在7～12岁。风险较高的品种包括维斯拉犬、迷你雪纳瑞犬、爱尔兰猎犬、标准雪纳瑞犬和澳大利亚小猎犬。猫的黑色素瘤发病率很低。4～13岁的猫发病率较高，家养短毛猫发病风险最大。

【大体病变】

犬、猫的黑色素细胞瘤易发部位均为头部，尤其是在犬的眼睑。黑色素细胞瘤的外观差异很大，这可能与它们出现的时间长短有关。病变大小不等，从很小的色素斑疹，到较大的肿块，直径可达到

5 cm 或更大。肿瘤的颜色取决于细胞内黑色素的含量，从黑色到深浅不一的棕色，再到灰色和红色。大多数黑色素细胞瘤对称，边界分明，但无明确的包膜。肿物表面的表皮通常是完整的，并且经常有脱毛。表皮可能会有色素沉着，真皮的大部分常被肿瘤所取代，较大的肿瘤也会延伸到皮下组织。色素沉着区和非色素沉着区混杂在一起，肿瘤外观可能是多色的。

有些黑色素细胞瘤可能由于其较大的尺寸或位置而变得溃疡，因此它们更容易受到创伤。没有很好的证据表明溃疡与预后之间存在相关性，但溃疡性皮肤黑色素细胞瘤需要更严格的评估以增加有丝分裂活性，因为溃疡可能继发于肿瘤的更快生长。

【镜下特征】

大多数黑色素细胞瘤由于黑色素的存在而易于诊断，如果黑色素大量存在，甚至可通过肉眼或低倍镜观察得出结论。在犬中，较小的皮肤黑色素细胞瘤往往同时具有表皮和皮内成分，而较大的肿瘤通常缺乏表皮成分，为皮内或皮下肿块。目前尚不清楚随着肿瘤的成熟，表皮成分是否会丧失，类似于人类痣的成熟。

黑色素细胞瘤的表皮内成分由肿瘤黑色素细胞组成，这些黑色素细胞以单细胞形式出现在基底层，或以肿瘤黑色素细胞巢的形式出现在表皮下或毛囊外毛根鞘中。许多肿瘤细胞呈圆形，胞浆内含有大量的黑色素，使胞核形态模糊。很少见到有丝分裂象。小肿瘤中的皮内成分与表皮中的皮内成分相似，细胞排列成由细纤维血管基质分割的小群体或较大的聚集体。

大多数真皮黑色素细胞瘤可能具有圆形、上皮样或多边形或纺锤形形态，极少数病例可能具有树突状或球囊细胞形态。黑色素细胞是神经外胚层细胞，因此，在真皮黑色素细胞瘤中，肿瘤性黑色素细胞在向肿瘤基部成熟时可能表现出神经分化，伴有色素损失和纺锤形细胞小束的形成，最后由细纤维血管基质圆润。

在一定比例的情况下，黑色素颗粒通常难以在细胞的胞浆内识别。有些肿瘤细胞胞浆呈灰蒙蒙的浅棕色，而不可见胞浆内的黑色素颗粒。在怀疑黑色素细胞瘤的情况下，通过免疫组织化学（以下简称免疫组化）染色或 Fontana-Masson 组织化学染色方法对黑色素进行鉴别，将有助于确定这些肿瘤为黑色素细胞瘤。

（1）圆形细胞：黑色素细胞瘤细胞通常呈宽片状排列，通常高度着色，需要漂白后评估胞核形态。核质比高，胞核通常很小，轻度染色，小核仁通常偏于一侧。偶有双核或多核细胞。细胞具有丰富的胞浆和细胞边缘明显。因为这些肿瘤通常是高度色素沉着的，切片边缘可见正常的真皮或皮下组织，所以在手术切除时很容易辨认出它们的边缘。

（2）梭形细胞：黑色素细胞瘤细胞具有纺锤形的长波状核、单个不明显的核仁和数量不等的细胞浆。胶原基质常出现在新生细胞之间。一些梭形细胞黑色素细胞瘤具有与神经瘤相似的巢状、螺纹状和束状的形态。除非这些纺锤形肿瘤细胞具有保留合成黑色素的能力，否则很难将其与真皮纤维瘤或良性神经鞘肿瘤区分开来。

（3）上皮样或多角形：黑色素细胞瘤细胞排列形成较小的小叶，由纤维血管间质分隔。单个细胞将有大量的胞浆，有不同的细胞标记和不同数量的胞浆内黑色素。胞核通常是囊泡状的，核仁小，核膜下有散在的染色质。

上述为黑色素细胞瘤的常见亚型，许多肿瘤细胞的形态是混合的，目前还没有很好的证据表明黑色素细胞瘤的细胞形态与其生物行为有关。

◇ 病例 1

【背景信息】

雪纳瑞犬，12 岁，雌性。后臀部皮下组织肿物，大小约为 1.5 cm×1.5 cm，红色，有游离性，瘙痒。（图 12-85 和图 12-86）

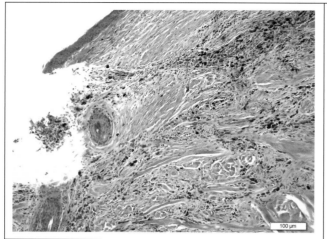

图 12-85 犬 黑色素细胞瘤（a）
表皮破溃，可见大量黑色或棕褐色的颗粒状
物质散在分布，与结缔
组织交叉分布。
（HE×100）

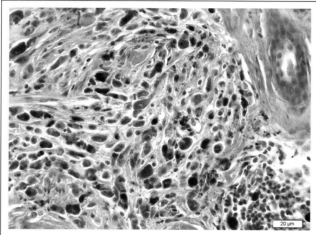

图 12-86 犬 黑色素细胞瘤（b）
可见形状多样的棕褐色或黑色物质，部分
细胞的胞浆中可见少量黑色素颗粒。
（HE×400）

◇ **病例 2**

【背景信息】

犬，7 岁，雄性。眼睑部肿物，直径约为 0.5 cm。（图 12-87 和图 12-88）

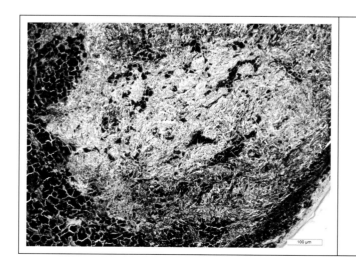

图 12-87 犬 黑色素细胞瘤（a）
增生的肿瘤细胞向皮下组织侵袭，呈岛状、
条索状、漩涡状分布，可见大量
黑色素沉积。
（HE×100）

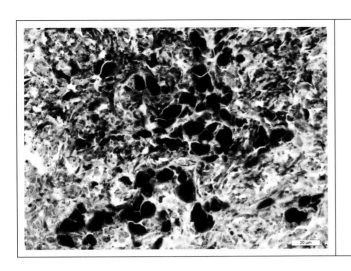

图 12-88 犬 黑色素细胞瘤（b）

可见增生的细胞形态各异，呈椭圆形、三角形、
多角形，细胞大小不一。肿瘤细胞
分泌的黑色素分布不均。

（HE×400）

◈ **病例 3**

【背景信息】

猫，左前肢肘部外前侧皮下肿物。全身无明显异常，无痛痒等不适。肿物呈有蒂扁平疣状外观，色暗，黑蓝色，大小为 0.3 ～ 0.5 cm，质地偏软，表面无毛，无破溃及渗出物。周围组织及皮下组织未见异常，无侵袭表现。（图 12-89 和图 12-90）

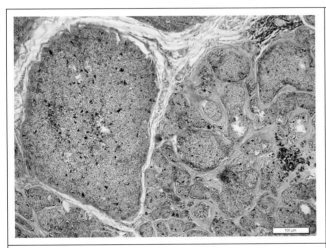

图 12-89 猫 黑色素细胞瘤（a）

真皮中存在大量、密集的有被膜的肿瘤细胞，
数量不等的肿瘤细胞在表皮沿着表皮与真皮
连接处聚集，呈簇状和巢状，视野中
可见大量黑色素沉积。

（HE×100）

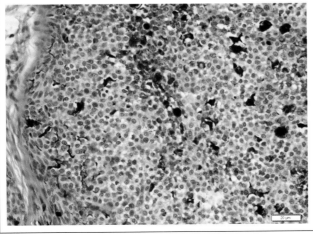

图 12-90 猫 黑色素细胞瘤（b）

肿瘤细胞多为圆形，胞核较大，含有大量的
胞浆内黑色素，胞核形态因而模糊不清。
肿瘤细胞也会呈现为上皮样，核仁
明显，并呈小群排列，由
纤维基质良好分割。

（HE×400）

12.1.4.2 恶性黑色素瘤

恶性黑色素瘤（malignant melanoma）常见于犬。发病年龄主要为6～15岁，发病高峰在10～13岁。患病风险较高的品种包括标准雪纳瑞犬、迷你雪纳瑞犬、巨型雪纳瑞犬、松狮犬、沙皮犬和苏格兰梗犬。没有性别偏好。恶性黑色素瘤在猫中是不常见的，主要发生在年长的猫，没有性别倾向。

【大体病变】

大多数犬恶性黑色素瘤病例发生在嘴唇或口腔黏膜处。约10%的恶性黑色素瘤发生在犬的被毛皮肤，好发部位包括头部和阴囊。在猫中，与黏膜黑色素瘤相比，皮肤中出现恶性黑色素瘤的比例更高。主要发生在头部（嘴唇、鼻子）和背部。

肉眼检查无法鉴别恶性黑色素瘤与黑色素细胞瘤。肿瘤可能高度色素沉着，也可能缺乏色素。肿瘤大小和色素沉着的程度不是判定这些黑色素细胞肿瘤良性、恶性的可靠指标。然而，如果肿瘤深入皮下组织并侵袭筋膜，则应被视为恶性肿瘤并经组织病理学证实。

【镜下特征】

在皮肤中发生的恶性黑色素瘤与黑色素细胞瘤一样，可能表现出连接活性。肿瘤黑色素细胞以单细胞或小巢状形式存在于表皮基底部。然而，肿瘤细胞也可能以单细胞或小群细胞的形式出现在表皮的上层，这是黑色素细胞瘤没有的特征。与黑色素细胞瘤相比，表皮内的肿瘤细胞通常有更大的胞核和更明显的核仁，有丝分裂象更常见。当存在表皮内肿瘤细胞巢时，对恶性黑色素瘤的诊断是一个非常有用的特征，特别是在真皮成分中未见黑色素时。

真皮中的肿瘤成分通常由更多间变和多形性的黑色素细胞组成，在形状上可以是上皮样/多边形或纺锤状，或者在某些病例中可见两种细胞类型相混合。细胞含有不同数量的胞浆内黑色素。上皮样/多边形细胞常形成巢状，周围环绕着精细的纤维血管间质。纺锤状细胞通常具有类似纤维肉瘤的交织结构。纺锤状细胞具有类似于恶性神经鞘肿瘤或犬血管周细胞瘤的形态。肿瘤内偶尔可发现软骨或骨样化生灶，这也是一些恶性神经鞘肿瘤的特征。肿瘤细胞含有黑色素颗粒，需要与以上梭形细胞间质肿瘤区分。如果在HE切片上没有发现黑色素，并且Fontana-Masson组织化学染色显示为阴性，则应进行免疫组化检查以确认肿瘤为恶性黑色素瘤。

◇ 病例1

【背景信息】

犬，10岁。术中出血较多。（图12-91和图12-92）

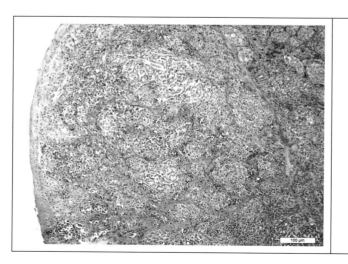

图 12-91　犬　恶性黑色素瘤（a）
表皮内或皮下可见肿瘤细胞排列呈条索状、
片层状或者巢状，实质内夹杂
大量的棕色物质。
（HE×100）

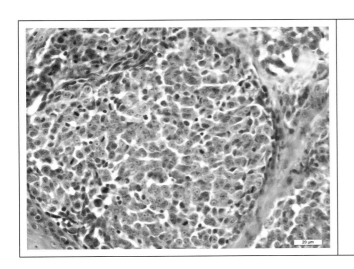

图 12-92 犬 恶性黑色素瘤（b）

肿瘤细胞界限不清晰，呈卵圆形或多角形，

胞核大，圆形或卵圆形，核仁清晰。

可见有丝分裂象。

（HE×400）

◇ *病例 2*

【背景信息】

吉娃娃犬，3 岁，雄性。右眼内眼角肿物，大小约为 0.5 cm×0.7 cm，黑色，无包膜，两年时间约长大 1 倍。（图 12-93 至图 12-96）

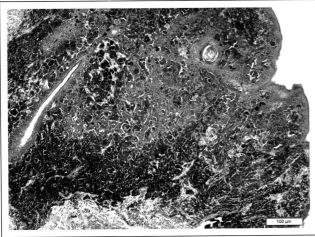

图 12-93 犬 恶性黑色素瘤（a）

肿瘤细胞排列紧密，可见大量黑色素沉积，

分布不均。

（HE×100）

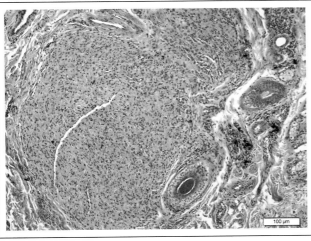

图 12-94 犬 恶性黑色素瘤（b）

肿瘤细胞呈片状排列，排列不规则，少量

黑色素分布于肿瘤细胞间。

（HE×100）

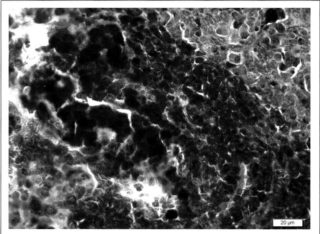

图 12-95　犬　恶性黑色素瘤（c）

肿瘤细胞呈圆形或椭圆形，大量黑色素覆盖
了细胞使细胞形态难以辨认。

（HE×400）

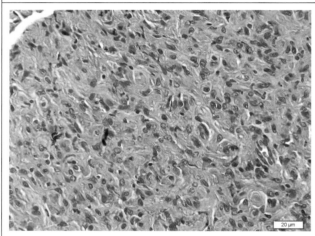

图 12-96　犬　恶性黑色素瘤（d）

肿瘤细胞形态多样，大小不一，呈卵圆形，
梭形或多角形。部分细胞胞浆中
可见黑色素。

（HE×400）

◇ *病例 3*

【**背景信息**】

犬，8 岁，雄性，未去势。肿物大小约为 0.7 cm×0.6 cm×0.4 cm。褐色，质中。（图 12-97 至
图 12-100）

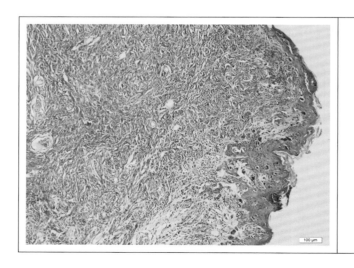

图 12-97　犬　恶性黑色素瘤（a）

增生的细胞位于真皮层及皮下组织。可见肿
瘤细胞呈条索状、片层状或者巢状排列，
实质内夹杂大量斑驳的棕色斑点。

（HE×100）

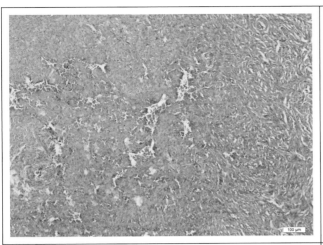

图 12-98　犬　恶性黑色素瘤（b）

肿瘤细胞排列密集，呈片层状排列，可见

少量黑色素分布。

（HE×100）

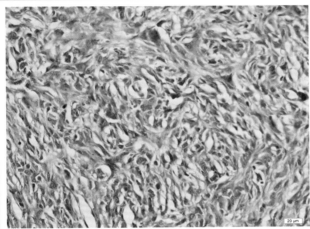

图 12-99　犬　恶性黑色素瘤（c）

肿瘤细胞主要为梭形，呈巢状或漩涡状排列，

细胞界限不清，核质比较高，可见有

丝分裂象。黑色素颗粒大小

不一，形态各异。

（HE×400）

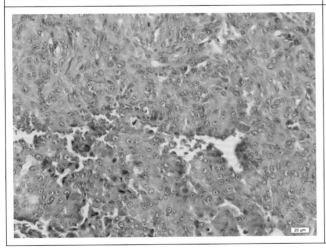

犬图 12-100　犬　恶性黑色素瘤（d）

增生的肿瘤细胞呈圆形或椭圆形，排列不

规则，具有异型性，可见有丝分裂象。

（HE×400）

12.1.5　囊肿

囊肿是发生于毛囊的囊肿（cysts）是一类毛囊肿瘤样病变，主要包括漏斗状囊肿和峡部囊肿。

12.1.5.1　漏斗状囊肿

漏斗状囊肿（infundibular cyst）为单纯性囊肿，内衬层状鳞状上皮，由与正常表皮或毛囊相似的、包括颗粒层在内的 4 层细胞组成。这是所有物种非常常见的囊肿。犬的发病高峰在 4～8 岁。没有性别偏好，也没有偏好部位。

【组织学特征】

病变的大部分是充满层状无核角质细胞的管腔。囊肿位于真皮内，但大的囊肿可延伸至脂肪膜。病变为单发或多发。在囊肿和上覆表皮之间可见一个小孔（漏斗孔）。囊壁有基底细胞层、棘细胞层和颗粒细胞层，所有这些细胞都可能发育良好。占据囊腔的角化细胞在犬体内通常松散地堆积（松散型角化病），在猫体内通常排列紧密（紧凑型角化病）。囊肿壁破裂，角蛋白片释放到真皮层会引起脓性肉芽肿性炎症反应。啃咬、抓挠或过度触诊均可引起囊肿壁破裂。

【病例背景信息】

猫，雌性，已绝育。右后肢股部皮肤肿物，隆起于皮肤，单发。（图 12-101 和图 12-102）

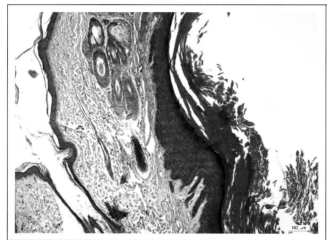

图 12-101　猫　漏斗状囊肿（a）

可见真皮层内有单个囊腔，囊壁结构完整。

囊腔内可见红染无结构的

角蛋白样物质。

（HE×100）

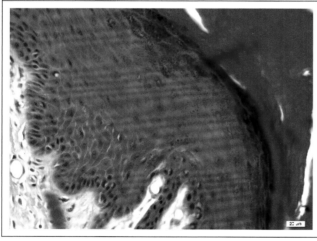

图 12-102　猫　漏斗状囊肿（b）

囊腔壁为发育良好的表皮结构，分层清晰。

可见基底层、棘层、颗粒层和

表面的角质层。

（HE×400）

12.1.5.2　峡部囊肿

峡部囊肿（isthmus cyst）是一种单纯性的囊肿，囊壁由类似于生长期毛囊中段和退化期毛囊下段的细胞排列形成。它们比漏斗状囊肿少见。病变常发生于 8 岁以下的犬，没有性别倾向。该囊肿最常见于头部和前肢。

【镜下特征】

囊内排列有层状鳞状角化上皮，但缺乏颗粒层。基底层以上的角质形成细胞有丰富的弱嗜酸性胞浆，细胞间桥很难识别。囊肿内的嗜酸性粒细胞较漏斗状囊肿的少，囊肿内容物较少。

【病例背景信息】

雪纳瑞犬，1 岁，雄性，未去势。后肢跗关节外侧肿物，大小约为 1.5 cm×1.0 cm×0.2 cm，灰白色，质中。（图 12-103 和图 12-104）。

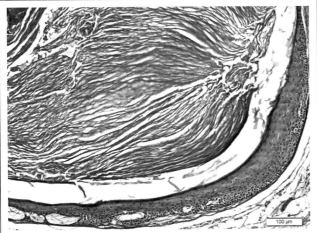

图 12-103 犬 峡部囊肿（a）
囊壁分层清晰，向内侧发展，囊内为层状
分布的角蛋白。
（HE×100）

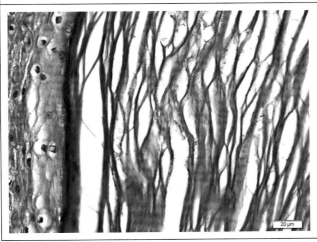

图 12-104 犬 峡部囊肿（b）
毛囊外侧细胞呈复层扁平细胞，无明显颗粒
层，囊内可见脱落的角化细胞呈条索状
层层排列，未见胞核。
（HE×400）

12.1.6 瘤样病变

瘤样病变（tumor - like lesions）并不是真性肿瘤，如脂腺增生等。

皮脂腺增生

皮脂腺增生（sebaceous hyperplasia）表现为皮脂腺局部增大，皮脂腺增多。这是一种非常常见的病变，大多数病例发生在老年犬和猫，没有性别倾向。多为多灶性病变。

【镜下特征】

皮脂腺增生为分布于真皮上部的外生性肿块，其内皮脂腺具有正常的形态，但腺组织的大小和小叶数量上有所增加。每个小叶的导管汇入单个扩张的毛囊漏斗内。未见腺体基底细胞增加。继发性炎症很常见。皮脂腺增生不延伸到毛囊以下，而皮脂腺腺瘤则为延伸到毛球以下的内生性肿块。

◇ *病例* 1

【背景信息】

泰迪犬，雄性，已去势。背部皮肤肿物，大小约为 0.3 cm×0.5 cm×0.3 cm，无包膜，无破溃，无粘连。（图 12-105 和图 12-106）。

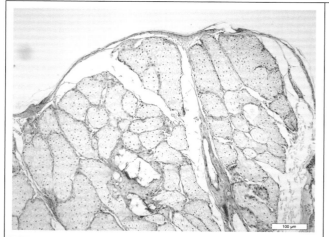

图 12-105　犬　皮脂腺增生（a）

皮下可见大量排列紧密的、大小不一的小叶
状皮脂腺结构，与周围的纤维结缔
组织界限清楚。

（HE×100）

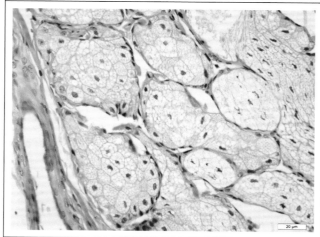

图 12-106　犬　皮脂腺增生（b）

小叶结构边缘为椭圆形的单层基底样储备
细胞，中间为圆形或不规则形、胞浆空
亮淡染的成熟皮脂腺细胞。

（HE×400）

◇ 病例 2

【背景信息】

家猫，8 岁，雌性，已绝育。颈部皮肤肿物，大小约为 0.5 cm×0.5 cm，黑紫色，生长速度缓慢，未见转移。（图 12-107 和图 12-108）。

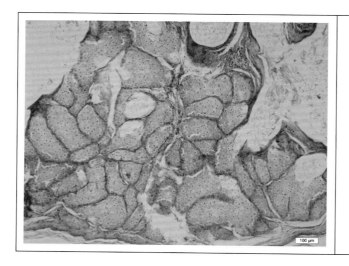

图 12-107　猫　皮脂腺增生（a）

可见大量排列紧密的、大小不一的、小叶
状皮脂腺结构，与周围的纤维结缔
组织界限清楚。

（HE×100）

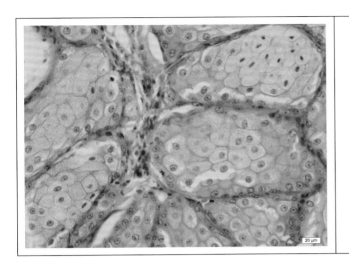

12.2　来源于皮肤和软组织的间叶细胞肿瘤

间叶组织肿瘤包括由真皮和皮下的间质组织（纤维结缔组织、血管、淋巴管、神经、脂肪组织和平滑肌）来源的肿瘤（mesenchymal tumors of the skin and soft tissues），以及以皮肤肿块形式出现的间充质来源的圆形细胞肿瘤。

12.2.1　纤维细胞起源的肿瘤

12.2.1.1　纤维瘤

【背景知识】

纤维瘤（fibroma）是起源于纤维细胞的良性肿瘤，具有丰富的胶原间质。动物中纤维瘤并不常见，在犬中最常见，在猫中也有报道，但是一些研究人员认为，猫的纤维瘤虽然具有纤维瘤组织学外观，实质上却是分化良好的纤维肉瘤。犬中高风险品种包括罗得西亚脊背犬、杜宾短毛猎犬和拳师犬。皮肤和皮下组织的纤维瘤在马和经济动物中少见。

【大体病变】

纤维瘤最常见于犬的四肢和头部。肿瘤多为皮内或皮下圆形的小肿块，质地坚实，有弹性，表面呈灰白色。

【镜下特征】

纤维瘤是一种良性、界限清晰但无包膜的肿瘤。由成纤维细胞组成，可以产生大量的胶原纤维。胶原纤维通常排列成相互交织的束状，很少呈螺旋状排列。肿瘤性的纤维细胞形态一致，相比于胶原纤维的数量较少。它们具有椭圆形的、正常染色质的胞核，胞浆与细胞外的胶原基质界限不清。在纤维瘤中，罕见有丝分裂象。

【鉴别诊断】

纤维瘤需要与胶原纤维错构瘤进行鉴别诊断，胶原纤维错构瘤的胶原纤维排列与正常真皮层的胶原纤维排列一致，并且通常突出于皮肤表面。

◇ 病例 1

【背景信息】

金毛寻回犬，3 岁 8 个月，雄性，未去势。右后肢膝关节皮肤肿物，肿物约为 4.0 cm×4.0 cm，单发性病变，生长速度不详，无瘙痒，粉紫色，无游离性，质地硬，无疼痛感。细胞学检查结果怀疑为

间质细胞肿瘤。（图 12-109 和图 12-110）

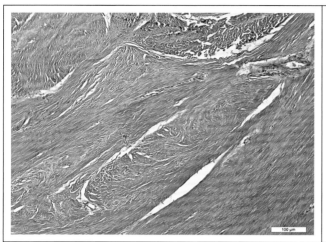

图 12-109　犬　纤维瘤（a）
肿物主体由增生的成纤维细胞和胶原纤维
组成，呈束状排列，其间可见少量含有
红细胞的血管结构。
（HE×100）

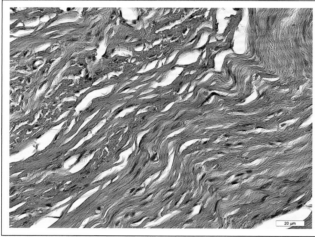

图 12-110　犬　纤维瘤（b）
肿瘤细胞主要为成纤维细胞，红染的
胶原纤维呈波纹状排列。
（HE×400）

◆ 病例 2
【背景信息】
　　比熊犬，9 岁，雄性，已去势。右后肢附关节外侧肿物，大小约为 1.0 cm×1.0 cm×0.5 cm，生长半年，无瘙痒，颜色偏白，无转移，单发性病变。（图 12-111 和图 12-112）

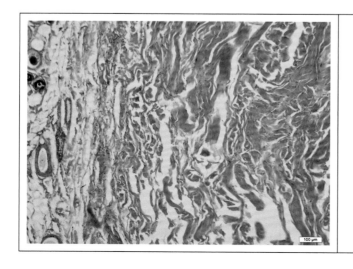

图 12-111　犬　纤维瘤（a）
肿物内部可见大量纤维结缔组织增生，
呈条索状排列。
（HE×100）

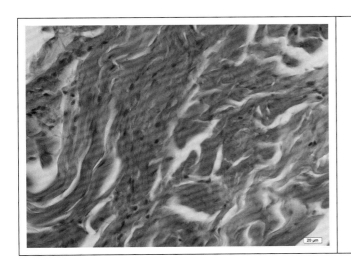

图 12-112　犬　纤维瘤（b）

肿瘤细胞界限不清，胞浆呈弱嗜酸性，胞核
呈梭形，嗜碱性染色，胶原纤维呈
破浪状或束状排列。

（HE×400）

12.2.1.2　纤维肉瘤

纤维肉瘤（fibrosarcoma）是一种恶性肿瘤，表现形式取决于物种、年龄、部位和病因。虽然纤维肉瘤在所有家畜中都有发生，但最常见于成年的猫和犬（平均发病年龄为 9 岁）。纤维肉瘤是猫的最常见肿瘤之一，并且在过去的 20 年中发病率有所增加，这可能与疫苗接种有关。犬的纤维肉瘤有品种偏好，患病风险较高的品种包括金毛猎犬和杜宾短毛猎犬。猫的纤维肉瘤没有品种和性别偏好。

【大体病变】

纤维肉瘤可发生在身体的任何部位，大多为局部发生，但头部和四肢为常发部位。纤维肉瘤可分为局限型或浸润型、小型或特大型以及畸形型，通常不可见包膜，切面呈灰色/白色，有光泽，有明显的交织束状花纹。

【镜下特征】

肿瘤分化良好，肿瘤细胞呈梭形，交错排列呈纤维状或"人"字形。肿瘤细胞胞浆较少，胞核形态一致，呈椭圆形，核仁不明显，罕见有丝分裂象。发育不良的肿瘤细胞多形性较高，可见卵圆形细胞、多角形细胞和多核巨细胞，这些细胞通常有较大的圆形或卵圆形胞核和突出的核仁。与犬相比，在猫的纤维肉瘤中，多核化更显著。有丝分裂象的数量各不相同，数量越多，肿瘤的侵袭性越强。偶尔可见肿瘤周围淋巴细胞浸润，有时可见嗜酸性粒细胞。

【鉴别诊断】

纤维肉瘤需要与外周神经鞘瘤（peripheral nerve sheath tumors，PNSTs）和平滑肌肉瘤进行鉴别。PNSTs 通常细胞排列更加细密，呈现相互交织的短的束状、栅栏状或螺旋状。纤维肉瘤的胶原基质比PNSTs 和平滑肌肉瘤更加丰富，同时 Masson 三色染色法能鉴别胶原纤维和平滑肌。相对于纤维肉瘤，平滑肌肉瘤中胞核更圆的说法一直存在争议，因此将这种特征作为鉴别依据并不可靠。平滑肌肉瘤细胞的胞浆嗜酸性更强和胞浆含量更加丰富，并且从外观上看可能有小泡。使用免疫组化鉴别不是特别有效，因为这些肿瘤均呈波形蛋白阳性，并且众所周知 S100 阳性是非特异性的，但是如果需要，平滑肌肌动蛋白可使平滑肌肿瘤的胞浆染色。

◇ **病例 1**

【背景信息】

贵宾犬，5 岁，雄性。左后肢体表肿物，直径约为 2 cm。肿物扁平，质硬，有游离性。（图 12-113 和图 12-114）

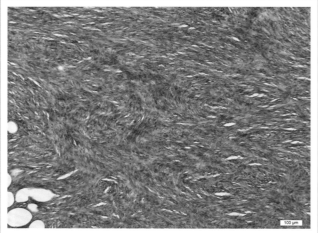

图 12-113　犬　纤维肉瘤（a）

肿瘤细胞排列致密，相互交错呈"人"字形
或呈漩涡状。

（HE×100）

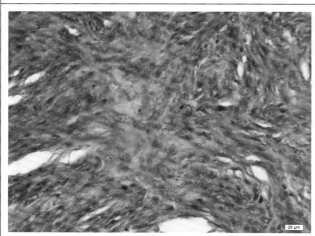

图 12-114　犬　纤维肉瘤（b）

肿瘤细胞形态不一，异型性较大，细胞界限
不明显，可见有丝分裂象。

（HE×400）

◇ 病例 2

【背景信息】

英国短毛猫，6 个月。肿块位于下颌口腔门齿、上颌双侧臼齿等处。（图 12-115 和图 12-116）

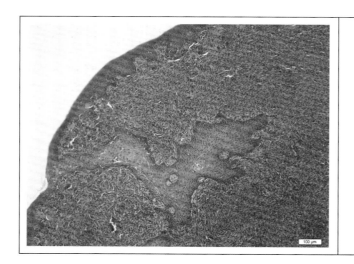

图 12-115　猫　纤维肉瘤（a）

真皮层可见大量梭形细胞排列呈束状、
漩涡状和编织状。

（HE×100）

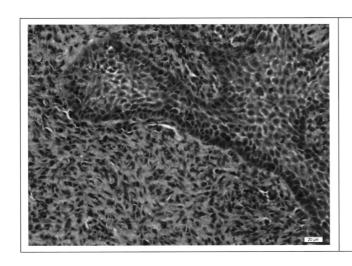

图 12-116　猫　纤维肉瘤（b）

增生的梭形细胞呈椭圆形或梭形，胞核形态

不规则，嗜碱性蓝染，可见

有丝分裂象。

（HE×400）

12.2.1.3　黏液瘤和黏液肉瘤

黏液瘤和黏液肉瘤（myxoma and myxosarcoma）起源于成纤维细胞，其特征在于可以产生大量的富含黏多糖的黏液基质。黏液瘤、黏液肉瘤很少见，多见于中年以上的犬、猫。

【大体病变】

大多数发生在躯干或四肢的皮下。黏液瘤和黏液肉瘤的外观差异不大。肿块质地柔软，灰色/白色，界限不清，有透明的黏液样液体渗出。

【镜下特征】

两种肿瘤的肿物均无包膜，卫星状或者纺锤状的成纤维细胞松散地排列在丰富的黏液样基质中。基质富含酸性黏多糖，HE 染色呈浅蓝色。细胞成分少，有丝分裂象少见，黏液瘤很少或没有细胞异型性。胞核小而深染。细胞密度、核多形性和有丝分裂象增加可诊断为黏液肉瘤，但这种区别通常很微妙。黏液肉瘤的组织学特征与 PNSTs 和黏液样脂肪肉瘤的黏液样变相似，当作为肿瘤的主要模式存在时，很难进行明确的诊断。

【鉴别诊断】

两种肿瘤的细胞学涂片通常很难制备，因为肿瘤组织黏稠，而且很少有细胞附着在载玻片上。有时可以通过特殊染色（油红 O 和 S100）与黏液样脂肪肉瘤和 PNST 进行鉴别，但这三种肿瘤的治疗和预后几乎是相同的，这种区别在临床上并不重要。

◇ **病例 1**

【背景信息】

喜乐蒂牧羊犬，9 岁，雄性。右后肢股骨外侧肌肉肿物。（图 12-117 和图 12-118）

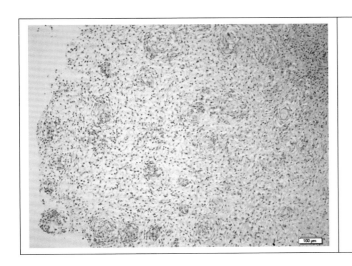

图 12-117　犬　黏液瘤（a）

增生细胞弥散性分布在较为透亮的疏松结缔

组织基质内，部分增生的细胞呈

漩涡状结构。

（HE×100）

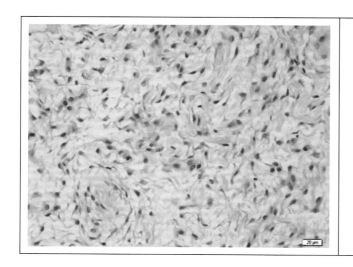

图 12-118 犬 黏液瘤（b）

细胞间的基质内除少量嗜酸性波浪状的胶原
纤维成分外，充斥着大量较
透亮的黏蛋白。

（HE×400）

◇ 病例 2

【背景信息】

银狐犬，12 岁，雄性，已去势。前肢肿物，大小约为 3.5 cm×3.0 cm×1.0 cm，褐色，质软，有包膜，与周围组织无粘连，有转移性病变。（图 12-119 和图 12-120）

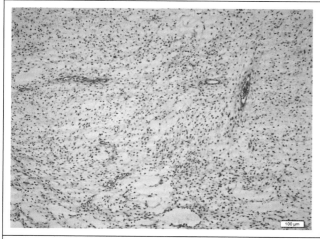

图 12-119 犬 黏液瘤（a）

肿瘤细胞排列较紊乱，细胞周围有少量的
嗜酸性浅粉色的黏液样基质。

（HE×100）

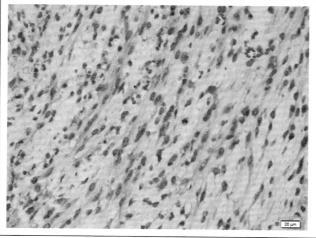

图 12-120 犬 黏液瘤（b）

肿瘤细胞较疏松，呈条索状交错排列，周围
可见少量弱嗜酸性的物质，
可见有丝分裂象。

（HE×400）

12.2.2　瘤样病变

瘤样病变（tumor - like lesions）指局部形成与真性肿瘤相似的非肿瘤性病变，临床表现为局部组织的增生或形成局部肿块。

12.2.2.1　胶原纤维错构瘤

胶原纤维错构瘤（collagenous hamartoma）是非肿瘤性病变，是犬常见的结节性病变，其特征是在真皮浅表层有大量多余的胶原纤维聚集。虽然这种病变也被称为胶原痣，但错构瘤表达更为准确，避免这种病变与色素（黑色素细胞）肿瘤混淆。胶原错构瘤的发病机制尚不清楚。胶原纤维错构瘤常见于老年犬，没有品种或性别偏好。

【大体病变】

错构瘤可发生在任何部位，但更倾向于头部和四肢。这些肿块通常是表皮上的小结节状隆起物，有时有轻微的脱毛，但没有糜烂、溃疡或其他自身创伤。

【镜下特征】

肿物具有丰富的胶原纤维，没有皮肤附属结构，胶原纤维的形态与相邻的正常胶原相似。相邻的皮肤附属结构数量减少，附属结构被挤压扭曲。

【鉴别诊断】

皮赘和胶原纤维错构瘤的区别在某些情况下是微妙的，在临床上并不重要。胶原纤维错构瘤通常表现为附属结构的缺失或扭曲，皮赘通常是呈蒂状的皮肤增生物，其中包含皮肤的所有正常成分。由于皮肤赘生物呈乳头样生长，因此容易受到外部创伤，继发溃疡和炎症。

◈ 病例 1

【背景信息】

家猫，8 岁，雌性，已绝育。背部皮肤肿物，大小约为 0.5 cm × 0.5 cm，黑紫色，生长速度缓慢，未见转移。（图 12–121 和图 12–122）

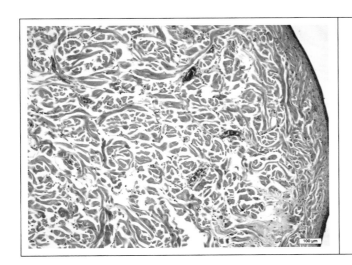

图 12-121　猫　胶原纤维错构瘤（a）

真皮层可见大量增生的胶原纤维，呈短粗型，
交错排列。

（HE × 100）

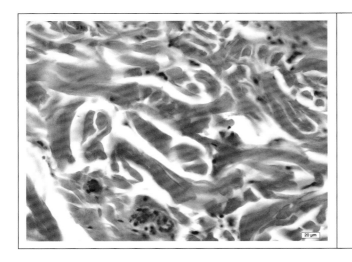

图 12-122　猫　胶原纤维错构瘤（b）
胶原纤维呈束状或团块状排列，均质红染，
边缘可见少量胞核蓝染呈梭形或
不规则形的成纤维细胞。
（HE×400）

◇ *病例 2*

【背景信息】

　　金毛寻回犬，2 岁，雄性。阴茎前端肿物，1 年前出现瘤状物，期间口服过癌肿平，效果不明显。
（图 12-123 和图 12-124）

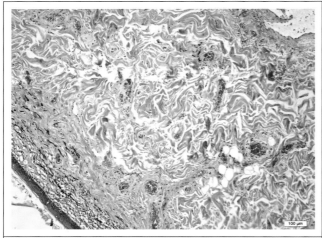

图 12-123　犬　胶原纤维错构瘤（a）
增生的胶原纤维结构杂乱，呈粗短型、波浪
状、片状或条索状紧密排列。
（HE×100）

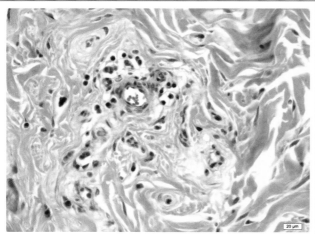

图 12-124　犬　胶原纤维错构瘤（b）
胶原纤维边缘可见成纤维细胞，呈长梭形或
波浪形，胞浆贫瘠，胞核多为纺锤形或
椭圆形，嗜碱性蓝染。
（HE×400）

12.2.2.2　结节性筋膜炎

结节性筋膜炎（nodular fasciitis）一词是从人类疾病中借用而来的，指一种非肿瘤性炎症病变，临床和组织学提示为局部侵袭性纤维肉瘤。在临床和组织学上可见结节性腱鞘炎、反应性纤维组织细胞结节和栅栏性肉芽肿。每一种病变都表现为过度的炎症 / 免疫反应，以成纤维细胞和肌成纤维细胞增殖为特征，并伴有不同数量的组织细胞和其他炎症细胞。它们是典型的局灶性病变，通常与过往的创伤有关。事实上，它们可能代表了伤口愈合的不同阶段，主要的细胞类型取决于胶原溶解的程度或产生的 TGF-β 的数量。这种病变几乎只在犬中有过报道，无年龄、品种或性别偏好。

【大体病变】

常见于躯干和四肢。结节质地坚实，界限不清。切割表面通常为灰色或白色，带有不同程度的红色斑点。

【镜下特征】

结节性筋膜炎有呈短束或漩涡状排列的肌成纤维细胞和成纤维细胞，并混合有不同数量的淋巴细胞、浆细胞和巨噬细胞。病变中心的成纤维细胞，分化不完全，有大量的有丝分裂象，有时会误诊为纤维肉瘤。病变边缘常与周围结缔组织和肌肉融合，形成尖状或羽状边缘。

【鉴别诊断】

没有可将结节性筋膜炎与纤维肉瘤或肌纤维母细胞肉瘤区分开的染色剂或免疫组化标记物。大体临床病理学特征通常会将该病变与更具侵略性的肉瘤区分开来。有助于诊断结节性筋膜炎的因素有：患病动物为犬；有既往创伤史；肿瘤细胞呈纺锤形，排列杂乱；以及病变的大小，瘤体较小的病变偏向于结节性筋膜炎，较大的（直径 > 6 cm）偏向于结节性纤维肉瘤。纤维肉瘤可能有多个分散于肿瘤的炎症灶，如果存在炎症，则通常是淋巴细胞性的，嗜酸性粒细胞较为少见，但大部分肿物是增生的成纤维细胞并伴有不同数量的胶原纤维。

【病例背景信息】

金毛寻回犬，10 岁，雌性，未绝育。股外侧肿物，原发大小约为 4.0 cm × 3.0 cm × 3.0 cm，褐色，质中，有包膜，无破溃，有粘连。（图 12-125 和图 12-126）

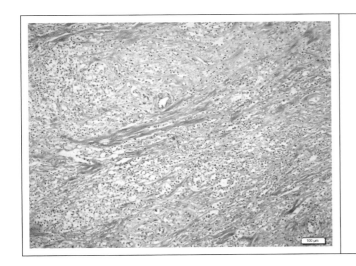

图 12-125　犬　结节性筋膜炎（a）

肿物内可见红染的、呈长短不一的、束状排列的纤维组织，以及纤维组织间散在的细胞成分。

（HE × 100）

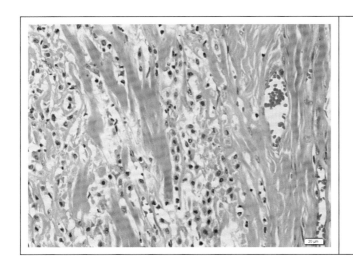

图 12-126　犬　结节性筋膜炎（b）
可见嗜中性粒细胞、淋巴细胞以及巨噬细胞
等炎性细胞浸润。
（HE×400）

12.2.3　血管外皮细胞瘤

血管外皮细胞瘤（canine hemangiopericytoma）是一种非常常见的间质性肿瘤，之所以这样命名是因为它与人类的血管外皮细胞瘤有一些微小的组织学相似性。最近，对该肿瘤的细胞学和免疫组化特征的研究表明，它不是单一的一种肿瘤，而是由血管周壁和血管外膜的各种细胞产生的一系列肿瘤，这些肿瘤包括血管外皮细胞瘤、肌周皮细胞瘤、血管平滑肌瘤、血管肌成纤维细胞瘤和血管纤维瘤。血管外皮细胞瘤（perivascular wall tumors，PWTs）在中老年犬中很常见。大型犬种出现较多，但没有性别偏好。具有相似形态的肿瘤很少发生在猫身上，猫的病例中，最可能是 PNSTs。

【大体病变】

肿瘤通常是单发，最常发生在四肢关节周围，通常是多叶的。它们是犬四肢最常见的肿瘤之一，也见于躯干，但很少见于头部。它们可以是局限性或浸润性的。其大体外观呈现变化的过程：从白色或灰色发展至红色，从质地柔软发展至坚实，从触感有弹性到"肥腻"。事实上，许多病变被兽医认为是脂肪瘤。切除后，这些肿瘤可能渗出黏液样物质。

【镜下特征】

该肿瘤的特征是梭形细胞在血管周围形成螺旋状。虽然这种特征在其他肉瘤中也存在，但通常以肌周皮细胞瘤（PWTs 最常见的一种类型）为主。在其他 PWTs 细胞中，也可能排列为鹿角状（薄壁分支血管）和胎盘样（中央有毛细血管的多个小叶）。在同一肿瘤内，肿瘤细胞大小不一，可呈纺锤形或梨形，并被可变数量的胶原基质隔开。一些肿瘤中有丰富的斑块状黏液基质，这可能会误诊为黏液肉瘤。

肿瘤与周围组织界限清晰，但通常沿筋膜平面侵袭，导致复发。在原发性肿瘤中，细胞多形性和有丝分裂活性通常较低，但是随着复发，细胞异形性、有丝分裂象和多核细胞都会增加。此前，对犬血管外皮细胞瘤重新分类的报道表明，有丝分裂象和肿瘤等级对于预后十分重要，通常转移潜能随着等级的升高而增加。但是，最近的研究表明，确定 PWT 肿瘤等级对预后没有显著意义。肿瘤的大小和深度对于是否复发和复发频率更为重要。转移较为少见。

【鉴别诊断】

PWTs 和 PNSTs 的区分仍然困难。这些肿瘤的诊断大多数基于传统方法，而不是借助辅助检查，例如电子显微镜或免疫组化。肌周细胞瘤对钙蛋白、泛肌动蛋白、α- 平滑肌肌动蛋白免疫组化呈阳性，有时甚至对肌间线蛋白免疫组化呈阳性，但它们对肌球蛋白免疫组化呈阴性。PNSTs 对 S100 免疫组化呈阳性或阴性，对 α- 平滑肌肌动蛋白均为阴性。研究表明，肌动蛋白免疫标记物有助于区分 PWTs 与 PNSTs。

◆ **病例 1**

【背景信息】

犬，8 岁，雌性，未绝育。左后肢跗关节外侧肿物，大小约为 6.0 cm×5.0 cm×4.5 cm，有包膜，深褐色，质中，无破溃，无粘连，扩张性生长。（图 12-127 和图 12-128）

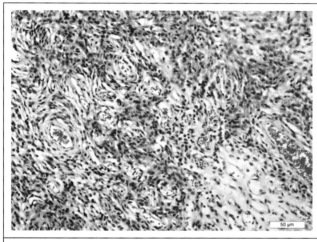

图 12-127　犬　血管外皮细胞瘤（a）

增生的细胞围绕血管呈漩涡状分布，

增生的血管形态多样。

（HE×100）

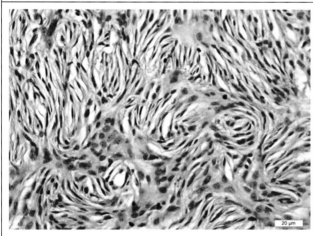

图 12-128　犬　血管外皮细胞瘤（b）

梭形细胞在血管周围形成螺旋状。

（HE×400）

◆ **病例 2**

【背景信息】

犬，8 岁，雌性。乳腺肿物，褐色，质中；无包膜，有破溃；与周围组织无粘连；多处性病变。（图 12-129 和图 12-130）

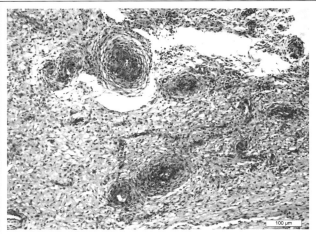

图 12-129　犬　血管外皮细胞瘤（a）
可见呈漩涡状排列的、大量的间质组织围绕
管腔增生，形成漩涡状结构
或指纹状结构。
（HE×100）

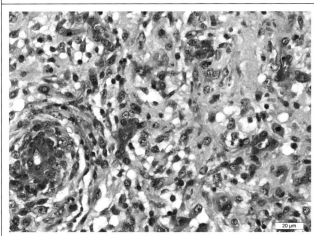

图 12-130　犬　血管外皮细胞瘤（b）
可见肿物中有大量的血管增生，增生的血管
形状不规则，管腔内有的
可见红细胞。
（HE×400）

12.2.4　外周神经鞘瘤

传统意义上，神经鞘瘤仅指来源于雪旺细胞的肿瘤，神经纤维瘤/肉瘤是由雪旺细胞和神经周围细胞组成的肿瘤。在人类肿瘤中，这种区别通过免疫组化来实现。然而，由于大多数诊断没有这些辅助测试，大多数兽医病理学家把这两类肿瘤合称为"外周神经鞘瘤（peripheral nerve sheath tumor，NSTs）"。NSTs 在猫中不常见，主要发生在头部；在犬中很常见，特别是因为血管外皮细胞瘤（PWT）经常被误诊为 NSTs，这种肿瘤在犬中类似于 PWT，因此这并不奇怪。

【大体病变】

肿瘤质地从坚实发展至柔软，无包膜，局限性或浸润性肿块，位于真皮层（在猫中最常见）或皮下。它们通常为白灰色，有时在切割表面略微隆起。

【镜下特征】

NSTs 可以像其他梭形细胞肿瘤一样分级。1 级 NSTs 由波状卵形和纺锤形细胞组成，细胞呈束状、栅栏状和螺纹状排列。低细胞性，肿瘤细胞松散地分布在纤维或黏液基质中，胞核小且染色质正常。经典的 Antoni A 型的 Verocay 小体被认为是人类良性 NSTs 的标志。这些组织学模式在一些猫科 NSTs 中可见，但在其他家养动物中很少见。在猫身上更常见的是丛状生长，影响多个神经束，形成多个结节。

高级别 NSTs 的组织学特征与 1 级的相似，但缺乏典型的栅栏状排列，细胞更加密集地聚集在一起。胞核呈卵圆形或长圆形，有中度多形性。有丝分裂象数量不同，但通常是较少至中等数量。可见散在淋巴细胞和肥大细胞。肿瘤细胞常在周围形成假包膜，这种假包膜的外观常常导致边缘识别不准确和切除不完全。

【鉴别诊断】

犬的 PWTs 中的肌周皮细胞瘤最容易与神经鞘瘤混淆。一项研究发现，NGFR 和肌动蛋白免疫标志物的特异性最强，能区分神经鞘瘤和肌周皮细胞瘤。然而这种区别在临床上并不重要，因为它们的治疗方法和预后相似。

◈ 病例 1

【背景信息】

喜乐蒂牧羊犬，12 岁，雄性，未去势。颈腹部左侧肿物，大小约为 3.5 cm×2.5 cm×1.7 cm，褐色，质中，无包膜，无破溃，与周围组织无粘连，扩张性生长。（图 12-131 和图 12-132）

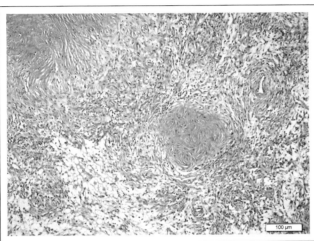

图 12-131　犬　外周神经鞘瘤（a）

部分细胞形成岛屿状、漩涡状或螺纹状

排列的结节（Antoni A 型的

Verocay 小体）。

（HE×100）

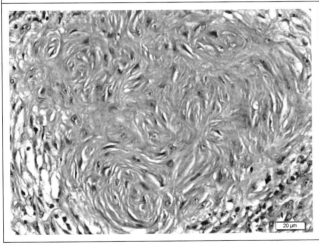

图 12-132　犬　外周神经鞘瘤（b）

增生细胞多为梭形细胞，呈螺纹状、漩涡状

排列，胞核呈椭圆形至梭形，

核仁明显。

（HE×400）

◈ 病例 2

【背景信息】

喜乐蒂牧羊犬，11 岁，雌性。阴门及整个阴道肿物，肿物大小约为 4.0 cm×3.0 cm，无游离性，有包膜。（图 12-133 和图 12-134）

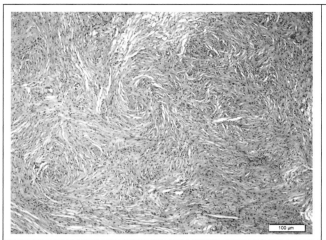

图 12-133　犬　外周神经鞘瘤（a）

增生的细胞排列呈漩涡状，大部分区域细胞

排列较为松散，局部较为紧密。

（HE×100）

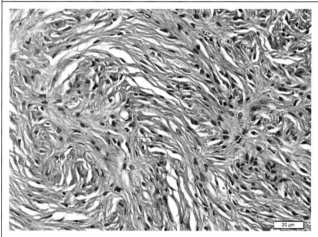

图 12-134　犬　外周神经鞘瘤（b）

增生的细胞多为梭形细胞，成熟的细胞胞体

较长，胞核相对较小，呈纺锤形或

弯曲状，胞浆丰富，呈嗜酸性。

（HE×400）

12.2.5　平滑肌瘤

平滑肌瘤（leiomyoma）在皮肤及软组织中很少见。以下是关于毛平滑肌瘤和血管平滑肌瘤的讨论，这是两种具有独特特征的肿瘤。平滑肌瘤很少见，但在犬和猫中也有报道。未报道年龄、品种或性别偏好。

【大体病变】

最常见的变体起源于立毛肌（毛平滑肌瘤），因此肿瘤多发生在背部，而四肢和口吻部较少。真皮小静脉起源肿瘤（血管平滑肌瘤）比较少见，可以发生在任何地方。大多数肿瘤在真皮层，表现为孤立的硬结节，很少有多发性肿瘤发生。

【镜下特征】

毛平滑肌瘤通常为局限性的梭形细胞增生，具有典型的平滑肌外观：丰富明亮的嗜酸性胞浆，胞核呈长圆形至子弹状。许多细胞的核周围的胞浆呈轻微的泡沫样，这是糖原聚集的表现。没有有丝分裂象。细胞间质很少，甚至没有，呈长束状排列。常与立毛肌和毛囊密切相关。

血管平滑肌瘤具有相似的组织学外观，但仔细观察通常能发现肿瘤的周围有相关的血管壁或血管裂痕。具有核多形性、有丝分裂象和局部浸润性，由于其更具侵袭性，因此也被称为毛细支气管肉瘤或血管性支气管肉瘤，但没有其他证据表明它们是恶性的。

◇ 病例 1

【背景信息】

犬，9 岁，雌性。阴道肿物。（图 12-135 和图 12-136）

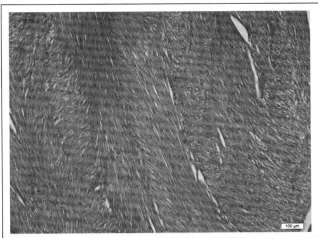

图 12-135　犬　平滑肌瘤（a）

肿物主要由肌纤维构成，肌纤维呈束状排列。

（HE×100）

图 12-136　犬　平滑肌瘤（b）

肌纤维细胞呈长梭型，胞浆丰富，

红染，胞核呈梭形。

（HE×400）

◆ **病例 2**

【背景信息】

英国短毛猫（金渐层），2 岁，雌性。左侧舌下肿物。（图 12-137 和图 12-138）

图 12-137　猫　平滑肌瘤（a）

结缔组织间有嗜碱性蓝染的细胞弥散性分布，

有些视野可见嗜碱性蓝染的细胞团块

呈条索状、束状排列。

（HE×100）

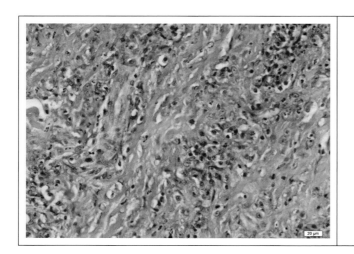

图 12-138　猫　平滑肌瘤（b）
肿瘤细胞胞核较大，呈圆形或椭圆形，胞核
透亮，嗜碱性弱，核仁清晰，细胞呈梭形，
胞浆之间界限不清。
（HE×400）

12.2.6　脂肪细胞起源肿瘤

12.2.6.1　脂肪瘤

脂肪瘤（nodular fasciitis）是一种常见的由分化良好的脂肪细胞构成的良性肿瘤，大多数家畜可发生。极少数脂肪瘤可能含有胶原纤维（纤维脂肪瘤）或小血管簇（血管脂肪瘤），形成复杂的脂肪瘤。脂肪瘤在犬中最常见，在其他物种中不常见。雌性犬和去势雄性暹罗猫患病风险似乎更高。

【大体病变】
脂肪瘤主要发生在皮下，最常见于躯干、臀部和四肢近端。肿瘤边界清晰，无包膜，肿块质地柔软，呈白色至黄色，与正常脂肪无异。大多数具有游离性，很容易被剥离。它们有一种独特的油腻感，在水中和福尔马林固定液中呈漂浮状态。小部分脂肪瘤有浸润性，这些组织看起来与它们起源的组织相似，但侵犯邻近的结缔组织和骨骼肌，使该区域呈现大理石状外观。

【镜下特征】
脂肪瘤细胞与正常脂肪组织中的细胞相似。大而清亮的脂滴替代了胞浆，胞核被挤压至细胞边缘。一些肿瘤有坏死、炎症和/或纤维化区域。主要的浸润细胞是泡沫状的巨噬细胞，偶有上皮化的巨噬细胞，数量众多，类似脂肪肉瘤中的多形性成脂细胞，然而巨噬细胞的整体形态和外观排除了这种诊断。

◇ **病例 1**
【背景信息】
喜乐蒂犬，12岁，雌性，发病1～2个月，肿物生长速度较快，游离性较小，12 cm 左右的、淡黄色、无包膜质地柔软的左颈部肿物。（图 12-139 和图 12-140）

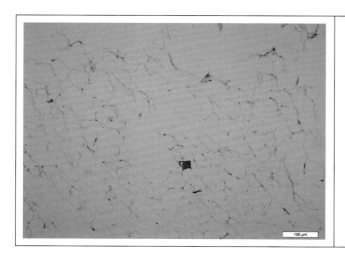

图 12-139　犬　脂肪瘤（a）
大量增生的脂肪细胞呈网格状排列，细胞内
充满大量透明物质。
（HE×100）

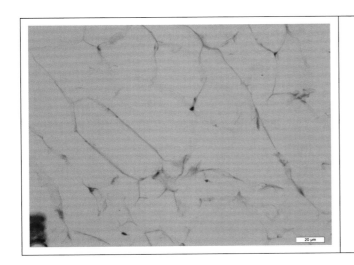

图 12-140　犬　脂肪瘤（b）

脂肪细胞呈空泡样，排列紧密，清亮的大脂滴

取代了胞浆，胞核小且被挤压至

细胞的边缘。

（HE×400）

12.2.6.2　脂肪肉瘤

脂肪肉瘤（liposarcoma）为恶性肿瘤，在家畜中是罕见的，但可以根据细胞形态分为不同的亚型。对于这些亚型没有公认的分类，大多数作者只是简单地应用了人类文献中的命名法。动物脂肪肉瘤可分为分化良好脂肪肉瘤、间变性（多形性）脂肪肉瘤和黏液样脂肪肉瘤，其中黏液样脂肪肉瘤是最明显的亚型。脂肪肉瘤是人类最常见的软组织肉瘤，它们存在于所有的家养物种中，但很罕见。无性别差异性，但发病率随年龄增长而增加。

【大体病变】

肿瘤的外观取决于它们的脂质含量，一些脂肪肉瘤类似于脂肪瘤，其他的肿瘤则是质地坚实的皮下肿块，呈灰色或白色，浸润邻近的软组织和肌肉。

【镜下特征】

大多数肿瘤由排列成片状的圆形到多边形细胞组成，很少或没有胶原间质。在分化良好的肿瘤中，大多数细胞类似于正常脂肪细胞，有单个清亮的脂滴和被挤压至细胞一侧的胞核。其他细胞具有从圆形到椭圆形不等的核，胞浆丰富，其中含有大小不一的脂滴。在这些情况下病例诊断是明确的。与脂肪瘤相比，脂肪肉瘤的胞核通常更大，并具有不同程度的多形性。

间变性或多形性亚型的细胞多形性明显，混合有大的、奇异的多核细胞。只在小部分细胞胞浆内存在脂肪空泡。这种罕见的肿瘤与多形性组织细胞肉瘤和具有巨细胞的恶性纤维组织细胞瘤相似。

黏液样脂肪瘤由散在的梭形细胞、脂肪细胞和成脂细胞在"泡沫样"黏液样基质中松散排列，阿尔新蓝染色阳性。类似于黏液肉瘤，这种肿瘤有时可以通过一些肿瘤细胞的胞浆内充满脂质的空泡来鉴别。

◇ **病例 1**

【背景信息】

犬，9 岁，雄性。右侧腹股沟肿物，大小约为 5.0 cm×4.0 cm，生长速度快。（图 12-141 和图 12-142）

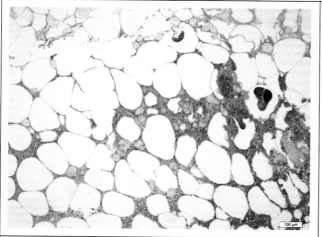

图 12-141　犬　脂肪肉瘤（a）

脂肪细胞增生的部分区域的结缔组织间质

较为发达。

（HE×100）

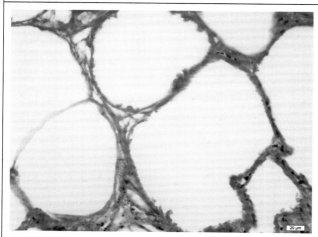

图 12-142　犬　脂肪肉瘤（b）

增生的脂肪细胞呈不规则的空泡状，胞核被

挤至空泡壁。

（HE×400）

◆ 病例 2

【背景信息】

西施犬，13 岁 2 个月，雌性。皮肤肿物。（图 12-143 和图 12-144）

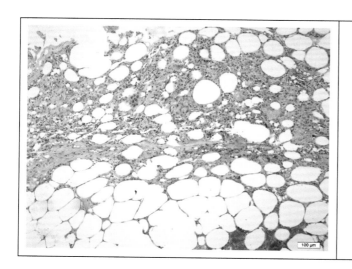

图 12-143　犬　脂肪肉瘤（a）

增生的脂肪细胞大小不等，分化程度不一，

呈片状排列，细胞之间由厚薄不一的

纤维结缔组织所分隔。

（HE×100）

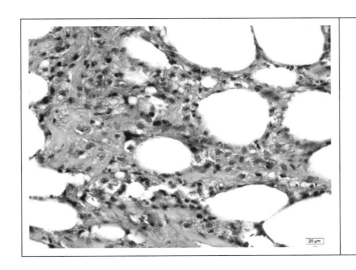

图 12-144　犬　脂肪肉瘤（b）
脂肪细胞内含大的脂滴，胞核被挤压至细胞
边缘；成脂细胞内可见大小
不一的脂质空泡。
（HE×400）

12.2.7　血管内皮起源的肿瘤

12.2.7.1　血管瘤

血管瘤（hemangioma）是一种良性血管内皮肿瘤，在犬类中很常见，但在其他家畜中很少见。它们可以在身体任何地方的皮肤或皮下形成肿瘤。有证据表明，在一些浅肤色、短毛的犬种中，血管瘤可能是由于长期暴露在阳光下造成的。日光诱发的血管肿瘤患者可能同时或依次患有多种肿瘤，包括血管瘤和血管肉瘤，或均有发生（同时或先后）。

【大体病变】
肿块与周围组织界限清晰，颜色从鲜红色至深褐色。颜色较深的样品常被误认为是黑色素瘤。在较大的样品中，切面显示出带有纤维状小梁的蜂窝状图案，将充满血液的血管腔分隔开。

【镜下特征】
肿瘤由大小不等的血管腔组成，血管腔内充满红细胞，内衬单层均匀的内皮细胞，胞核不明显。在肿瘤中常见血栓，伴有含铁血黄素沉积。根据血管通道的大小，这些肿瘤的亚型被称为海绵状或毛细血管状。在海绵状亚型中，大的通道被纤维结缔组织间质分隔，其中可浸润有淋巴细胞和其他炎症细胞。毛细血管亚型中，间质较少，胞核较大，有时表现为多形性。有丝分裂象很少见。

阳光诱发的血管瘤往往位于真皮较浅的位置。常有早期恶性转化的区域，其特征是核肿大呈斑点状和色素沉着过度。

【病例背景信息】
哈士奇犬，13 岁，雌性，未绝育。右后肢肿物。（图 12-145 和图 12-146）

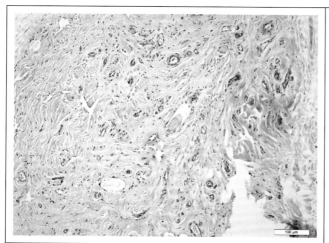

图 12-145　犬　血管瘤（a）
肿物由大量的纤维样细胞以及大量不规则的
血管构成。
（HE×100）

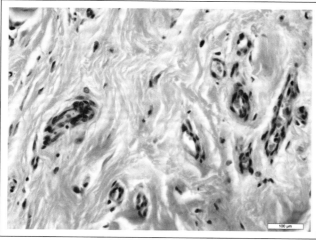

图 12-146　犬　血管瘤（b）
血管管腔内衬单层或多层不规则的内皮细胞。
（HE×400）

12.2.7.2　血管肉瘤

血管肉瘤（hemangiosarcoma）通常表现为多中心性病变，累及患病犬的脾脏、肝脏、肺和耳廓，好发品种包括德国牧羊犬和金毛猎犬。犬血管肉瘤的罕见单发部位包括膀胱、浆膜和肾包膜。这种肿瘤在猫和大型家养动物中比较少见。猫血管肉瘤常见于头部（尤其是眼睑）、四肢末端。发生在皮肤的肿物可以是单发的，也可以是多中心综合征的一部分。

一些犬猫的皮肤血管肉瘤似乎是长期太阳照射的结果。短毛、浅肤色的犬种，如灵缇犬、鞭犬和美国比特犬的患病风险增加。白色雄性猫的头部和耳廓易发生该种肿瘤。阳光照射也是造成白马眼结膜血管肉瘤的原因。

【大体病变】

真皮或皮下血管肉瘤通常是一个明确的肿块，从红色或棕色到黑色，质地从软到硬，当被切开时会渗出血液。侵袭性较强的肿瘤轮廓模糊，浸润邻近组织。

【镜下特征】

肿瘤细胞多形性明显，从梭形到多边形到卵圆形，通常在肿瘤的某处形成可识别的血管裂隙或通道。排列在裂隙周围的细胞通常有突出的、膨大的胞核，呈多形性且染色过深。有丝分裂象常见。可有大面积的实性区域，与纤维肉瘤或其他低分化肉瘤难以区分。

【鉴别诊断】

血管肉瘤的细胞学诊断可能很困难，因为样品中有大量的血液，并且肿瘤细胞的数量相对较少。可以看到多形性梭形细胞，但数量很少，并且细胞是非特异性的。

【病例背景信息】

杜宾犬，10个月，雄性。头部肿物，大小为 2.0 cm×1.5 cm×1.0 cm，灰色，质中；有包膜，未破溃，与周围组织有粘连。（图 12-147 和图 12-148）

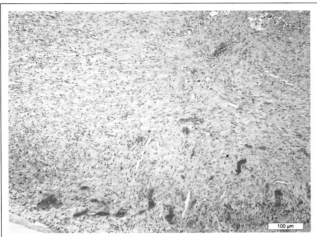

图 12-147　犬　血管肉瘤（a）

肿物由一层淡染的结缔组织包膜所包裹，肿物的边缘区域可见较多大小不等、形状不规则呈片状分布的血管结构，部分管腔内充满红染的红细胞。

（HE×100）

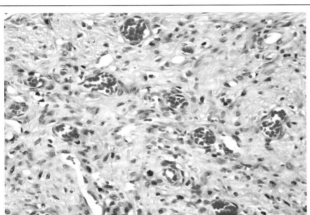

图 12-148　犬　血管肉瘤（b）

肿瘤细胞胞核呈梭形、椭圆形或不规则形，嗜碱性、染色深浅不一，胞浆淡染，细胞之间界限不清楚，可见病理性核分裂象。

（HE×400）

12.2.8　淋巴管瘤和淋巴管肉瘤

淋巴管瘤和淋巴管肉瘤（lymphangioma and lymphangiosarcoma）是淋巴管内皮肿瘤。与黏液瘤和黏液肉瘤相似的，良性和恶性肿瘤之间的区别可能很小。这种肿瘤在所有物种中都很罕见，但最常见于犬和猫。许多是先天性的或在出生后几个月内发生，导致一些人将这些损害解释为痣而不是肿瘤。这种肿瘤在猫的腹壁有一种独特的表现，以前被称为"猫腹部血管肉瘤"。通过免疫组化分析，它已被确认为淋巴管肉瘤。

【大体病变】

淋巴管瘤和淋巴管肉瘤往往出现在腹正中线和四肢的皮下组织。肿瘤界限不清，触感柔软，呈疏松海绵状。通常肿瘤切面湿润且会流出清亮浆液。在猫腹部综合征中，肿瘤有较多的血液渗出，导致患处呈紫色"瘀伤"外观。通常无法分辨出明显的肿块，但是患部的质地可以从柔软、胶状到坚硬不等。

【镜下特征】

肿瘤细胞类似于淋巴管内皮细胞。肿瘤细胞朝向胶原蛋白束生长，胶原蛋白束被分割形成许多裂隙和沟道。多数裂隙内不含细胞，可能因外伤或附近血管渗出所致，偶见零星的红细胞。

有丝分裂象并不明显。除细胞及核的多形性增加外，恶性肿瘤与良性肿瘤几乎没有什么不同。裂隙和管腔内的胞核更圆，染色深，有少量有丝分裂象。

【鉴别诊断】

在光镜下，血管瘤/血管肉瘤和淋巴管瘤/血管肉瘤的区别是后者沿胶原蛋白束生长的肿瘤细胞排列更紧密，且在裂隙和沟道内少见红细胞。

【病例背景信息】

比熊犬，10岁，雄性，未去势。左前肢脚底部，肿物大小约为 3.0 cm×2.3 cm×1.8 cm，褐色质中，有包膜，有粘连，扩张性生长，破溃流血。（图 12-149 和图 12-150）

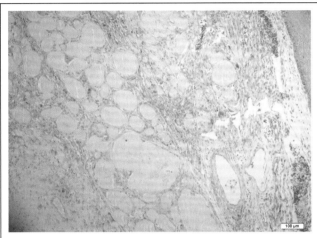

图 12-149　犬　淋巴管瘤（a）
大量增生的管腔扩张程度不同，内含均质
淡粉色的浆液性分泌物。
（HE×100）

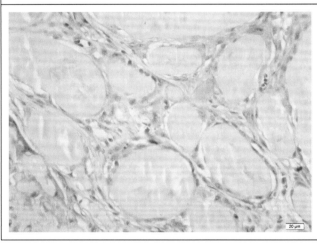

图 12-150　犬　淋巴管瘤（b）
管腔由单层内皮细胞构成，胞核呈梭形或
椭圆形，嗜碱性蓝染。
（HE×400）

12.2.9　血管瘤病

血管瘤病（angiomatosis）是指一组具有各种临床和组织学表现的增生性血管病变。虽然罕见，但在家畜中也会出现特殊的综合征。这些疾病包括牛皮肤血管瘤病，猫和犬的进行性血管瘤病，以及犬的阴囊血管错构瘤。

12.2.9.1　进行性血管瘤病

进行性血管瘤病（progressive angiomatosis）可发生在犬猫身体的任何地方，但最常见的是趾部。没有品种、年龄或性别偏好。虽然确切的病因尚不清楚，但在大多数情况下，病变被认为是一种血管增生反应，可能是由于既往的或反复的创伤。在幼龄动物中罕见。

【大体病变】

除局部肿胀或增厚外，病灶可能不明显，但许多动物有不规则的红色或蓝色斑点或斑块，触之柔软，并在受到压迫时变白。创伤性病变有时会渗血。

【组织学特征】

在真皮和皮下的受累区域可见不规则排列的、大小不一的充血血管结构，其间的间质可为黏液性。血管结构是毛细血管、小动脉、静脉和较大的海绵状结构的混合物，管腔由成熟的或稍大的内皮细胞构成。在某些区域，这些结构通过血管裂隙或通道的吻合而相互连接。血管中有时可见血栓，间质中可见含铁血黄素沉积和少量混合炎症细胞。没有有丝分裂象。指骨的溶解有时是这种压迫性和进行性增生的结果。

【鉴别诊断】

一些病变与低级别血管肉瘤很相似，特别是在小的活检样本。然而，可识别的毛细血管和带有肌壁的血管的存在使诊断变得困难。

【病例背景信息】

金毛犬，10岁，雄性。送检样本为6块颈椎周围软组织肿物切除样本，肿物大小为0.2 cm×1 cm，约1/3呈灰褐色，2/3呈黄白色。（图12-151和图12-152）

图12-151　犬　进行性血管瘤病（a）

肿物无包膜，肿瘤细胞围绕呈管腔状或散在

分布，由数量不等的成纤维细胞和

胶原纤维分隔开来。

（HE×100）

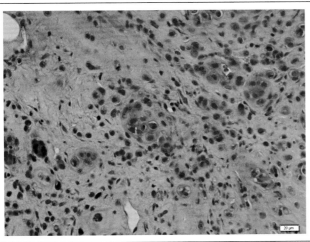

图12-152　犬　进行性血管瘤病（b）

肿瘤细胞起源于血管内皮细胞，具有一定的

异型性。胞核呈卵圆形、梭形或不

规则，胞浆中等量至丰富，

可见核分裂象。

（HE×400）

12.2.9.2　阴囊血管错构瘤

阴囊血管错构瘤（scrotal vascular hamartoma）不太常见，只见于犬，阴囊皮肤色素沉着的犬患病风险增加。通常发生在中年个体，并随着时间的推移而发展和扩大。

【大体病变】

起初病变是阴囊皮肤上的棕色/黑色变色区域，它在浅层真皮逐步发展成一个坚实的斑块。

【镜下特征】

真皮内有边界不清的血管增生。增生的血管有肌壁厚的增生性大动脉，也有毛细血管芽，内皮细胞胞核呈圆形。最典型的特征是大血管在中央，小血管在周围。罕见异型性和有丝分裂象，但增生性毛细血管区与血管瘤或血管肉瘤较为相似。

【鉴别诊断】

以静脉、小动脉和毛细血管为特征的大小不一、组织混乱但相对正常的血管为特征，使这种病变有别于血管瘤或血管肉瘤。

◇ 病例1

【背景信息】

八哥犬，14岁，雄性。犬阴囊皮肤坏死，切开皮肤精索长约4.0 cm内有积脓，鞘膜增厚。（见图12-153和图12-154）

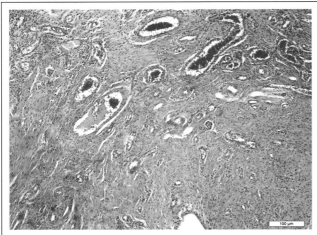

图12-153　犬　阴囊血管错构瘤（a）

真皮内可见增生的、界限不清晰的血管扩张，管腔内充满红细胞。

（HE×100）

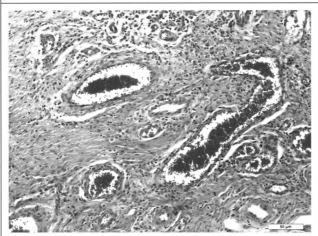

图12-154　犬　阴囊血管错构瘤（b）

丰富的血管大小不一，形态多样。

（HE×400）

◇ 病例2

【背景信息】

德国牧羊犬，2岁，雄性，未去势。阴囊肿物，送检样品大小约为3.0 cm×2.0 cm×1.5 cm，褐色，质中。原发肿物大小约为20.0 cm×10.0 cm×10.0 cm，无破溃，与周围组织无粘连，扩张性生长；阴囊肿胀，切除后采取中间实质团块；临床诊断怀疑睾丸肿瘤，手术过程中发现是阴囊肿胀，表面无外伤。（图 12-155 和图 12-156）

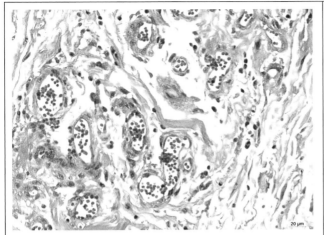

图 12-155　犬　阴囊血管错构瘤（a）

结缔组织间可见大量大小不等、形状不
规则、厚薄不一的血管结构，
血管内充满红细胞。

（HE×100）

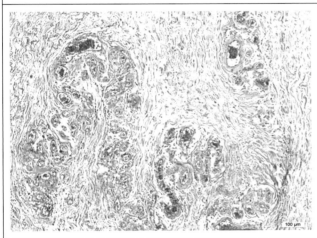

图 12-156　犬　阴囊血管错构瘤（b）

丰富的血管大小不一，形态多样。血管周围
增生较多量的结缔组织。

（HE×400）

12.2.10　犬皮肤组织细胞瘤

犬皮肤组织细胞瘤（canine cutaneous histiocytoma）来源于表皮树突状细胞，这种良性肿瘤是非常常见的，而且是犬所特有的。大多数发生在 4 岁以下的犬，但任何年龄的犬都可能受到影响。纯种犬，包括苏格兰犬、斗牛犬、拳师犬、英国可卡犬、平毛猎犬、杜宾犬和喜乐蒂牧羊犬，都容易发生组织细胞瘤。

【大体病变】

典型的"钮扣肿瘤"，光滑，粉红色，凸起的肿块，表面皮肤脱毛。常出现溃疡，这会导致肿块中心凹陷。常见于头部和耳廓。小部分的犬会同时或依次出现多发性皮肤组织细胞瘤。另一种罕见的犬综合征，表现为多个肿块，有时肿物发生合并，在组织学上与组织细胞瘤相同。这被称为朗格汉斯细胞组织细胞增多症，侵袭性更强，可扩散到其他脏器。

【镜下特征】

组织病理学变化较大，主要是因为病变的阶段、坏死程度以及继发炎症不同。典型的犬皮肤组织细胞瘤侵入真皮层，圆形的肿瘤细胞排列成束状或片层状，致密，具有中等程度异形性。间质成分较少或几乎不可见，皮肤的附属结构被肿瘤细胞所替代。肿瘤细胞趋向于表皮和真皮的连接处，常见为平行的束状排列延伸至真皮深层。真皮深层的肿瘤细胞比近表皮的细胞更为致密，低倍镜下肿瘤组织呈现出一种楔形的外观。肿瘤细胞圆形，胞核呈豆形或椭圆形，胞浆量中等，轻度嗜酸性。存在很多的有丝分裂象，但异形核或多核细胞少见。在一些肿瘤中，成群的肿瘤细胞浸润表皮。瘤体底部可见大量成熟淋巴细胞浸润，这被认为是宿主免疫反应的一部分，可促进肿瘤消退。低倍镜下病灶整体呈楔形，再加上典型的临床表现（例如幼犬头部的纽扣状肿瘤）有助于诊断。发展时间较长的肿瘤常出现溃疡，在肿瘤深部和外侧边缘出现广泛的坏死区域。

【鉴别诊断】

研究表明，犬组织细胞瘤中的肿瘤细胞具有表皮树突状细胞的免疫表型，起源为朗格汉斯细胞。犬组织细胞瘤细胞表达 CD18，CD1 分子（CD1-a，CD1-b 和 CD1-c），CD11-c 和主要组织相容性复合体 II。它们表达 E- 钙黏蛋白，但不表达 Thy-1 或 CD4（在人类其他非朗格汉斯细胞树突状细胞中呈阳性）。在超微结构中，细胞内可见有膜的囊泡结构、规则的层状体、亚晶状的结构和质膜的深层凹陷，所有这些都是人类朗格汉斯细胞肿瘤中可见的结构。伯克贝克颗粒是一种在人的朗格汉斯细胞胞浆中发现的典型杆状颗粒，不存在于犬的朗格汉斯细胞中。在大约 35% 的肿瘤中，大多数细胞的溶菌酶染色呈强阳性。在其余的 25% 肿瘤中，某些区域存在阳性。

◇ 病例 1

【背景信息】

拉布拉多犬，8 岁，雄性。左侧下颌近口唇部，肿物直径约为 1.5 cm，发现 1 个月左右，有生长趋势，无瘙痒，生长速度慢，颜色潮红。（图 12-157 和图 12-158）

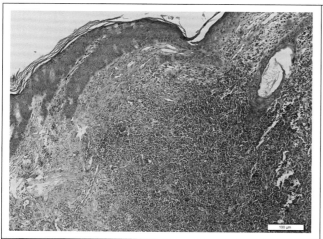

图 12-157 犬 皮肤组织细胞瘤（a）
圆形的肿瘤细胞排列成致密的片状，间质成分较少或几乎不可见，皮肤的附属结构被肿瘤细胞所替代。
（HE×100）

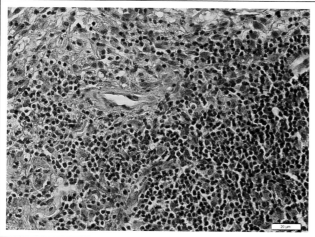

图 12-158 犬 皮肤组织细胞瘤（b）
肿瘤细胞为组织细胞，胞核呈圆形至椭圆形，蓝染，胞浆稀薄。
（HE×400）

◇ *病例 2*

【背景信息】

金毛寻回犬，7 岁，雄性。肛周肿物，大小约为 1.0 cm×1.0 cm，有多处病变。瘙痒，白色，有包膜。（图 12-159 至图 12-161）

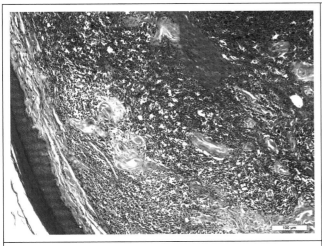

图 12-159　犬　皮肤组织细胞瘤（a）

肿瘤细胞染色较深，侵入真皮层，呈紧实的
片状排列。近表皮的细胞相对疏松，
深层细胞较为致密。

（HE×100）

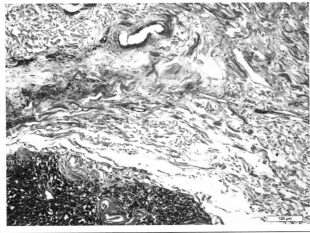

图 12-160　犬　皮肤组织细胞瘤（b）

可见在组织深层，增生的细胞被大量
胶原组织围绕。

（HE×400）

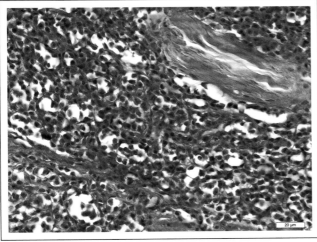

图 12-161　犬　皮肤组织细胞瘤（c）

肿瘤细胞圆形或椭圆形，胞浆嗜酸性，胞核
多呈多形性，嗜碱性。细胞间有较明显的
间隙。可见有丝分裂象。

（HE×400）

12.2.11　浆细胞瘤

虽然一些多发性骨髓瘤可累及皮肤，但大多数皮肤浆细胞瘤（plasma cell tumor）与原发骨髓肿瘤无关。浆细胞瘤主要发生在老年犬，罕见于猫。患病风险较高的犬种包括梗犬（约克郡犬、爱尔兰犬、克里蓝犬和苏格兰犬）、可卡犬和标准狮子犬。关于猫的报道很少，没有特定的年龄、品种或性别偏好。

【大体病变】

浆细胞瘤多为单发的、较小的、轻微隆起的真皮结节，表面皮肤脱毛，偶有溃疡。一些动物会有多个浆细胞瘤。耳廓和趾部最易受影响。其他发病部位包括口腔和直肠。切面可见肿瘤于周围组织界限清晰，无包膜，颜色从白色到红色不等。

【镜下特征】

虽然与组织细胞瘤的大体病变和好发部位相似，但低倍镜下组织学形态有所不同。低倍镜下，浆细胞瘤有大片的圆形细胞，胞核具有多形性，呈不清晰的束状或巢状。细胞分散在组织间，核大且深染，可能是单核、多叶核或者多核。低倍镜下，这样的细胞特征可作为该肿瘤的诊断标志。浆细胞瘤的细胞一般为圆形，胞浆中等嗜酸性或双嗜性。大多数瘤细胞不具有典型的浆细胞的"时钟表面样"染色质形态，而在肿瘤的外周，细胞不密集，形态更接近于正常浆细胞，个别细胞可见核周的透明带（高尔基体），或形成体积较大、圆形、呈强嗜酸性的免疫球蛋白小体。有丝分裂象指标多变，但一般较低。

少数皮肤或口腔浆细胞瘤可见淀粉样物质，是由免疫球蛋白 λ 轻链构成的。散在于肿瘤细胞间，可见大的糊状或小面积的沉积物，偶见于血管壁。尽管仅在大约 10% 的犬类病例中出现，但也具有诊断意义。

【鉴别诊断】

典型浆细胞瘤的组织学特征是鲜明的，诊断通常并不困难。但是，间变性肿瘤可能会被误诊为弥散性组织细胞肉瘤。浆细胞瘤中的某些细胞由于其高浓度的 RNA 会被甲基绿吡啶酮阳性染色，但是这种染色剂不是特异性的，在纤维肉瘤和骨肉瘤中可能是阳性的。硫黄素 T 胞浆荧光阳性可以将浆细胞瘤与其他圆形细胞肿瘤区分开来。单克隆 λ 轻链的免疫组化阳性结果可用于确诊低分化的肿瘤。然而，MUM1 是一种相当特异的浆细胞胞核标记物，胞浆成分阳性较弱。MUM1 属于干扰素调节因子（IRF）家族。它是免疫球蛋白轻链重排所必需的，并在人的 B 细胞、浆细胞、活化的 T 细胞以及巨噬细胞和树突状细胞中表达。在一项研究中，CD79a 和 CD20（兽医常用的其他 B 细胞标记）分别在浆细胞瘤中阳性占 56% 和 19%，而 MUM1 在 94% 的肿瘤中为阳性。

◈ 病例 1

【背景信息】

小鹿犬，3 岁 6 个月，雄性。颈部腹侧中部偏右的皮肤肿物，大小约为 2.5 cm × 1.5 cm × 1.5 cm。肿物游离性强，质地较硬，无破溃。（图 12-162 和图 12-163）

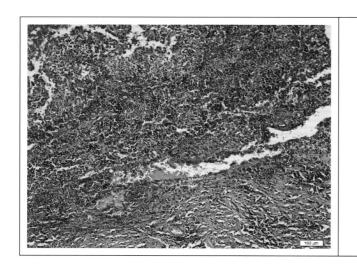

图 12-162 犬 浆细胞瘤（a）

肿瘤内可见大量的圆形细胞，呈条索状或巢状分布。

（HE×100）

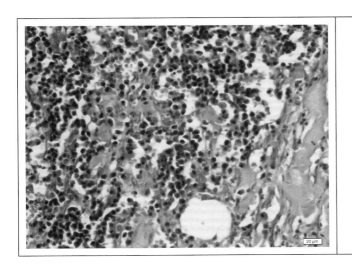

图 12-163　犬　浆细胞瘤（b）

增生的浆细胞呈圆形或椭圆形，胞核呈
圆形，核大且深染，核偏于一侧，
胞浆丰富，嗜酸性红染。

（HE×400）

◇ 病例 2
【背景信息】

博美犬，雄性，未去势，14 岁。1 个月前发现口腔下颌前部右侧肿胀，有牙齿脱落，流涎，双侧下颌淋巴结肿胀，只用过口腔抗菌喷剂。口腔牙龈软组织肿物，约 1.5 cm×2 cm，生长速度较快，无瘙痒，颜色粉红，未发现转移。细胞学检查可见大量浆细胞及红细胞。（图 12-164 和图 12-165）

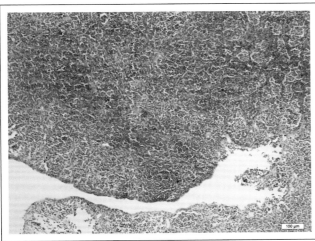

图 12-164　犬　浆细胞瘤（a）

肿物由一层较薄的纤维结缔组织包膜所
包裹，包膜局部有破溃。增生的肿瘤
细胞呈大小不等的巢状或
实性片状排列。

（HE×100）

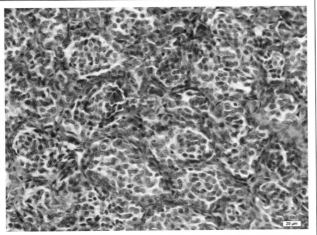

图 12-165　犬　浆细胞瘤（b）

增生的肿瘤细胞主要为浆细胞，细胞胞核呈
椭圆形至圆形、蓝染，胞浆较少、红染。

（HE×400）

12.2.12 淋巴瘤

淋巴瘤（lymphoma）是动物的重要肿瘤，也是最常见的肿瘤之一。本章节集中讨论发生在皮肤的淋巴瘤，这种淋巴瘤很少见。皮肤淋巴瘤在所有物种中都很罕见，但在犬和猫中相对更为常见。犬和猫的平均发病年龄是 10 岁。犬中患病风险较高的品种包括英国可卡犬、斗牛犬、苏格兰梗犬和金毛猎犬等。大多数肿瘤发生在躯干，但病变也可以出现在身体的任何地方。牛的皮肤淋巴瘤是牛白血病综合征的一部分，通常发病高峰在 2 ～ 3 岁，是这种综合征中最无痛的淋巴瘤。

【大体病变】

皮肤淋巴瘤的外观有明显的差异性，这似乎与涉及的细胞类型（T 或 B）有关。瘙痒是常见的，经常导致溃疡。颜色从粉红色到棕色不等。肿瘤大小不一，皮内肿块可表现为溃疡、结痂和脱毛。所有这些病变在皮肤中可以是单灶性或多灶性的。

【镜下特征】

人类皮肤淋巴瘤传统上被分为亲上皮性淋巴瘤和非亲上皮性淋巴瘤。犬和猫的病例与这些类别相似，兽医实践中已经采用这个命名法。

在亲上皮性肿瘤中，肿瘤细胞为 T 细胞，与表皮和附属结构上皮有亲和力。而非亲上皮性肿瘤起源于 B 细胞或 T 细胞，其特征是真皮中呈片状或成簇的肿瘤淋巴细胞。

【鉴别诊断】

当肿瘤细胞小且分化良好，或局限于表皮时，皮肤淋巴瘤的细胞学和组织学检查可能是一个挑战。这些情况可能需要通过免疫组化或流式细胞仪鉴定单个细胞克隆，以确诊是否为肿瘤。大细胞和免疫母细胞形式更容易诊断，但是在细胞学和 HE 切片上，某些中到大细胞亚型可能很难与组织细胞瘤细胞区分开。组织细胞瘤细胞从不侵袭毛囊或附属结构的上皮。

【病例背景信息】

混血犬，雌性，已绝育。下颌淋巴结，褐色，质中，无破溃，无粘连，多发。（图 12-166 和图 12-167）

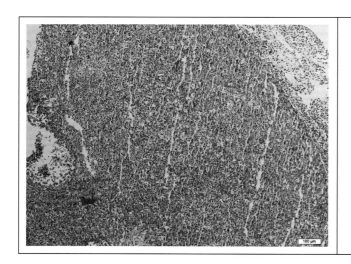

图 12-166 犬 淋巴瘤（a）

肿瘤内可见大量的圆形细胞，呈条索状或

巢状分布。

（HE×100）

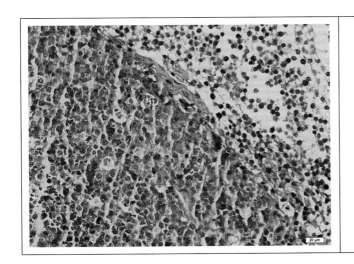

图 12-167 犬 淋巴瘤（b）

增生的浆细胞呈圆形或椭圆形，胞核呈
圆形，核大且深染，核偏于一侧，
胞浆丰富，嗜酸性红染。

（HE×400）

12.2.13 犬传染性性病瘤

犬传染性性病瘤（canine transmissible venereal tumor, TVT）不常见。它的细胞来源未知，可通过物理接触传播，而非感染性传播。肿瘤细胞的染色体数量在 57～64（平均 59）条之间变化，而非犬体细胞中正常的 78 条。通常通过性交传播。TVT 在所有年龄和性别的犬都会发生，但是这种肿瘤更常见于年轻、性生活活跃的个体。现在，TVT 在宠物犬和居家饲养的犬身上很少见，但在流浪犬身上很常见。

【大体病变】

肿瘤主要位于生殖器上，嘴唇或与生殖器接触的其他部位皮肤或黏膜也可发生，但不常见。外观各异，但多为增生的疣状、乳头状或结节状肿块，突出于阴茎或外阴表面。肿瘤可为单发或多发性结节或多叶肿块，直径可达 15.0 cm。

【镜下特征】

肿瘤细胞呈圆形或卵球形，排列成片状、束状或索状。细胞边缘通常模糊不清。核大而圆，单个核仁位于中央，被边缘染色质包围。这些空泡在肿瘤触片上更为明显。有丝分裂象很常见。肿瘤内可见大量淋巴细胞（有时聚集）、浆细胞、嗜酸性粒细胞和巨噬细胞浸润。在消退性肿瘤中，常常会出现炎症加重、坏死和纤维化等现象。

【鉴别诊断】

TVT 的鉴别诊断主要是与皮肤上的其他圆形细胞肿瘤进行区别，如组织细胞瘤、淋巴瘤和肥大细胞瘤。肿瘤的发生位置在诊断中应发挥重要作用，生殖器上圆形细胞肿瘤应考虑为 TVT，除非通过特殊染色、免疫组化或 PCR 分析确诊。在 TVT 中发现了一条重排的 LINE-c-myc 基因序列，可通过 PCR 进行诊断。TVT 对溶菌酶、α-1- 抗胰蛋白酶和波形蛋白呈免疫反应阳性，角蛋白、S100 蛋白、轻链免疫球蛋白、IgG、IgM 和 CD3 抗原阴性。在超微结构上，TVT 细胞没有特征性，但其独特的核型可用于诊断。

在常规的 HE 染色切片上，TVT、淋巴瘤和组织细胞瘤之间的胞核和胞浆差异可能很小。在细胞学上，低核质比和明显的胞浆内小空泡为该肿瘤的特征。肿瘤非溃疡区表面的触片可用于诊断，可见大量脱落的细胞，细胞呈圆形，细胞边界清晰，胞浆呈嗜碱性，胞浆内可见均匀的透明空泡。组织细胞瘤细胞的外观相似，但脱落的细胞数量较少。胞浆不是嗜碱性的，也不可见胞浆内空泡。发生在生殖器上的肿瘤强烈提示 TVT。

◆ 病例 1

【背景信息】

犬，雌性，7 岁。阴道肿物，直径约为 5.0 cm，肉色，未发现转移。（图 12-168 和图 12-169）

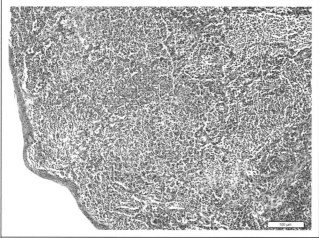

图 12-168　犬　传染性性病瘤（a）

肿瘤细胞或紧密、或疏松地排列成片层状，

部分区域可见明显出血。

（HE×100）

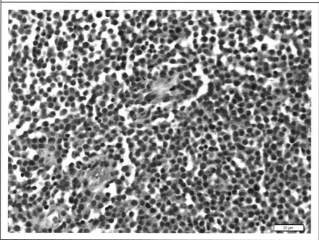

图 12-169　犬　传染性性病瘤（b）

肿瘤细胞体积较大，胞核呈椭圆形至圆形，

蓝染位于中央，胞浆较少，淡红染或

呈双嗜性，可见病理性

有丝分裂象。

（HE×400）

◇ **病例 2**

【背景信息】

犬，4 岁，雄性，未去势。阴茎旁肿物，大小约为 5.7 cm×3.5 cm×1.5 cm。褐色，质中。犬不吃不喝，体温和肝功能正常。（图 12-170 和图 12-171）

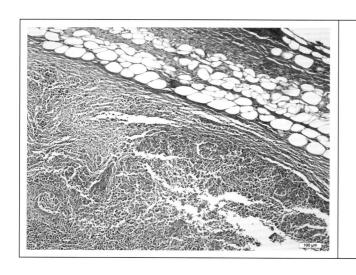

图 12-170　犬　传染性性病瘤（a）

肿物表皮完整，大量增生的细胞呈片状排布。

（HE×100）

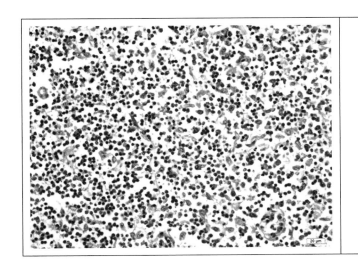

图 12-171　犬　传染性性病瘤（b）

肿瘤细胞沿结缔组织呈葡萄串样生长，排列
疏松，异型性较大，少见有丝分裂象。
较小的细胞为淋巴样细胞。

（HE×400）

⑬ 肥大细胞瘤

肥大细胞瘤（mast cell tumors，MCTs）在犬中很常见，在猫中不常见。绝大多数动物的MCTs在皮肤中以单发性结节的形式出现。应区分犬的皮下MCTs和皮肤MCTs，因为它们有不同的生物学行为。MCTs存在于内脏器官，罕见于其他部位，如口腔或颅纵隔。内脏器官中的MCTs是否代表已知或未知皮肤MCTs的原发性起源部位或转移并不总是很清楚。特别是在猫身上，在脾脏、肝脏和其他器官中同步发生MCTs已被报道为广泛性肥大细胞增多症，很可能为多中心性的肿瘤。MCTs主要见于成年动物，但在幼犬也有一些罕见的肥大细胞增生性疾病，称为肥大细胞增多症，可自行消退。虽然大多数皮肤MCTs在犬和猫通常可通过完全外科切除治愈，但部分犬皮肤MCTs和猫的少数病例会扩散到局部淋巴结或引起广泛转移。

MCTs的起源细胞很明显是肥大细胞。然而，基于肥大细胞在生化、组织化学、超微结构和功能特征的差异，它们是一个高度异质性的细胞群。在犬的真皮中，肥大细胞的密度最高，特别是在毛囊和血管附近和接近表皮的基底层。相比之下，皮下脂肪中的肥大细胞密度很低。

肥大细胞来源于骨髓的多功能造血干细胞。与其他造血干细胞相比，肥大细胞以前体细胞的形式离开骨髓，这些未分化的细胞在进入结缔组织或黏膜中分化为各种类型的成熟肥大细胞之前，在血液中循环。这些成熟的肥大细胞即使在完全分化阶段仍保持增殖潜能。

13.1 犬肥大细胞瘤

较早的文献中并没有区分皮肤和皮下MCTs。二者重要的区别在于，皮下MCT的侵袭性比表皮MCT小，应该采用单独但相似的评估方法。皮外MCTs（肠道）或肥大细胞白血病不常见或罕见。

表皮MCTs是犬中最常见的恶性皮肤肿瘤，占皮肤肿瘤的21%。目前尚无性别或年龄偏好，但表皮MCTs的风险随年龄增长而增加，平均患病年龄为9岁。MCTs易发于多种犬种中，最常见的是拳师犬、拉布拉多、金毛猎犬、沙皮犬、斗牛犬、波士顿梗犬、比特犬、狐梗犬、威马犬、可卡犬、罗得西亚脊背犬、腊肠犬、澳大利亚牛犬、比格犬、雪纳瑞犬和哈巴狗。拳师犬和哈巴狗倾向于具有较低生物学侵袭性的MCTs，而沙皮犬则倾向于在年轻的时候就具有更强侵袭性的MCTs。皮肤黏液化程度也与沙皮犬皮肤MCTs更具侵袭性的行为密切相关。

【大体病变】

表皮MCTs外观变化很大，呈结节性皮疹至弥漫性肿胀或表现为无毛、凸起的红斑性肿瘤。尺寸范围从几毫米到大的肿块不等。界限明确、无毛、单发的病灶往往生长缓慢，通常持续数月。溃疡和瘙痒性MCTs通常边界不清，它们往往生长得很快。较小的肿瘤通常离得很近。表现出侵袭性（大的、严重溃疡）的MCTs通常是恶性的，然而分化良好的MCT也不应被武断地认为是良性的。皮肤MCTs的切面呈白色或粉红色，有时伴有出血灶，边界不明显。

皮下MCTs位于身体任何部位的皮下组织，腿部、背部和胸部是最常见的发病部位，占这些肿瘤的60%。多发性肿瘤不常见，95%的病例为单一肿块。它们会导致皮肤隆起，但不会进入真皮层，很少出现溃疡。通常表现为柔软的肉质肿块，外观与脂肪瘤相似。许多皮下肿瘤界限不明确，这使得在手术切除时很难根据触诊或视觉来准确地确定边缘。

在转移性扩散的病例中，经腹部触诊或影像学检查可发现局部淋巴结病变或内脏器官肿大。

【镜下特征】

许多表皮和皮下的MCTs具有独特的组织学模式，可在低倍镜下识别。在一些肿瘤中，肿瘤细胞呈列状或条带状。一些肿瘤会有明显的水肿和出血，导致肿瘤所在位置形成明显的蓝色病灶。而另一些肿瘤中，嗜酸性粒细胞数量较多，在初诊时即可怀疑为MCT。

表皮和皮下的MCTs的肿瘤细胞外观相同，表皮和皮下MCTs的鉴别是基于大体和次大体检查的。肿瘤细胞可能是散在的，它们的细胞边界是不同的，或由于相互挤压而无法辨别细胞边界。高倍镜下，肿瘤细胞呈圆形至多边形，核圆形，位于细胞中心或稍偏向一侧。胞浆含量中等，浅粉红色，HE染色下可含有浅灰色/蓝色颗粒。嗜酸性粒细胞几乎总是在犬MCTs中被发现，有时是主要的细胞类型。许多肿瘤的边缘会有嗜酸性粒细胞的聚集，当评估边缘时，这些不应该被认为是肿瘤的一部分。胶原溶解、硬化、水肿、坏死和继发的淋巴细胞性炎症常见于MCTs。当继发性病变严重时，它们会掩盖肿瘤细胞，使手术边缘评估困难。MCTs无包膜，然而分化良好的肿瘤轮廓清晰，边缘容易识别。分化程度较低的肿瘤具有浸润性，其边缘不易识别。

◈ 病例1

【背景信息】

犬，12岁。右侧腹部皮肤，细胞学检查怀疑肥大细胞瘤，单发性病变，表面破溃。（图13-1和图13-2）

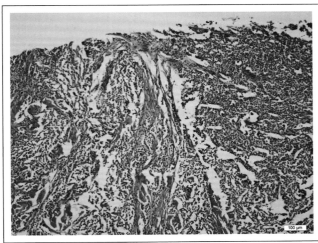

图13-1　犬　高级别表皮肥大细胞瘤（a）

表皮局部破溃，肿物由大量圆形细胞构成。

（HE×100）

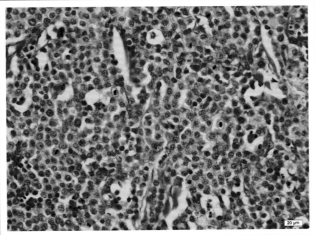

图13-2　犬　高级别表皮肥大细胞瘤（b）

肿物细胞为肥大细胞，部分胞浆具有颗粒，

有丝分裂象大于7个，具有一定异型性。

（HE×400）

◇ 病例 2

【背景信息】

　　吉娃娃犬，13 岁，雄性，颈部皮肤出现肿物。（图 13-3 和图 13-4）

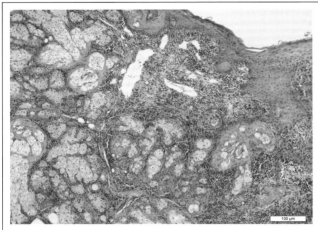

图 13-3　犬　低级别表皮肥大细胞瘤（a）

瘤与周围组织界限明显，局限于真皮层中，

呈片状分布。

（HE×100）

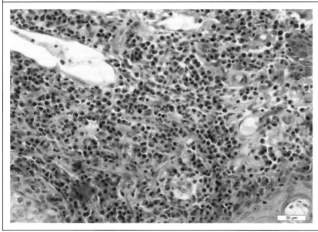

图 13-4　犬　低级别表皮肥大细胞瘤（b）

肥大细胞分化程度良好，形态均一，排列成

条索状或疏松的片状。

（HE×400）

◇ 病例 3

【背景信息】

　　泰迪犬，10 个月，雌性，未绝育。躯干处皮肤肿物，约 1 个月前发现，右侧躯干处皮肤偏深，后逐渐增厚，圆形病变。（图 13-5 和图 13-6）

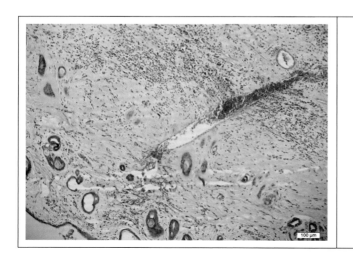

图 13-5　犬　皮下肥大细胞瘤（a）

肿物表皮下层可见形态正常的毛囊和腺体

结构，大量嗜碱性蓝染的细胞弥散

分布于皮下组织。

（HE×100）

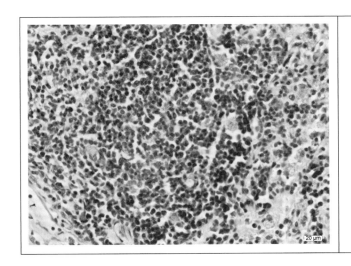

图 13-6 犬 皮下肥大细胞瘤（b）

可见肿瘤细胞胞核较大，呈圆形或椭圆形，

胞浆较少。

（HE×400）

13.2 猫肥大细胞瘤

　　猫的 MCTs（Feline mast cell tumors）存在于皮肤或内脏，每种类型中的部分病例都会有肥大细胞血症。目前，猫 MCTs 不像犬那样分为皮肤和皮下。猫皮肤 MCTs 的组织学诊断为：分化良好型、多形型和非典型。一些人认为内脏肿瘤是原发部位，而另一些人则认为这些是已知或未诊断的原发性皮肤 MCTs 的转移。内脏型 MCTs 也可发生于肠道。

　　MCTs 在猫中比在犬中更少见，占所有猫科动物肿瘤的 15%。皮肤 MCTs 是猫第二常见的皮肤肿瘤，大约占猫皮肤肿瘤的 21%。大部分皮肤的 MCTs 发生于 4 岁以上的猫，平均发病年龄为 10 岁。没有性别偏好。猫的内脏 MCTs 比犬更常见，占所有猫科 MCTs 的 50%。内脏 MCTs 最常累及脾脏，占所有猫科脾肿瘤的 15% ~ 26%。内脏 MCTs 常表现为多器官疾病，累及脾脏、肝脏和肠道，少数也可见皮肤 MCTs。

　　【大体病变】

　　猫皮肤 MCT 通常表现为皮肤或皮下坚硬的棕褐色丘疹、斑块或离散结节。上覆的表皮通常脱毛，呈粉红色。当多个肿瘤存在时，它们可能聚集在一起或分散在全身各处。溃疡见于较大的病灶。斑块样 MCT 与嗜酸性肉芽肿非常相似。超声检查猫的内脏 MCTs 时，可见脾脏增大，可能呈现斑点、结节或不规则，淋巴结通常呈低回声、畸形和增大，而发生 MCTs 的肠道通常没有肠壁分层。内脏 MCTs 可引起弥漫性肝肿大，但有时可呈结节状。当猫发生肝肿大和脾肿大时，应主要与恶性淋巴瘤进行鉴别。

　　【组织学特征】

　　猫的 MCTs 在组织学上可细分为两种主要类型：肥大细胞型（常见）和组织细胞型。肥大细胞形态也可进一步分为高分化型和多形型。大多数猫的皮肤 MCTs 分化良好，在常规的 HE 切片上没有诊断困难。猫多形性 MCTs 少见且不典型。两者都可能需要组织化学染色（吉姆萨、甲苯胺蓝），因为胞浆内颗粒在 HE 染色时可能不明显。不典型的 MCTs 可能被误诊为组织细胞瘤、肉芽肿性炎症或猫的嗜酸性肉芽肿复合体。一般来说，猫 MCTs 的胞浆颗粒不像犬 MCT 容易观察到。如果猫的圆形肿瘤细胞具有丰富的胞浆，但不含异染颗粒，则应在排除 MCT 之前用 Wright-Giemsa 染色。

　　皮内 MCTs 位于真皮浅层，边界清晰，但没有包膜，可延伸至表皮下。分化良好的 MCT 中的肿瘤细胞与正常肥大细胞非常相似，没有或很少有多形性，只有很少的有丝分裂象。相反，多形性 MCTs 的肿瘤细胞一般较大，核偏向一侧，核仁明显。然而，这些多形性的细胞和核特征与恶性程度无关。非典型 MCT 具有明显"组织细胞样"特征，肿瘤细胞大，呈多角形到圆形，胞浆丰富，核大而浅染，微凹。大多数 MCT 的有丝分裂活性较低，高的有丝分裂象数目与预后不良相关，而与病理类型无关。

在分化良好的病例中，嗜酸性粒细胞浸润很少甚至不存在，可见散在的小淋巴细胞簇。相比之下，多形性 MCTs 常被大量嗜酸性粒细胞浸润。嗜酸性粒细胞和淋巴细胞在非典型 MCT 中比在其他类型的 MCT 中更多。

在内脏 MCT 中，肿瘤性肥大细胞具有细颗粒，染色不良的胞浆，典型的肥大细胞颗粒通常在 HE 上无法识别。肥大细胞有黏膜或结缔组织（间充质）来源。内脏型 MCTs 的胞核通常大、圆，呈囊泡状，染色深，染色质边缘化，核仁明显。嗜酸性粒细胞在这些 MCTs 中并不多，但也有一些。其他肠道病变也可能有嗜酸性粒细胞浸润，包括猫胃肠道嗜酸性硬化性纤维增生和 T 细胞淋巴瘤。大颗粒淋巴细胞也有胞浆颗粒，可能与 MCT 混淆，但这些颗粒不具有甲苯胺蓝异染性，且 PTAH 阳性。

肠道内的肥大细胞可细分为存在于肠道非黏膜部分的结缔组织肥大细胞（CTMCs）和存在于黏膜部分的黏膜肥大细胞（MMCs）。这两种亚型的肥大细胞具有不同的免疫组化和组织化学特征。

很少有病变会被误诊为猫 MCTs。虽然大多数嗜酸性肉芽肿很容易与皮肤的 MCTs 鉴别，但偶尔也有大量肥大细胞而使鉴别不容易。当遇到这样的病例时，以下特征有利于 MCT 的确诊：肿块增大，嗜酸性粒细胞少，坏死轻微，多数情况下肥大细胞浸润均匀。相反，嗜酸性肉芽肿的诊断特征是：肿物扁平并含有大量的嗜酸性粒细胞、坏死和胶原溶解区。没有有丝分裂象。

◈ 病例 1

【背景信息】

田园猫，1 岁 2 个月，雌性，已绝育；腹背侧肿物，大小为 0.5 cm × 0.5 cm，细胞学检测为肥大细胞。（图 13-7 和图 13-8）

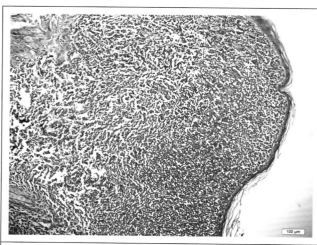

图 13-7　猫　分化良好型肥大细胞瘤（a）

肿物主要位于表皮层，肿物组织呈层状
排列，部分区域可见局灶性坏死。

（HE×100）

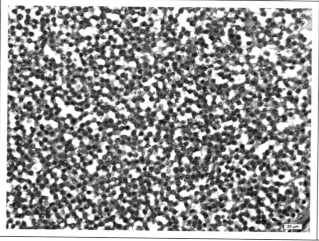

图 13-8　猫　分化良好型肥大细胞瘤（b）

肿物细胞呈圆形，胞核清晰、蓝染，
为圆形，且存在颗粒样物质，
胞浆丰富、红染。

（HE×400）

◈ 病例 2

【背景信息】

美国短毛猫，1岁8个月，雄性。颈腹侧皮肤肿物，多发性小肿块，生长迅速，无瘙痒，细胞学结果怀疑为肥大细胞瘤。（图 13-9 和图 13-10）

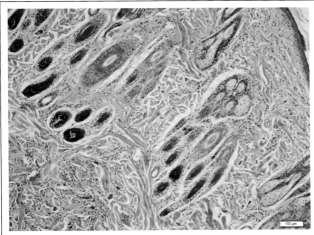

图 13-9　猫　多形型肥大细胞瘤（a）

肿物表皮完整，可见皮肤正常附属结构，

胶原纤维束之间可见呈弥散性或

条索状分布的蓝染的

肿瘤细胞。

（HE×100）

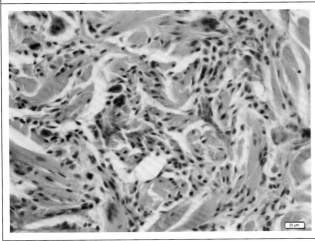

图 13-10　猫　多形型肥大细胞瘤（b）

肥大细胞具有多形性，胞体较大，呈圆形或

卵圆形；胞核体积较大，呈圆形；胞浆

比较丰富，偶见核分裂象。

（HE×400）

⑭ 血液淋巴系统肿瘤

经过多次修订，血液淋巴系统肿瘤（hemolymph neoplasms）的分类和命名方案相当多。随着我们对这个系统中正常和肿瘤细胞了解的深入，分类也将需要修改。血液淋巴系统的两类肿瘤分别为淋巴性（淋巴瘤和白血病）和髓性白血病。淋巴瘤发生在骨髓外的淋巴组织，白血病发生在骨髓或脾脏。每种肿瘤的特征在于其在体内的解剖分布、血淋巴器官内的组织学分布、细胞形态、免疫表型、血细胞减少以及已知的生物学行为和分子特征。

95% 的动物淋巴瘤属于 B 细胞或 T 细胞表型。犬淋巴瘤中有 60% ～ 70% 为 B 细胞，30% ～ 40% 为 T 细胞，1% 为裸细胞（非 B 细胞、非 T 细胞）；75% 为高分化，25% 为低分化。犬中最常见的两种淋巴瘤是弥漫大 B 细胞淋巴瘤（50%）和外周 T 细胞淋巴瘤 – 非特指型。从解剖位置来看，犬最常见多中心性（75%），其次为淋巴结外、皮肤和其他部位淋巴瘤。

14.1　淋巴系统的肿瘤

14.1.1　成熟 B 细胞淋巴瘤

成熟 B 淋巴细胞瘤（mature B-cell neoplasms）是指 B 细胞淋巴瘤，主要起源于 B 淋巴细胞，属于造血系统肿瘤。

14.1.1.1　浆细胞母细胞性淋巴瘤

浆细胞母细胞性淋巴瘤（plasmablastic lymphoma）是成熟的、分化的 B 淋巴细胞的罕见肿瘤，起源于淋巴结，并可发生在其他器官中。患病动物通常表现为严重的全身性疾病，严重的体重下降和毛发杂乱。浆细胞母细胞性淋巴瘤为罕见肿瘤，可见于成年犬猫。

【大体病变】

发生在淋巴结内，也可能发生在肠道、肝脏、脾脏或骨髓。

【镜下特征】

浆细胞母细胞性淋巴瘤肿瘤细胞呈浆细胞样，有较大的核，胞核大小不等，直径为红细胞的 2.0 ～ 2.5 倍，多个突出的中央核仁和粗糙聚集的浓染染色质，胞浆通常丰富且染色深。肿瘤细胞在 400 倍视野可见数个有丝分裂象。在淋巴结中，肿瘤细胞排列成簇状或片状。

【鉴别诊断】

浆细胞瘤、浆细胞母细胞性淋巴瘤和淋巴浆细胞淋巴瘤（lympho plasmacytic lymphoma, LPL）均属于成熟的、已分化的 B 淋巴细胞肿瘤，肿瘤细胞形似浆细胞。浆细胞瘤很少出现在淋巴结肿，浆细胞母细胞性淋巴瘤和 LPL 发生在淋巴结内，也可能发生在肠道、肝脏、脾脏或骨髓。后两者都可能导致全身性淋巴结肿大，而浆细胞瘤没有这样广泛的器官分布，除非是恶性的。肿瘤分布越广泛，越可能是浆细胞母细胞性淋巴瘤或 LPL，而不是浆细胞瘤。LPL 更加成熟；浆细胞母细胞性淋巴瘤的分化程度较低，核仁突出，有丝分裂活性高，双核是此肿瘤有别于 LPL 的特征。

【病例背景信息】

犬，8 岁。脾脏肿物。（图 14-1 至图 14-3）

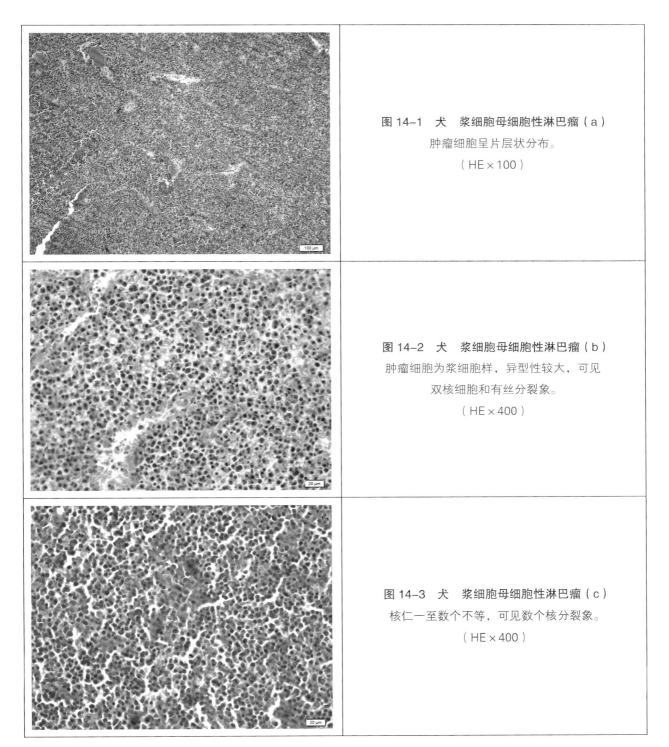

图 14-1　犬　浆细胞母细胞性淋巴瘤（a）

肿瘤细胞呈片层状分布。

（HE × 100）

图 14-2　犬　浆细胞母细胞性淋巴瘤（b）

肿瘤细胞为浆细胞样，异型性较大，可见

双核细胞和有丝分裂象。

（HE × 400）

图 14-3　犬　浆细胞母细胞性淋巴瘤（c）

核仁一至数个不等，可见数个核分裂象。

（HE × 400）

14.1.1.2　弥漫性大 B 细胞淋巴瘤

弥漫性大 B 细胞淋巴瘤（diffuse large B-cell lymphoma，DLBCL）是犬最常见的淋巴瘤类型，它也是所有物种中最常见的淋巴瘤之一。根据胞核和核仁的不同，弥漫性大 B 细胞淋巴瘤可分为中心母细胞性和免疫母细胞性（单个位于中央的核仁）。在猫中，弥漫性大 B 细胞淋巴瘤与猫白血病病毒（FeLV）有关，但也有非病毒诱导的弥漫性大 B 细胞淋巴瘤病例报道。在犬中，没有发现和病毒感染之间的联系。

弥漫性大 B 细胞淋巴瘤是大多数家养物种、鸟类和许多野生动物中最常见的淋巴瘤。根据 REAL/WHO 系统，这是猫淋巴瘤的一种常见类型。在犬类中，弥漫大 B 细胞淋巴瘤几乎占所有淋巴瘤的50%。

【大体病变】

发生部位包括纵隔、上呼吸道、肠道或多中心。从解剖位置上看，肠道淋巴瘤是猫最常见的淋巴瘤。单个或多个周围淋巴结肿大，淋巴结呈白色、柔软，切面隆起。

【镜下特征】

通常整个淋巴结被肿瘤弥漫性浸润所替代。肿瘤细胞为均匀、大的未成熟淋巴细胞。在肿瘤早期，可见肿瘤似乎开始于皮质。被膜下淋巴窦被肿瘤细胞挤压或填满，被膜很薄，肿瘤通过被膜蔓延到周围组织。淋巴结内部结构弥漫性受累，髓索被肿瘤细胞取代。部分淋巴结会残留部分正常结构：皮质的生发中心可见小的深染区域，髓索的轮廓可能很明显，被膜下淋巴窦局部受压迫，存在纤维血管支持结构。肿瘤进展的速度可以根据正常组织结构的缺失或增生中推断。在快速发展的淋巴瘤中，髓质结构很少，而在发展缓慢的病例中，髓质支持结构增生明显。弥漫性大 B 细胞淋巴瘤无硬化性，无缺血性坏死。

增大的淋巴结内充盈片状分布时肿瘤细胞，由大细胞组成，大部分胞核直径为红细胞的 2 倍或以上。胞核呈圆形或椭圆形，很少呈裂核或锯齿状。胞核充满整个细胞，因此只有少量嗜碱性胞浆可见。有丝分裂象计数 400× 视野（HE×400）从 1 至 20 个不等。当有丝分裂象计数增加时，巨噬细胞也会增加。

根据胞核和核仁的形态，弥漫性大 B 细胞淋巴瘤可分为免疫母细胞性和中心母细胞性。具有单个突出中央核仁的肿瘤细胞为免疫母细胞；中心母细胞则具有多个核仁，核仁没有免疫母细胞明显，通常位于胞核边缘。约 25% 的犬弥漫性大 B 细胞淋巴瘤为免疫母细胞型，75% 为中心母细胞型。许多肿瘤中可见两种类型混合出现，只有当 90% 及以上的胞核是免疫母细胞型时才分类为免疫母细胞型。

【鉴别诊断】

需要与大细胞型外周 T 细胞淋巴瘤、外周 T 细胞淋巴瘤 – 非特指型、淋巴母细胞淋巴瘤、边缘区淋巴瘤和伯基特淋巴瘤进行鉴别。在某些情况，特别是位于胃肠道时，还需要考虑良性淋巴增生。弥漫性大 B 细胞淋巴瘤和大细胞型 T 细胞淋巴瘤形态相同，需通过免疫表型加以区分。淋巴母细胞淋巴瘤的胞核较小，细胞大小适中，染色质分散，核可能不清楚；而弥漫性大 B 细胞淋巴瘤的胞核较大，染色质聚集，核仁明显。边缘区淋巴瘤为 B 细胞型，肿瘤细胞在淋巴滤泡周围特征性排列，核小，有丝分裂象少，胞浆丰富，有助于鉴别。然而，边缘区淋巴瘤和弥漫性大 B 细胞淋巴瘤在形态上是相似的，分子研究表明这两种疾病可能相互联系，而不是单独的肿瘤。弥漫性大 B 细胞淋巴瘤和伯基特淋巴瘤在形态上相似，都是 B 细胞淋巴瘤。伯基特淋巴瘤有中等大小的细胞，弥漫性大 B 细胞淋巴瘤细胞较大；伯基特淋巴瘤的核仁多、小且总是位于中央，而弥漫性大 B 细胞淋巴瘤的核仁是单一的，免疫母细胞型核仁更大。在中心母细胞型的弥漫性大 B 细胞淋巴瘤中，多个核仁靠近或与核膜接触，在伯基特淋巴瘤中没有这样的表现。

【病例背景信息】

家猫，2 岁，雄性。结肠处肠系膜淋巴结肿物。（图 14-4 和图 14-5）

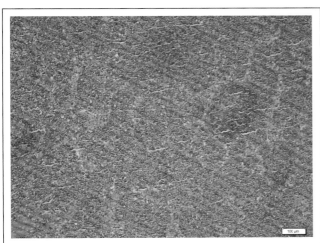

图 14-4 弥漫性大 B 细胞淋巴瘤（a）
肿瘤细胞呈弥漫性片状分布，取代淋巴结
正常组织结构。
（HE×100）

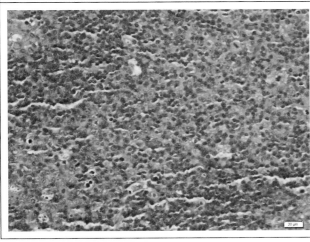

图 14-5 弥漫性大 B 细胞淋巴瘤（b）
肿瘤细胞体积大，部分可见核内包涵体。
（HE×400）

14.1.1.3 边缘区淋巴瘤

边缘区淋巴瘤（marginal zone lymphoma, MZL）起源于淋巴结或脾脏，是犬脾脏淋巴瘤中最常见的类型。

MZL 见于成年的犬猫，这是犬最常见的淋巴瘤之一，病例通常出现在大型犬种。发病率为 5%～15%，无性别差异。淋巴结 MZL 平均发病年龄为 9 岁，脾脏 MZL 平均发病年龄为 11 岁。MZL 大多数发生在淋巴结，只有少数发生在淋巴结外。

【大体病变】

见于淋巴结或脾脏，它是一种形成离散结节的淋巴瘤，在晚期才呈弥散性。

【镜下特征】

淋巴结内：可见结节状结构，中心位于生发中心，富含 B 细胞，周围有一个明显的由约 90% 的 B 淋巴细胞和 10% 的 T 淋巴细胞组成的套细胞区所包围。当抗原刺激淋巴结时，边缘区增生并变得可见，形成极型模式：边缘区向副皮质区一侧逐渐变薄，向被膜下淋巴窦一侧逐渐变厚，较轻的有增生性细胞（中心母细胞）。肿瘤细胞为中等大小，胞核直径约为红细胞的 1.5 倍。染色质环绕在核膜上，使核膜更加突出，形成一个独特的大的单个中央核仁。胞浆相当丰富，染色较浅。早期，有丝分裂象计数总是很低，通常在 400 倍视野（HE×400）观察不到。在晚期，400 倍视野（HE×400）有丝分裂象会增加到 2～4 个，伴有少量易染体巨噬细胞。

脾脏内：MZL 会形成一个或多个增生肿瘤细胞结节，这些肿瘤细胞可能会合并并压迫未受影响的临近组织。动脉周围淋巴鞘的胸腺依赖区普遍萎缩。在脾脏未受影响的区域很少或没有功能性的生发中心。典型 MZL 的一些结节中心可能有一个颜色较深的区域，周围环绕着染色较浅的外围冠。肿瘤细胞的胞浆染色较浅，有丝分裂象计数很低，在大多数 MZL 的 400 倍视野（HE×400）中没有发现。受累区域不呈弥漫性，多为结节状。

【鉴别诊断】

边缘区增生（MZH）是 MZL 的一个需要进行鉴别诊断的病变，因为两者都起源于淋巴滤泡的边缘区。MZH 常见于老年犬的脾脏，并且可以同时观察到退色的生发中心。增生性边缘区可有一致的外观，包括中等大小的淋巴细胞，通常有一个突出的核仁。在 MZH 中，这种变化普遍存在于脾脏的白髓内；但是 MZL 的特征是增生性边缘区合并成不同大小的结节。

【病例背景信息】

阿拉斯加雪橇犬，1 岁，雄性，未去势。脾脏肿物。（图 14-6 和图 14-7）

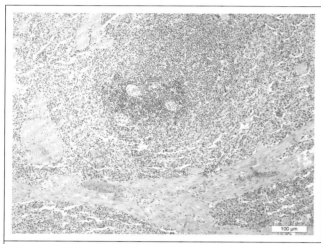

图 14-6　犬　边缘区淋巴瘤（a）

白髓周边区域弥散分布大量的嗜碱性细胞。

（HE×100）

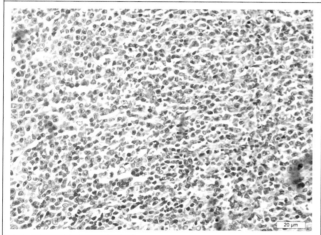

图 14-7　犬　边缘区淋巴瘤（b）

淋巴细胞形态呈多形性，胞核可见一个
位于中心的核仁。

（HE×400）

14.1.2　浆细胞瘤

浆细胞瘤（plasmacytoma）是分化成熟的 B 淋巴细胞肿瘤，主要发生在软组织、口腔和皮下，很少见于淋巴结、器官或骨，在较老的文献中被误诊，并被冠以各种各样的名称，包括网状细胞肉瘤。浆细胞瘤在犬和猫中很常见，在马和牛中不常见。

【大体病变】

浆细胞瘤通常是皮肤、皮下组织或胃肠道的单发性良性肿瘤，切除后多数不会复发。单发性肿瘤在犬和猫的肝脏中也可发生，浆细胞瘤也见于脾脏、肾脏和肠道。

【镜下特征】

浆细胞瘤的组织学和细胞学特征包括从容易识别的高分化肿瘤到需要免疫组化才能确诊的低分化肿瘤。大多数具有特征性的浆细胞形态：均匀的圆形细胞、中度嗜碱性胞浆、核周半透明高尔基带、单核或双核偏心均匀的胞核、染色质在核中心或核膜周围聚集、有丝分裂象少见。

高分化类型的细胞学或组织病理学诊断不需要免疫组化，可以直接诊断。部分肿瘤细胞可能含有胞浆内包涵体，其范围从半透明的空泡到明显的嗜酸性小球粒或菱形包状的免疫球蛋白，称为 Mott 细胞。低分化类型有更广泛的细胞和核多形性，因此可能需要免疫组化来确诊。可见更多的双核细胞、多核细胞，胞核大小不等，缺乏高尔基体透明区和胞浆包涵体，形态可能类似无黑色素瘤和组织细胞瘤。

【鉴别诊断】

见浆细胞母细胞性淋巴瘤。

【病例背景信息】

泰迪犬，4 岁，雄性。左后肢股外侧 1 cm 左右的硬块，界限清晰（后腿外侧皮肤肌肉层里），大小约为 2.5 cm × 2.0 cm × 1.0 cm，质中，红褐色，内部呈干酪样。（图 14-8 和图 14-9）

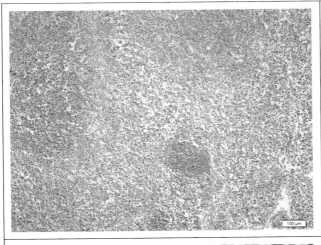

图 14-8 犬 浆细胞瘤（a）

大量的圆形细胞增生，散在分布于间质内。

（HE×100）

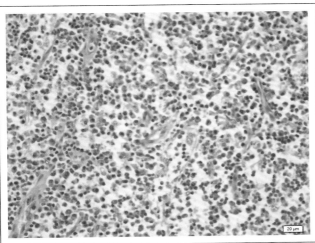

图 14-9 犬 浆细胞瘤（b）

肿瘤细胞为圆形，胞浆丰富，胞核偏向一侧，

部分细胞胞浆内含均质红染

免疫球蛋白。

（HE×400）

14.2 脾脏肿瘤

脾脏肿瘤（tumors of the spleen）是指发生在脾脏的肿瘤，包括脾脏原发肿瘤以及脾脏转移性肿瘤。

14.2.1 血管肿瘤

脾脏起源的血管肿瘤（vascular tumors）很重要，因为它们在犬中的患病率很高，恶性肿瘤的发生率也很高，诊断富有挑战。许多脾肿块在形态和相关临床体征上相似，腹部超声的使用提高了临床对犬良性或偶发性脾结节的认识。

14.2.1.1 血管瘤

脾脏血管瘤（hemangioma）在所有家畜中都很罕见，并且文献中对大多数物种的描述有限。血管肉瘤和血肿的表现相似，诊断更为常见。不同研究中犬脾血管瘤的患病率为 1% ～ 5%。尚未确定品种关联或性别倾向。大体病变、镜下特征与发生在其他部位的血管瘤类似。

【病例背景信息】

犬，9 岁，雌性，已绝育。脾脏肿物，大小约 5.0 cm×4.0 cm×3.0 cm，黑色，质中，多块组织。原发肿物大小约 3.0 cm×3.0 cm×3.0 cm，无包膜，无破溃，无粘连，侵袭性生长。（图 14-10 和图 14-11）

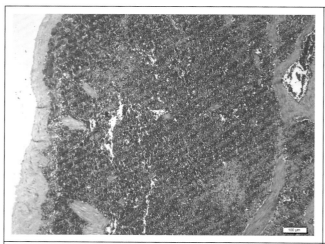

图 14-10 犬 脾脏血管瘤（a）

血管内有大量淤血以及血管外出血。可见明显的、小的、幼稚的新生血管，部分较大的、成熟的血管。

（HE×100）

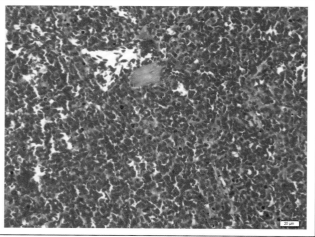

图 14-11 犬 脾脏血管瘤（b）

血管管腔大小不一，并含有大量红细胞。整体基质较少，部分区域成纤维细胞增生并伴随胶原沉积。未观察到有丝分裂象。

（HE×400）

14.2.1.2 血管肉瘤

原发性脾血管肉瘤（hemangiosarcoma）与其他内脏血管肉瘤相似，具有侵袭性生长、转移和预后不良的特点，动物死亡通常与肿物的破裂有关。脾脏是犬内脏血管肉瘤最常见的原发部位。在犬中，血管肉瘤可同时发生在脾脏、皮下组织和 / 或心脏中，通常累及右心房或心耳。相比之下，内脏血管肉瘤在猫和马中非常罕见，在其他驯养大型动物中也很少见，其中只有一部分病例涉及脾脏。

【病例背景信息】

金毛犬，10 岁，雄性。脾脏肿物。（图 14-12 和图 14-13）

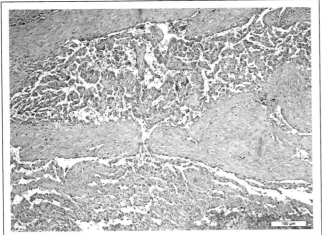

图 14-12　犬　脾脏血管肉瘤（a）

脾脏内部脾小梁周围有大量的呈条索状或

巢状生长的肿瘤细胞。

（HE×100）

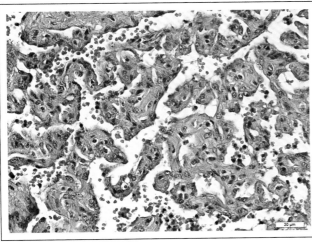

图 14-13　犬　脾脏血管肉瘤（b）

肿瘤细胞主要为血管内皮细胞，血管内皮

细胞异型性较大，肿瘤细胞单层排列，

形成血管壁，管腔形态多样，

其间散在些许红细胞。

（HE×400）

14.2.2　间叶组织肿瘤

间叶组织肿瘤（mesenchymal tumors）是指发生在机体间叶组织中的恶性或良性肿瘤。

髓性脂肪瘤

髓性脂肪瘤（myelolipoma）是在犬和猫中报道的罕见良性肿瘤，通常累及脾脏或肝脏，但也可在其他部位发现，例如肾上腺、大网膜、硬膜外椎管和眼睛。据报道，在几种鸟类、非人类灵长类动物、雪貂、老鼠和外来大型猫科动物中都有发生。

【大体病变】

在脾脏中，髓性脂肪瘤被发现为嵌入实质中的单个或多个球形肿块。它们的大小从几毫米到直径 10 cm，但偶尔会形成小的斑块状肿块。肿瘤质地柔软易碎，棕白色至黄橙色，可能因出血而出现深红色区域。

【镜下特征】

髓性脂肪瘤由分化良好的脂肪和造血组织组成。脂肪细胞大而规则，具有与正常白色脂肪相似的小外周核，并且缺乏有丝分裂活性。造血组织的数量变化很大，由未成熟和成熟的骨髓细胞、红细胞和巨核细胞组成。肿块的包裹性较差或较薄，界限清楚。胶原基质通常很少，偶尔会发生出血。

【病例背景信息】

　　犬，金毛，11 岁，雄性，未去势。一个肿物大小为 7.0 cm×5.5 cm×4.0 cm，褐色，质中；另一肿物大小为 5.0 cm×4.5 cm×4.0 cm，褐色，质中。有包膜，有粘连。（图 14-14 和图 14-15）

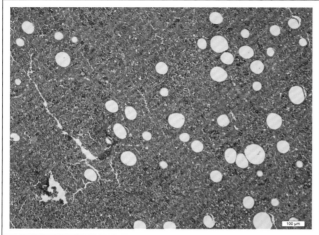

图 14-14　犬　髓性脂肪瘤（a）

脾脏原有正常结构基本不可见，肿物由

脂肪组织和造血组织组成。

（HE×100）

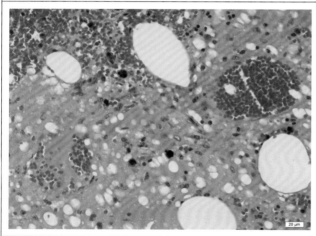

图 14-15　犬　髓性脂肪瘤（b）

脂肪细胞增生，呈网格状排列，胞核小并

被挤压至细胞边缘。

（HE×400）

⑮ 犬和猫的组织细胞疾病

犬和猫的组织细胞疾病（canine and feline histiocytic diseases）是指常发生在组织细胞〔组织细胞这个术语通常用来描述树突状细胞（DC）或巨噬细胞谱系的细胞〕上的疾病。组织细胞从 CD34+ 干细胞前体分化为巨噬细胞和几种 DC 细胞。组织细胞疾病在犬身上比在猫身上更为普遍。大多数犬组织细胞疾病涉及不同 DC 细胞的增殖。上皮内 DC 也被称为朗格汉斯细胞（LCs）。

15.1 犬组织细胞疾病

犬组织细胞疾病（canine histiocytic diseases）主要包括皮肤组织细胞瘤和组织细胞肉瘤。

15.1.1 皮肤组织细胞瘤

皮肤组织细胞瘤（cutaneous histiocytoma）部分详见皮肤和软组织肿瘤章节。

15.1.2 组织细胞肉瘤

组织细胞肉瘤（histiocytic sarcoma）是起源于间质树突状细胞的恶性肿瘤。组织细胞肉瘤起源于单一部位或单一器官（有单发或多发病灶），称为局部型组织细胞肉瘤。当扩散到局部淋巴结以外的部位时，称为弥散型组织细胞肉瘤。

【大体病变】

组织细胞肉瘤的原发病灶见于脾脏、淋巴结、肺脏、骨髓、中枢神经系统、皮肤和皮下组织，以及四肢的关节周围和关节组织。继发部位广泛，但常见于肝脏、肺脏（脾原发）和肺门淋巴结（肺原发）。

起源于间质树突状细胞的组织细胞肉瘤是典型的侵袭性肿块，切割表面均匀光滑，呈白色 / 乳白色至棕褐色。病灶柔软，可能包含变色的坏死区域（典型的为黄色），坏死范围广泛。病变可能是单发性的，也可能见于多个器官（尤其是脾脏）。关节组织细胞肉瘤具有独特的外观：滑膜衬里层可见多个褐色结节。这些病变发生在关节内或邻近区域，经常围绕关节分布。

【镜下特征】

组织细胞肉瘤的组织学最常见大片的、多形性的单核细胞和多核巨细胞，通常具有明显的细胞异型性和大量有丝分裂象。部分病例可见梭形细胞，单独或与单核细胞和多核巨细胞混合出现。

【鉴别诊断】

纯梭形细胞病变类似于不同细胞来源的其他梭形细胞肉瘤（成纤维细胞、肌成纤维细胞和平滑肌来源），需要通过免疫组化进行鉴别。

◇ 病例 1

【背景信息】

混血犬，6 岁，雌性，已绝育。阴道肿物。肿物大小约为 2.0 cm×1.5 cm×1.0 cm，褐色，质中。（图

15-1 和图 15-2）

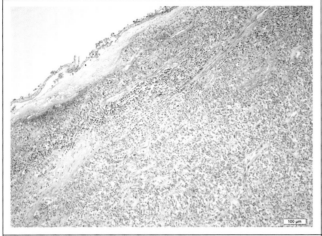

图 15-1　犬　阴道组织细胞肉瘤（a）

可见肿瘤细胞呈片层状排列，主要位于
阴道黏膜下层。

（HE×100）

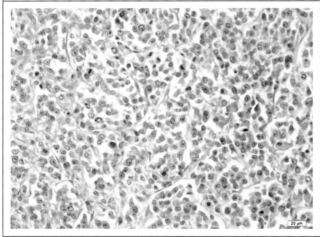

图 15-2　犬　阴道组织细胞肉瘤（b）

增生的细胞呈圆形或多角形，大小不一，
可见有丝分裂象。

（HE×400）

◆ **病例 2**

【背景信息】

金毛寻回犬，6 岁，雌性，已绝育。脾脏肿物，大小约为 2.7 cm×2.0 cm×2.0 cm，褐色，质中。
（图 15-3 和图 15-4）

图 15-3　犬　阴道组织细胞肉瘤（a）

正常脾脏结构被肿瘤细胞取代，肿瘤
细胞排列紧密。

（HE×100）

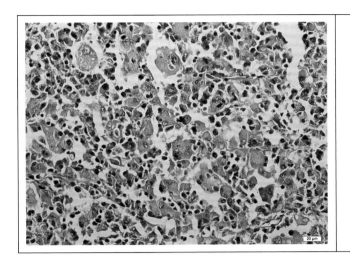

图 15-4　犬　阴道组织细胞肉瘤（b）

肿瘤细胞体积大，具有明显异型性，核仁
明显，有丝分裂象常见，可见
较多的多核细胞。

（HE×400）

15.2　猫组织细胞疾病

猫组织细胞疾病（feline histiocytic diseases）较罕见，主要包括组织细胞肉瘤。

组织细胞肉瘤

与犬相比，猫的组织细胞肉瘤（histiocytic sarcoma）并不常见。猫上观察到的局部组织细胞肉瘤的发病率远低于犬。

【大体病变】

界限不清的肿瘤团块位于腹部皮下或四肢，常毗邻关节。原发性组织细胞肉瘤也可发生在脾脏，没有皮肤损伤。

【镜下特征】

猫的组织细胞肉瘤与犬的组织细胞肉瘤具有相同的形态学特征，包括可见单核和多核圆形细胞，以及散在或集中分布的梭形细胞，胞核大小不等。常见中等至高的有丝分裂象计数和奇异的有丝分裂象。

【鉴别诊断】

要区分组织细胞性肉瘤和疫苗诱导的肉瘤或带有巨细胞的间变性肉瘤，需要使用免疫组化方法，例如 CD18、CD1、MHC II。

【背景信息】

混血猫，13 岁，雄性，未去势。原发肿物大小约为 10.0 cm×7.0 cm，无破溃，与周围组织有粘连，该肿物在肠系膜部位与小肠粘连。（图 15-5 和图 15-6）

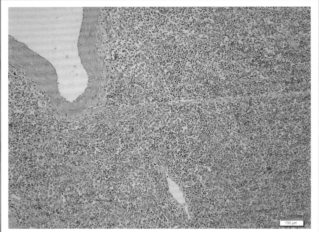

图 15-5　猫　组织细胞肉瘤（a）
肿瘤细胞浸润性生长，呈条索样排列，
或散在分布。
（HE×100）

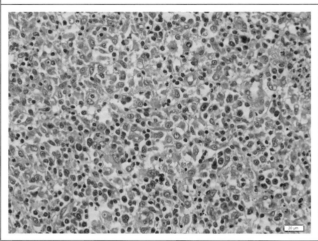

图 15-6　猫　组织细胞肉瘤（b）
肿瘤胞核较大，核质比较高。细胞异型性
较大，呈中等程度核大小不均，
偶见核分裂象。
（HE×400）

16 关节肿瘤

关节肿瘤（tumors of joints）主要分为恶性肿瘤、良性肿瘤和肿瘤样增生。

16.1 恶性肿瘤

滑膜细胞肉瘤

滑膜细胞肉瘤（synovial cell sarcoma）是一种罕见的动物恶性肿瘤（malignant tumors）。诊断通常基于发病位置（关节）和形态（梭形细胞）。不能认为所有发生在关节的间充质肿瘤都是滑膜细胞肉瘤。事实上，大多数发生在犬关节内的肿瘤都是组织细胞肉瘤。以前关于犬滑膜细胞肉瘤的报道没有区分关节内发生的不同类型的肉瘤并且可能将组织细胞肉瘤、其他肉瘤与良性滑膜黏液瘤归为一类。猫滑膜细胞肉瘤的报道也基于位置和组织学表现。在猫的病例中，即使肿瘤被诊断为组织细胞，也使用术语滑膜细胞肉瘤。

【大体病变】

动物滑膜细胞肉瘤通常被描述为关节内的浸润性肿块。肿块通常界限不清，浸润并侵蚀关节内膜。肿瘤也可侵袭邻近的骨骼和肌肉。滑膜细胞肉瘤的发生在大多数关节中都有过报道。膝关节是最常报道的部位。

【镜下特征】

动物滑膜细胞肉瘤是典型的单相梭形细胞肿瘤。

【鉴别诊断】

关节梭形细胞瘤的诊断方法应与其他部位的梭形细胞瘤相同，不能仅根据部位进行诊断，而是要结合免疫组织化学和细胞形态学进行诊断。

【背景信息】

拉布拉多犬，11岁，雄性，已去势。前肢腕关节肿物。（图16-1和图16-2）。

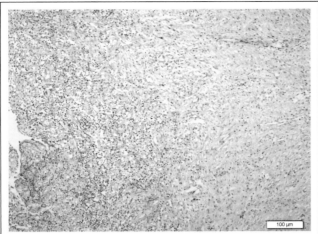

图 16-1　犬　滑膜细胞肉瘤（a）

肿瘤细胞位于皮下深层，可见大量新生细胞
形成不规则的强嗜碱性蓝染区域，与周围
组织无明显界限，伸入附近的纤维中
呈浸润性生长。

（HE×100））

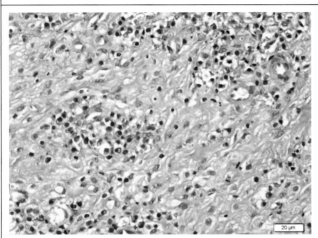

图 16-2　犬　滑膜细胞肉瘤（b）

肿瘤细胞成熟度不尽相同，细胞之间分界
不清，细胞呈卵圆形、多角形至梭形
不等，胞核呈强嗜碱性蓝染，
胞浆丰富而呈弱嗜酸性。

（HE×400）

16.2　良性肿瘤

良性肿瘤（benign tumor）是指无浸润和转移能力的肿瘤。肿瘤常具有包膜或边界清楚，呈膨胀性生长，生长缓慢，肿瘤细胞分化成熟，对机体危害较小。

关节周围纤维瘤

关节周围纤维瘤（periarticular fibroma）是一种罕见的肿瘤，通常发生在犬的腕关节周围的组织中，跗骨关节也会受到影响，肢体的远端关节也会受到影响，近端关节很少受到影响。没有品种、年龄或性别倾向。

【大体病变】

大体表现为附着在外侧或内侧关节囊或肌腱腱鞘上的一个离散的、坚固的白色结节状肿块。

【镜下特征】

组织学与其他地方发现的纤维瘤相似，由致密的胶原蛋白和稀疏的成纤维细胞组成；一些关节周围纤维瘤会有黏液瘤间质夹层带。肿块与周围的皮下胶原蛋白不同，但常与关节囊或肌腱鞘相连。

【背景信息】

贵宾犬，8岁，雄性。左后肢第二趾骨趾关节处肿物。（图 16-3 和图 16-4）

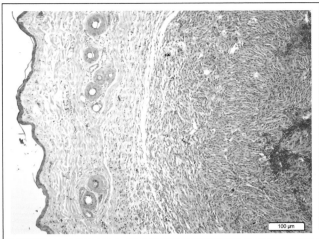

图 16-3 犬 关节周围纤维瘤（a）
真皮深层可见大量增生的肿瘤细胞，形成巨大
的实质团块样结构，并有出血的情况。肿瘤
可见分层结构，外围区域呈明显的束状
或带状排列生长，深部区域则
生长较为混乱，呈漩涡状
或栅栏状。
（HE×100）

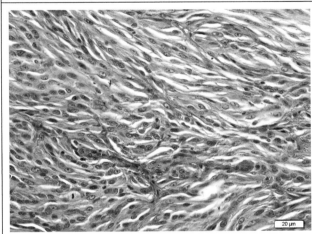

图 16-4 犬 关节周围纤维瘤（b）
肿瘤细胞之间分界不清，梭形的肿瘤细胞
一般逐一排列形成细胞带/束，进而形成
漩涡状或栅栏状结构，细胞深蓝染
胞核呈椭圆形至梨形，位于嗜酸性
红染的胞浆中间，未见有
丝分裂象。
（HE×400）

16.3 肿瘤样增生

局限性钙盐沉积

局限性钙盐沉积（calcinosis circumscripta）是肿瘤样增生（tumor-like lesions）的一种，通常发生于皮下、关节附近。在犬中，80%的病例发生于关节上，主要是跗关节、指关节和肘关节。

【大体病变】

根据病变的发生时间，肿块可能是波动的、坚固的或坚硬的。从切面上看，它们由不规则的白色糊状物质组成，由结缔组织包裹并分隔为小岛状。

【镜下特征】

组织学表现关节周围钙质增生症。它由不规则的矿化无定形物质或断裂物质组成，周围可见巨噬细胞（上皮样和多核）以及纤维。多核巨细胞数量较多，通常围绕在矿化物质周围。

【背景信息】

杜宾犬，2岁，雌性。肩关节皮肤下肿物（图 16-5 和图 16-6）

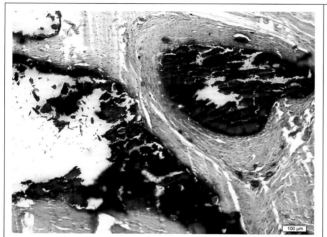

图 16-5 犬 局限性钙盐沉积（a）
可见大面积钙盐沉积，沉积的矿物被大量
纤维结缔组织包裹分割成
不规则的岛屿状。
（HE×100）

图 16-6 犬 关节周围纤维瘤（b）
矿化无定形至断裂的物质由上皮样和多核
以及纤维结缔组织包围。多核细胞数量
众多，通常围绕在矿化物质周围。
（HE×400）

17　骨肿瘤

　　骨骼由多种间质组织组成，其中任何一种都有可能转化为骨肿瘤（bone tumor）。因此，原发性骨肿瘤可能来源于骨组织、软骨、纤维组织、脂肪组织或血管组织的前体。其中，骨和软骨肿瘤是最常见的。大多数人类骨骼原发性肿瘤都是良性的，但对家养动物的调查显示，物种之间存在相当大的差异。到目前为止，犬在家畜中原发性骨肿瘤的发病率最高，而且大多数是恶性的。原发性骨肿瘤在其他家畜中很少见。猫的病例大多数也为恶性。

17.1　良性肿瘤

17.1.1　骨化性纤维瘤

　　骨化性纤维瘤（ossifying fibroma）是主要发生于膜性骨的良性肿瘤（benign tumors）。在所有物种中是罕见的，其中，马的病例最为常见。在猫、犬、绵羊中也有报道。

　　【大体病变】

　　骨化性纤维瘤在颌骨产生扩张性的骨内病变，并以骨纤维基质取代正常骨组织，肿块密度大，通常完全矿化，无法用刀切开。在放射学上，骨化性纤维瘤表现为界限清晰的膨胀肿块，具有不同程度的矿化，使受病骨的正常轮廓扩大。

　　【镜下特征】

　　骨化纤维瘤的组织学特征是不规则的编织骨小梁，周围可见成骨细胞，中间可见致密的纤维血管间质，但不具有恶性肿瘤的特征。骨小梁通常垂直于肿瘤表面。

　　【鉴别诊断】

　　与骨肉瘤的区别应该是相对直接的。在骨肉瘤中，恶性细胞通常有丝分裂象多，比骨化性纤维瘤的细胞更具有多形性和深染特征，通常充满小梁之间的空间而不是形成单层。骨肉瘤很少产生结构良好、相互连接的骨小梁。

　　【背景信息】

　　喜乐蒂牧羊犬，13岁，雄性，未去势。左侧上颌牙龈肿物。原发肿物大小约为 2.0 cm×2.0 cm，有包膜，有破溃，与周围组织无粘连；该肿物存在 3 个月以上，牙龈肿胀，完整切除，且体表存在多处肿物。（图 17-1 至图 17-3）

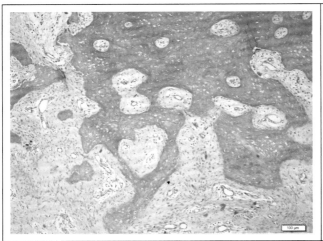

图 17-1　犬　骨化纤维瘤（a）

真皮及皮下组织可见大量的呈束状的纤维，

其间可见骨小梁。

（HE×100）

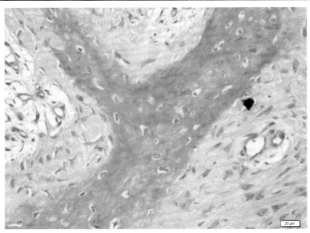

图 17-2　犬　骨化纤维瘤（b）

成熟的骨基质排列成小梁状，均质粉红

染色，其间可见成骨细胞。

（HE×400）

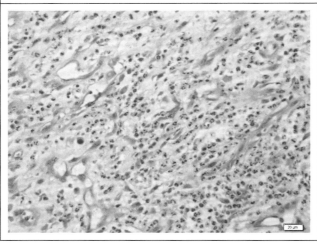

图 17-3　犬　骨化纤维瘤（c）

成纤维细胞呈梭形或纺锤形，可见炎性细胞

浸润，以中性粒细胞为主。

（HE×400）

17.1.2　骨软骨瘤

骨软骨瘤（osteochondroma）是指由软骨内成骨作用形成的一种骨外肿物。骨软骨瘤表现为单软骨性或多软骨性异常，分别称为单发性骨软骨瘤或骨软骨瘤病（多发性软骨外生性畸形，遗传性多发性外生性骨病）。

【大体病变】

骨软骨瘤由一层骨膜和软骨组成，覆盖在骨髓间隙连续的松质骨上。蓝白色的软骨囊的厚度与病变时间成反比，在成熟病变中可能不存在。四肢的肿物多呈有蒂。它们位于干骺端的皮质表面或长骨骨干末端，但不累及骨骺。

【镜下特征】

骨软骨瘤为两相生长模式，外层为透明软骨构成的软骨帽，内层由松质骨基底组成。小梁间隙包含脂肪和骨髓成分，但在某些区域可能以疏松的纤维结缔组织为主。骨软骨瘤的骨髓腔与下方骨的骨髓腔相连。在早期病变中，软骨帽中的软骨细胞的排列方式与生长板中的类似，并在靠近发生软骨内成骨的较深区域呈柱状排列。在成熟的病变区，软骨帽结构不连续，软骨细胞的柱状排列不明显。在病变基底部的松质骨中可能保留软骨岛。

【鉴别诊断】

局部的骨外伤可诱导软骨或骨外生性骨病的形成，类似于骨软骨瘤。由软骨和骨组成的骨折骨痂也可能与骨软骨瘤混淆，但对影像学特征的了解可以防止此类病例的误诊。

【背景信息】

德国牧羊犬，6 岁，雌性，已绝育。右侧第 5 乳腺肿物，肿物大小约为 8.0 cm × 7.0 cm × 3.0 cm，褐色，质硬，无破溃，无粘连。（图 17-4 至图 17-6）

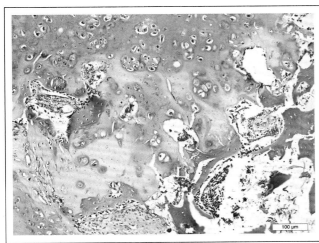

图 17-4　犬　骨软骨瘤（a）

可见大面积呈岛状或片状分布的嗜碱性的
软骨样结构，以及嗜酸性骨小梁的
结构增生。

（HE×100）

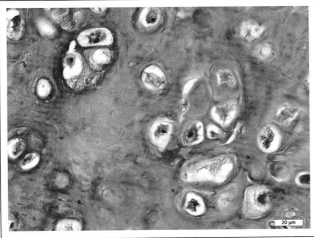

图 17-5　犬　骨软骨瘤（b）

较成熟的软骨细胞位于软骨陷窝内，
软骨基质蓝染。

（HE×400）

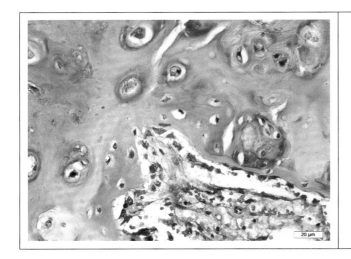

图 17-6　犬　骨软骨瘤（c）
可见成骨细胞呈多角形或不规则形，
胞浆嗜酸性较强。
（HE×400）

17.1.3　软骨瘤

软骨瘤（chondroma）是一种良性软骨肿瘤，原发性软骨瘤可分为内生性软骨瘤（起源于骨的髓腔内）和外生性软骨瘤（起源于骨骼其他部位的软骨）。内生性软骨瘤有时是多发性的，在这种情况下称为内生性软骨瘤病。

【大体病变】

软骨瘤坚固，边界清晰，被纤维包膜所覆盖。该肿瘤可大可小，切面呈蓝白色至乳白色，多小叶结构，可能存在灰白色的矿化区。

【镜下特征】

这些良性肿瘤由不规则的、分化良好的透明软骨小叶组成，软骨样基质中有均匀的软骨细胞，其纤维成分可能比正常透明软骨多。其特征之一是可能出现局部矿化。

【鉴别诊断】

软骨瘤和低恶性程度的软骨肉瘤之间在组织学上区分较为困难。软骨瘤是典型的离散性病变，不像软骨肉瘤，会侵犯骨髓腔或周围结构。坏死和/或空化区域应提示诊断为软骨肉瘤。软骨瘤在组织学上也可能与滑膜软骨瘤病相似。软骨性骨肿瘤通常通过放射学检查进行评估，而不是通过活检来评估。

【背景信息】

波斯猫，3 岁 11 个月，雄性，鼻腔肿物，大小为 2.3 cm×1.2 cm×0.7 cm，单发性病变，扩张性生长。（图 17-7 和图 17-8）

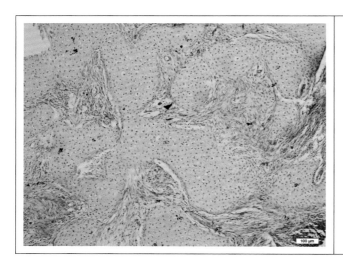

图 17-7　猫　软骨瘤（a）
可见大量淡蓝染的软骨样细胞，呈片状
分布在基质内。
（HE×100）

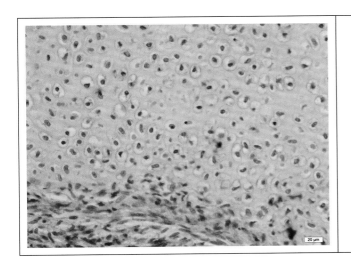

图 17-8　猫　软骨瘤（b）
肿瘤细胞多为透明软骨细胞，呈长梭形或
椭圆形，镶嵌在软骨陷窝内。
（HE×400）

17.2　恶性肿瘤

17.2.1　骨肉瘤

起源于骨骼（中心或骨髓）的骨肉瘤是一种恶性肿瘤（malignant tumors）。比起源于骨膜或骨膜外的骨肉瘤更为常见且恶性程度更高。中心性骨肉瘤（central osteosarcoma）是犬和猫最常见的原发性骨肿瘤，已得到非常广泛的研究。骨肉瘤的特征是恶性成骨细胞产生成熟或未成熟骨，但基质的含量和成熟程度在肿瘤之间和肿瘤内部存在显著差异，骨样物质可能是局灶性的，常伴有软骨样和 / 或纤维样分化。

【大体病变】

中心性骨肉瘤在外观和影像学表现上有显著差异，其特征为不同程度的骨溶解，骨内膜及骨膜产生反应性骨，以及肿瘤骨的产生。有些以骨溶解为主，有些则是以生成性病变为主，也有一部分是同时产生骨溶解与增生。许多骨肉瘤也含有广泛的出血、坏死区域。骨肉瘤很少跨越关节累及相邻骨。

17.2.1.1　分化不良型骨肉瘤

【镜下特征】

在分化不良型（poorly differentiated）中心性骨肉瘤亚型中，肿瘤由间充质细胞组成，在某些区域形成少量骨样物质，有时形成肿瘤骨骨针。恶性细胞形态各异，从类似于骨髓间质网状细胞的小细胞到未分化肉瘤的大的多形性细胞不等。分化不良型骨肉瘤大多数是高度侵袭性骨肿瘤，造成溶解性骨病变，在临床过程的早期可能会发生病理性骨折。

【背景信息】

猫，7 岁，雄性。右肘内侧肿物，有游离性，暗红色，无瘙痒，有包膜。（图 17-9 至图 17-12）

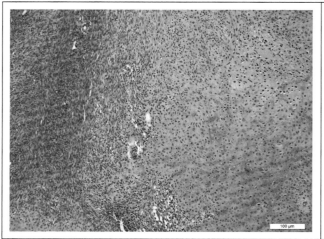

图 17-9　猫　骨肉瘤（a）

可见肿物与周围结缔组织界限不清，

呈浸润性生长。

（HE×100）

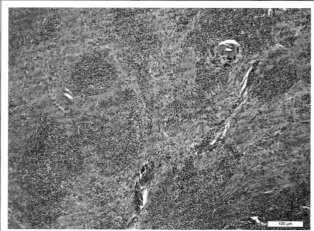

图 17-10　猫　骨肉瘤（b）

增生的细胞异型性较大，呈片状、团岛状、

巢状等各异形式生长。

（HE×100）

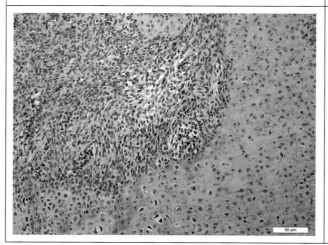

图 17-11　猫　骨肉瘤（c）

细胞嗜性不尽相同，有的区域形成骨样

结构，基质嗜酸性较强，细胞

位于陷窝中。

（HE×200）

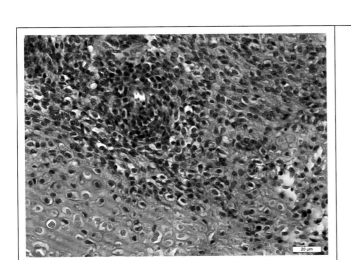

图 17-12　猫　骨肉瘤（d）

可见形态各异的不同分化程度的肿瘤细胞，
较幼稚型的，胞核深染，细胞较小，核质
比较高；稍成熟的细胞相对较大，胞浆
贫瘠，细胞界限不清，胞核可见空泡样
结构；成熟的细胞胞浆丰富，嗜酸性
较强，胞核呈椭圆形或卵圆形。

部分细胞胞核溶解，

呈均质粉染。

（HE×400）

17.2.1.2　成纤维型骨肉瘤

【镜下特征】

成纤维型骨肉瘤（fibroblastic osteosarcoma）的组织学外观可能有很大差异，但所有病例的诊断都是基于恶性间充质细胞产生骨样物质和 / 或骨。由于原始间充质细胞的多变性，肿瘤基质可能包含不同数量的软骨、胶原和骨样物质，但即使在以软骨成分为主的肿瘤中，骨样物质的存在也决定着骨肉瘤的诊断。

【背景信息】

德国牧羊犬，7 岁，雌性，已绝育。胫骨肿物，有包膜，无破溃，与周围组织粘连，侵袭性生长。（图 17-13 至图 17-16）

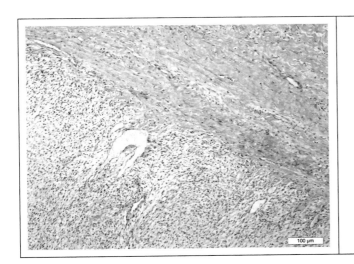

图 17-13　犬　骨肉瘤（a）

可见大量成纤维细胞，并侵入周围组织，
视野内还可见大量的成熟胶原纤维。

（HE×100）

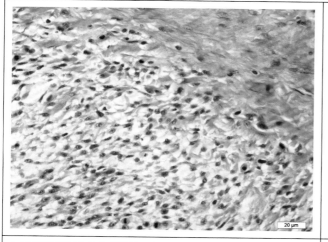

图 17-14　犬　骨肉瘤（b）

可见成纤维细胞浸润性生长，以及成熟的

胶原纤维。

（HE×400）

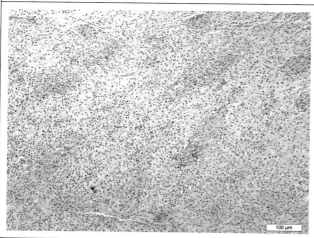

图 17-15　犬　骨肉瘤（c）

可见大量的梭形细胞。同时还观察到

炎性细胞浸润。

（HE×100）

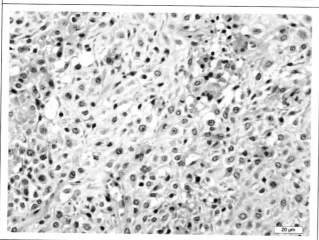

图 17-16　犬　骨肉瘤（d）

可见新生的成骨细胞和少量成熟的染色

较浅的成骨细胞。偶见核分裂象。

（HE×400）

17.2.2　软骨肉瘤

软骨肉瘤（chondrosarcoma）是一种恶性肿瘤，发生于髓腔者为中心型（central），发生于骨膜者为骨膜型。肿瘤细胞产生不同数量的肿瘤样软骨和纤维基质，但不产生类骨。虽然肿瘤中可能存在骨，但骨是通过肿瘤软骨的软骨内成骨形成的，而不是由恶性间充质细胞产生的。原发性软骨肉瘤通常发生于骨器官（中枢性或髓性软骨肉瘤）或骨膜（外周软骨肉瘤）。在动物中，大多数软骨肉瘤起源于髓质；骨膜起源的原发性软骨肉瘤是罕见的。软骨肉瘤偶尔出现在非骨骼部位的软组织，被称为骨骼外软骨肉瘤。继发性软骨肉瘤可由先前骨病变的恶性变化引起，与骨软骨瘤和骨多小叶肿瘤有关滑膜软骨瘤病向软骨肉瘤的恶性转化在动物中也有报道。

【大体病变】

犬的软骨肉瘤多发于扁平骨而非长骨，软骨肉瘤也可发生在犬的附肢骨骼，包括但不限于骨肉瘤易发部位。据报道，猫的软骨肉瘤可见于扁骨和长骨，肩胛骨和指骨是最常见的发病部位。大多数软骨肉瘤表面弯曲，边界相对清晰，切面通常类似透明软骨。典型的肿瘤由多个大小不一的结节合并而成，组织质地从柔软至中等硬度不等，颜色从半透明到白色、灰白色或蓝白色不等。一些大的肿瘤结节中部可见胶质样、黏液样病变，其他的则是坏死的黄色区域，在许多大的肿瘤小叶中，由于坏死或黏液样病变而引起的空洞是很常见的。

【镜下特征】

软骨肿瘤的组织学诊断通常较简单，但是软骨肉瘤和软骨瘤的鉴别较困难。此外，成软骨型骨肉瘤包含许多区域，如果单独检查，很容易诊断为软骨肉瘤。典型的中心性软骨肉瘤包括多个肿瘤间充质细胞小叶，产生不同数量的软骨样基质，可能类似于无组织的透明软骨，或者呈黏液样。软骨肉瘤通常缺乏血管，常伴有矿化灶或凝固性坏死，也可出现大小不一的软骨内骨化灶。肿瘤可渗透髓腔，包围残留的骨小梁，也可渗透皮层，浸润或包围邻近的软组织。

【鉴别诊断】

软骨肉瘤是一种恶性肿瘤，肿瘤细胞产生不同数量的软骨样和纤维样基质，但不产生骨样基质。虽然肿瘤中可能存在骨的成分，但骨的形成是肿瘤软骨的内成骨，而不是恶性间充质细胞产生的。原发性软骨肉瘤通常发生于骨器官内或骨膜，在动物中大多数软骨肉瘤起源于髓质，起源于骨膜的原发性软骨肉瘤是罕见的，软骨肉瘤偶尔出现于非骨骼部位的软组织，被称为骨外软骨肉瘤。

◈ **病例 1**

【背景信息】

犬，14 岁，雄性。左侧肩胛骨前缘肿物。（图 17-17 至图 17-19）

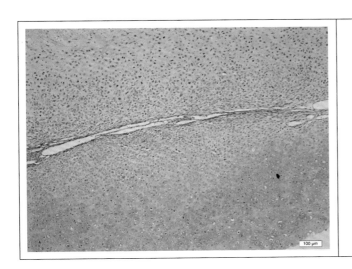

图 17-17　犬　软骨肉瘤（a）

肿物内部可见大量软骨样结构弥漫性生长，
排列较紧密；在软骨样结构外围，可见
呈条索状排列的肿瘤细胞。

（HE×100）

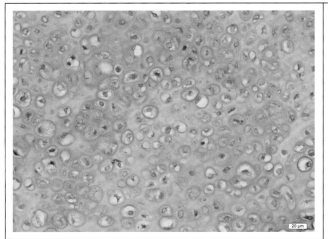

图 17-18　犬　软骨肉瘤（b）

大量软骨样结构增生性生长，排列成片层状，

嗜碱性的软骨基质中分布着数量不等的

软骨陷窝，嗜碱性蓝染的软骨陷窝中

包有深染的胞核，胞核或呈圆形

位于陷窝中央，或呈月牙形

偏向陷窝一侧。

（HE×400）

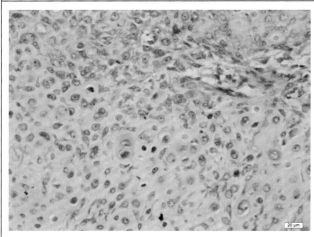

图 17-19　犬　软骨肉瘤（c）

在软骨样结构外围，增生的细胞为梭形，

胞核清晰、蓝染，为圆形、椭圆形或

不规则形，胞浆呈嗜酸性，

细胞异型性较大。

（HE×400）

◇病例 2

【背景信息】

猫，10 岁，雌性，已绝育，左后肢肿物。（图 17-20 至图 17-22）

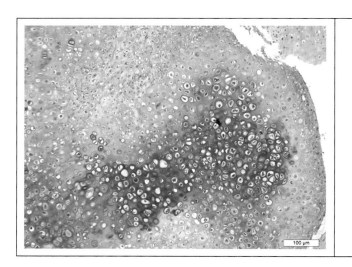

图 17-20　猫　软骨肉瘤（a）

肿瘤组织含有丰富的灰蓝色软骨基质，软骨

小叶大小不等、形状不规则；肿瘤细胞

染色深浅不一，且分布不规则，软骨

边缘基质呈粉红色，由边缘至中央

软骨基质嗜碱性逐渐增强，

由粉红色逐渐变为蓝色。

（HE×100）

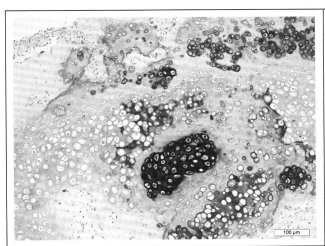

图 17-21　猫　软骨肉瘤（b）

中央强嗜碱性深染的肿瘤细胞呈巢状排列，

周围软骨基质无渐变区域，

排列较为混乱。

（HE×100）

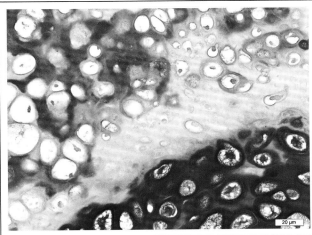

图 17-22　猫　软骨肉瘤（c）

肿瘤细胞分化程度不同，位于软骨基质中的

软骨陷窝内，部分胞核已退化消失。

（HE×400）

⑱ **肌肉肿瘤**

　　肌肉的肿瘤（muscular neoplasms）指发生在肌肉组织的肿瘤，主要包括平滑肌肿瘤（tumors of smooth muscle）和骨骼肌肿瘤。肌肉组织在身体的许多系统都有存在，包括横纹肌（骨骼和心脏）和平滑肌。骨骼肌构成体位肌、运动肌、腹壁肌群和呼吸肌（膈肌、肋间肌和喉部肌肉），也是消化系统的组成部分（犬和猫的舌头、咽和部分食道）；心肌只发生在心脏内部；平滑肌分散在机体各处，包括胃肠道和泌尿生殖器的被膜，气管和支气管树，血管系统，皮肤与毛囊（竖毛肌），甚至在眼睛的葡萄膜。

　　细胞培养技术和特异性细胞标志物的使用表明，生殖细胞、神经嵴和间充质等多能细胞可以发生肌原性分化。虽然光镜特征仍然有助于识别肌原性肿瘤，但在许多情况下，最终诊断可能需要依赖电子显微镜和／或免疫组化技术的应用。

18.1 平滑肌肿瘤

　　主要由平滑肌组成的肿瘤传统上分为良性肿瘤（平滑肌瘤）和恶性肿瘤（malignant tumors）（平滑肌肉瘤）。平滑肌瘤与平滑肌肉瘤（leiomyosarcoma）的鉴别一般可根据大体和光镜特征作出合理确定。有丝分裂计数等被证明是区分良性和恶性平滑肌肿瘤的有用方法。在常规组织学切片中，核密度增加、核和细胞大小的变化、缺乏清晰的分界线以及肿瘤周围的浸润是诊断平滑肌肉瘤的关键指标。

18.1.1 良性肿瘤

　　雌性生殖器的平滑肌瘤（leiomyoma）是一种良性肿瘤（benign tumors），是家畜中雌性生殖系统最常见的肿瘤之一。在年龄较大的未绝育雌性中最常见。

　　【大体病变】

　　生殖系统平滑肌瘤通常与胃肠道平滑肌瘤大体上相似。然而，发生于阴道、子宫颈或外阴的平滑肌瘤可能呈息肉状和／或带梗。阴道末端肿瘤常突出外阴，并可能溃烂和继发炎症。

　　【镜下特征】

　　生殖系统内平滑肌瘤的组织学特征与胃肠道相似，但可能有更多的纤维成分。只要出现平滑肌成分的增生，即使纤维成分很多，也应当诊断为平滑肌瘤或平滑肌肉瘤。

　　【背景信息】

　　喜乐蒂牧羊犬，11岁，雌性，未绝育。阴道肿物。（图18-1和图18-2）

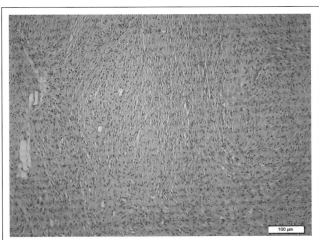

图 18-1　犬　平滑肌瘤（a）

肿物深层平滑肌排列紧密紊乱，大部分
呈漩涡状或条索状排列。

（HE×100）

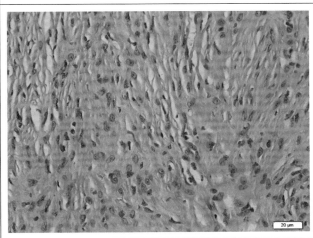

图 18-2　犬　平滑肌瘤（b）

平滑肌细胞排列紧密且不规则，有的呈
束状，有的呈漩涡状，有的无规则
杂乱排列，胞核呈椭圆形或
长梭形，核仁明显，
核分裂象较少。

（HE×400）

18.1.2　恶性肿瘤

平滑肌肉瘤 (leiomyosarcoma) 是非包膜性的侵袭性肿瘤，组织学特征变化很大。平滑肌肉瘤通常是由密集堆积的、相对同质的梭形细胞形成的，这些细胞保留了正常平滑肌细胞和组织的很多特征，或者是由多形性的梭形细胞形成的，这些细胞具有不同的组织形态。通常需要通过侵袭性、有丝分裂计数或肿瘤坏死区域的判断才能将其与平滑肌瘤区分开来。

【大体病变】

胃肠道内的平滑肌肉瘤可以看到起源于平滑肌被膜内，通常是更广泛的、无蒂的肿瘤，经常从受累器官的外壁或管腔内膨出。这些肿瘤无包膜。切面上，这些肿块为半硬至硬的、实心的、浅粉红色至棕褐色的。肿瘤的边缘可明显或与邻近的平滑肌混合。

【镜下特征】

平滑肌肉瘤是一种无包膜且经常具有侵袭性的肿瘤，组织学特征变化很大。这些肿瘤可能是由致密的、相对均匀的梭形细胞组成的，保留了正常平滑肌细胞和组织的许多特征，也可能是多形性的梭形细胞到卵圆形或圆形细胞，具有不同的组织学模式，可见较多有丝分裂象。分化良好的平滑肌肉瘤可能由梭形细胞组成，胞核细长，染色质呈粒状，胞浆丰富，形成宽的交错束，通过浸润性生长、有丝分裂象计数和肿瘤坏死可与平滑肌瘤相鉴别。分化较差的平滑肌肉瘤由于胞浆减少，胞核排列紧密，呈长椭圆形，染色质呈颗粒状或明显分散。肿瘤坏死区域是常见的，坏死和炎症区域可导致明显的水肿和组织学特征改变，出血区域也可能出现。

【背景信息】

巴哥犬，14岁6个月，雄性。左侧肋骨肿物。（图18-3至图18-6）

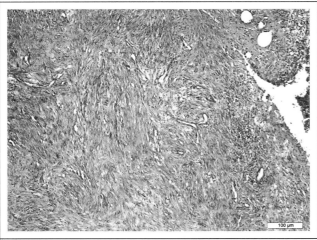

图18-3　犬　平滑肌肉瘤（a）

可见肿瘤由大量梭形细胞交织成束或者
漩涡状排列，走向不一。

（HE×100）

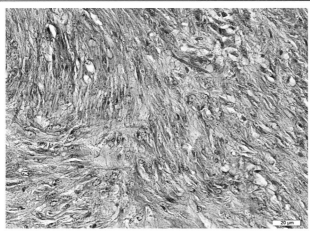

图18-4　犬　平滑肌肉瘤（b）

可见细胞交织排列，形成束状或者漩涡状。
胞浆丰富，嗜酸性红染，深浅不一。部分
增生的细胞异型性明显，形状、大小
不一；胞核嗜碱性蓝染，呈圆形、
卵圆形、梭形或者多角形；
可见核分裂象。

（HE×400）

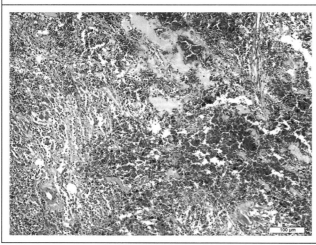

图18-5　犬　平滑肌肉瘤（c）

固有层出血严重，伴有炎性细胞
弥散性浸润。

（HE×100）

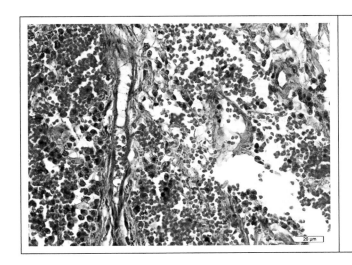

图 18-6　犬　平滑肌肉瘤（d）

大部分视野可见多量红细胞、淋巴细胞等
炎性细胞浸润。

（HE×400）

18.2　骨骼肌肿瘤

横纹肌肉瘤

骨骼肌肿瘤（skeletal muscle tumors）在动物中非常罕见，其中最为常见的是一种恶性肿瘤（malignant tumors）——横纹肌肉瘤（rhabdomyosarcoma）。以犬的病例最多，也涉及其他家养动物。

【大体病变】

典型的横纹肌肉瘤表现为突入喉腔的肿块，导致呼吸困难、喘鸣，肿块可能有局部浸润性，但通常被完整的黏膜上皮覆盖。

【镜下特征】

横纹肌肉瘤是骨骼肌的恶性肿瘤，可分为胚胎性、葡萄状、肺泡样和多形性。胚胎性横纹肌肉瘤的特征是会出现较为原始的肌原细胞，有两种常见的形式，第一种细胞形态小而圆，伴有一定数量大的、有丰富的嗜酸性胞浆的横纹肌母细胞；第二种肿瘤细胞呈细长状，类似于发育中的肌细胞。一些肿瘤中细胞可能是多形性的，难以与多形性横纹肌肉瘤区分。

【鉴别诊断】

由于文献中病例很少，很难提供明确指标来区分喉部横纹肌瘤和横纹肌肉瘤。根据目前的经验，许多喉部肿瘤是良性的，这基于它们的低有丝分裂象数目、良好分化的外观、有限的侵袭性和报道的临床病程。如果肿瘤多形性强，有许多小的未分化细胞，有丝分裂象多见，或具有局部侵袭性，则可怀疑为恶性肿瘤。

【背景信息】

猫，12岁，雌性。右侧前肢腋下淋巴结肿物，有包膜，无破溃，与周围组织无粘连，有游离性，转移性病变。（图 18-7 和图 18-8）

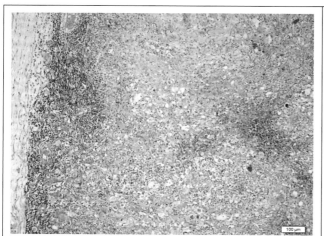

图 18-7 猫 横纹肌肉瘤（a）

大部分组织被肿物取代，肿物呈片状疏松
排列，被大量增生的结缔组织包裹；也
可见大量小管状结构，管腔内可见
团块状的炎性细胞，间隙内也
可见大量的炎性细胞浸润。

（HE×100）

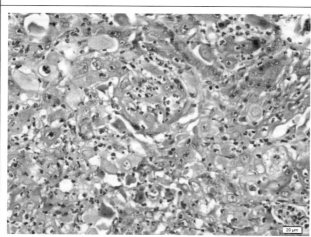

图 18-8 猫 横纹肌肉瘤（b）

肿瘤细胞体积较大，未分化细胞的胞浆呈嗜酸性
染色，胞核呈圆形或椭圆形，蓝染，细胞界限
清楚；分化程度较高的肌细胞呈团块状
生长，胞浆染色较浅，胞核呈圆形，
核仁明显，有丝分裂象多见，
整个肿瘤中可见大量
中性粒细胞浸润。

（HE×400）

⑲ 呼吸道肿瘤

呼吸道肿瘤（respiratory tract tumor）是指发生在动物呼吸道的肿瘤，犬鼻腔级鼻窦的肿瘤（nasal cavity and paranasal sinus tumors of the dog）、喉部和气管的肿瘤较常见。鼻腔壁和鼻窦的许多不同类型的组织会导致各种各样的肿瘤，这一区域的间叶组织肿瘤与其他部位的间叶组织肿瘤在组织学上并无差异，但由于其在这一部位的发生频率和鉴别诊断的需要，因此意义重大。鼻上皮性肿瘤通常被认为是由鼻上皮细胞引起的，虽然鼻上皮性肿瘤的形态特征与正常上皮的形态相似，但它们的发生并不一定意味着起源于这些部位。在许多呼吸内膜中，非肿瘤性上皮在刺激反应中具有相当大的可塑性，除了明显来自嗅觉上皮的肿瘤外，鼻肿瘤的模式可能代表了构成正常呼吸道上皮的细胞类型的多样性。

19.1　犬鼻腔及鼻窦的肿瘤

乳头状瘤

鼻或窦腔的乳头状瘤（papilloma）是一种上皮性肿瘤（epithelial tumors），可以是单发的，也可以是多发的。

【大体病变】

鼻或窦腔的乳头状瘤是黏膜上的小疣状或乳头状突起。这些病变通常是炎性增生性肿瘤，癌和肉瘤在确诊时通常是不规则的大块肿块。最初，它们往往是单侧的，并与它们生长的腔一致，但尸检时通常观察到邻近结构的严重侵犯和破坏。继发感染、坏死和／或出血是常见的。癌组织通常是柔软的、易碎的或肉质的，呈粉红色到灰白色，有暗红色的斑驳。

【镜下特征】

乳头状瘤的表面上皮主要为分化良好的鳞状上皮，基底膜完整，除非发生继发性溃疡。鳞状上皮中有时也有其他类型的细胞，如黏膜上皮细胞，也有类似于正常的假复层呼吸上皮细胞。鼻腔乳头状瘤是不常见的，其与鼻息肉的鉴别诊断很重要。

【背景信息】

吉娃娃犬，14岁，雄性，鼻腔肿物。（图 19-1 和图 19-2）

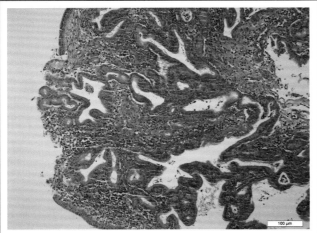

图 19-1 犬 乳头状瘤（a）

肿物表面由单层细胞构成，部分破损，增生
的细胞皱褶形成类似腺体的乳头状结构，
部分区域可见腺体，其中有较多
炎性细胞浸润。

（HE×100）

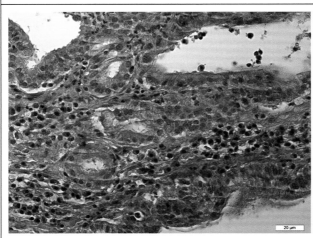

图 19-2 犬 乳头状瘤（b）

腺体区域腺上皮呈单层排列，可见巨噬
细胞、中性粒细胞和淋巴细胞等
炎性细胞。

（HE×400）

19.2 喉部和气管的肿瘤

喉部鳞状细胞癌（laryngeal squamous cell carcinoma）是一种喉部和气管的肿瘤（tumors of the larynx and trachea），在犬猫中较罕见。

【镜下特征】

不同分化程度的鳞状细胞索从喉黏膜延伸到黏膜下层，并侵入喉软骨之间。

【背景信息】

猫，咽喉部肿物，无包膜，有破溃，与周围组织无粘连，侵袭性生长。（图 19-3 和图 19-4）

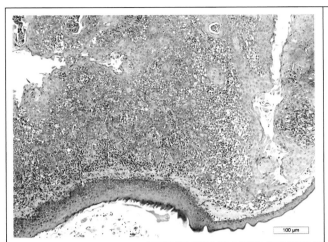

图 19-3 猫 鳞状细胞癌（a）

增生的细胞大部分位于真皮层内，呈片状
分布，与表面的复层扁平上皮间
界限不清。

（HE×100）

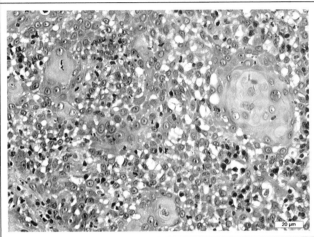

图 19-4 猫 鳞状细胞癌（b）

相对成熟的棘上皮细胞有的聚集成团，有的
排列成鱼鳞状，胞体较大，胞浆丰富，
呈淡粉红染，胞核较大，呈圆形或
椭圆形，可见有丝分裂象。

（HE×400）

⑳ 消化道肿瘤

消化道肿瘤（tumors of the alimentary tract）是指原发在动物消化道部位的良性和恶性肿瘤的总称。消化道由上消化道的口腔、咽、食管、胃、十二指肠及下消化道的空肠、回肠和大肠组成。消化道肿瘤种类很多，总的来说分为上皮性肿瘤和间叶性肿瘤两大类，常见的消化道恶性肿瘤主要为食管癌、胃癌、大肠癌。

20.1　口腔肿瘤

口腔肿瘤（oral tumors）主要包括口腔上皮瘤（epithelial neoplasia of the oral cavity）、口腔间叶瘤、黑色素瘤及牙源性肿瘤。

20.1.1　口腔上皮瘤

20.1.1.1　鳞状乳头状瘤

口腔乳头状瘤可细分为鳞状乳头状瘤（squamous papilloma）和病毒性乳头状瘤（由乳头状瘤病毒感染引起的增生性病变），病毒性乳头状瘤可以通过乳头状瘤的细胞病理学表现来鉴别。犬口腔鳞状乳头状瘤通常发生在老年动物，相比之下，口腔病毒性乳头状瘤则在年轻犬中多发。

【大体病变】

犬口腔鳞状乳头状瘤多为孤立性病变，具有外生性生长模式。

【镜下特征】

鳞状乳头状瘤由多个分化良好的上皮细胞小叶组成，小叶被基底膜限制，并可有纤维结缔组织柄支撑，细胞侵袭性生长提示诊断为鳞状乳头状细胞癌。

【鉴别诊断】

与病毒性乳头状瘤相比，无病毒性乳头状瘤胞浆内存在大量蓝灰色颗粒和空泡的细胞病理学表现；与乳头状鳞状细胞癌相比，肿瘤细胞不似乳头状鳞状细胞癌呈侵袭性生长。

【病例背景信息】

小鹿犬，10岁，雄性。口腔下颌处肿物，表面破溃。（图20-1和图20-2）

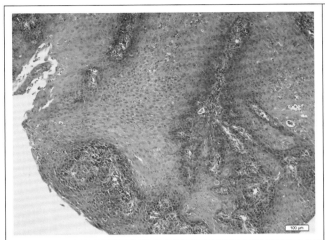

图 20-1　犬　鳞状乳头状瘤（a）

可见肿物表皮不完整，有破溃；肿瘤细胞
排列致密，呈片状、团块状生长，侵入
真皮层，其间见少量纤维结缔组织和
含有数量不等红细胞的血管，并见
蓝染的炎性细胞浸润。

（HE×100）

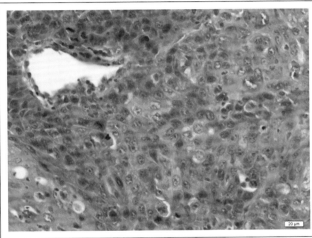

图 20-2　犬　鳞状乳头状瘤（b）

肿瘤细胞来源于鳞状上皮细胞，胞体较大，
呈圆形或多边形，胞浆丰富，胞核呈卵
圆形，核仁明显，细胞界限不清楚，
并可见有丝分裂象，部分视野见
中性粒细胞和淋巴细胞浸润。

（HE×400）

20.1.1.2　鳞状细胞癌

鳞状细胞癌（squamous cell carcinomas）是猫、马和生产动物中最常见的口腔肿瘤，是犬的第二常见的恶性口腔肿瘤。

【大体病变】

犬口腔鳞状细胞癌最常发生在牙龈，上颌骨和下颌牙龈的病例量大致相等。猫口腔鳞状细胞癌最常见的发展在下颚、上颌和舌下区域，肿瘤在这三个部位以大约相同的速率发展。

在所有的种类中，口腔鳞状细胞癌最初都表现为口腔黏膜中苍白的斑块或不规则的粗糙隆。当肿瘤增大时，它可能突出，形成肉质肿块，也可能出现中央区域溃疡的凸起斑块。肿瘤细胞的侵袭可使周围结构扭曲，可能发生溃疡和继发感染。大多数家畜口腔鳞状细胞癌在首次诊断时进展缓慢，它们最常表现为溃疡性突起肿块，浸润周围组织。

【镜下特征】

口腔鳞状细胞癌的组织学显示上皮细胞增生，传统的鳞状细胞癌是口腔鳞状细胞癌最常见的亚型，以小梁状和上皮细胞巢状形式出现，并延伸至黏膜下层。原位癌表现为口腔上皮增厚。疣状鳞状细胞癌为肉眼可见的花椰菜状外生性肿瘤，组织学特征为成熟的鳞状上皮呈宽舌状向下层组织推进，而不是像传统鳞状细胞癌那样呈浸润性生长。乳头状鳞状细胞癌已被报道在犬的口腔和表现为增生性外生性脆性肿块，肿瘤细胞主要局限于上皮层，导致明显的乳头状增生。基底细胞性鳞状细胞癌在犬口腔中也有报道，这种亚型中的细胞仍未分化，类似于上皮基底层中的细胞，角化在大多数肿瘤中并不明显。梭形细胞鳞状细胞是由梭形细胞的增殖组成，排列成轮状或束状。

【鉴别诊断】

传统型鳞状细胞癌与炎症相比，炎症更深层组织的活组织检查可以采集到那些未被炎症影响的上皮细胞。

鳞状细胞癌与棘细胞型成釉细胞瘤相比，鳞状细胞癌中可见角化的发生，即使是低分化的鳞状细胞癌也会发生少量的角化。而低分化的鳞状细胞癌中，细胞排列不规律，并且细胞表现出明显的间变性。

【病例背景信息】

犬，15 岁，雌性，未绝育。舌下肿物。（图 20-3 至图 20-6）

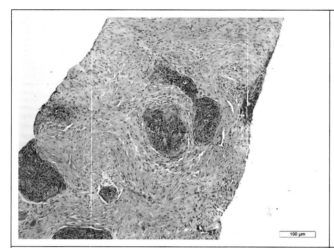

图 20-3　犬　鳞状细胞癌（a）

肿物间可见一些染色较深的圆形细胞聚集
成团，呈岛状、巢状分布，周围有大量
粉染结缔组织支撑。

（HE×100）

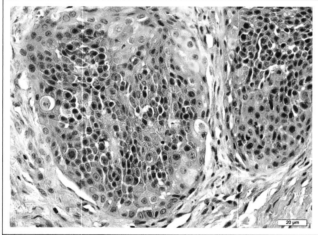

图 20-4　犬　鳞状细胞癌（b）

成熟的肿瘤细胞胞核较大，嗜碱性较弱，
较为透亮，可见核仁，胞浆粉染；幼稚的
肿瘤细胞胞体较小，胞核嗜碱性强，
呈圆形、椭圆形或多角形，胞浆
较少，可见核分裂象。

（HE×400）

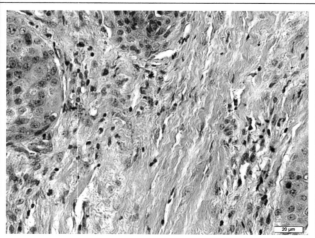

图 20-5　犬　鳞状细胞癌（c）

纤维细胞胞核较大，呈椭圆形或梭形，
淡蓝染，可见核仁，胞浆较少。

（HE×400）

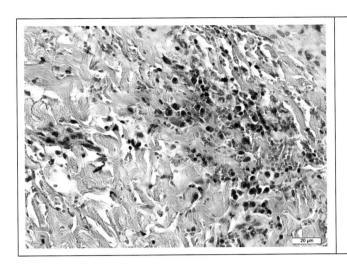

图 20-6 犬 鳞状细胞癌（d）

局部可见出血和组织间淋巴细胞、浆细胞等

炎性细胞浸润。

（HE×400）

20.1.2 口腔间叶瘤

20.1.2.1 纤维瘤

非牙源性口腔纤维瘤（fibroma）是一种口腔间叶瘤（mesenchymal tumors of the oral cavity），在家畜中很少见，牛的舌和下颌纤维瘤均有报道。大多数口腔纤维瘤是偶然发现的。

【**大体病变**】

纤维瘤通常是孤立的、坚硬的、界限清楚的、苍白的病变。肿瘤呈膨胀性生长进入口腔并被非溃疡的口腔黏膜覆盖。

【**镜下特征**】

纤维瘤内的细胞是分化良好的梭形细胞，染色质致密，核质比低。肿瘤细胞由胶原基质隔开。

【**鉴别诊断**】

与分化良好的纤维肉瘤相比，纤维瘤缺乏有丝分裂象；与外周牙源性纤维瘤相比，纤维瘤发生的部位一般远离齿弓；与骨化纤维瘤、骨瘤、纤维性结构不良相比，纤维瘤内缺乏骨组织的形成。

【**病例背景信息**】

金毛寻回犬，6岁，雄性。口腔上颚肿物，单发。（图 20-7 至图 20-9）

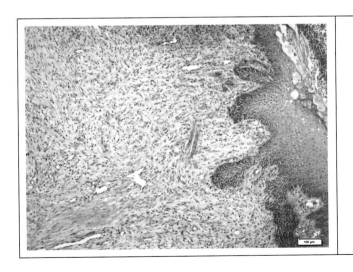

图 20-7 犬 口腔纤维瘤（a）

表面黏膜破溃出血，基底层完整，基底细胞

呈乳头状向组织深部生长；在组织深部

可见大量纤维结缔组织，胶原纤维和

纤维细胞排列成相互交错的漩涡

结构，胶原纤维之间伴有

炎性细胞浸润。

（HE×100）

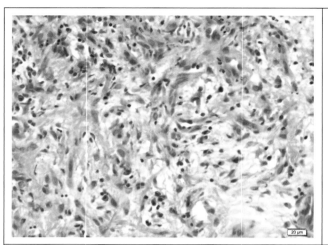

图 20-8 犬 口腔纤维瘤（b）
可见分化良好的、胞核蓝染呈梭形的纤维
细胞，排列于胶原纤维基质中，胶原
纤维之间可见大量的淋巴细胞和
浆细胞浸润。
（HE×400）

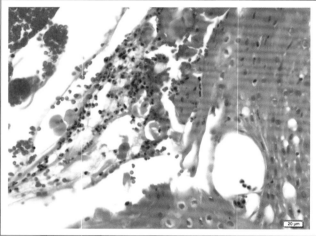

图 20-9 犬 口腔纤维瘤（c）
口腔黏膜破溃处可见中性粒细胞和红细胞。
（HE×400）

20.1.2.2 猫口腔纤维肉瘤

　　纤维肉瘤是猫口腔中第二常见的肿瘤，患口腔纤维肉瘤的猫的平均年龄约为 10 岁（年龄范围为 1 ～ 21 岁），雌性与雄性均有发病的概率。牙龈是最常见的发病部位，其次是上颚、嘴唇、咽和舌头。猫口腔纤维肉瘤（fibrosarcoma）在口腔嘴端比在嘴尾端或咽部更常见，肿瘤呈浸润性，完全手术切除往往是不可能的。

　　【大体病变】

　　口腔纤维肉瘤通常是孤立的，颜色呈苍白色。与其他口腔恶性肿瘤相比，溃疡形成的可能性较小。与纤维瘤相比，纤维肉瘤没有清晰的边界，通常是浸润性生长。在诊断时可见周围组织存在破坏。

　　【镜下特征】

　　中等或低分化的大的梭形细胞交错排列成束状，由少量胶原基质隔开。与纤维瘤相比，纤维肉瘤中肿瘤细胞分化程度低，有丝分裂象更常见。肿瘤中常见坏死区域。深部肿瘤组织呈浸润性生长模式。有一部分口腔纤维肉瘤，组织学上表现为分化良好，但临床仍然表现出高侵袭性。

　　【病例背景信息】

　　英国短毛猫，口腔肿物。（图 20-10 和图 20-11）

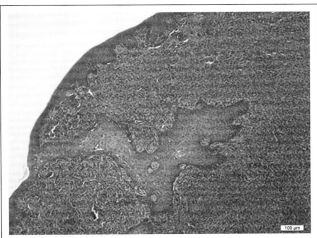

图 20-10　猫　口腔纤维肉瘤（a）

表皮的基底细胞呈树枝状向真皮层延伸，

基底细胞分化良好，基底膜完整。

（HE×100）

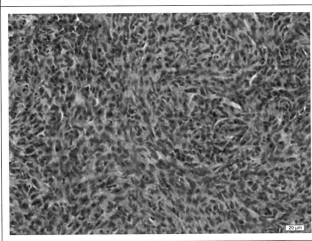

图 20-11　猫　口腔纤维肉瘤（b）

细胞胞浆嗜酸性，胞浆较少，核质比明显

高，并且可见增生的细胞胞核形态

各异，胞核的异型性大，

细胞边界不清。

（HE×400）

20.1.2.3　血管肿瘤

血管肿瘤（vascular tumors）包括血管和淋巴管肿瘤。临床症状包括口腔出血、口腔疼痛、口臭、骨质疏松、吞咽困难和呼吸噪音增加等。血管肿瘤的组织学表现是从发育畸形（错构瘤）到恶性肿瘤的连续体，年轻的动物更容易发生血管错构瘤，血管肿瘤在年老的动物中更常见。

淋巴管瘤在结构上与血管肿瘤相似，但在管腔中缺乏红细胞。血管肉瘤和淋巴管肉瘤细胞成分较多，血管管腔可呈狭缝状或不可见，细胞大而丰满，细胞具有异形性，常伴有核分裂象。血管肉瘤可分为上皮样细胞型和梭形细胞型，上皮样血管肉瘤表现为多边形细胞的实性肿块，只能通过免疫组化染色，与间变性癌进行鉴别。在犬和猫中，目前推荐使用 CD31 免疫染色来确认血管起源。

20.1.2.3.1　良性口腔血管瘤

【大体病变】

位于黏膜表面的血管肿瘤可能表现为隆起的蓝红色病变，并可能被误认为是黑色素瘤。

【镜下特征】

血管瘤可进一步分为海绵状血管瘤、毛细血管瘤和动静脉血管瘤。海绵状血管瘤中可见大的充满红细胞的空隙，通常含有纤维蛋白血栓；毛细血管瘤中可见紧密排列的狭窄空血管；动静脉血管瘤有不同大小的血管，类似动脉、静脉和毛细血管。

【病例背景信息】

雪纳瑞犬，8 岁 5 个月，雄性，口腔肿物。（图 20-12 至图 20-14）

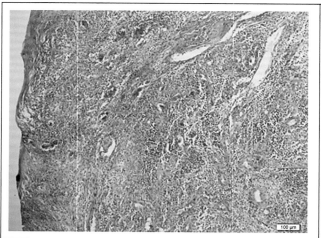

图 20-12　犬　良性血管瘤（a）
肿物表皮完整，增生的结构主要为无规则
排列的血管样结构。
（HE×100）

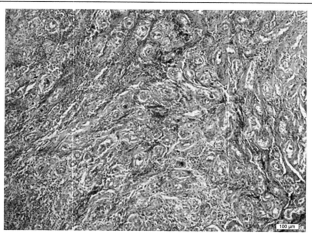

图 20-13　犬　良性血管瘤（b）
增生的血管大小不一，形状各异，管腔内
散在数量不等的红细胞，可见大量
炎性细胞浸润。
（HE×100）

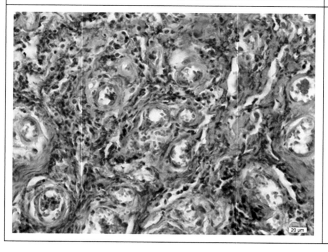

图 20-14　犬　良性血管瘤（c）
肿瘤细胞主要来源于血管内皮细胞，细胞呈
纺锤形或梭形，胞核呈椭圆形或长梭形，
增生的细胞围绕形成管腔样结构，
管腔内可见数量不等的红细胞。
（HE×400）

20.1.2.3.2　恶性口腔血管肉瘤

口腔血管肉瘤偶见于犬。在一项犬舌部肿瘤的研究中，患有血管肉瘤的犬在确诊时的平均年龄为 10 岁（年龄范围为 4 ~ 17 岁），边境牧羊犬的发病率较高。此外，口腔血管肉瘤也发生在猫和成年马。

【镜下特征】

血管肉瘤（hemangiosarcomas）和淋巴管肉瘤（lymphangiosarcomas）中细胞成分较多，形成的管道可能呈狭缝状或不易察觉。细胞大而胞浆丰富，有丝分裂象常见，细胞异型性较大。血管肉瘤可分为上皮样细胞型（epithelioid）和梭形细胞型（spindle cell types）。上皮细胞型血管肉瘤表现为由多形细胞组成的肿块，不同的血管肉瘤亚型不影响预后。

【病例背景信息】

金毛犬，7岁，雄性，已去势。口腔内肿物。（图20-15至图20-17）

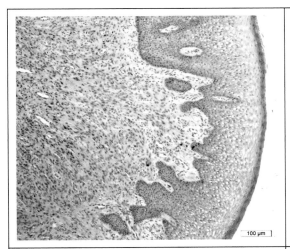

图20-15　犬　恶性口腔血管瘤（a）

肿物表皮完整，棘皮层较厚且有向内生长的
趋势；可见大量蓝染的细胞增生，
无固定形态。

（HE×100）

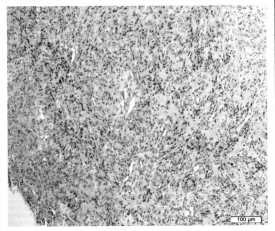

图20-16　犬　恶性口腔血管瘤（b）

可见有大小不同的血管结构生成，有的呈圆形
或长椭圆形，但管腔内尚无红细胞；
有少量红细胞分布在增生的
粉染纤维组织中。

（HE×100）

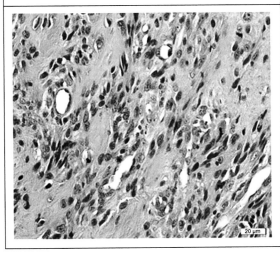

图20-17　犬　恶性口腔血管瘤（c）

可见增生的肿瘤细胞为血管内皮细胞，多分布
于粉染的纤维组织中，细胞之间间隙较大，
呈圆形或椭圆形，胞浆较大且透亮，胞核
蓝染，核仁明显；有大量血管管腔形成，
增生的血管管壁由一层或多层内皮细胞
围绕而成，细胞之间界限不清，胞核
呈梭形或不规则形，嗜碱性蓝染，
可见较多核分裂象，胞浆粉染。

（HE×400）

20.1.2.4　髓外浆细胞瘤

髓外浆细胞瘤（extramedullary plasmacytoma）是一种常见的口腔肿瘤，常见于犬，15%～30%的

犬髓外浆细胞瘤发生在口腔，这些肿瘤约占所有犬口腔肿瘤的 5%，患有口腔髓外浆细胞瘤犬的平均年龄为 8 岁（年龄范围为 1.5 ～ 22 岁）。完全手术切除是犬髓外浆细胞瘤治疗的可选方案，并有望治愈。口腔髓外浆细胞瘤很少发生转移。

【大体病变】

在犬中，多发性口腔髓外浆细胞瘤很少，口腔髓外浆细胞瘤表现为突出的肉质肿块，常伴有溃疡，咽内肿瘤可能导致吞咽困难和呕吐。

【镜下特征】

圆形肿瘤细胞排列密集，呈片层状或巢状，周围由基质支撑。胞核深染、偏于一侧，胞浆丰富、嗜酸性或双亲性，常伴有核周清除。浆细胞瘤根据组织学特征被分为亚型，尽管亚型之间的生物学行为没有差异。

【鉴别诊断】

与淋巴瘤以及组织细胞瘤相比，这两种肿瘤很少局限于口腔，多发性较为常见。

与无色素性黑色素细胞瘤相比，无色素性黑色素细胞瘤的肿瘤边缘的上皮细胞中可能含有黑色素，也可以用过 IHC 的方式进行鉴别，例如，MUM1 阳性提示髓外浆细胞瘤；Melan-A、PNL-2、TYRP 1、TYRP 2 阳性提示黑色素细胞瘤。

组织细胞肉瘤与髓外浆细胞瘤相比细胞多核、有丝分裂象常见。

【病例背景信息】

贝灵顿犬，13 岁，雌性，已绝育。口腔肿物，多发性病变。（图 20-18 和图 20-19）

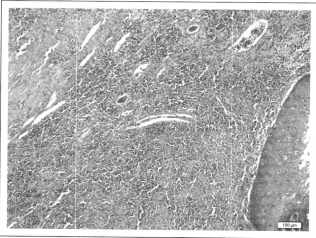

图 20-18　犬　髓外浆细胞瘤（a）

可见肿物表皮不完整有破溃，皮下可见疏松呈片状粉染的结缔组织，肿瘤内可见大量嗜碱性蓝染的圆形细胞，呈片状或巢状。

（HE×100）

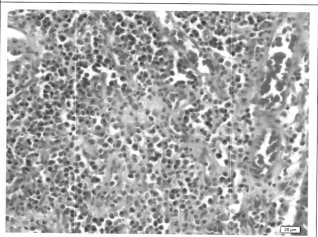

图 20-19　犬　髓外浆细胞瘤（b）

增生的浆细胞呈圆形或椭圆形细胞，细胞之间界限清晰，胞核呈圆形，核大且深染，核偏于一侧；细胞胞浆丰富，嗜酸性红染；可见扁平上皮围绕形成的小血管内有红细胞。

（HE×400）

20.1.2.5 肥大细胞瘤

口腔肥大细胞瘤（mast cell tumor）并不常见，分别占犬和猫口腔肿瘤的1.8%和0.8%。临床表现与其他口腔肿瘤相似。犬的平均发病年龄为7.6岁（5～12岁），很少有猫口腔肥大细胞肿瘤的报道。猫的平均发病年龄为7岁（3～11.8岁）。

【大体病变】

肥大细胞肿瘤可发生于嘴唇、颊黏膜、牙龈和舌头。肿瘤可发生于黏膜皮肤连接处、软腭或颊黏膜。口腔肥大细胞肿瘤常见转移。肥大细胞肿瘤通常是外生性质软肿块。

【鉴别诊断】

与其他口腔圆形细胞肿瘤鉴别可以通过吉姆萨或甲苯胺蓝染色后镜下鉴别胞浆内异染颗粒。

【病例背景信息】

英短猫，4岁，雄性。口腔肿物，多发性病变。（图20-20和图20-21）

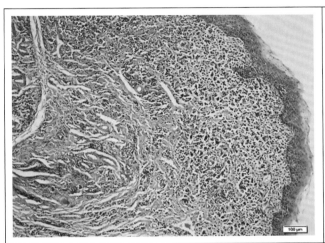

图20-20 猫 口腔肥大细胞瘤（a）
增生的肿瘤细胞主要位于真皮层，呈条索状或
片层状排列，较为密集。可见
大量血管扩张。
（HE×100）

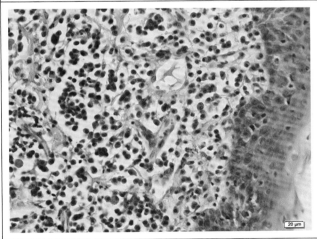

图20-21 猫 口腔肥大细胞瘤（b）
肿瘤细胞胞体较大，呈圆形或卵圆形，胞核体
积较大，呈圆形，蓝色深染，
胞浆比较丰富。
（HE×400）

20.1.3 黑色素瘤

犬口腔黑色素细胞瘤

【背景知识】

黑色素细胞瘤是犬口腔最常见的恶性肿瘤，虽然不应明确划分为良性，但它们可以分为低恶性或高恶性黑色素瘤（melanocytic neoplasms）。在一项研究中，8%的犬类口腔黑色素瘤被归为低恶性，92%归为高恶性，然而低恶性肿瘤的真实发生率可能更高，因为只有59%的高恶性肿瘤在手术切除后

复发或转移。

【大体病变】

犬口腔黑色素细胞瘤（canine oral melanocytic tumors）最常发生在牙龈和嘴唇，偶尔可发现小于 1 cm 的无症状结节，许多这种小的病灶是带蒂的，与低恶性肿瘤一致。较大的病变（通常直径为 3.4 cm）可引起口腔疾病的临床症状，肿瘤无柄，表面经常有溃疡。位于牙龈的肿瘤往往是椭圆形的，表面可能是黑色的，但可能有白色或粉红色的黏膜覆盖在色素沉着的肿瘤上，溃疡引起的红色肉芽组织反应也可掩盖黑色素。

【镜下特征】

犬口腔低恶性潜能黑色素细胞瘤被描述为组织学上分化良好的黑色素细胞瘤。肿瘤细胞位于皮下组织，通常形成对称的楔形病变，伴大量纤维化间质。色素颗粒可能使胞核模糊，切片需要用 1% 的高锰酸钾进行漂白处理。肿瘤细胞往往大小相当均匀，呈圆形或椭圆形，内含小圆核，常有小的、单一的中央核仁。很少有核异形性，有丝分裂象计数低，每 10 个 HPF 有丝分裂象少于 4 个。

高度恶性的口腔黑色素瘤通常是复合的（侵袭性）黑色素瘤，虽然这些肿瘤表面上看起来是边界清晰的单发结节，但组织学常可见上皮层内分散增生的细胞巢，这些细胞通常颜色很深，可向外扩展，直径可达肉眼可见肿瘤的 2 倍及以上。与形态均匀的上皮内肿瘤细胞不同，肿瘤较深处的细胞在胞浆和胞核的大小和形状上往往有更大的变化。肿瘤较深部分常呈小叶，细胞由微小的胶原基质支撑。口腔黑色素瘤可以根据细胞形态的不同细分为不同亚型：上皮样细胞型或多面体型，由密集的圆形或多面体细胞组成，胞浆丰富，边界清楚，中央大核，有一个或多个明显的核仁；纺锤状或纤维瘤型，胞核卵圆形或梭形，核仁小；混合型，以上皮样和纺锤状区域为特征。

【病例背景信息】

巴哥犬，10 岁，雄性。口腔与咽喉交界处肿物。（图 20-22 和图 20-23）

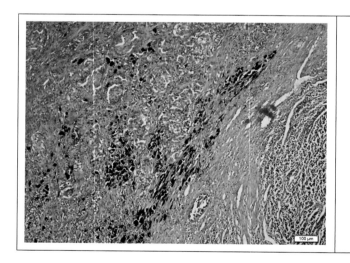

图 20-22　犬　口腔黑色素瘤（a）

肿瘤细胞被少量结缔组织分割成束状或巢状
结构；局部区域可见肿瘤细胞内
黑色素存在。

（HE×100）

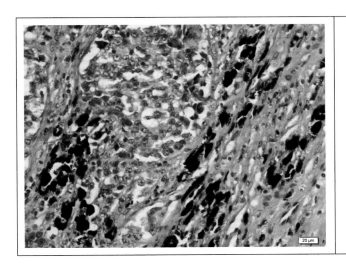

图 20-23 犬 口腔黑色素瘤（b）
肿瘤细胞呈长梭形或多边形，局部区域界限
不清；区域细胞含有不同数量的
胞浆内黑色素。
（HE×400）

20.1.4 牙源性肿瘤

牙源性肿瘤（odontogenic tumors）主要包括牙源性上皮肿瘤（含成熟的纤维间质、无牙源性外间质）、含牙源性外间质的牙源性上皮肿瘤和非肿瘤肿物。

20.1.4.1 牙源性上皮肿瘤（含成熟的纤维间质、无牙源性外间质）

20.1.4.1.1 成釉细胞瘤

成釉细胞瘤（ameloblastoma）在犬中较常见，在猫、马、羊和牛中也曾有报道。在犬中，未发现品种和年龄偏好，下颚比上颚更多发。在猫中，中老年猫多发，没有品种或性别倾向，双颚发病率相近。

【大体病变】

成釉细胞瘤一般生长缓慢。肿瘤会扩张至周围组织，肿瘤可以是离散的或浸润性的，浸润性肿瘤会导致周围骨溶解。

【镜下特征】

肿瘤以牙源性上皮细胞为主，呈滤泡状排列；外周上皮呈栅栏样排列，内部上皮细胞由长细胞间桥连接呈星状网。牙源性上皮岛的中心常发生角化，可见角化珠形成。当角化程度很高时，肿瘤称为角化成釉细胞瘤。

【病例背景信息】

白熊犬，6岁，雄性，已去势。口腔肿物，肉色。（图 20-24 和图 20-25）

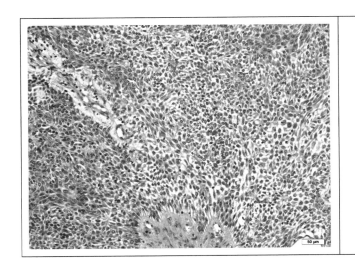

图 20-24 犬 成釉细胞瘤（a）
分化良好的成釉细胞瘤由大量牙源性
上皮细胞构成。
（HE×200）

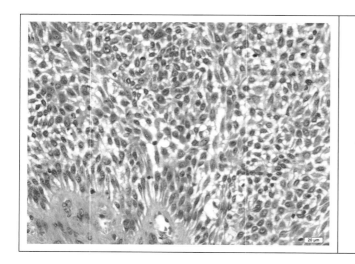

图 20-25 犬 成釉细胞瘤（b）

分化良好的成釉细胞瘤外周基底层牙源性
上皮呈栅栏状，内层非基底层上皮
细胞呈星状网。

（HE×400）

20.1.4.1.2 犬棘细胞型成釉细胞瘤

犬棘细胞型成釉细胞瘤（canine acanthomatous ameloblastoma）占犬牙源性肿瘤的 1/3~1/2。具有年龄与品种倾向，老年犬、金毛寻回猎犬、秋田犬、可卡犬和喜乐蒂牧羊犬中发病率较高。最常发生在下颚吻侧，尤其是犬齿周围（对前臼齿与臼齿影响较小），多发于颌骨的外周部位。

【镜下特征】

牙源性上皮呈片状、条索状排列。基底细胞呈栅栏状，中心非基底细胞有明显的细胞间桥（类似棘细胞）。间质纤维致密、成熟，与上皮成分连接处通常为嗜碱性、松散至细纤维状，有均匀分布的星状细胞和扩张的血管，类似牙周膜。

【鉴别诊断】

与鳞状细胞癌相比，犬棘细胞型成釉细胞瘤具有牙源性上皮的特征。

与成釉细胞瘤相比，犬棘细胞型成釉细胞瘤非基底层上皮具有较明显的细胞间桥结构，类似棘细胞。

【病例背景信息】

中华田园犬，7 岁，雄性。齿龈肿物，生长速度快，瘙痒。（图 20-26 和图 20-27）

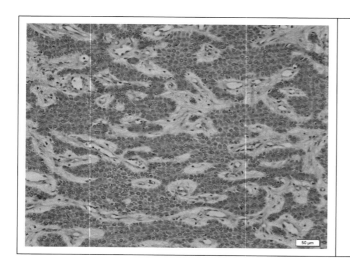

图 20-26 犬 棘细胞型成釉细胞瘤（a）

犬棘细胞型成釉细胞瘤由牙源性上皮构成。

（HE×200）

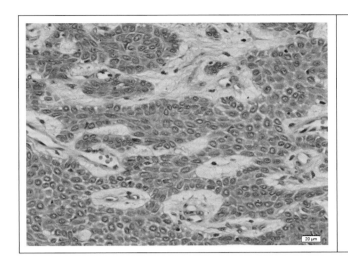

图 20-27 犬 棘细胞型成釉细胞瘤（b）

犬棘细胞型成釉细胞瘤非基底牙源性

上皮细胞间具有棘细胞典型的

细胞间桥结构。

（HE×400）

20.1.4.2 含牙源性外间质的牙源性上皮肿瘤

20.1.4.2.1 成釉细胞纤维瘤和成釉细胞纤维牙瘤

成釉细胞纤维瘤（ameloblastic fibroma）和成釉细胞纤维牙瘤（ameloblastic fibro-odontoma）是一种含牙源性外间质的牙源性上皮肿瘤（tumors of odontogenic epithelium with odontogenic ectomesenchyme with or without hard tissue formation），在犬中较罕见。在一项对 250 例犬牙源性肿瘤的研究中，成釉细胞纤维瘤占总数的比例小于 1%。

【大体病变】

肿瘤生长缓慢，因扩张性生长而引起局部破坏。

【镜下特征】

肿瘤主要由疏松的外胚层间质组成，其中镶嵌有岛状牙源性上皮。成釉细胞呈栅栏样排列，围绕中央星形网状细胞。若多种类型的牙齿硬组织形成（牙本质、牙釉质或牙骨质）则诊断为成釉细胞纤维牙瘤。如果只有牙本质形成，则为成釉细胞纤维牙本质瘤。

【鉴别诊断】

与成釉细胞瘤相比，成釉细胞纤维瘤具有疏松的外间充质组织，而牙源性上皮成分比例较小；与牙瘤相比，成釉细胞纤维牙瘤是在牙形成后发生的，可以根据动物年龄进行判断；与牙龈增生相比，肿物包含疏松的外间充质组织与镶嵌其中的牙源性上皮，而牙龈增生不会有牙源性上皮的存在。

【病例背景信息】

◈ 病例 1

中华田园犬，7 岁，雄性。舌侧齿龈肿物，生长速度较快。（图 20-28 和图 20-29）

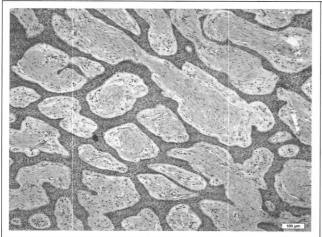

图 20-28　犬　成釉细胞纤维瘤（a）

成釉细胞纤维瘤由牙源性上皮和牙源性
外间质组成。

（HE×100）

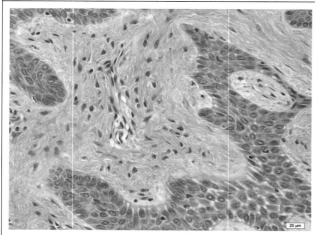

图 20-29　犬　成釉细胞纤维瘤（b）

成釉细胞纤维瘤间质成分包含胶原蛋白和
星状细胞，牙源性上皮细胞
排列成索。

（HE×400）

◇ 病例 2

古牧犬，10 岁。口腔右侧肿物。（图 20-30 和图 20-31）

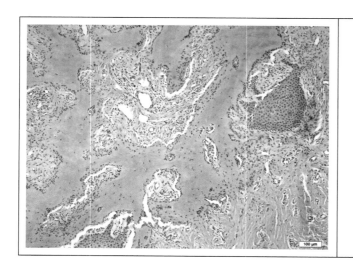

图 20-30　犬　成釉细胞纤维牙瘤（a）

成釉细胞纤维牙瘤可见牙齿硬组织形成。

（HE×100）

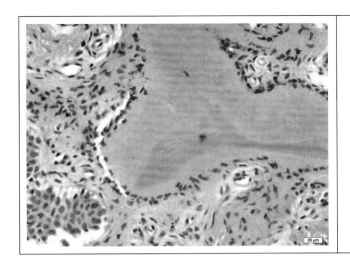

图 20-31　犬　成釉细胞纤维牙瘤（b）

可见均质嗜酸性粉染牙本质形成。

（HE×400）

20.1.4.2.2　混合型牙瘤和组合型牙瘤

牙瘤可进一步分为混合型牙瘤（complex odontoma）与组合型牙瘤（compound odontoma）。在犬中，混合型牙瘤更常见，通常发生于 1 岁以内的犬。

【大体病变】

生长方式一般为膨胀性生长，故而易对周围组织造成破坏。

【镜下特征】

牙瘤是由牙源性上皮成分和牙本质、牙釉质等牙基质结构结合而成的肿瘤。

混合型牙瘤：包含分化良好的牙组织，包括牙本质、牙釉质基质、牙源性上皮。不形成类牙结构。

组合型牙瘤：形成数量不等的齿状结构，称为"齿状突"；牙源性上皮成分较少。

【病例背景信息】

萨摩耶犬，6 岁，雌性。口腔肿物大小为 2.0 cm×1.0 cm×0.8 cm，褐色、质硬、盐酸脱钙。无包膜，无破溃，不与周围组织粘连，扩张性生长。生长 3 年左右，近期增大。（图 20-32 和图 20-33）

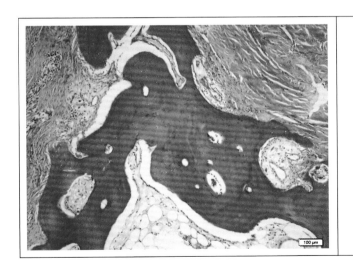

图 20-32　犬　混合型牙瘤（a）

混合型牙瘤中可见牙骨质和牙釉质形成。

（HE×100）

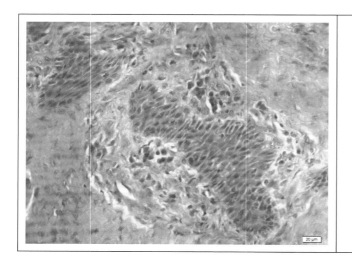

图 20-33　犬　混合型牙瘤（b）

复合型牙瘤中含有少量牙源性上皮。

（HE×400）

20.1.4.2.3　外周牙源性纤维瘤

外周牙源性纤维瘤（peripheral odontogenic fibroma）是犬和猫最常见的牙源性肿瘤之一，占犬牙源性肿瘤的 37% ~ 67%。中老年犬、去势雄性犬高发，无品种差异，上颌吻侧高发。

【镜下特征】

大部分由结缔组织组成：密度不等的胶原纤维、等间距的星状细胞；存在管腔内缺乏红细胞的大血管（牙周韧带特征）。通常存在类似骨、牙骨质、牙本质。结缔组织中存在数量相对较少的牙源性上皮。

【病例背景信息】

金毛犬，4 岁，雌性。口腔肿物。（图 20-34 和图 20-35）

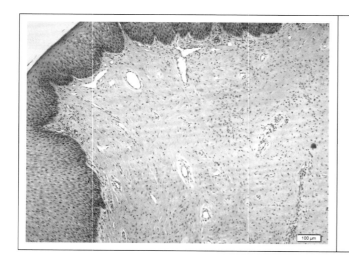

图 20-34　犬　外周牙源性纤维瘤（a）

可见外周牙源性纤维瘤由大量牙源性外
间质成分构成。

（HE×100）

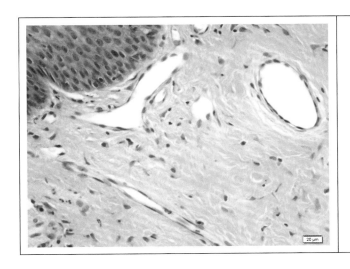

图 20-35　犬　外周牙源性纤维瘤（b）

外周牙源性纤维瘤内可见均匀间隔分布的
星状细胞和较大的牙周膜样空血管。

（HE×400）

20.1.4.3　非肿瘤性肿物

牙龈增生

牙龈增生（gingival hyperplasia）属于非肿瘤性肿物（non-neoplastic tumors），尤其是黏膜下层增生，在犬猫身上很常见。老龄犬和有严重牙菌斑的犬高发。完全切除后不会复发。

【大体病变】

在犬中，最常见于下颌吻侧牙龈，生长速度慢，常发生溃疡。

【镜下特征】

肿物被增生的鳞状上皮所覆盖。大部分病变区域是由于成熟、致密、粗糙的纤维组织增生所致，少量纤维细胞和血管散布。纤维组织中既不存在牙源性上皮，也不存在牙源性硬组织。在细胞密度较高的区域，可能出现营养不良性钙化和骨化生。

【病例背景信息】

斗牛犬，3 岁，雄性。口腔肿物。一年前第一次出现牙周坏死、牙溶解现象，2 个月前复发。（图 20-36 和图 20-37）

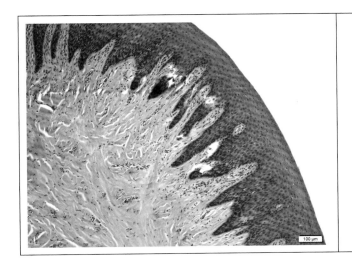

图 20-36　犬　牙龈增生（a）

牙龈增生主要为成熟的纤维结缔组织被
增生性鳞状上皮所覆盖。

（HE×100）

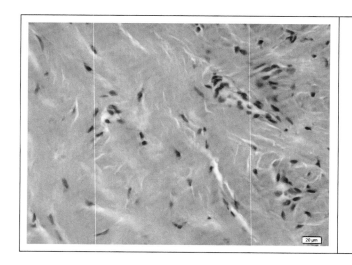

图 20-37 犬 牙龈增生（b）

胶原丰富的成熟纤维结缔组织。

（HE×400）

20.2 胃肿瘤

胃肿瘤（tumors of the stomach）是指发生于动物胃部的肿瘤，包括间叶性肿瘤（mesenchymal tumors）等。

20.2.1 间叶性肿瘤

20.2.1.1 平滑肌瘤

胃平滑肌瘤（leiomyoma）最常见的患病动物是犬，出现的频率随着年龄的增长而增加。一项研究发现，超过 17 岁的比格犬中有 80% 患有胃食管平滑肌瘤。

【大体病变】

肿瘤最常发生在贲门，可以是多个肿物，平滑肌瘤可高达 750 g。平滑肌瘤表现为光滑、坚实、苍白、轮廓清晰。

【镜下特征】

肿瘤起源于肌层并向胃内突出、交错成束的梭形细胞，有大量嗜酸性胞浆和明显的雪茄状位于细胞中央的胞核。尽管一些平滑肌瘤偶尔可见有丝分裂象，但常见有丝分裂象、细胞异形性或坏死均提示为平滑肌肉瘤。

【病例背景信息】

贵宾犬，10 岁，雄性，未去势。无包膜，无破溃，无粘连，两处多发性病变，侵袭性生长。（图 20-38 和图 20-39）

图 20-38　犬　胃平滑肌瘤（a）

增生的肿瘤细胞呈束状、漩涡状，排列紊乱，
部分区域可见大量的染色较深的炎性
细胞浸润及出血现象。

（HE×100）

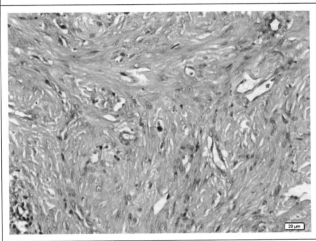

图 20-39　犬　胃平滑肌瘤（b）

增生的细胞呈束状，排列杂乱交错，细胞界
限不明显，胞浆呈嗜酸性、粉染，胞核呈
圆形、椭圆形、长椭圆形，弱嗜碱性、
淡蓝染，核仁明显。

（HE×400）

20.2.1.2　平滑肌肉瘤

【大体病变】

犬胃平滑肌肉瘤直径可达 25 cm。与平滑肌瘤相反，平滑肌肉瘤（leiomyosarcomas）边界不清晰，可弥漫性浸润整个胃。

【镜下特征】

组织学上，肿瘤细胞与平滑肌瘤内的细胞相比，胞浆成分较少、有丝分裂象更多、细胞异型性更大。多核细胞和坏死的存在也提示平滑肌肉瘤的诊断。

【病例背景信息】

加菲猫，1 岁。幽门内壁肿物。（图 20-40 至图 20-42）

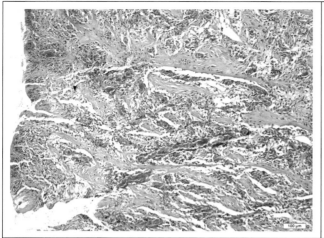

图 20-40 猫 胃平滑肌肉瘤（a）
胃壁正常结构破坏，部分表面可见血管
增生，充满红细胞。
（HE×100）

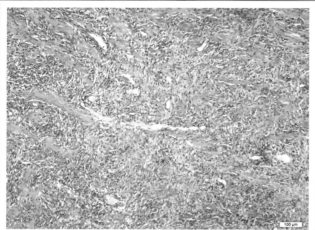

图 20-41 猫 胃平滑肌肉瘤（b）
肿物大部分区域可见大量的细胞呈无规律
排列，以长梭形细胞为主。
（HE×100）

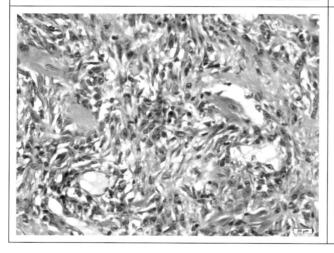

图 20-42 猫 胃平滑肌肉瘤（c）
细胞无规律排列的视野内可见增生的细胞
胞核呈梭形、椭圆形或多角形，核仁
清晰，细胞界限不清。可见残存的
成熟平滑肌细胞，胞核呈椭圆形，
胞浆丰富，呈粉红色。
（HE×400）

20.2.1.3 其他间质肿瘤

大约 20% 的犬类胃肠肥大细胞肿瘤在胃中发生，有报道的犬类胃部的其他间质肿瘤（other mesenchymal neoplasms）包括组织细胞肉瘤和绒毛膜癌。猫胃髓外浆细胞瘤也有报道。

【病例背景信息】

猫，雄性，已去势。胃部肿物，无包膜，与周围组织有粘连，侵袭性生长。（图 20-43 和图 20-44）

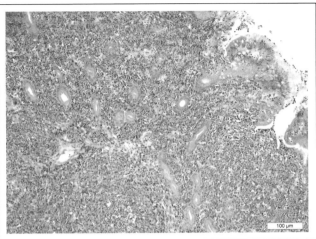

图20-43　犬　胃组织细胞肉瘤（a）

肿物呈浸润性生长，与胃组织无明显界限，

肿瘤细胞浸润至胃组织正常结构之间，

可见残存的腺管结构。肿瘤细胞

生长于胃组织各层之间，细胞

排列无规则，染色较深。

（HE×100）

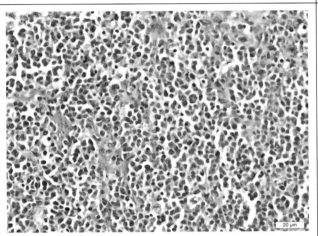

图20-44　犬　胃组织细胞肉瘤（b）

瘤细胞间多见深蓝色、胞浆稀少淋巴样细胞。

（HE×400）

20.3　肠道肿瘤

肠道肿瘤（tumors of the intestine）主要包括上皮性肿瘤（epithelial tumors）、间叶性肿瘤（mesenchymal tumors）及非血管生成、非淋巴源性肠间充质肿瘤（non-angiogenic, non-lymphogenic intestinal mesenchymal tumors）。

20.3.1　上皮性肿瘤

犬肠道腺癌

腺癌（adenocarcinoma）是家养动物最常见肠道内的肿瘤。犬的发病年龄一般在9岁左右，雄性德国牧羊犬可能更有发病倾向。

【大体病变】

犬腺癌在小肠比结肠更常见，而十二指肠和空肠是肿瘤最常见的发展部位。患有肠腺癌的犬在确诊前平均有2个月的临床症状，大多数犬的临床症状包括胃肠道功能障碍、腹水，多皮肤转移是肠道腺癌的第一个证据。腺癌表现为肠壁呈苍白的环状增厚或从肠壁突出的腔内肿块，由于肿瘤的黏膜扩散，肠腺癌可表现为多个肿块或黏膜增厚，界限不清。

【镜下特征】

细胞浸润性增生，分布在发育不良的腺体中，肿瘤细胞周围可见明显的纤维增生。可见数量不等的印戒细胞和黏蛋白，这是一些肿瘤的主要特征。肿瘤细胞可在肠黏膜内扩散，也常在黏膜下淋巴管内可见。诊断通常可以通过在没有其他肿瘤证据的切片中发现黏膜或淋巴管内的肿瘤细胞。

【鉴别诊断】

很难区分低分化腺癌和间变性圆形细胞肉瘤。然而，仔细地检查通常会发现腺癌中存在发育不良的腺体，或者组织化学检测黏蛋白或免疫组化检测细胞角蛋白可用于指示上皮细胞的来源。

【病例背景信息】

八哥犬，1岁，雄性，未去势。有包膜，无破溃，与周围组织无粘连。（图20-45 和图20-46）

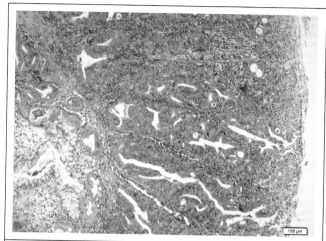

图20-45 犬 肠道腺癌（a）

直肠肠腺正常规律性皱褶完全消失，

肠腺排列紊乱。

（HE×100）

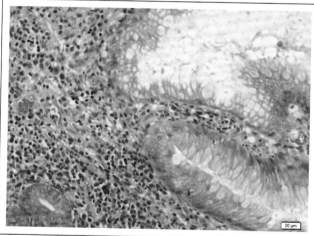

图20-46 犬 肠道腺癌（b）

肠腺的腺上皮细胞排列紊乱，腺上皮形态

不一，异型性较大；腺上皮呈两层或多层，

异型性较大的腺上皮细胞胞浆呈空

泡状，内有絮状物或透明液体，

胞核小而圆，核仁明显；肿瘤

细胞偶见核分裂象。

（HE×400）

20.3.2 间叶性肿瘤

淋巴瘤

淋巴瘤（lymphoma）是一种间叶性肿瘤（mesenchymal tumors）。由于哺乳动物的胃肠道相关淋巴组织是体内最大的淋巴样细胞群之一，所以，在大多数家养动物中，胃肠道是淋巴结外淋巴瘤最常见的部位。虽然胃肠道淋巴瘤最初局限于胃肠道，但随着病情的发展，它也可能扩散到肠系膜淋巴结或其他组织。

猫的胃肠道淋巴瘤的临床症状不受肿瘤位置的影响，包括体重减轻、厌食、呕吐、腹泻、嗜睡、多饮和多尿。相当数量的患病猫有轻微或没有呕吐、腹泻，只表现为厌食和体重下降。大多数患病猫是9～13岁，可能有雄性倾向。

【大体病变】

大体上，肠淋巴瘤可能是弥漫性或局限性的。当为局限性病变时，病变可以突出管腔。也可能弥漫性地浸润小肠或大肠，也可能在不同程度上发生多个肿瘤。肠淋巴瘤可呈斑块状、结节状、弥漫性或梭形（环状）。晚期弥漫性病变表现为黏膜表面呈颗粒状或鹅卵石状。

【病例背景信息】

猫，13 岁，雄性。空肠肿物。（图 20-47 和图 20-48）

图 20-47　猫　肠道淋巴瘤（a）

可见大量嗜碱性细胞，排列无规则，并散在
有毛细血管，血管充血，细胞间
结缔组织较少。

（HE×100）

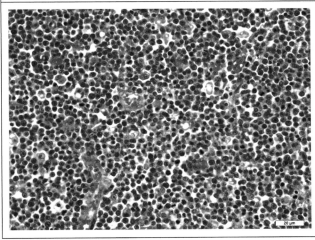

图 20-48　猫　肠道淋巴瘤（b）

细胞成分多数为淋巴样细胞，胞核深染，呈圆
形、椭圆形，大小不一；胞浆较少，几乎
不可见；散在有少量巨噬细胞和浆
细胞；毛细血管扩张，单层血管
内皮细胞围成的管腔内充满
红细胞；细胞异型性较大，
多见有丝分裂象。

（HE×400）

20.3.3　非血管生成、非淋巴源性肠间充质肿瘤

肠道平滑肌瘤

肠道平滑肌瘤（intestinal smooth muscle tumors）属于非血管生成、非淋巴源性肠间充质肿瘤（non - angiogenic, non - lymphogenic intestinal mesenchymal tumors）的一种常见的良性肿瘤，它起源于肠道的平滑肌细胞，通常表现为肠道壁的肿块或肿瘤。

【大体病变】

小肠平滑肌瘤通常很小（尽管有报道称肿瘤直径可达 17 cm），通常是多发性的，并表现为肠系膜结节。小的肿瘤通常是偶然发现的，而较大的平滑肌瘤可能由于肠溃疡、穿孔或梗阻而引起临床症状。

【镜下特征】

组织学上，平滑肌瘤由成束的纺锤形细胞组成，这些细胞呈随机方向并以锐角融合。纵切的细胞有丰富的嗜酸性梭形胞浆和长细核，核端钝圆形。细胞边界模糊。细核有斑点染色质，有少量小核仁，但这些特征不是唯一的。平滑肌瘤很少见有丝分裂象，很少观察到纤维化或钙化。

【病例背景信息】

犬，8岁，雄性。肠黏膜肿物。（图 20-49 和图 20-50）

图 20-49 犬 肠道平滑肌瘤（a）

肿瘤细胞大量排列呈束状、片状，肿瘤细胞
呈梭形，细胞排列较紧密，部分细胞排列
比较松散；局部可见炎性细胞少。

（HE×100）

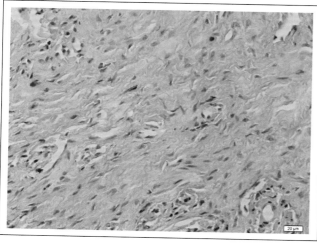

图 20-50 犬 肠道平滑肌瘤（b）

肿瘤细胞排列不规则，呈交错状或编织状，
肿瘤细胞主要由平滑肌纤维构成，细胞
形态一致，胞核细长且狭小，胞浆
粉染，胞浆较丰富；几乎看不到
有丝分裂象。

（HE×400）

20.4 胰腺外分泌肿瘤

腺癌

胰腺腺癌（adenocarcinoma）属于胰腺外分泌肿瘤（tumors of the exocrine pancreas）中的上皮性肿瘤（epithelial tumors），在犬和猫中很少见，在其他家畜中也很少见。它们按肿瘤内细胞的主要排列方式分型，目前还不确定在家畜中肿瘤的亚型或细胞分化是否具有预后意义。

【大体病变】

胰腺中没有发现发生部位的偏好。犬胰腺腺癌病灶通常是孤立的、硬的、苍白的，呈浸润性生长模式，肿瘤细胞在胰腺内弥漫性存在，很难与胰腺实质相区分。

【镜下特征】

导管腺癌（ductal adenocarcinomas）细胞呈立方形至柱状，排列在小管或导管中，通常伴有囊肿形成。细胞胞浆内可能含有黏蛋白。增生的腺泡细胞有较多的有丝分裂象。

腺泡腺癌（acinar adenocarcinomas）含有排列在腺泡、小叶中的多边形极化细胞。当胞浆内可见酶原颗粒时，可以直接做诊断；然而，在低分化肿瘤中很少有颗粒存在。新生细胞具有嗜酸性颗粒至空泡状的胞浆，椭圆形胞核位于基底部。

　　透明质胰腺癌（hyalinizing pancreatic carcinomas）仅在犬上报道，其特征是肿瘤细胞形成的间质或小管管腔中存在透明物质

【病例背景信息】

　　犬，3岁，雄性，已去势。胰腺肿物。（图20-51和图20-52）

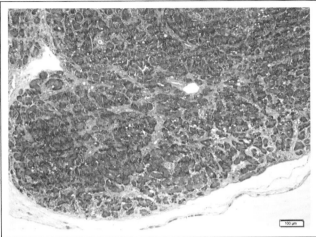

图20-51　犬　肠道平滑肌瘤（a）

部分可见正常胰腺组织形态，如外分泌部和胰腺泡。

（HE×100）

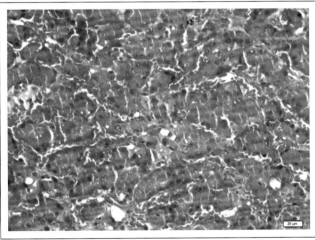

图20-52　犬　肠道平滑肌瘤（b）

多处增生的区域中，腺泡与腺泡之间界限模糊，闰管上皮细胞异形较大，胞核空亮，核仁明显，新生成一些管状结构伴有渗出液，上皮细胞增多。

（HE×400）

㉑ 肝脏和胆囊肿瘤

21.1 肝脏上皮性肿瘤

肝脏和胆囊肿瘤（tumors of the liver and gallbladder）主要分为上皮性肿瘤和间叶性肿瘤。肝脏上皮性肿瘤（epithelial neoplasms of the liver）起源于肝脏上皮细胞，主要包括肝细胞腺瘤、肝细胞癌、混合型肝细胞和胆管细胞癌、肝母细胞癌等。

肝细胞癌

肝细胞癌（hepatocellular carcinoma）是来源于肝脏上皮组织的一种恶性肿瘤，犬肝癌发病率可能高于其他物种。最早发病于 4～5 岁，平均发病年龄为 10 岁。无性别、品种倾向。猫发病年龄为 2～20 岁，平均发病年龄为 12 岁。犬和猫的肝细胞癌相关临床表现主要包括厌食、呕吐、虚弱、腹水、精神不振，还有偶发的症状，如黄疸、腹泻、体重减轻等，某些病例中还可能发生癫痫。

【镜下特征】

根据肝细胞的分化程度和组织学特点，主要可将肝细胞癌分为以下三类：小梁型肝细胞癌、腺泡型肝细胞癌和实性型肝细胞癌，三者之间的镜下特征差异明显。

小梁型肝细胞癌：最为常见的类型，肿瘤细胞和组织排列类似正常肝脏，肿瘤主要由增厚的小梁状结构构成，一般为 3～20 层细胞。但在局部可见肿瘤细胞排列呈片状或者层状。小梁中没有或只有少量的结缔组织，较宽的小梁结构中心可见坏死区。

腺泡型肝细胞癌：以肿瘤细胞形成原始腺泡为特征，肿瘤细胞分化良好，腺泡间结缔组织分布较少。

实性型肝细胞癌：肿瘤细胞排列未形成窦状，细胞分化程度低，具有多形性，瘤体内部有数量不等的结缔组织分布，常有显著的纤维化特征。分化良好的肿瘤细胞与正常肝细胞类似，呈多角形，核圆形且位于细胞中央，胞浆呈弱嗜酸性，胞浆中含糖原或液滴，导致染色较淡，甚至呈空泡状。分化程度较低的肝样细胞胞核大小和形状差异较大，胞浆呈弱嗜碱性，体积较小，核质比增大。

【鉴别诊断】

分化良好的小梁型肝细胞癌需要与肝细胞腺瘤进行区分，肝细胞癌具有侵袭性，肿瘤细胞侵袭邻近的肝实质或血管可确定为肝细胞癌；当肿瘤无侵袭性时，可根据肿瘤组织的大小、形成肝板的厚度以及细胞变化程度来进行区分。腺泡型肝细胞癌与胆管癌的区别是：腺泡型肝细胞癌的腺泡中含有蛋白样物质，而胆管腺瘤的腺泡中含有黏液，PAS 染色呈阳性。此外，也可根据免疫组化结果进行区分，肝细胞癌呈 HepPar-1 阳性和甲胎蛋白阳性。

◇ *病例 1*

【背景信息】

罗威纳犬，3 岁，雄性，未去势。肝脏肿物，无包膜，未破溃，与周围组织未粘连，多发性病变。

肝脏表面不光滑。主要临床表现为腹泻，明显消瘦，肠系膜呈黄色，有小颗粒状增生。（图 21-1 和图 21-2）

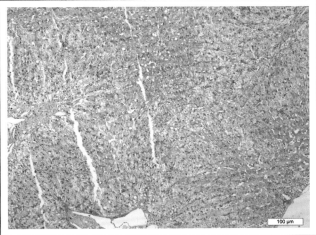

图 21-1　犬　肝细胞癌（a）

肝脏染色不均，肝脏小叶结构不清，肝索
排列紊乱，汇管区可见形状不规则、
大小不等的管腔结构，部分管腔内
有少量红细胞。

（HE×100）

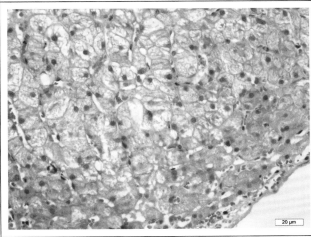

图 21-2　犬　肝细胞癌（b）

肝细胞染色较淡，体积显著增大，胞核
蓝染、大小不等，呈椭圆形或圆形，
胞浆内出现较大的透明空泡或
淡红染的絮状物质，细胞
之间界限不清。

（HE×400）

◇ **病例 2**

【**背景信息**】

混血犬，15 岁，雌性，已绝育。（图 21-3 至图 21-6）

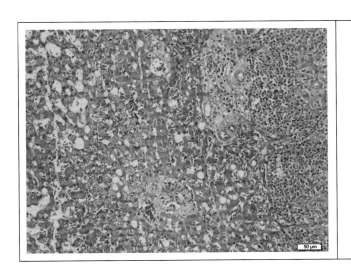

图 21-3犬　肝细胞癌（a）

肝脏正常结构消失，肿瘤肝细胞形成厚薄
不一的小梁结构，小梁间可见红细胞。

（HE×100）

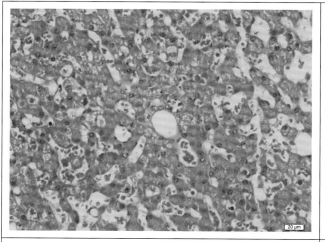

图 21-4 犬 肝细胞癌（b）

形成小梁结构的肝细胞大小不等，胞核蓝染
呈椭圆形或圆形，小梁厚薄不一。

（HE×400）

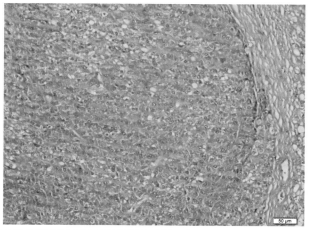

图 21-5 犬 肝细胞癌（c）

肝实质内有呈片状分布的巨细胞性肝细胞。

（HE×100）

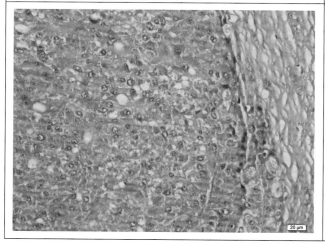

图 21-6 犬 肝细胞癌（d）

肝细胞呈多形性，巨细胞性肝细胞胞体
较大，为正常肝细胞的 3～5 倍，
胞核体积大，蓝染呈圆形或
椭圆形，含多个大小
不等的核仁。

（HE×400）

21.2 胆管肿瘤

21.2.1 胆管细胞癌（胆管癌）

胆管细胞癌（胆管癌）[cholangiocellular carcinoma（biliary carcinoma, bile duct carcinoma）]是胆管肿瘤（biliary neoplasms）的一类，起源于胆管的上皮细胞。死亡率高，病因尚不明确。在人医上发现，

胆管癌的发生与寄生虫感染有一定联系。对犬猫的研究发现，华支睾吸虫感染可能与该肿瘤的发生有关。胆管癌在犬、猫、绵羊、山羊、马等动物中均有报道，但都不常见。胆管癌没有特定的临床症状，且犬、猫的临床表现类似。胆管癌和肝细胞癌在临床症状方面有共同之处，包括厌食、呕吐、精神不振以及体重减轻等，偶尔会发生腹水和血清白蛋白减少。临床诊断可以通过触诊检查到肝脏上的肿块。

【镜下特征】

分化良好的胆管癌，呈管状或腺泡状排列，肿瘤细胞主要为与胆管上皮细胞相似的细胞，呈立方状或柱状，呈弱嗜酸性，细胞核呈圆形或椭圆形，染色质清晰，可见清晰的管腔结构。在分化程度较低的胆管癌中，肿瘤细胞呈团块状增生，并在其中可见正在形成的管腔结构。在未分化的肿瘤中，肿瘤细胞主要呈小岛状、片状或条索状排列；数量不等的结缔组织分布于增生的上皮细胞间；管腔或腺泡中常见黏液样物质。肿瘤边缘部位常见肿瘤细胞入侵肝脏实质。

【鉴别诊断】

胆管癌需要与腺泡型肝细胞癌进行鉴别。胆管癌的肿瘤细胞围成典型的管状或腺泡状结构，肿瘤细胞由类似胆管上皮细胞构成，呈立方状或柱状；另外可见有结缔组织增生，常见大量核分裂象，管腔中还有胆管上皮分泌的黏液。腺泡型肝细胞癌的肿瘤细胞与肝细胞类似，细胞呈多角形或具有多形性。尽管也会有类似腺泡样结构形成，但是管腔发育不完全，分泌物不常见。此外，胆管癌与胆管腺瘤的区别是：胆管癌为恶性肿瘤，具有侵袭性，并且可见纤维化及有丝分裂象，胆管腺瘤中不存在上述特征。

【病例背景信息】

犬，13岁，雌性。体格检查时偶然发现肝脏内部生长有灰黄白色肿物，呈浸润性生长，质地软。（图21-7至图21-10）

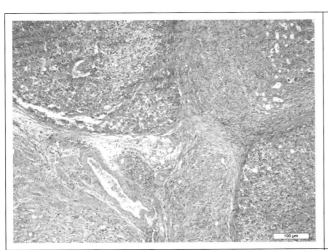

图21-7 犬 胆管癌（a）

肿瘤区管状增生明显，有粉染的结缔组织
包围，与肝索等结构分割开形成假小叶，
肝细胞挤于一侧，不见典型
肝小叶、汇管区等结构。

（HE×100）

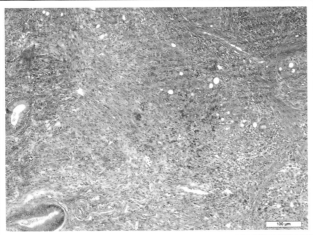

图21-8 犬 胆管癌（b）

未形成管状的增生区域可见有较多的
黄褐色颗粒散布。

（HE×100）

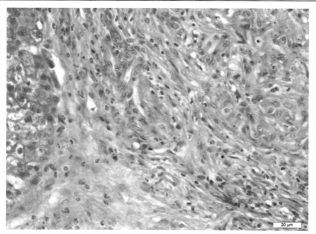

图21-9 犬 胆管癌（c）
嗜酸性染色的结缔组织增生明显，于增生区
的外围多层包裹，使得肿瘤增生区形成
类似假小叶的结构，分化良好区域的
肿瘤细胞呈立方状或柱状，沿着
基底膜围成管状结构。
（HE×400）

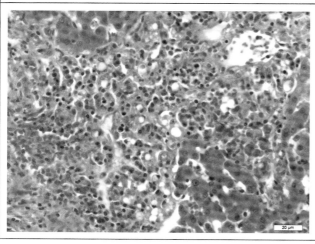

图21-10 犬 胆管癌（d）
分化不良的区域中有细胞增生，不见明显的
界限，共同形成岛状或片状结构，肿瘤
细胞中有较多吞噬了含铁血黄素的
巨噬细胞，胞核挤于一侧，胞浆中
有黄褐色颗粒，部分增生的
胆管样结构中可见管腔内
有棕黄色的胆汁。
（HE×400）

21.2.2 胆囊腺瘤和胆囊癌

除牛之外，胆囊腺瘤（adenomas of the gallbladder）在所有物种中都很少见。胆囊癌（carcinomas of the gallbladder）的病例可能比腺瘤更常见。无年龄、性别偏好。猫会出现非特异性症状，如虚弱、腹部膨胀和厌食。

【大体病变】

大多数良性和部分恶性胆囊肿瘤延伸至管腔内并使其扩张，但不改变管腔浆膜表面，通常也不会堵塞管腔。通常呈乳头状或通过一根粗柄附着在胆囊底部。肿物呈黄色、红色或灰色，坚实，表面凹凸不平，内折或形成囊腔。

胆囊癌破坏胆囊结构，质硬，白色，侵袭性生长，可侵入并延伸至邻近肝脏组织。胆囊壁内矿化与胆囊癌有关。

【镜下特征】

腺瘤有乳头状突起，延伸至胆囊腔内。腺泡内衬细胞有正常胆囊上皮典型的高柱状结构，细胞顶端可能含有丰富的黏蛋白。少见核分裂象。肿瘤间质并不丰富，通常为疏松水肿的结缔组织。可能有少量淋巴细胞浸润。

胆囊腺癌由增生的腺管样结构组成，部分区域可能含有较为丰富的结缔组织，为组织损伤修复导致的结缔组织增生。在肿瘤的腺体区域有黏液积聚。细胞呈立方状到柱状，有适量的嗜酸性胞质。细胞核位于基底方向，核仁明显。可见坏死。核分裂象不多，具有侵袭性；肿瘤细胞侵入胆囊并侵袭邻近的肝实质。

【病例背景信息】

美国短毛猫，5 岁，雌性，已绝育。肝脏原发肿物，无包膜，内含液体，组织外有大小空泡。临床表现为进食少，活动减少。（图 21-11 和图 21-12）

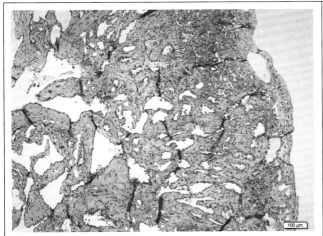

图 21-11　猫　胆囊腺瘤（a）
大小不一的不规则管状的胆管样结构增生
相互连接成筛网状，有出血。
（HE×100）

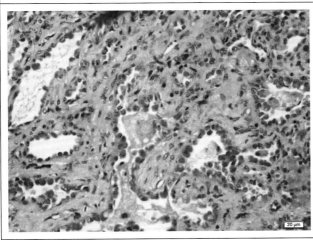

图 21-12　猫　胆囊腺瘤（b）
幼稚的管腔上皮细胞呈柱状或立方状，胞质
较少，呈粉染或嗜酸性较强的红染，
胞核较大，呈椭圆形或不规则形，
嗜碱性蓝染，有的管腔内有
粉染的絮状物质。
（HE×400）

21.3　肝脏间叶性肿瘤

血管肉瘤

肝脏血管肉瘤（hepatic hemangiosarcoma）是一种肝脏间叶性肿瘤（mesenchymal tumors of the liver），是一类少见的恶性肿瘤，起源于血管内皮细胞，故又称恶性血管内皮细胞瘤。犬和猫的原发性肝脏血管肉瘤是一种进行性肿瘤，呈显著的侵袭性生长，肿瘤边缘侵入正常的肝脏实质。由于该肿瘤是由内皮细胞构成的，因此与其他肿瘤相比，更易通过血管或淋巴管进入血液循环，这也在一定程度上解释了该肿瘤容易转移到全身其他组织的原因。

犬的肝脏血管肉瘤在肝脏原发性肿瘤中所占比例低于 5%，猫的比例难以做出准确估计。犬的肝脏血管肉瘤多发于 10 岁以上的犬，尚难以确定是否具有品种偏好性，但一般在德国牧羊犬中最为常见。

【大体病变】

原发性肝血管肉瘤与发生在其他部位的血管肉瘤具有相同的大体病理特征。肿瘤颜色与血液灌注量有关。有些血管肉瘤呈白色至浅黄色，切面上可能有斑驳的外观；血供较多或坏死的肿块呈暗红色，呈波动状，或含有囊性结构。肉眼可见多个红色至黑色、扁平或凸起的囊肿或结节。

肿瘤直径为 1 ～ 10 cm。可单发，呈一个大的肿块；或由多个小肿块构成，弥散性地分布于整个肝脏。多发性肿瘤可能来自多个原发部位，也可能是肝内转移的结果。

【镜下特征】

肿瘤组织主要由新生的内皮细胞构成，内皮细胞排列呈大的囊状或血管状，形成大量小管径的毛细血管，或排列成具有狭窄裂隙的实质结构。容易破裂，有出血及坏死倾向。这些细胞与正常的血管内皮细胞类似，呈纺锤形，但是体积较大，容易发生出血，管腔内有较多量细胞构成的膨出。

【鉴别诊断】

原发性肝脏血管肉瘤与间质病变不易区分，如果多个器官发生血管肉瘤，难以确定其起源。肝脏血管肉瘤与实性型肝细胞癌可通过第Ⅷ因子抗体和内皮标记物 CD–31（PECAM）鉴别。

◈ 病例 1

【背景信息】

萨摩耶犬，1 岁，雌性，已绝育。肝、胆、血管簇。胆囊上方血管增生。（图 21–13 和图 21–14）

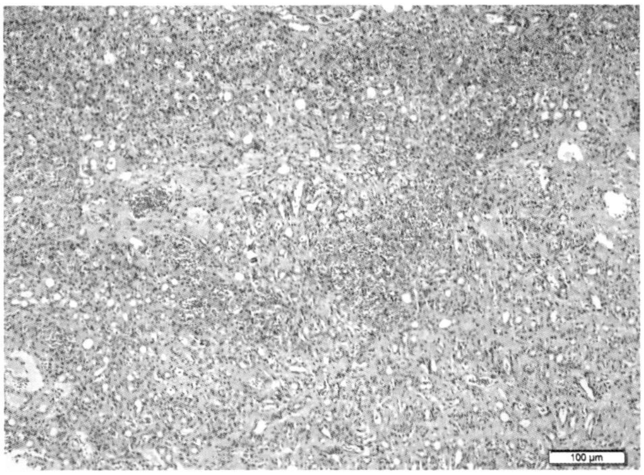

图 21–13　犬　肝脏血管肉瘤（a）
肝脏正常结构形态已经无法分辨，被大量增生的大小不等、形状不规则的血管所代替。
（HE × 100）

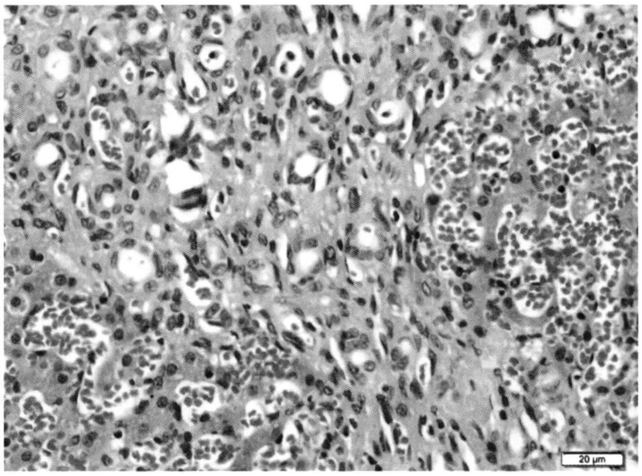

图 21–14　犬　肝脏血管肉瘤（b）
增生的肿瘤细胞胞核呈梭形、不规则形，围绕形成大小不等、形状不规则的血管结构，管腔内有数量不等的红细胞。
（HE × 400）

◈ 病例 2

【背景信息】

雪纳瑞犬，8 岁，雌性。肿物无包膜，无破溃，与周围组织有粘连，有游离性。（图 21–15 和图 21–16）

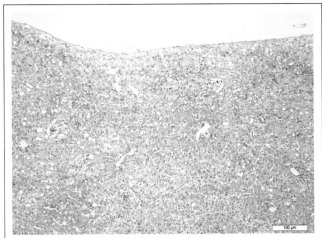

图 21-15　犬　肝脏血管肉瘤（a）
肝小叶分布不清，肝窦、肝索结构不可见，
可见大量增生的大小不等、形状不
规则的管腔样结构。
（HE×100）

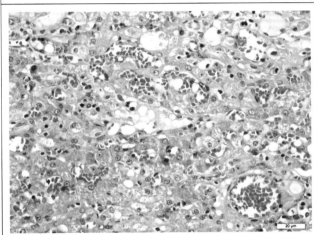

图 21-16　犬　肝脏血管肉瘤（b）
肝小叶分布不清，肝窦、肝索结构不可见，
可见大量增生的大小不等、形状
不规则的管腔样结构。
（HE×400）

22 泌尿系统肿瘤

22.1 肾脏肿瘤

【背景知识】

泌尿系统肿瘤（tumors of the urinary system）主要发生于肾脏、膀胱与尿道等组织器官。原发性肾脏肿瘤（renal tumors）在家畜中并不常见；通常犬、猫和马的病例是恶性的，而牛的病例则是良性的。在犬的病例中，约70%为上皮细胞瘤，25%为间质瘤，5%为肾母细胞瘤。肾母细胞瘤起源于年轻犬的脊椎胸腰段。原发性肾脏肿瘤通常是单灶性的，但也可能为多灶性或累及双侧肾脏。在所有家畜病例中，肾脏最常见的肿瘤为淋巴瘤，但淋巴瘤是非原发性的。

22.1.1 上皮性肿瘤

肾脏上皮性肿瘤（epithelial tumors）主要包括肾腺瘤、肾腺癌、嗜酸细胞瘤等。

腺癌

肾腺癌，又称肾细胞癌（renal cell carcinoma），简称肾癌，是一种胚胎时期不分化的恶性上皮性肿瘤，在家畜中罕见，主要发生于犬、猫和马。雄性发病率高于雌性（比例约为2∶1）。反刍动物的肾腺癌无明显临床症状。在马属动物中可能出现疝气、消瘦、血尿、腹腔积血和病理性水肿等症状。犬、猫还可出现尿频和蛋白尿等症状。当动物出现上述临床症状时，肿瘤大多已到晚期，多数已经发生转移，愈后不良。

【大体病变】

肿瘤多为单侧生长，偶见于双侧肾。肿瘤与周围组织界限清晰，呈黄色或黄棕色，质软。肿瘤的大小差异较大，小的直径约为2 cm，较大的肿瘤可占据80%的肾。体积较大的肿瘤常伴随局灶性出血、坏死和囊性退变。较大的肿瘤可以侵入肾盂、血管和肾周围组织。发生在犬的肿瘤经常呈囊状，内含透明或者红色的液体。

【镜下特征】

肿瘤细胞呈条索状、管状和乳头状排列，这三种排列模式可共存于同一肿瘤组织中，其中管状排列最常见。每一种形态的肿瘤细胞又可进一步分为嫌色细胞型、嗜酸性细胞型、透明细胞型和混合型。可以以此区分肾腺癌和由肾盂处移行而来的肾腺癌。肾腺癌的肿瘤细胞呈嗜酸性，乳头状和管状排列。透明细胞型多发于实验动物和人，而犬、猫少见。癌细胞胞浆丰富，高度透明，可利用冰冻切片和超微结构观察予以确认，其细胞核呈圆形、致密，肿瘤细胞分化程度良好。嗜酸性细胞型肿瘤是嫌色细胞型肿瘤的变体，嗜酸性细胞型多见于牛，肿瘤细胞多呈乳头状排列，细胞质高度红染，呈颗粒状。嫌色细胞胞浆内含有大量小的囊泡，淡染，胞浆呈网状或絮状。

【鉴别诊断】

肾腺癌作为一种肾脏原发性的肿瘤需要与由其他器官转移而来的继发性肿瘤相区分：如果肿瘤仅出现于一侧或两侧的肾脏而不发生转移，则为原发性肾脏肿瘤；如果由一侧的肾脏移行到另一侧则为转移性肾脏肿瘤。原发性肿瘤主要引起肾脏皮质区的损伤，而继发性的肿瘤会引起髓质的损伤。肾调节素可以作为肾细胞癌的标记分子之一。

【病例背景信息】

泰迪犬，9岁，雄性。左肾肿物，无破溃，与周围组织无粘连。（图22-1和图22-2）

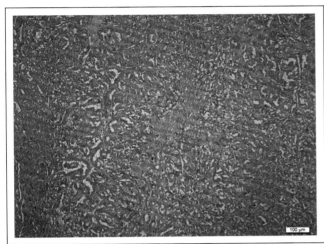

图22-1 犬 肾腺癌（a）

增生细胞排列紧密，呈条索状或堆积分布。

可见多处坏死，坏死区域

嗜酸性淡染。

（HE×100）

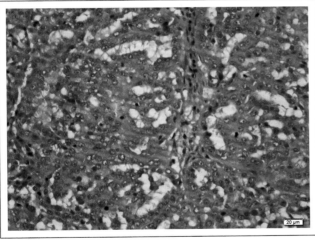

图22-2 犬 肾腺癌（b）

增生的腺上皮样细胞异型性大，细胞核大，

核仁清晰可见，胞浆较为丰富。可见

明显的核分裂象。坏死区域内可见

无结构的浅嗜酸性物质和

少量嗜碱性的核碎片。

（HE×400）

22.1.2 间叶性肿瘤

血管瘤和血管肉瘤

在肾脏中，血管瘤（hemangioma）和血管肉瘤（hemangiosarcoma）可能是由其他部位转移而来，也可能为肾脏的原发性肿瘤，为间叶性肿瘤（mesenchymal tumors）。血管瘤局限于肾脏，血管肉瘤通常在肾包膜生长并引起出血。贫血和血尿是最常见的临床病理特征。

【病例背景信息】

家猫，9岁，雌性，未绝育。肿物有包膜，无破溃有粘连，无游离性，单发。临床表现为腹围增大。（图22-3至图22-6）

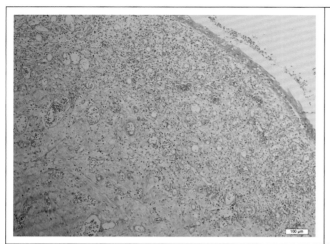

图 22-3　犬　肾脏血管瘤（a）

可见肿物形成大小不等、形状各异的管状
结构，管腔内可见数量不等的红细胞。

（HE×100）

图 22-4　犬　肾脏血管瘤（b）

可见大量纤维结缔组织排列杂乱，呈
条索状或漩涡状；部分区域可见
大量炎性细胞浸润。

（HE×100）

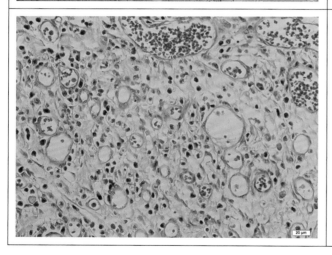

图 22-5　犬　肾脏血管瘤（c）

有大量新生成的血管样结构，管腔内可见
数量不等的红细胞。肿瘤细胞呈梭形，
胞质较少、嗜酸性，胞核圆形
至长梭形、呈嗜碱性。

（HE×400）

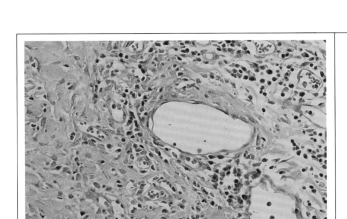

图 22-6　犬　肾脏血管瘤（d）

可见大量胞核嗜碱性蓝染的炎性细胞浸润。

（HE × 400）

22.2　膀胱和尿道肿瘤

22.2.1　上皮性肿瘤

膀胱和尿道肿瘤（tumors of the urinary bladder and urethra）占所有犬肿瘤的 0.5% ～ 1.0%，占所有犬恶性肿瘤的 2%。在犬、猫和马中，大约 90% 的膀胱肿瘤是上皮性肿瘤（epithelial tumors），并且为恶性。良性膀胱肿瘤罕见，少于犬、猫原发性膀胱肿瘤的 4%。

乳头状瘤

膀胱的乳头状瘤（papilloma）是上皮细胞呈乳头样增生的病变。分为典型乳头状瘤和内翻型乳头状瘤，一种类型中偶见另一种类型少量成分的混合。典型乳头状瘤由单个或者成簇的多个乳头组成，乳头表面覆盖与移行上皮非常相似的上皮细胞，细胞少于 7 层，呈伞状，无异型性。内翻型乳头状瘤约占肾盂、输尿管、膀胱和尿道肿瘤总数的 2%，绝大多数发生在膀胱。典型症状为尿道闭塞和血尿，大约 80% 的病变发生在膀胱三角区或膀胱颈。犬膀胱乳头状瘤占膀胱肿瘤的 17%。

【大体病变】

泌尿道可见凹凸不平的暗棕色或菜花状肿物，单个或多个，呈簇状。由于上皮细胞大量增生，导致泌尿道闭塞，膀胱膨胀并且疼痛，排尿困难，可见血尿。

【镜下特征】

膀胱移行上皮明显增生，局部呈乳头状并有分支，乳头宽而短，同时组织间隙伴有出血、淤血。膀胱内可见息肉样的结节，表面覆盖正常的泌尿道上皮，下面有基底样细胞组成互相吻合的梁状结构，肿瘤周边细胞呈栅栏状排列，与皮肤基底样细胞相似，病变中还常见有鳞状上皮样结构，呈多层漩涡状，肿瘤实质常发生囊性变性，囊内有嗜酸性液体。

【病例背景信息】

泰迪犬，9 岁，雌性，已绝育。膀胱肿物，褐色，质中。于 2018 年尿血，膀胱结石，手术治疗。至 2019 年 7 月仍尿血，B 超检查膀胱顶息肉，手术切除，肿物有血供。（图 22-7 和图 22-8）

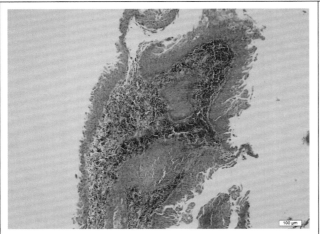

图 22-7 犬 膀胱乳头状瘤（a）

黏膜层明显增生，呈乳头状突入腔内，或以
巢状细胞团的伸入黏膜固有层。可见
大面积的出血、淤血、炎性
细胞浸润的现象。

（HE×100）

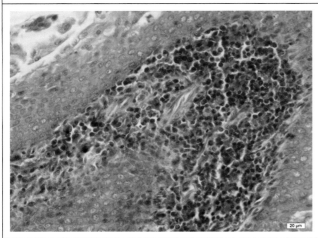

图 22-8 犬 膀胱乳头状瘤（b）

增生的上皮细胞异型性不大，排列紧密，
胞核呈椭圆形，核仁明显，嗜酸性的
胞浆丰富，细胞界限不明显。

（HE×400）

22.2.2 移行细胞癌 / 尿路上皮癌

移行细胞癌（transitional cell carcinoma，TCC）也称尿路上皮癌（urothelial carcinoma，UCC），是犬最常见的膀胱原发性恶性肿瘤，发病率占犬膀胱肿瘤的 2/3。猫很少发生膀胱肿瘤，TCC 为最常见的膀胱肿瘤类型。膀胱的其他肿瘤类型还包括鳞状细胞、腺癌、未分化癌、横纹肌肉瘤、淋巴瘤、血管肉瘤、纤维瘤及其他间质性肿瘤。TCC 的发病原因尚不完全清楚，但有研究显示，除草剂和杀虫剂的接触在该病的发生过程中起到重要作用。该肿瘤的转移率较高（约为 50%），主要的转移部位是局部淋巴结和肺，此外，肿瘤还能转移至腹膜和骨骼。治疗方案包括肿瘤的手术切除和以卡铂为基础药物的化疗；此外，使用 COX-2 抑制剂（如吡罗昔康）对肿瘤的控制也有效。TCC 预后不良，接受治疗的患病犬平均存活时间为 10 ～ 15 个月。

【大体病变】

膀胱移行细胞癌主要发生于老年犬，平均发病年龄为 9 ～ 11 岁。雌性犬发病率约为雄性犬的 2 倍，去势雄性犬也易发。常见发病品种包括苏格兰梗犬、比格犬、西高地白梗犬、喜乐蒂牧羊犬、狐狸犬等。猫的 TCC 发生没有性别和品种差异。TCC 主要发生于膀胱颈或膀胱三角区黏膜，呈单个或多个乳头状突起肿物或表现为膀胱壁增厚。肿瘤大小不一，可能仅局限于黏膜层（原位癌），也可能明显增大而占据整个膀胱。膀胱内的占位性病变会造成泌尿道部分或完全阻塞。TCC 可同时发生在输尿管和雄性犬的前列腺。常见的临床症状主要是由肿瘤阻塞造成的排尿异常，包括排尿困难、疼痛性尿淋漓、血尿、尿失禁等。患 TCC 的猫还可能表现出里急后重、便秘、直肠脱出、厌食等症状，触诊时可发现后腹部肿物。此外，由于肿瘤的转移，可能引起局部淋巴结病变、呼吸困难、腹腔积液、疼痛等临床表现。

【镜下特征】

通过病史和发病特征进行初步诊断，影像学检查可发现膀胱内占位性病变。尿沉渣细胞学检查可能发现肿瘤性移行上皮细胞。该肿瘤的确诊需通过活检采样进行组织病理学检查。组织病理学检查可见，TCC 由多形性或退行性移行上皮构成。肿瘤性移行上皮细胞以不规则的形态覆盖黏膜表面，以巢状或腺泡状细胞团的形式侵入黏膜固有层，并可出现在肌层和黏膜下层的淋巴管中。

【鉴别诊断】

需要将 TCC 与良性肿瘤（如乳头状瘤）或非肿瘤性增生（如息肉、膀胱炎）进行鉴别。TCC 可能表现为膀胱内息肉样、菜花样或乳头状肿物，形态可能与乳头状瘤相似，但体积较大、基部较宽。从发病部位来看，TCC 主要发生在膀胱三角区，但膀胱炎主要发生在膀胱顶部靠腹侧区域。镜下观察，膀胱炎以明显的炎性反应为特征，慢性炎症过程中增生的移行上皮细胞多分化良好，细胞形态较均一，有丝分裂指数较低，且增生的细胞不会侵入肌肉层。而肿瘤性的移行上皮细胞恶性特征明显，细胞排列紊乱，侵入深层的肌肉，容易发生转移。

【病例背景信息】

边境牧羊犬，4 岁，雄性，未去势。膀胱内壁肿物。（图 22-9 和图 22-10）

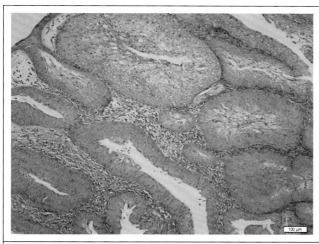

图 22-9 犬 膀胱移行细胞癌（a）

膀胱黏膜上皮增生，形成乳头状或岛状结构。

（HE×100）

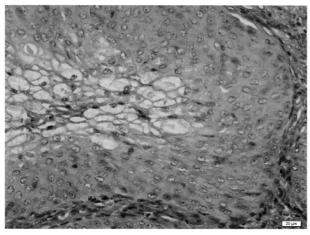

图 22-10 犬 膀胱移行细胞癌（b）

增生的上皮细胞体积大小不一，岛状结构外

层细胞体积较小，中央细胞体积较大，

细胞排列紊乱，细胞界限不清晰。

胞浆空泡化，染色浅淡，

胞核圆形或椭圆形，

核仁清晰。

（HE×400）

22.2.3 间叶性肿瘤

22.2.3.1 平滑肌瘤和平滑肌肉瘤

膀胱间叶性肿瘤（mesenchymal tumors）中，平滑肌肿瘤主要发生在犬，在所有其他物种中是罕见的。犬发病年龄在 2～14 岁，平滑肌瘤（leiomyoma）的平均发生年龄为 12 岁 6 个月，平滑肌肉瘤（leiomyosarcoma）为 7 岁。

【镜下特征】

平滑肌瘤产生片状、膨出的白棕色结节，突出于膀胱腔或引起膀胱壁增厚。它们更常见于下泌尿道和生殖系统。它们起源于膀胱壁的平滑肌，由梭形细胞排列呈长柱状或栅栏状。细胞边界模糊；核呈椭圆形，其横断面呈圆形。肿瘤组织具有浸润性，核分裂象增多时，肿瘤可归类为平滑肌肉瘤。尽管平滑肌肉瘤为恶性肿瘤，可见局部浸润性生长，手术切除后可能复发，但转移非常罕见。有丝分裂指数和 AgNOR（核仁形成区嗜银染色）已用于区分犬肠、生殖器和泌尿道的良性和恶性平滑性肿瘤：平滑肌瘤的有丝分裂指数［mitotic index（MI），是指在某一有丝分裂的细胞群中，处于分裂期的细胞数所占比例］为 0.05 或每 10 高倍镜视野中存在 5 个核分裂象，平滑肌肉瘤的有丝分裂指数为 1.65 或每个高倍镜视野（high power field，HPF），一般是指光学显微镜下在目镜用 10 倍镜、物镜用 40 倍镜的情况下所能看到的病理切片上的视野范围中存在 1～2 个核分裂象可以进行鉴别诊断。

◈ 病例 1

【背景信息】

犬，10 岁，雌性。原发肿物，无包膜，无破溃，与周围组织有粘连，侵袭性生长。（图 22-11 和图 22-12）

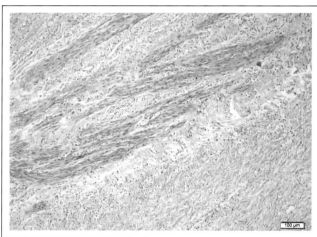

图 22-11 犬 膀胱平滑肌瘤（a）

增生的细胞呈束状，排列紊乱。

（HE×100）

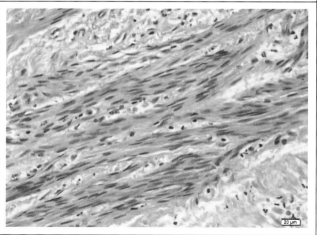

图 22-12 犬 膀胱平滑肌瘤（b）

肿瘤细胞呈梭形，胞核呈两头较钝的椭圆形或梭形、蓝染，胞浆红染，细胞界限不清。其间可见少量嗜中性粒细胞浸润。

（HE×400）

◈ 病例 2

【背景信息】

俄罗斯蓝猫，3岁，雄性，未去势。膀胱外表面肿物，膀胱结石手术时，偶然发现膀胱壁有一小肿物。（图 22-13 和图 22-14）

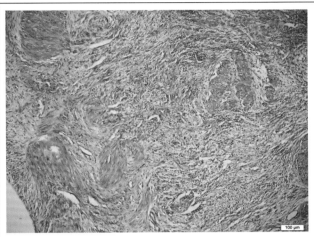

图 22-13   猫   膀胱平滑肌肉瘤（a）

增生的肿瘤细胞呈漩涡状或波纹状排列。

（HE×100）

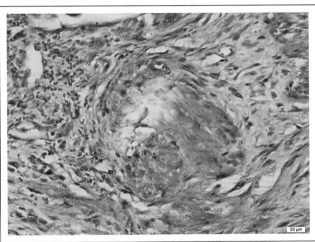

图 22-14   猫   膀胱平滑肌肉瘤（b）

增生的肿瘤细胞主要呈梭形，胞核蓝染较深
呈梭形、椭圆形或不规则形，胞浆红染。

可见大量红细胞散在分布。

（HE×400）

22.2.3.2   纤维瘤和纤维肉瘤

【镜下特征】

组织学上，发生在膀胱的纤维瘤和纤维肉瘤（fibroma and fibrosarcoma）与发生在其他组织的纤维瘤和纤维肉瘤特征相似。

肿块形成，纤维组织增生丰富，没有嗜酸性粒细胞或粒细胞生成，以上特征可促进肿物形成。纤维中存在嗜酸性粒细胞是良性病变的标志。嗜酸性粒细胞浸润和纤维组织增生可能是由嗜酸性粒细胞、成纤维细胞和嗜酸性粒细胞生成素之间的协同作用所致。纤维瘤和纤维肉瘤的组织病理学特征较为明确，且手术切除后治愈性高。

【鉴别诊断】

纤维瘤、纤维性息肉和嗜酸性膀胱炎的鉴别诊断较为重要。纤维瘤位于膀胱壁，发生在肌肉和黏膜之间。纤维肉瘤浸润肌肉层，具有更多的细胞核、更少的细胞质和更多的核分裂象。纤维瘤与纤维肉瘤均无包膜包裹，但边界清晰。

【病例背景信息】

比熊犬，11岁，雌性。膀胱内肿物。（图22-15和图22-16）

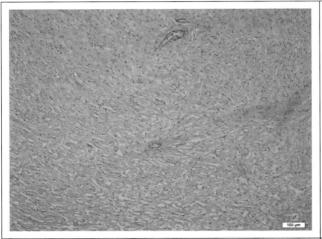

图22-15　犬　膀胱纤维瘤（a）

大量增生的结缔组织排列呈漩涡状或束状。

（HE×100）

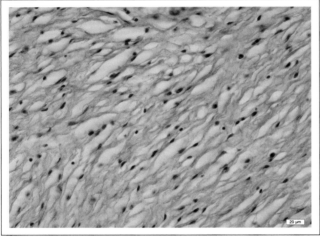

图22-16　犬　膀胱纤维瘤（b）

肿瘤细胞呈长梭形，胞质丰富，胞核呈圆形
或椭圆形，染色质集中，未见核分裂象。

（HE×400）

22.2.3.3　血管瘤和血管肉瘤

【鉴别诊断】

发生于膀胱和尿道的血管瘤（hemangioma）和血管肉瘤（hemangiosarcoma）从大体和组织学镜下上看与其他部位血管瘤和血管肉瘤相似，外观可能与息肉、外伤或发生充血的其他来源肿瘤易混淆。分化较差的肿瘤，如果Ⅷ因子相关抗原的免疫组化染色阳性，则可以确诊。

◈ 病例1

【背景信息】

苏格兰牧羊犬，10岁，雄性，未去势。肿物深褐色，质糟脆，无包膜，无破溃，无粘连。（图22-17和图22-18）

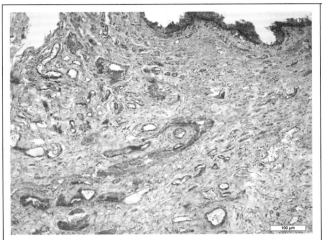

图 22-17 犬 膀胱血管瘤（a）

在黏膜下层可见大量血管，大小不一，

形态各异；可见淤血、出血现象。

（HE×100）

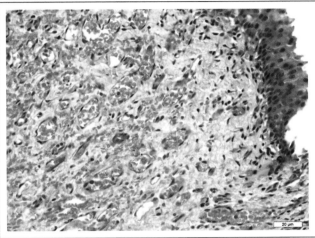

图 22-18 犬 膀胱血管瘤（b）

由单层内皮细胞围成大小不一的血管，内皮

细胞胞核深染，呈嗜碱性，核仁不清晰，

管腔内含有大量红细胞。周围结缔

组织中可见散在红细胞。

（HE×400）

◇**病例 2**

【背景信息】

家猫，4 岁，雄性，已去势。猫排尿困难，第 4 次发作时，冲洗膀胱时意外发现膀胱内肿物。肿物褐色，质中，无包膜，未破溃，与周围组织未粘连。（图 22-19 和图 22-20）

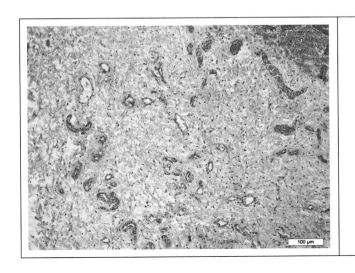

图 22-19 猫 膀胱血管瘤（a）

结缔组织疏松水肿，可见大量新生形状

不同、大小不一的管状结构散在

分布于结缔组织间。

（HE×100）

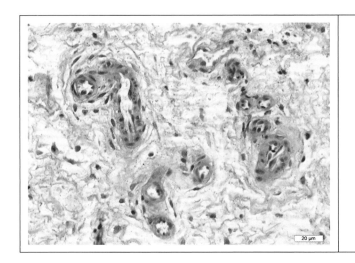

图 22-20 猫 膀胱血管瘤（b）
增生的肿瘤细胞呈纺锤形，胞浆丰富，弱嗜
酸性，胞核呈圆形、椭圆形或不规则形，
蓝色深染，形成小血管，部分
充满红细胞。
（HE×400）

病例 3

【背景信息】

哈士奇雪橇犬，10 岁，雌性，已绝育。膀胱肿物，褐色，质中，有包膜，未破溃；与周围组织无粘连。（图 22-21 和图 22-22）

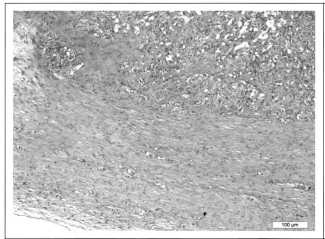

图 22-21 犬 膀胱血管肉瘤（a）
膀胱肌层内可见有大量的呈小梁状结构的
细胞团，局部可以看到明显的血管结构。
（HE×100）

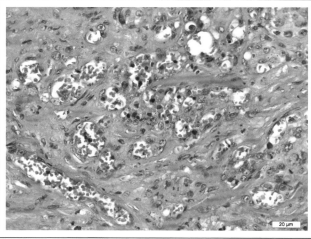

图 22-22 犬 膀胱血管肉瘤（b）
血管内皮细胞的胞核呈扁平长梭形、致密、
嗜碱性，胞浆嗜酸性、胞浆量少，
核分裂象多见，边缘部分血管
管腔小，由尚未成熟的
内皮细胞围绕而成。
（HE×400）

22.2.4　瘤样病变

膀胱瘤样病变（tumor - like lesions）以息肉样膀胱炎、嗜酸性膀胱炎、化生等非肿瘤性病变为主。

22.2.4.1　息肉样（乳头）膀胱炎

【背景知识】

息肉样（乳头）膀胱炎［polypoid（papillary）cystitis］易发于年轻雄性犬。可见单个或多个凸入膀胱腔内的结节状息肉样病变（息肉样膀胱炎），直径为 2 ～ 3 cm。结节状病灶数量较多时，大小相似的结节可能覆盖整个膀胱黏膜。水肿和炎症使膀胱壁变厚。显微镜下，可见息肉中心为增生的结缔组织，表面被覆增生的尿路上皮细胞。尿路上皮增生导致 Brunn 巢的形成。息肉可发生黏液样变性，黏液分泌腺上皮化生（腺性膀胱炎）。通常伴有水肿、充血和多种炎性细胞浸润，并伴有溃疡和出血。可见离散的淋巴滤泡。

【病例背景信息】

泰迪犬，2 岁 3 个月，雄性。膀胱肿物，生长速度一般，红色，无转移，扩张性生长。（图 22-23 至图 22-25）

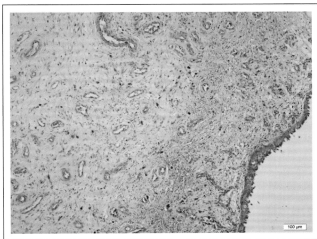

图 22-23　犬　膀胱息肉伴血管增生（a）

可见肿物表面移行上皮明显变薄，大部分
上皮细胞脱落，真皮层结缔组织增厚、
疏松、水肿，可见大量散在
红细胞及小血管增生。

（HE×100）

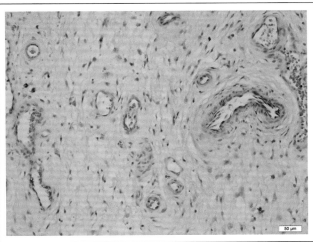

图 22-24　犬　膀胱息肉伴血管增生（b）

结缔组织间有大量毛细血管，血管内包裹着
红细胞，另可见大量散在的血管内皮
细胞，未能形成血管结构。

（HE×200）

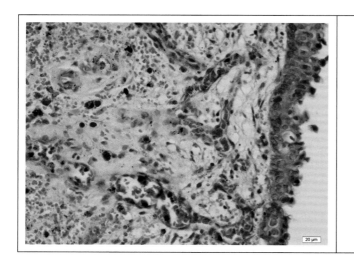

图 22-25　犬　膀胱息肉伴血管增生（c）

大量红细胞及炎性细胞散在分布于固有层。

（HE×400）

22.2.4.2　嗜酸性膀胱炎

嗜酸性膀胱炎（eosinophilic cystitis）的特征性表现包括纤维组织结节和嗜酸性细胞增生。血尿是最常见的临床症状。肿物由增生性的移行上皮、纤维细胞、成纤维细胞、淋巴细胞、浆细胞、丰富的血管和大量的嗜酸性粒细胞组成。移行上皮表面通常存在一个或多个溃疡区域，这些区域可见不同程度的出血，可能含有或不含含铁血黄素。

【病例背景信息】

混血犬，12 岁，雌性。膀胱肿物，褐色，质中，有包膜，无破溃，与周围组织无粘连。动物临床表现为尿血，体重减轻。（图 22-26 和图 22-27）

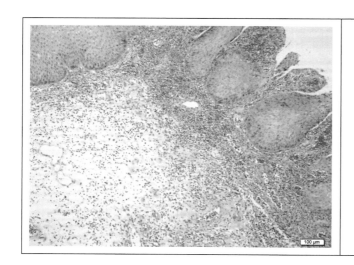

图 22-26　犬　膀胱息肉样嗜酸性膀胱炎（a）

膀胱黏膜的上皮细胞有脱落，肿物的内结缔
组织间可见大量的红细胞和炎性细胞。

（HE×100）

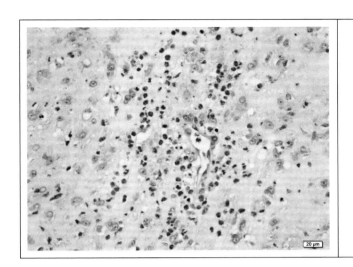

图 22-27　犬　膀胱息肉样嗜酸性膀胱炎（b）

肿物组织间可见散在的红细胞和嗜酸性粒

细胞，在肿物内还可见大量的

胶原纤维及过渡期的

纤维细胞。

（HE×400）

22.2.4.3　化生

上皮化生（metaplasia）可分为三类，包括鳞状化生、腺化生和 Brunn 巢。这三种形式的上皮化生通常同时发生，并伴有尿路上皮增生和膀胱炎。前两种化生不常见，而 Brunn 巢则很常见。

鳞状化生（squamous metaplasia）：增生性移行上皮癌灶已转变为鳞状上皮。黏膜上皮增生，黏膜下层出血和 / 或炎症，较为罕见。

腺上皮化生（腺性膀胱炎）[glandular metaplasia（cystitis glandularis）]：增生的尿路上皮在固有层或黏膜下层化生为柱状上皮细胞，形成大小不一的腺泡或小管状结构。柱状细胞可含有黏液（杯状上皮细胞）。腺性膀胱炎发生在增生性尿路上部和 / 或毗邻增生性尿路，但很少突出于黏膜上方。通常伴有膀胱炎、炎症、水肿和纤维化，腺上皮化生继发于这些病变。肠上皮化生是人类膀胱黏膜表面黏液分泌上皮类似肠的一种变异。

Brunn 巢（Von Brunn's nests）：Brunn 巢是犬膀胱中相对常见的病变。在人体中被认为是癌前病变，但在犬中目前还没有相关报道。初次观察时，它们可能被认为是早期 SCC 或肿瘤前变化，但它们局限于黏膜下层，无浸润性，不发生角化，并且没有形成真正的肿瘤所具有的细胞或核异形性。最好将它们解释为继发于原发性病变（如膀胱炎或息肉）的增生性病变。尿路上皮位于固有层或黏膜下层，形成大小不一、坚实的巢状结构，或有类似于腺泡和小管的中央空间。多层正常或增生性移行上皮细胞环绕中央。细胞大小均匀，分化良好。细胞核卵圆形，染色质均匀分散，具有单个核仁，无肿瘤转化的迹象。低倍镜下其位置和表现与腺性膀胱炎相似，两种病变可并发。而膀胱炎通常伴水肿、炎症和纤维化。

【病例背景信息】

松狮犬，6 岁，雌性。（图 22-28 和图 22-29）

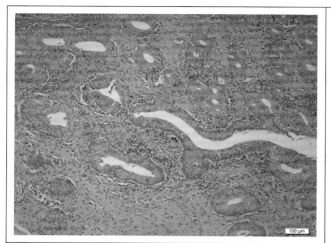

图 22-28　犬　膀胱 Brunn 巢（a）

移行上皮向腺体样增生过渡。

（HE×100）

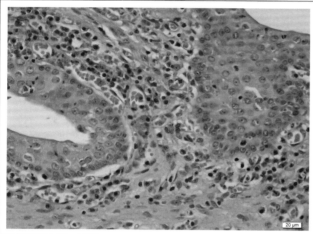

图 22-29　犬　膀胱 Brunn 巢（b）

增生的腺体结构由 3～5 层细胞组成，靠近内
腔的细胞分化良好，细胞界限不清晰，胞核
异形性较大而空亮，呈嗜碱性蓝染，核仁
明显，胞质丰富；围绕腺体周围的
基底细胞排列规则，胞核较圆且
呈嗜碱性蓝染，核仁明显。

（HE×400）

23　生殖系统肿瘤

【背景信息】

生殖系统肿瘤（tumors of the genital systems）发生于雌性动物与雄性动物的生殖系统，生殖系统来自中胚层。原始生殖细胞起源于胎儿的卵黄囊，并迁移到性腺嵴中。然后在性腺嵴内形成性腺。雌性、雄性生殖道的非生殖腺部分来自中肾管（沃尔夫管）或中肾旁管（米勒管）等。中肾旁管由中肾嵴外侧体腔上皮内陷形成，而中肾管则起源于中肾。中胚层导管系统的雌性分化是在缺乏由胎儿睾丸分泌的睾酮的情况下发生的。雄性胎儿睾丸中的支持细胞分泌抗中肾旁管激素，导致中肾旁管退化；间质细胞分泌睾丸激素，阻止中肾管退化，诱导雄性中肾小管的发育。二氢睾酮（dihydrotestosterone）诱导雄性外部生殖器发育。

23.1　卵巢肿瘤

卵巢肿物可分为卵巢肿瘤（tumors of the ovary）和囊肿（cysts）。

23.1.1　上皮性肿瘤

卵巢的大部分上皮性肿瘤（epithelial tumors）起源于卵巢表面的上皮细胞，在母犬中，也有小概率起源于卵巢网。卵巢网囊肿在母犬中比较常见，呈腺瘤性增生，有时伴有囊性扩张。卵巢网随年龄增大而增大，腺瘤性增生和卵巢网腺瘤的鉴别诊断往往通过肿物增长大小进行判断。

上皮性肿瘤可为单侧或双侧发生，特征性表现为囊性、多结节性膨大。典型的切面可见多个散布在实性区域之间的囊肿，内含黄色至棕色的稀薄液体。上皮癌也可能以花菜样增生的形式出现，从卵巢表面扩散到邻近结构。肿瘤细胞也可能脱落并扩散到腹膜腔，并形成腹水。

【镜下特征】

卵巢腺瘤和癌通常是由向囊腔内凸起的分枝状乳头状体组成的。有时进一步细分为乳头状（乳头状腺瘤或癌）或囊性（囊腺瘤或囊腺癌）。肿瘤的乳头状突起具有结缔组织柄，表面包裹有单层或多层的立方状或柱状上皮细胞，这些上皮细胞可能有纤毛，也可能没有纤毛。每个囊肿的壁通常由单层或多层上皮构成，囊腔内可能含有蛋白样物质。

◇ 病例 1

【背景信息】

金毛寻回犬，7岁，雌性，未绝育。（图23-1和图23-2）

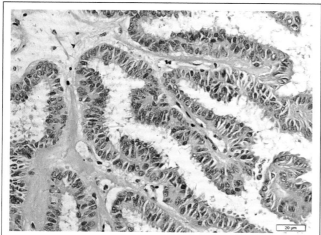

图 23-1　犬　卵巢乳头状腺癌（a）
卵巢内部可见大小不等的囊腔，较大的囊腔
外有结缔组织包裹。增生细胞形成树突状、
乳头状凸起，伸入卵巢内部。
（HE×100）

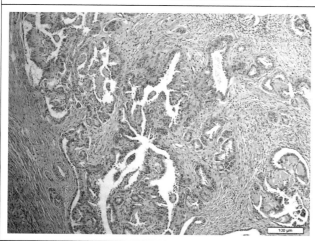

图 23-2　犬　卵巢乳头状腺癌（b）
增生的细胞在结缔组织的支持下，形成乳头
状、指状结构。表面的上皮细胞呈单层
排列，细胞界限不清，细胞核呈圆形、
椭圆形或多角形，核仁明显，细胞
质淡嗜酸性，核质比较大。
可见核分裂象。
（HE×400）

◇ **病例 2**
【背景信息】
犬，6 岁，雌性，已绝育。（图 23-3 和图 23-4）

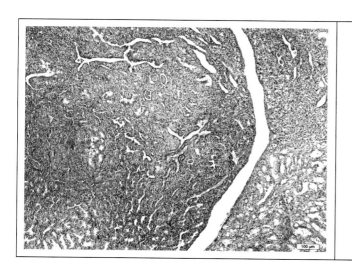

图 23-3　犬　卵巢网腺瘤（a）
大片增生的腺管样结构，部分腺管样结构与
周围界限清楚，腺管样结构
呈岛状分布。
（HE×100）

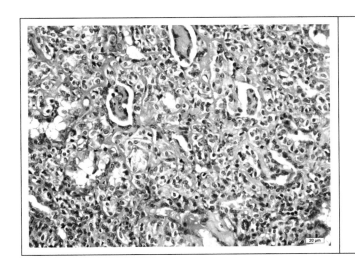

图 23-4　犬　卵巢网腺瘤（b）

增生的岛状结构主要由大量大小不一的腺管

样结构组成，部分腺管管腔被腺上皮细胞

填充。腺上皮细胞排列紧密，胞质

较少，胞核空亮，核仁明显。

（HE×400）

23.1.2　性索间质瘤

在猫中，性索间质瘤（sex cord stromal tumor）比上皮性肿瘤较为多发，据文献报道最为常见的为颗粒细胞瘤。

23.1.2.1　颗粒细胞瘤

【背景知识】

颗粒细胞瘤（granulosa cell tumor）是最常见的性索间质瘤。颗粒细胞由梭形的间质细胞分隔成不规则的团块。滤泡结构内含有多层类似颗粒细胞的细胞，外围细胞呈栅栏状排列。部分肿瘤组织中的滤泡形态不明显，肿瘤颗粒细胞呈实性的片状、束状、小梁状或巢状排列。在同一肿瘤的不同区域可能出现不同的形态。肿瘤细胞呈梭形，排列在小管中，小管间常被纤维间质分隔。在一些颗粒膜细胞肿瘤中可能出现大小不一的明显黄体化区域，这些区域的特征是聚集了多形细胞，具有丰富的空泡及嗜酸性细胞质，通常在靠近卵泡结构边缘的区域很明显。一些颗粒细胞肿瘤中存在卡-埃二氏小体（Call-Exner bodies），可作为诊断特征。卡-埃二氏小体由肿瘤细胞呈放射状排列，围绕着中心沉积的嗜酸性蛋白样物质。

◇ **病例 1**

【背景信息】

家猫，1 岁，雌性，已绝育。半年前腹围增大，就诊发现卵巢肿块，已全身转移。（图 23-5 和图 23-6）

图 23-5　猫　卵巢颗粒细胞瘤（a）

肿瘤组织呈片状分布，排列紧密，纤维结缔

组织将肿瘤细胞分割成岛状结构。

（HE×100）

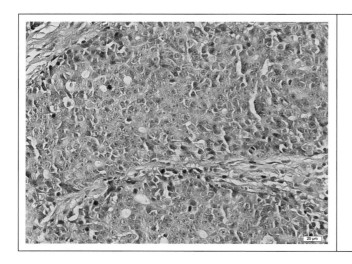

图 23-6　猫　卵巢颗粒细胞瘤（b）
肿瘤细胞排列紧密，呈片层状分布，细胞
界限不清，胞核圆形、卵圆形、多角形，
核仁清晰、较小，多为豆状，胞浆
红染，存在明显颗粒样，肿瘤
细胞形成小管腔样。
（HE×400）

◆ 病例 2

【背景信息】

雪纳瑞梗犬，4 岁，雌性，未绝育。（图 23-7 至图 23-9）

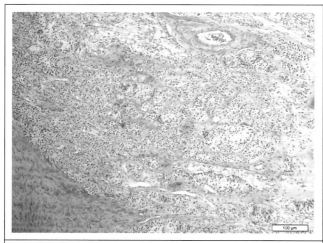

图 23-7　犬　卵巢颗粒细胞瘤（a）
卵巢正常结构不可见，结缔组织增生将肿瘤
组织分割呈小叶状或片状。
（HE×100）

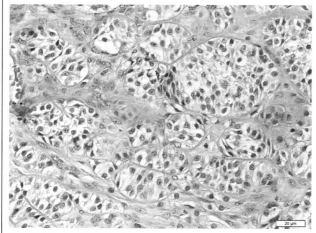

图 23-8　犬　卵巢颗粒细胞瘤（b）
增生的颗粒细胞呈长梭形或不规则形，位于
管腔内，类似于睾丸支持细胞瘤的管状
结构，胞核嗜碱性蓝染。
（HE×400）

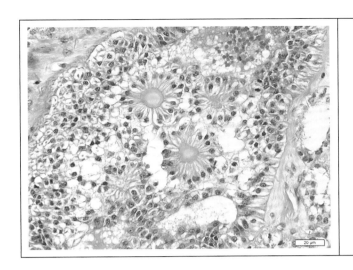

图 23-9　犬　卵巢颗粒细胞瘤（c）

在管腔内可见卡 – 埃二氏小体，放射状排列的

颗粒细胞包围着嗜酸性物质。

可见核分裂象。

（HE×400）

23.1.2.2　黄体瘤、卵巢间质细胞瘤和脂肪细胞瘤

黄体瘤、卵巢间质细胞瘤（lipid cell tumor）由多个肿瘤细胞小叶组成，由血管分化良好的结缔组织间质分隔。新生成的细胞呈多边形，具有丰富的颗粒状嗜酸性细胞质，内含脂滴。

◇ **病例 1**

【背景信息】

拉布拉多犬，5 岁，雌性，未绝育。卵巢肿物，灰色，质中；有包膜；无破溃；与周围组织无粘连。（图 23-10 和图 23-11）

图 23-10　犬　卵巢黄体瘤（a）

卵巢内部被大量增生的实性细胞占据，可见

血管充血，卵巢实质内有散在红细胞。

（HE×100）

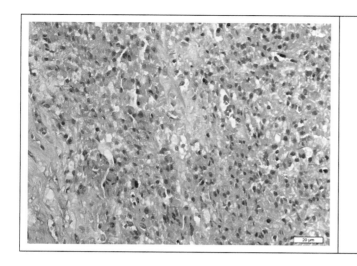

图 23-11 犬 卵巢黄体瘤（b）

增生的细胞排列成团块状，细胞呈圆形、椭圆形
或多角形，胞核圆形或椭圆形，核仁明显，
胞浆呈嗜酸性，部分胞浆出现空泡化，
有明显的脂质聚集或脂滴结构，
偶见核分裂象。

（HE×400）

◇ 病例 2

【背景信息】

雪纳瑞梗犬，8岁，雌性，未绝育。肿物褐色，质中。无破溃，无粘连，扩张性生长。动物精神差，不爱吃食；子宫蓄脓，子宫角质地变硬，有脓性液体；膀胱结石；肝尖肿大。（图 23-12 和图 23-13）

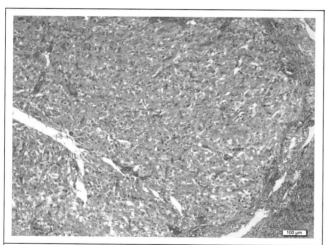

图 23-12 犬 卵巢间质细胞瘤（a）

有成片层状或团块状分布的内分泌细胞黄体
大量增生，肿物整体嗜酸性粉染。

（HE×100）

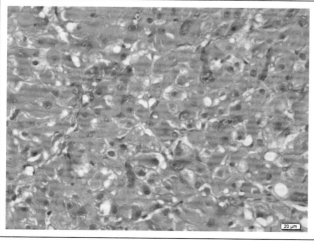

图 23-13 犬 卵巢间质细胞瘤（b）

可见大量体积增大，呈多角形的颗粒黄体
细胞，胞核嗜碱性、圆形。部分颗粒
细胞中核已溶解，之间有絮状
红染的物质，部分胞浆中可见
一个或几个空泡。

（HE×400）

23.1.3　生殖细胞肿瘤

生殖细胞肿瘤（germ cell tumors）是发生于生殖腺或生殖腺外的肿瘤，由原始生殖细胞或多能胚细胞转型而成。

畸胎瘤

【背景知识】

畸胎瘤（teratoma）由至少来源于两个胚层（通常是三个胚层）的异常组织组成。它们可能是由多能生殖细胞分化而来。卵巢畸胎瘤在母犬中最常见。病变卵巢膨胀呈球形或卵球形，切面有实性和囊性区域。后者可能含有皮脂腺物质和毛发。同时可能存在其他多种组织，包括骨、软骨和牙齿。大多数畸胎瘤是良性的，由分化良好的成熟组织组成，但构成畸胎瘤的任何组织都可能是恶性的。

【病例背景信息】

犬，2岁，雌性，未绝育。（图23-14至图23-21）

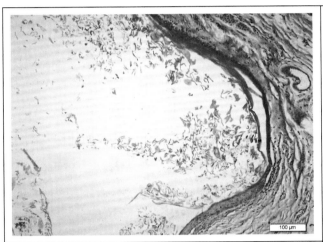

图23-14　犬　卵巢畸胎瘤（a）

可见表皮样结构与外层均质红染的角化结构，

皮下层含有红染的呈席纹状

排列的胶原纤维。

（HE×100）

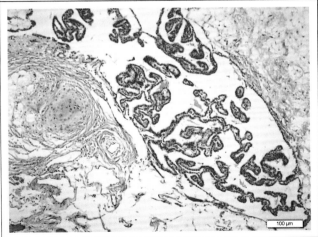

图23-15　犬　卵巢畸胎瘤（b）

可见部分囊腔含有树枝状或乳头状的结构，

即间皮成分。

（HE×100）

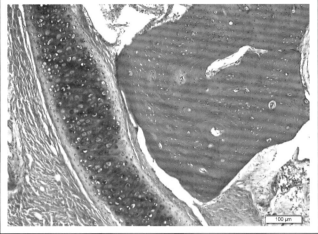

图 23-16 犬 卵巢畸胎瘤（c）

可见较多呈棒状或小岛状蓝染的透明软骨的
结构，以及大片的嗜酸性较强的骨组织。

（HE×100）

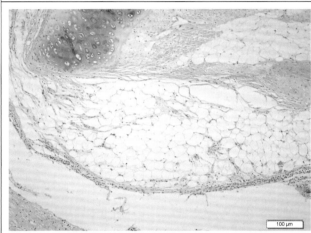

图 23-17 犬 卵巢畸胎瘤（d）

可见大量染色较淡呈网格状排列的脂肪组织。

（HE×100）

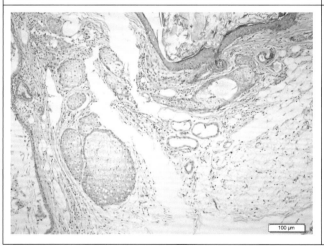

图 23-18 犬 卵巢畸胎瘤（e）

可见皮脂腺结构。

（HE×100）

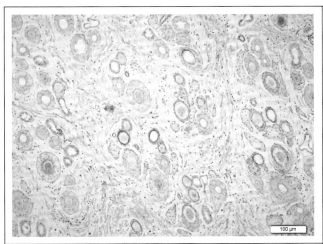

图 23-19 犬 卵巢畸胎瘤（f）

可见大量大小不等的毛囊结构，部分毛囊内含有呈巧克力色的毛根结构。

（HE×100）

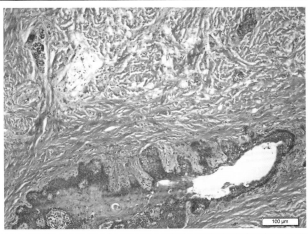

图 23-20 犬 卵巢畸胎瘤（g）

可见大量呈波浪状、席纹状或杂乱排列的强嗜酸性的胶原纤维，其中散布有呈团块状、乳头状的上皮样细胞团块。

（HE×100）

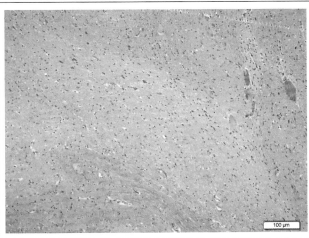

图 23-21 犬 卵巢畸胎瘤（h）

可见大片脑组织成分。

（HE×100）

23.1.4 其他肿瘤

间叶性肿瘤

【背景知识】

卵巢间叶性肿瘤（mesenchymal tumors）来源于卵巢的间充质成分。它们包括纤维瘤、血管瘤、平滑肌瘤或与其对应的恶性肿瘤。血管瘤是最常见的卵巢肿瘤，虽然它仍然是罕见的，通常只发生在年老的动物。这些肿瘤由许多充满血液的内皮细胞排列的通道组成，肉眼可见为离散的、有弹性的红棕色小结节，位于卵巢周围。卵巢纤维瘤和平滑肌瘤与其他组织中这些细胞类型的肿瘤具有相同的外观，相应的恶性肿瘤也是如此。

◈ 病例 1

【背景信息】

混血犬，18 岁，雌性，未绝育。卵巢肿物，褐色，质中，有包膜，无破溃，与周围组织无粘连，扩张性生长。（图 23-22 和图 23-23）

图 23-22　犬　卵巢纤维瘤（a）

未见卵巢基本结构，增生的肿瘤细胞成分较单一，呈条索状、波浪状交错分布。

（HE×100）

图 23-23　犬　卵巢纤维瘤（b）

细胞呈长梭形，细胞界限不明显，胞浆呈弱嗜酸性、粉染，胞核呈椭圆形、长椭圆形至不规则形，弱嗜碱性，淡蓝染，核仁明显。

（HE×400）

◈ 病例 2

【背景信息】

金毛寻回犬，7 岁，雌性，未绝育。子宫蓄脓，摘除子宫时发现卵巢周围有葡萄样囊肿。有包膜，无破溃，与周围组织粘连，多发性病变。（图 23-24 和图 23-25）

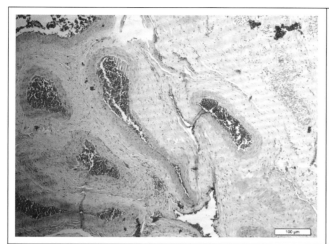

图 23-24　犬　卵巢血管肉瘤（a）

肿物深层可见大量血管增生，血管腔形状
各异，管壁增厚明显，部分血管内充满红
细胞，与周围正常组织界限不清。

（HE×100）

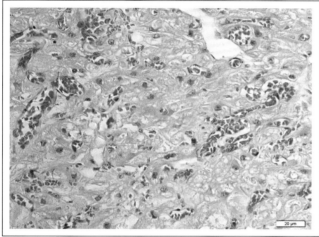

图 23-25　犬　卵巢血管肉瘤（b）

大量增生的细小血管散布于结缔组织间，
小血管内皮细胞多为单层，血管内
含有红细胞。

（HE×400）

23.1.5　囊肿

发生于卵巢的囊肿（cysts）是一类卵巢肿瘤样病变，主要包括卵巢囊肿、卵巢冠囊肿、黄体囊肿等。

23.1.5.1　卵巢囊肿

卵巢囊肿（ovarian cysts）是指在卵巢上形成的囊性肿物，数量为一个到数个不等，直径为 1 cm 到数厘米不等。卵巢囊肿包括格雷夫氏卵泡囊肿（黄体和滤泡囊肿）、囊性黄体、表面上皮囊肿和卵巢网囊肿。卵巢周围囊肿包括沃尔夫氏小管囊肿和米勒管囊肿。

【镜下特征】

黄体和滤泡囊肿均来源于未排卵的格雷夫氏卵泡（graafian follicle），仅囊壁黄体化程度不同，为奶牛和母猪的重要疾病之一，散发于母犬和母猫。未排卵卵泡囊肿比正常成熟卵泡持续时间长，而且通常比正常卵泡大。这些囊肿由多层颗粒细胞（卵泡囊肿）或由黄体化包膜产生的黄体细胞（黄体囊肿，有时也称为黄体化卵泡囊肿）所包围。两种囊肿可同时存在于同一卵巢内。

相反，囊性黄体（cystic corpora lutea）囊性黄体本质上是正常黄体结构的变异，动物可能怀孕。卵泡来源的卵巢囊肿内的细胞通常免疫组化染色显示波形蛋白和抑制素 α 阳性。

母马和母犬的表面上皮囊肿（cysts of the surface epithelium）最常见。母马的 SES 囊肿可能衬有一层稀薄的上皮，并因为缺乏卵泡内膜和卵泡颗粒而与闭锁性卵泡和卵泡囊肿相区别。卵巢上皮囊肿群集于排卵窝附近，故称排卵窝囊肿（fossa cyst）。排卵窝囊肿大小不一，但可以变大（直径几厘米）。

它们内衬立方柱状上皮。与母犬的 SES 囊肿不同，排卵窝囊肿可能阻碍排卵窝导致不孕不育。

卵巢网囊肿（cystic rete ovarii）位于卵巢门区，在犬猫中常见，老年豚鼠更易见到，可能会严重压迫卵巢皮质。囊肿内衬有单层立方柱状上皮，可纤毛化。

【鉴别诊断】

卵巢及其周围囊肿主要通过内衬细胞来进行分类，但大多数内衬细胞呈扁平状，不易观察，无法进行准确分类，但可以从发病部位进行卵巢囊肿和卵巢周围囊肿的分类。

格雷夫氏卵泡囊肿内衬有颗粒细胞。黄体囊肿则由黄体细胞组成。皮下上皮结构囊肿与卵巢表皮可连接，直径小于 5 mm，内衬上皮细胞。

沃尔夫氏小管囊肿有一层结缔组织和肌肉组成壁层，内衬位于基底膜上呈立方柱状上皮或低柱状上皮，有些细胞会纤毛化。米勒管囊肿肌层结构远不如沃尔夫氏小管囊肿明显，米勒管囊肿的细胞胞核比沃尔夫氏小管囊肿的细胞胞核大。

诊断时需与子宫肌瘤和腹水进行鉴别。子宫肌瘤与子宫相连，检查时肿瘤随宫体及宫颈移动。较大的囊肿需要和肾的肿瘤、卵巢肿瘤及其他腹部团块进行鉴别诊断，确诊常常需要做剖腹探查。

◈ 病例 1

【背景信息】

犬，2 岁，雌性，未绝育。（图 23-26 和图 23-27）

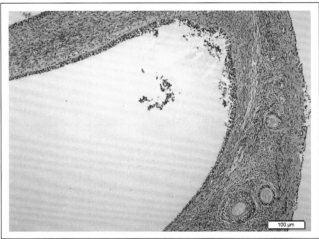

图 23-26 犬 格雷夫氏卵泡囊肿（a）

可见囊肿挤压周围组织，囊泡中可见少量粉色
淡染的物质，囊泡周围组织由致密
纤维结缔组织包裹。

（HE×100）

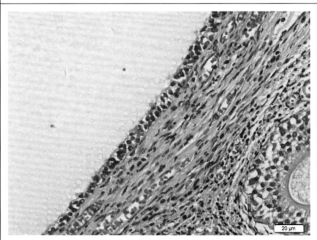

图 23-27 犬 格雷夫氏卵泡囊肿（b）

囊肿壁由卵泡的颗粒细胞组成，颗粒细胞呈
多层排列，外层的颗粒细胞变性脱落进入
囊肿腔内。颗粒细胞底层是嗜酸性
粉染的疏松网状结构，包裹囊肿的
结缔组织间有出血现象。

（HE×400）

◈ 病例 2

【背景信息】

混血犬，13 岁，雌性，未绝育。（图 23-28 和图 23-29）

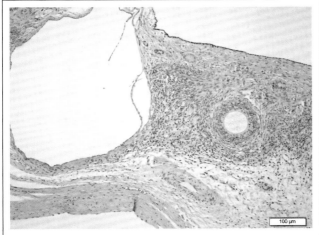

图 23-28　犬　卵巢表面上皮囊肿（a）

可见大小不一，形状不规则的扩大的卵泡。

（HE×100）

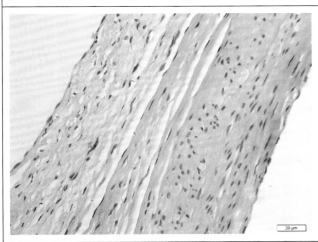

图 23-29　犬　卵巢表面上皮囊肿（b）

囊肿内衬上皮被挤压呈扁平状，细胞界限不清晰，胞核明显呈嗜碱性蓝染。

（HE×400）

23.1.5.2　卵巢冠囊肿

卵巢附近的囊肿可由多种结构引起，包括中肾管、副中肾管、输卵管和输卵管系膜等，发生于此处的囊肿称为卵巢冠囊肿（parovarian cysts）。来源于米勒管（Mullerian duct）残余的囊肿有时被称为卵巢附属结构囊肿。位于卵巢或输卵管附近的充满液体的囊肿，可以变得相当大，尤其是母马（可达7 cm）。来源于副中肾管的囊肿通常由单层立方柱状上皮（包括纤毛和非纤毛分泌细胞）和一层薄薄的平滑肌围绕在囊肿周围。卵巢管囊肿在母马和母犬中最常见。

沃尔夫小管囊肿［cysts of Wolffian（mesonephric）tubules and ducts］：在雌性胎儿中，沃尔夫小管在很大程度上退化；在雄性胎儿中，沃尔夫管和小管构成了睾丸的传输系统：睾丸、输精管和附睾。残留在雌性体内被称为卵巢冠，是囊肿形成的常见部位。沃尔夫小管和输卵管囊肿除了起源不同，组织学形态上较相似。囊肿有一层结缔组织和肌肉组成壁层，内衬位于基底膜上呈立方柱状上皮或低柱状上皮，有些细胞会纤毛化。

米勒管囊肿［cysts of Mullerian（paramesonephric）duct］：研究表明，米勒管起源的囊肿的生长部位与沃尔夫小管起源的囊肿一样，但位于输卵管纤维附近。米勒管衍生物上皮结构与输卵管上皮结构相似，有或没有纤毛化，缺乏基底膜。肌层结构远不如中肾起源的沃尔夫小管囊肿明显，米勒管囊肿的细胞胞核比沃尔夫小管囊肿的细胞胞核大。

【病例背景信息】

混血犬，2 岁，雌性，未绝育。（图 23-30 和图 23-31）

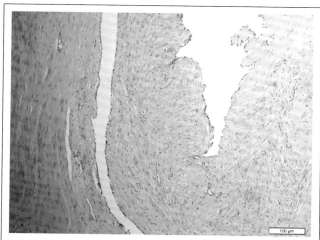

图 23-30　犬　沃尔夫小管囊肿（a）

未见卵巢正常的组织结构，可见囊肿外有

一层结缔组织和肌肉组成壁层。

（HE×100）

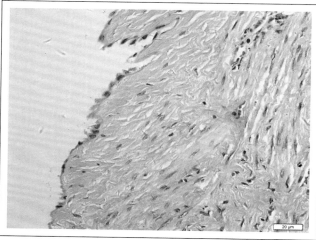

图 23-31　犬　沃尔夫小管囊肿（b）

可见内衬上皮呈低柱状，有嗜酸性粉染的

纤毛样结构。周围是结缔

组织和肌肉组织。

（HE×400）

23.2　输卵管和子宫肿瘤

相对于雌性生殖系统其他组织器官，输卵管和子宫肿瘤［tumors of the uterine tube（oviduct）and uterus］较为少见，按肿瘤发生部位可分为上皮性肿瘤和间叶性肿瘤。

23.2.1　上皮性肿瘤

子宫内膜上皮肿瘤

子宫和输卵管上皮性肿瘤（epithelial tumors）十分罕见。子宫腺瘤是较为常见的一类子宫内膜上皮肿瘤（tumors of the uterine epithelium），由大量腺体组成，必须与子宫癌、子宫间质息肉和子宫腺肌症进行鉴别，但通常很难区分。这些肿瘤往往是发生在子宫角的单发性病变。组织学表现为致密丰富的纤维结缔组织间质中有巢状和束状分布的上皮细胞。

◇ *病例 1*

【背景信息】

家猫，12 岁，雌性，未绝育。（图 23-32 和图 23-33）

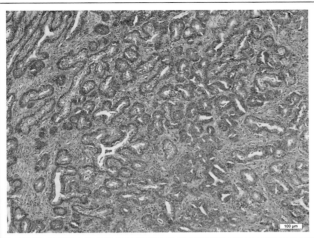

图 23-32 猫 子宫腺瘤（a）
可见肿瘤组织由增生的上皮样成分和结缔组织
组成，上皮样成分形态呈大小不一的腺样，
腔隙样结构分布于结缔组织之间。
（HE×100）

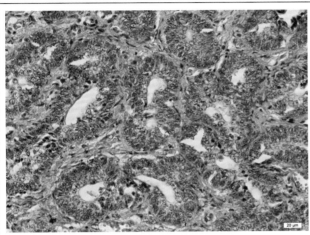

图 23-33 猫 子宫腺瘤（c）
增生的腺上皮细胞形态较均一，呈圆形或
椭圆形，胞核深染，呈圆形，
胞浆较少。
（HE×400）

◈ **病例 2**

【背景信息】

哈士奇犬，8 岁，雌性。（图 23-34 和图 23-35）

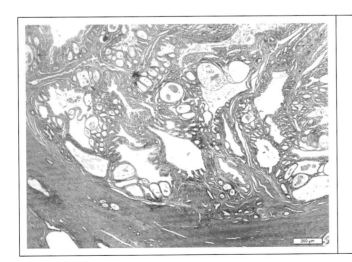

图 23-34 犬 子宫内膜腺癌（a）
深层平滑肌呈束状排列整齐，子宫腺出现大量
不规则增生，腺上皮嗜碱性深染，围绕成
大小不一的圆形管腔。肿物部分区域，
腺体管腔极不规则，呈相互套叠状，
内含粉红色均质淡染渗出物，腺上
皮被渗出物挤压至扁平状。
（HE×100）

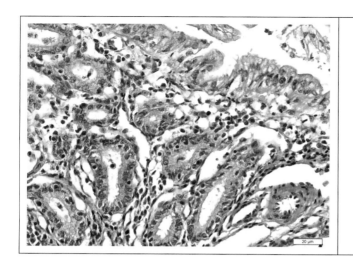

图 23-35　犬　子宫内膜腺癌（b）

不规则增生腺上皮，形态多样，部分上皮细胞
围绕成圆形或椭圆形，细胞呈立方状单层
排列，胞质淡染，胞核染色质分布不
均匀。一部分细胞出现核旁空泡，
另一部分肿瘤细胞呈扁平状或
不规则状，胞浆染色较深，
胞核均质深染。

（HE×400）

23.2.2　间叶性肿瘤

子宫内可发生多种间叶性肿瘤（mesenchymal tumors），包括平滑肌瘤、纤维瘤、纤维平滑肌瘤，恶性肿瘤较少见。

肌层的平滑肌瘤具有平滑肌肿瘤的外观，交织成束的肌纤维混合了不同数量的胶原间质。纤维瘤完全由纤维结缔组织构成，不含平滑肌。恶性间质肿瘤，特别是平滑肌肉瘤也可发生，这些肿瘤通常比良性肿瘤大，肿瘤内的细胞表现出细胞异形性和相对多的核分裂象。

◇ **病例 1**

【背景信息】

吉娃娃犬，14 岁，雌性，已绝育。子宫肿物，白色，单发性病变，有游离性，无转移。（图 23-36 和图 23-37）

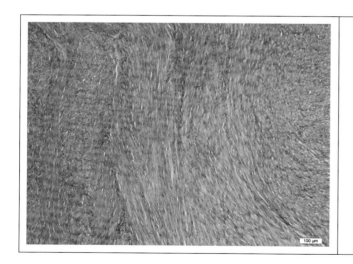

图 23-36　犬　子宫平滑肌瘤（a）

大量增生的细胞排列较为紧密，呈条索状、
鱼骨状、栅栏状、平行或交织的束状。

（HE×100）

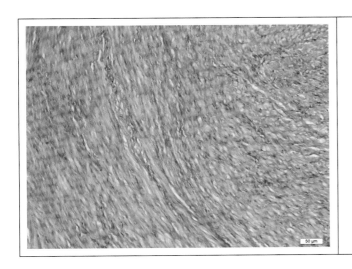

图 23-37　犬　子宫平滑肌瘤（b）
肿瘤细胞排列呈平行的束状，胞核呈梭形、
两端钝圆，核仁明显，胞质嗜酸性。
（HE×400）

◆ 病例 2
【背景信息】
博美犬，18 岁，雌性，未绝育。（图 23-38 和图 23-39）

图 23-38　犬　子宫平滑肌肉瘤（a）
子宫固有层疏松水肿，大量增生的细胞排列
较为紧密，呈条索状、鱼骨状、栅栏状、
平行或交织的束状。
（HE×100）

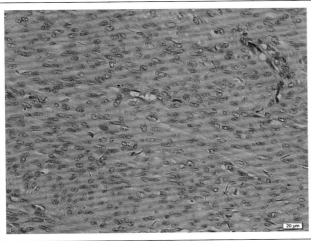

图 23-39　犬　子宫平滑肌肉瘤（b）
肿瘤细胞排列呈平行的束状，胞核呈梭形，
两端钝圆，核仁明显，胞质嗜酸性。
偶见核分裂象。
（HE×400）

◇ 病例 3

【背景信息】

苏格兰牧羊犬，8 岁，雌性，未绝育。（图 23-40 和图 23-41）

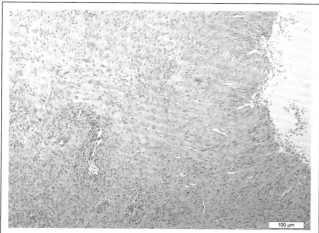

图 23-40　犬　子宫纤维瘤（a）

肿物内部有呈编织状、漩涡状排列的
纤维组织，夹杂着小血管。

（HE×100）

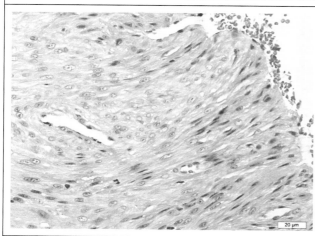

图 23-41　犬　子宫纤维瘤（b）

肿物内部的瘤细胞呈梭形或杆状、胞体较小、
胞质少，胞核着色深的纤维细胞相互
连接，形成漩涡状或片层状。也可见
胞核呈卵圆形、胞体较大且核仁
清晰的成纤维细胞大量增生，
并有红细胞散在分布。

（HE×400）

◇ 病例 4

【背景信息】

犬，8 岁，雌性。（图 23-42 和图 23-43）

图 23-42　犬　子宫组织细胞肉瘤（a）

大量的增生细胞呈片状、团状，细胞呈
不同的生长阶段。部分区域
可见出血现象。

（HE×100）

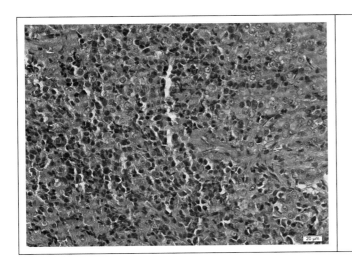

图23-43 犬 子宫组织细胞肉瘤（b）

肿瘤细胞呈现不同的分化阶段，幼稚型细胞
界限不清，胞质嗜酸性粉染，胞核呈圆形、
椭圆形至不规则形，蓝染；细胞有一定的
异型性，可见核分裂象。成熟型肿瘤
细胞体积较大，细胞呈圆形至
多角形，胞浆透明或淡粉染，
胞核呈圆形或椭圆形，
弱嗜碱性，核仁清晰。

（HE×400）

23.3 子宫颈、阴道和外阴肿瘤

子宫颈、阴道和外阴肿瘤（tumors of the cervix, vagina, and vulva）可分为上皮性和间叶性肿瘤。

间叶性肿瘤

下生殖道的间叶性肿瘤（mesenchymal tumors）比较常见，在生殖道壁内形成坚实的结节，可突入管腔。这些肿瘤是良性的，并且有很大的激素依赖性，因为它们经常在卵巢被切除后退化，且不会发生在已绝育的母犬身上。阴道纤维瘤比平滑肌瘤少见，与平滑肌瘤可能混淆。犬阴道壁可发生脂肪瘤、横纹肌肉瘤。可能涉及外阴和阴道的各种肿瘤还包括黑色素瘤、淋巴肉瘤、浆细胞瘤、血管瘤、母马的传染性性病瘤、猪阴道的胚胎性肉瘤和诸如乳腺癌的转移性肿瘤。

◇ **病例 1**

【背景信息】

斗牛犬，3岁，雌性，已绝育。临床表现为小便量少，有漏尿，手术时有频繁喘，就诊一个月前进行过绝育手术，子宫颈和膀胱有粘连。（图23-44和图23-45）

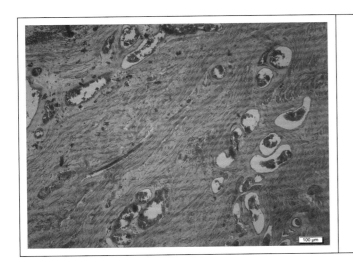

图23-44 犬 子宫颈梭形细胞血管瘤（a）

较为密实的结缔组织基质中可见大量口径
大小不一的血管，血管内充血，还可见
明显的出血现象。基质内的纤维呈
束状或涡旋状。部分区域基质呈
半透明状，疏松水肿。

（HE×100）

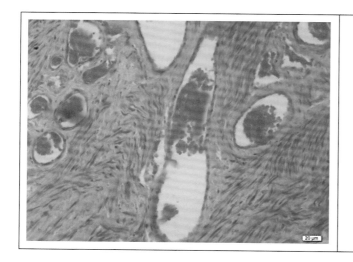

图 23-45 犬 子宫颈梭形细胞血管瘤（b）
血管内皮细胞较为扁平状，血管外的基质由
致密的胞核呈长梭形或椭圆形的梭形
细胞构成。部位区域可见多个扁平状
内皮细胞构成的管腔无血细胞的
新生小管。血管内和基质中的
红细胞无核，嗜酸性强。

（HE×400）

◆ **病例2**

【背景信息】

苏格兰牧羊犬，9岁，雌性。子宫颈内杏核大小的肿物，无游离性。（图 23-46 和图 23-47）

图 23-46 犬 子宫颈浆细胞瘤（a）
子宫平滑肌肌束排列散乱，致密，
夹杂大量圆形细胞。

（HE×100）

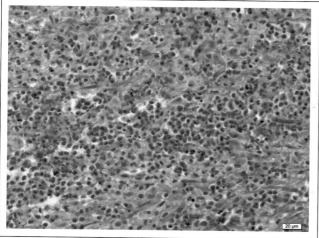

图 23-47 犬 子宫颈浆细胞瘤（b）
增生的细胞胞浆嗜酸性，胞浆不丰富，胞核
呈较大圆形，嗜碱性强，偏于胞浆
一侧或占满整个胞浆。

（HE×400）

◈ 病例 3

【背景信息】

犬，15 岁，雌性，未绝育。子宫颈肿物（图 23-48 和图 23-49）

图 23-48　犬　子宫颈平滑肌瘤（a）

增生的肿瘤细胞呈束状、漩涡状，排列
紊乱；可见炎性细胞浸润。

（HE×100）

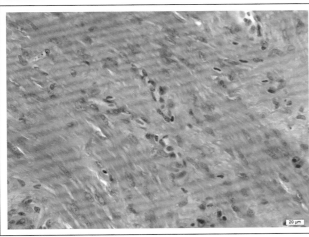

图 23-49　犬　子宫颈平滑肌瘤（b）

增生的细胞界限不明显，胞浆呈嗜酸性、
粉染，胞核呈圆形、椭圆形、长椭圆形、
弱嗜碱性、淡蓝染，核仁明显。
组织间偶见浆细胞。

（HE×400）

◈ 病例 4

【背景信息】

泰迪犬，6 岁，雌性。阴道原发肿物，组织褐色，质中，有包膜，无破溃，与周围组织无粘连。
（图 23-50 和图 23-51）

图 23-50　犬　阴道平滑肌瘤（a）

可见增生的细胞排列呈穿插的束状、索状，
排列方向不一，视野内可见束状的
纵截面和呈小叶或团块状的
横截面。

（HE×100）

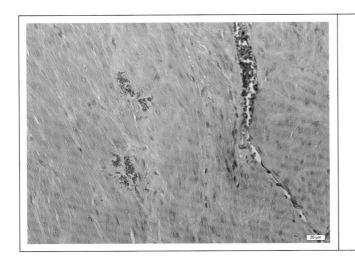

图 23-51 犬 阴道平滑肌瘤（b）
可见增生的细胞在不同方向呈束状排列，细胞
呈长梭形，胞核呈长椭圆形，核仁清晰，
胞浆丰富，呈粉红染色。
（HE×400）

◇ 病例 5
【背景信息】
中华猎犬，6 岁，雌性，未绝育。（图 23-52 和图 23-53）

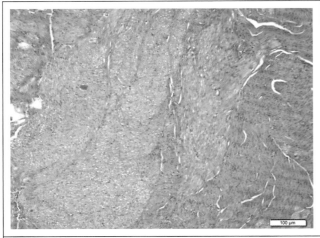

图 23-52 犬 阴道平滑肌瘤（a）
实质肿瘤细胞呈束状、漩涡状、编织状
排列，排列紊乱。
（HE×100）

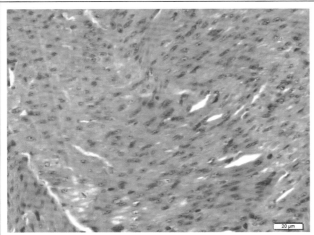

图 23-53 犬 阴道平滑肌瘤（b）
肿瘤细胞是形态比较一致的梭形平滑肌细胞，
呈束状、波浪状或栅栏状排列，细胞界限
不清。胞浆呈嗜酸性、粉染，胞核呈
圆形、椭圆形、长梭形，弱嗜碱性，
淡蓝染，核仁明显。
（HE×400）

◆ 病例 6

【背景信息】

松狮犬，15 岁，雌性。阴道肿物。（图 23-54 和图 23-55）

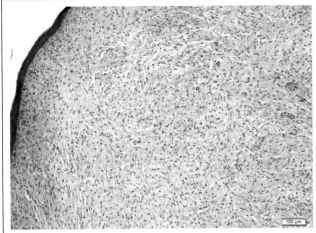

图 23-54　犬　阴道纤维瘤（a）

肿瘤由编织状或栅栏状排列的纤维组织构成，
其边缘完整，纤维组织排列疏松，肌层
细胞大量增生，小血管及毛细血管
扩张，充血、淤血，间质轻度
增宽，有多寡不一的
胶原纤维。

（HE×100）

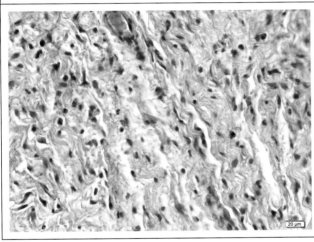

图 23-55　犬　阴道纤维瘤（b）

肿瘤细胞胞浆呈粉红色，胞核呈圆形、椭圆形、
梭形及不规则形，核质比高，核仁深染，
固缩，胞浆较少，细胞界限不清晰，
少见核分裂象，肿瘤细胞呈不规则或
漩涡状排列，间质可见少量
炎性细胞浸润。

（HE×100）

◆ 病例 7

【背景信息】

博美犬，15 岁，雌性，未绝育。（图 23-56 和图 23-57）

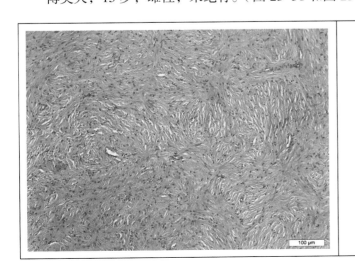

图 23-56　犬　阴道纤维肉瘤（a）

增生的肿瘤细胞形态结构较为一致，大片
胶原纤维束呈平行排列或呈编织状、
漩涡状排列，间质有少量血管。

（HE×100）

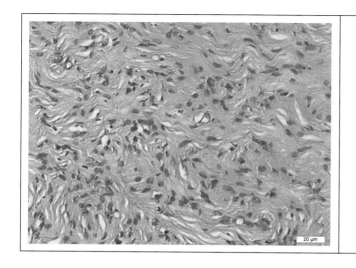

图 23-57　犬　阴道纤维肉瘤（b）

肿瘤细胞呈梭形、多角形，大小不一，分布

不均。可见胞核椭圆形、胞浆少的

成纤维细胞。

（HE×400）

◆ 病例 8

【背景信息】

雪纳瑞犬，11 岁，雌性，已绝育。阴道肿物，有包膜，单发，生长速度未知，近期发现阴道肿物脱出，伴随出血，粉色，第二天变紫，无瘙痒，无转移。（图 23-58 和图 23-59）

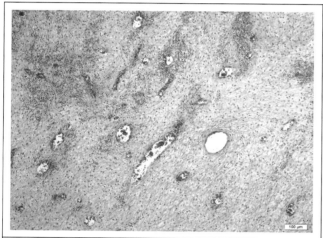

图 23-58　犬　阴道血管瘤（a）

肿物呈片状生长，无规则排列，纤维结缔

组织间可见大量大小不一的血管，

血管内大多充满红细胞。

（HE×100）

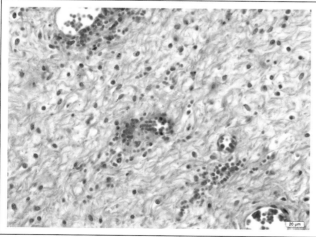

图 23-59　犬　阴道血管瘤（b）

构成血管管壁的细胞胞核呈椭圆形或梭形。

血管内有不同大小的血细胞

聚集的团块。

（HE×400）

◈ 病例 9

【背景信息】

萨摩耶犬，2 岁 3 个月，雌性，已绝育。阴道肿块，扩张性生长，肿物表面破溃。（图 23-60 和图 23-61）

图 23-60　犬　阴道传染性性病瘤（a）

肿物由呈均匀片状或束状排列的细胞组成，

部分区域肿瘤细胞排列较稀疏，也可见

数量较少的淡红染的纤维

基质，散在分布。

（HE×100）

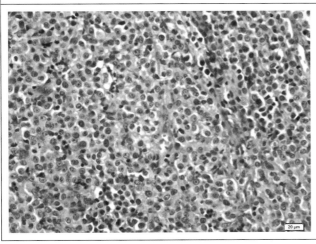

图 23-61　犬　阴道传染性性病瘤（b）

肿瘤细胞呈椭圆形或圆形，类似于淋巴细胞，

呈片状排列；其胞核较大、蓝染位于中央，

呈圆形或椭圆形，含单个明显的核仁；

胞质较少，淡染，可能含有空泡，

细胞界限不清。

（HE×400）

23.4　睾丸肿瘤

睾丸肿瘤（tumors of the testicle）是发生于雄性生殖系统睾丸的肿瘤，原发性睾丸肿瘤主要包括性索间质瘤、生殖细胞瘤和混合瘤等。

23.4.1　性索间质瘤

23.4.1.1　支持细胞瘤

睾丸支持细胞瘤（sertoli cell tumor）是主要的雄性生殖系统性索间质瘤（sex cord stromal tumors），起源于生精小管的支持细胞，常见于犬，尤其是患隐睾的犬，种马、羊、猫和牛的病例也有报道，常发于老年动物，也可见于新生牛犊。患副中肾管存留综合征的迷你雪纳瑞梗犬发病率极高。睾丸支持细胞瘤常单侧发病，但也有双侧发病的病例。约有 50% 的犬支持细胞瘤发生于隐睾患犬。

【大体病变】

患支持细胞瘤的动物有 20%～30% 表现出雌激素过多的表征，特点是雌性化、乳腺发育、对侧睾丸萎缩、前列腺鳞状化生（常伴随化脓性前列腺炎）、脱毛和骨髓抑制。尚无证据证明仅雌激素可导致所有这些症状。肿瘤的其他分泌物可促进症状的出现，也有可能促进症状或损伤的发展。赘生的支持细胞降低睾酮生成。支持细胞瘤的患病犬雌性化后可能表现出吸引雄性犬、嗜睡、性欲丧失和脂肪重新分布。骨髓抑制效应引起贫血、白细胞减少和血小板减少。血小板减少可能导致出血性素质。犬雌性化后被毛发生变化，两侧对称性脱毛，表皮萎缩，与垂体嗜碱细胞增殖病、甲状腺机能减退等内分泌病症状相似。支持细胞瘤的肿物坚实，在受累的睾丸中呈分散的小叶状或者界限清晰的多个小叶状。肿瘤体积很大，使得睾丸组织严重扭曲变形。大多数的肿瘤完全局限在睾丸内，有些恶性的肿瘤入侵睾丸邻近组织中，如白膜、附睾和精索。肿瘤切面呈白色或者灰色，有时伴有黄色的出血灶。肿瘤的边缘可见被挤压的、残留的、正常的睾丸组织。支持细胞瘤的肿物远比精原细胞和间质细胞瘤的肿物坚实得多。

【镜下特征】

根据镜下特征，可将支持细胞瘤分为管内型和弥散型。瘤体内类似于支持细胞的肿瘤细胞被大量的、致密成熟的结缔组织分割呈岛状或者管状结构。典型的管内型支持细胞瘤的肿瘤细胞为柱状，形成形态较一致的、扭曲的实心或空心小管，小管内衬一层或多层立方状或者柱状细胞，半数病例中的管状结构为实心，无明显管腔，管状结构排列紧密，呈分叶状，小管之间有纤维带分割。有腔小管和实心小管并存的情况不少见。有管腔者，管腔大小较一致，一般中空，偶可见嗜酸性分泌物。瘤细胞核大小一致，卵圆形或瓜子形，位于基底，核仁不明显，核分裂象罕见，胞质呈嗜酸性或空泡状，常透明或嗜伊红染色。支持细胞内常含脂滴，有些肿瘤脂质含量较多，肿瘤细胞膨胀，胞质呈空泡状。弥散型的肿瘤缺乏规则的管状结构，支持细胞排列成广泛的片状或者岛状。这种类型的肿瘤细胞大小和形态不规则，恶性程度高的肿瘤有可能浸润到睾丸邻近的组织或者血管。

【鉴别诊断】

与间质细胞瘤不同之处在于，支持细胞瘤中没有明显的间质细胞成分。另外，支持细胞瘤以实心小管和梁束状结构为主时，必须注意与小梁型类癌鉴别。后者瘤细胞索或细胞巢在制片过程中常收缩，而与周围间质分离，出现特征性的空隙。免疫组化表型为神经内分泌标记阳性。

◈ 病例 1

【背景信息】

博美犬，9 岁，雄性。受累睾丸深褐色，质软，有包膜，未破溃（图 23-62 和图 23-63）

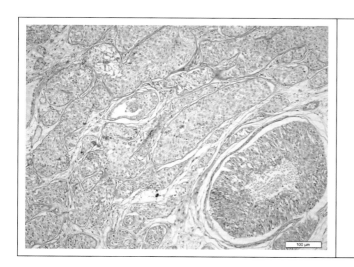

图 23-62　犬　支持细胞瘤（a）

肿物组织内致密纤维结缔组织将肿物分隔呈
小叶状或者不规则的管状结构。管腔内
细胞大量增生，部分区域的管腔被
增生细胞填满。

（HE×100）

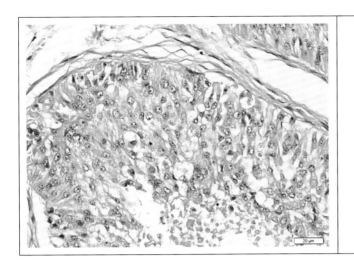

图 23-63　犬　支持细胞瘤（b）

增生细胞界限不清晰，胞质丰富。胞核呈
圆形，核仁明显，部分细胞含有脂滴。
部分细胞坏死，核固缩浓染。

（HE×400）

◈ 病例 2

【背景信息】

犬，14 岁，雄性。受累睾丸褐色，质中。（图 23-64 和图 23-65）

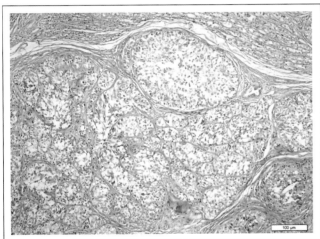

图 23-64　犬　支持细胞瘤（a）

大量致密成熟的嗜酸性结缔组织将肿瘤细胞
分隔呈岛状或管状结构，这些结构界限
清晰，形态较为一致。

（HE×100）

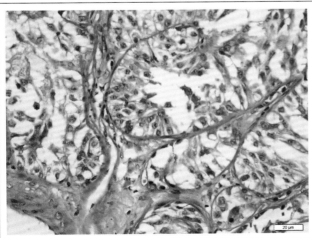

图 23-65　犬　支持细胞瘤（b）

管腔内可见排列杂乱、胞质呈空泡状、
瘤细胞体积膨胀的支持细胞。

（HE×400）

23.4.1.2 间质细胞瘤

睾丸间质细胞肿瘤〔interstitial（Leydig）cell tumors〕又称为莱迪希细胞瘤，是犬类最常见的睾丸肿瘤，也可见于牛、猫和马。正常睾丸及隐睾中均可发生，单侧或双侧发生。睾丸间质细胞瘤多发生于中年犬及老年犬，许多此种类型肿瘤并没有明显的临床表现，那些在死后剖检中才偶然发现的此类肿瘤。

【大体病变】

虽然睾丸间质细胞分泌雄性激素，但睾丸间质细胞肿瘤没有明显的雄性激素分泌过多的迹象。直径通常为 1～2 cm，与周围正常的睾丸组织界限明显。受累的睾丸有扭曲，切面外翻，均质。肿瘤呈黄色或棕色，质地柔软，界限明显，临床表现比较明显的肿瘤，一般呈囊状瘤，囊内充盈无色液体。

【镜下特征】

瘤细胞形态一致，呈圆形或多角形，核位于细胞中央，呈球形，胞浆较丰富，嗜酸性，富含颗粒或呈空泡状。瘤细胞排列成巢状、片状或束状。

【鉴别诊断】

间质细胞瘤肿瘤细胞大，呈圆形或多角形，胞浆丰富，胞界清楚，核位于细胞中央，有清晰的核仁，胞浆内含有脂质空泡，类似肾上腺皮质细胞或肝细胞，胞浆内还可见颗粒。间质细胞瘤中有时存在一种较小的细胞，此种细胞胞浆均匀嗜酸性染，瘤细胞排成腺管或囊腔，间质多少不定，血管较多。而支持细胞瘤中不可见嗜酸性染色的小细胞，肿瘤细胞圆形或椭圆形，排成假腺泡或乳头状的倾向，或排成片状，组织间质疏松。

◇ **病例 1**

【背景信息】

比熊犬，9 岁，雄性，已去势。受累睾丸包膜白色，内部组织褐色，质中，有包膜，未破溃，与周围组织无粘连。（图 23-66 和图 23-67）

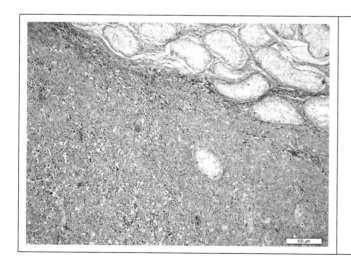

图 23-66　犬　间质细胞瘤（a）

视野中几乎不见睾丸正常的生精小管等结构，残存的小管中不可见生精上皮。
增生的细胞呈片状或不
规则状排布。
（HE×100）

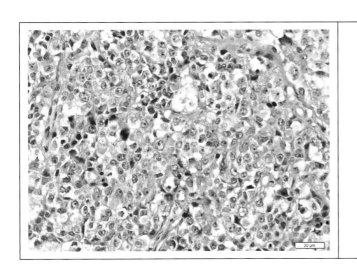

图 23-67　犬　间质细胞瘤（b）

实质中的肿瘤细胞胞核大小不一，多呈
圆形，胞浆丰富而呈嗜酸性红染，
可见核分裂象。

（HE×400）

◇ **病例 2**

【背景信息】

　　泰迪犬，10 岁，雄性，未去势。肿物褐色，无包膜，与周围组织无粘连，扩张性生长。（图 23-68
和图 23-69）

图 23-68　犬　间质细胞瘤（a）

睾丸基本结构消失，视野中未见正常生精小管
结构，肿瘤细胞排列成片状，取代正常
睾丸结构，增生组织间多见血管。

（HE×100）

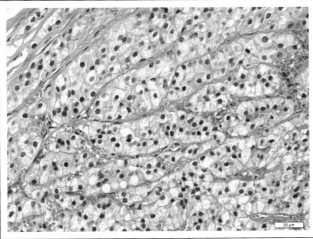

图 23-69　犬　间质细胞瘤（b）

肿瘤呈圆形或多角形，细胞界线较为清楚。
胞浆较为丰富，嗜酸性，部分细胞的胞浆，
富含脂质空泡，呈空泡状。可见瘤细胞
胞核较圆，居中或偏向细胞一侧，
核仁明显，呈球形。

（HE×400）

◇ 病例 3

【背景信息】

犬，13 岁，雄性，体重 18.25 kg。睾丸肿物。2014 年 12 月 8 日左右发现睾丸肿胀，使用抗生素约半个月，肿胀有所好转。同年 12 月 24 日手术切除双侧睾丸，一侧萎缩，另一侧肿胀，颜色硬度接近正常，包膜完好。（图 23-70 和图 23-71）

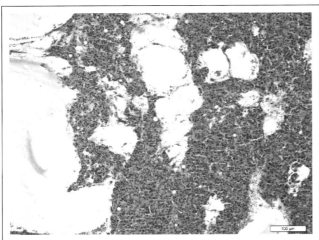

图 23-70　犬　间质细胞瘤（a）

肿瘤细胞呈片状分布，肿瘤细胞间可见含有

红细胞的囊样结构。

（HE×100）

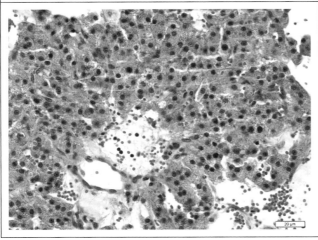

图 23-71　犬　间质细胞瘤（b）

肿瘤细胞呈圆形或多面体，胞浆丰富嗜酸性，

胞浆呈细颗粒状或空泡化，含有明显的

脂质聚积或脂滴结构。肿瘤细胞核

较小，嗜碱性较强，圆形，核分裂

象不常见。肿瘤细胞周围有结缔

组织和血管的基质支持。

（HE×400）

23.4.2　生殖细胞肿瘤

精原细胞瘤

生殖细胞肿瘤（germ cell tumors）由原始的生殖细胞衍生而来。精原细胞瘤（seminoma）是犬最常见的睾丸恶性肿瘤之一，老年犬易发，拳师犬具有较高的风险。隐睾是发生睾丸肿瘤最常见的危险因素。仅仅依靠病理镜下特征来判断肿瘤的恶性程度不准确，而肿瘤细胞向血管和睾丸周围组织的浸润性生长是恶性的标志。肿瘤可能转移至局部淋巴结和体内其他器官。

【大体病变】

绝大多数精原细胞瘤患病动物临床表现为睾丸肿大，少数伴有睾丸疼痛，有 1%～3% 的患病动物出现肿瘤转移，最常见的是腹膜后转移。肿瘤通常中等大小，实性，均匀一致，呈淡黄色，并可含有界限清楚的坏死区，通常看不到囊状变性或出血区域。

【镜下特征】

精原细胞瘤根据组织学外观，可进一步分为管内型和弥散型。管内型的结构相对简单，表现为受累的生精小管内充满肿瘤细胞，取代了原有的各级精细胞和支持细胞。肿瘤细胞体积大，呈多角形，细胞间边界清晰，细胞核透明呈泡状，核仁明显，细胞浆空虚，呈嗜碱性或者双嗜性。核分裂象数量多且形状怪异。在很多病例中可见淋巴细胞的聚集。弥散型的肿瘤中，肿瘤细胞不局限于分布在生精小管内，而是形成片状、条索状。某些病例中，因肿瘤细胞的坏死，肿瘤组织往往会呈现出"星空样"的外观特征。

【鉴别诊断】

精原细胞癌与淋巴瘤的细胞形态相似。在恶性淋巴瘤中，肿瘤细胞在生精小管之间弥漫性浸润，而生精小管仍然存在；细胞体积比精原细胞癌小，胞浆少，核浆比例大，胞浆不透明，有大的核仁；核不规则，细胞边界不如精原细胞瘤清晰，瘤细胞常浸润血管壁，嗜银性纤维在生精小管周围疏松排布，而精原细胞瘤的肿瘤细胞排列紧密。

◈ 病例 1

【背景信息】

犬，睾丸肿大，肿块形状不规则。（图 23-72 和图 23-73）

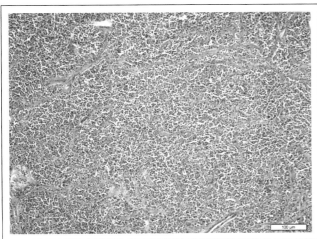

图 23-72　犬　精原细胞瘤（a）

睾丸基本结构不可见，生精小管结构遭到破坏，
被结缔组织分割形成大小不一的细胞团块。

肿瘤细胞成分较单一，以精原细胞

为主，不仅仅局限于生精小管内，

呈弥散性分布于整个肿物中。

（HE×100）

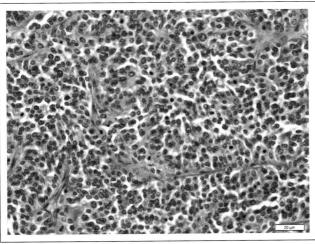

图 23-73　犬　精原细胞瘤（b）

精原细胞体积较大，细胞界限不清，胞质
较少呈弱嗜酸性，胞核呈圆形或椭圆形，
淡蓝染，核仁清晰，可见病理性

核分裂象。

（HE×400）

◈ 病例 2

【背景信息】

阿拉斯加犬，6 岁，雄性，未去势。隐睾，送检样本为 4 块睾丸肿物切除样本，质地柔软，表面及切面呈灰白色。（图 23-74 至图 23-76）

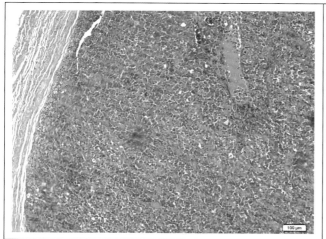

图 23-74 犬 精原细胞瘤（a）

肿物被结缔组织膜包裹，睾丸基本结构不
可见，被大量增生的肿瘤细胞取代。
肿瘤细胞呈弥散性生长，密集排列
呈片状。血管周围可见
炎性细胞浸润。

（HE×100）

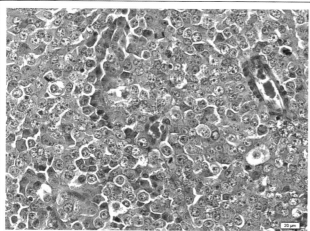

图 23-75 犬 精原细胞瘤（b）

肿瘤细胞具有多形性，体积较大，呈圆形或
多角形，胞质呈嗜酸性、粉染，胞核大小
不一、呈圆形或椭圆形的囊泡状，核仁
明显，核分裂象多见；部分视野见肿瘤
细胞坏死，胞核固缩、溶解、消失，
并见红染的细胞崩解产物。

（HE×400）

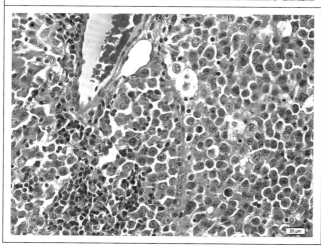

图 23-76 犬 精原细胞瘤（c）

血管周围浸润的炎性细胞以淋巴细胞为主。

（HE×400）

23.4.3 睾丸混合瘤

混合性生殖细胞——性索间质瘤

睾丸混合瘤（mixed tumors of the testicle）包括混合性生殖细胞——性索间质瘤（mixed germ cell-
sex cord stromal tumors），肿瘤包含睾丸的生殖细胞和性索间质来源成分。特征是在单个肿瘤中同时出
现精原细胞瘤和支持细胞瘤。精原细胞瘤偶尔与支持细胞瘤相邻，从而产生兼具精原细胞瘤和支持细
胞瘤特征的肿瘤。支持细胞和精原细胞成分紧密地混合在不同大小的管状结构中，管状结构被不同密

度的纤维间质分开。这些肿瘤多见于隐睾，可为单侧或双侧发生，通常是良性的。

【病例背景信息】

吉娃娃犬，9岁，雄性，未去势。送检样本为左侧睾丸，大小为 3.0 cm×1.0 cm×2.0 cm。（图 23-77 至图 23-80）

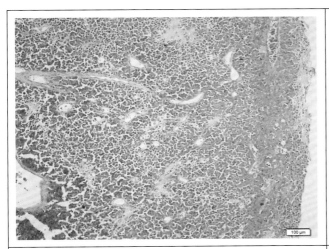

图 23-77　犬　混合性生殖细胞

——性索间质瘤（a）

不可见睾丸正常的曲细精管结构，增生的
肿瘤被结缔组织分割成片层状。

（HE×100）

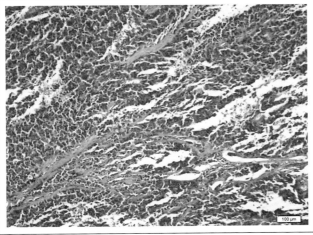

图 23-78　犬　混合性生殖细胞

——性索间质瘤（b）

肿瘤细胞成弥散性生长；增生的肿瘤细胞
有两种形态。

（HE×100）

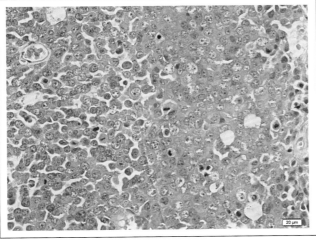

图 23-79　犬　混合性生殖细胞

——性索间质瘤（c）

呈片层状排列的肿瘤细胞有两种细胞。精原
细胞之间边界较清晰，细胞体积较大，呈
多边形；胞浆稀薄，呈嗜碱性或双染性；
胞核呈泡状，核仁大而清晰；可见大量
核分裂象，局部由于单个细胞坏死
而呈"星空样"。

（HE×400）

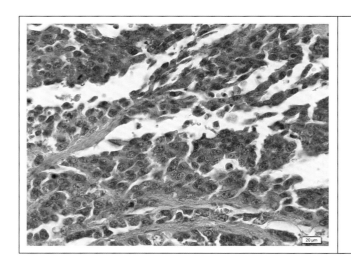

图 23-80 犬 混合性生殖细胞
——性索间质瘤（d）

支持细胞的排列缺乏有序的管状结构，肿瘤
支持细胞呈片状或岛状，被致密的纤维
间质分隔，这种肿瘤的细胞呈
长梭形，胞核卵圆形或瓜子形，
胞浆嗜酸性。

（HE×400）

23.4.4 其他肿瘤

间皮瘤

睾丸的其他原发肿瘤是非常罕见的。这些肿瘤包括间皮瘤（mesothelioma）（来源于阴囊）、纤维瘤/纤维肉瘤、血管瘤/血管肉瘤和平滑肌瘤/平滑肌肉瘤，它们在组织学上与身体其他部位的类似肿瘤相同。原发性间皮瘤必须从腹膜间皮瘤的转移中分离出来。表现为典型的间皮瘤，在睾丸束上有不规则的乳头状增生。

◇ 病例 1

【背景信息】

柯基犬，3 岁，雄性，未去势。受累睾丸深褐色，质中，有包膜，无破溃，无粘连（图 23-81 和图 23-82）

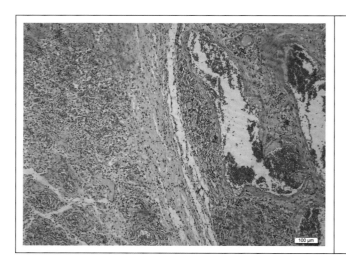

图 23-81 犬 睾丸血管瘤（a）

结缔组织中有大量新生的血管样结构，
血管管腔大小形状不一，部分血管中
含有数量不等的红细胞。

（HE×100）

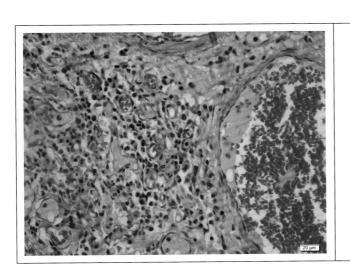

图 23-82　犬　睾丸血管瘤（b）

由胞核蓝色深染、胞浆嗜酸性粉染的梭形
细胞的首尾相连形成管腔，小的多呈圆形，
大的则呈椭圆形至不规则形，有的
管腔中还可见数量不等的
红细胞，并可见大量
炎性细胞浸润。

（HE×400）

◆ *病例 2*

【背景信息】

犬，14 岁，雄性。犬阴囊皮肤坏死，精索内可见积脓，鞘膜增厚。（图 23-83 和图 23-84）

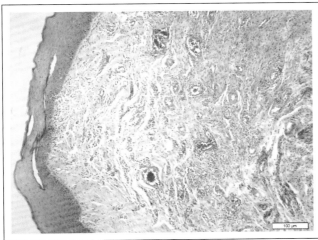

图 23-83　犬　阴囊血管错构瘤（a）

增生的血管大小不一，形态多样，可见从
毛细血管至具有肌层的增生血管。血管
周围增生较多量的结缔组织，存在
部分结缔组织疏松水肿，或可见
少量红细胞弥散性分布。

（HE×100）

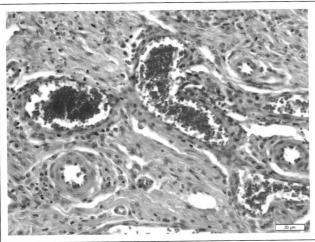

图 23-84　犬　阴囊血管错构瘤（b）

血管结构由具有饱满的、深色的、
形态一致的胞核的单层内皮
细胞排列而成。

（HE×400）

23.5　精索、附睾和附属性腺肿瘤

雄性动物精索、附睾和附属性腺肿瘤（tumors of the spermatic cord, epididymis, and accessory sex glands）较为少见，主要以良性瘤样病变为主。

23.5.1　前列腺的其他肿瘤

前列腺间质瘤的发生很罕见，包括淋巴肉瘤、纤维瘤/纤维肉瘤、平滑肌瘤/平滑肌肉瘤和血管瘤/血管肉瘤。

◇ 病例1

【背景信息】

德国牧羊犬，雄性，11岁。就诊3年前，X射线查出前列腺增大，最近出现血尿，尿不连续。肿物直径约为1 cm，生长速度慢，细胞学结果为前列腺组织。肿瘤颜色粉红，无转移，扩张性生长，单发性病变，有包膜。（图23-85和图23-86）

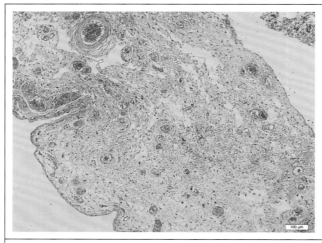

图23-85　犬　前列腺血管瘤（a）

结缔组织疏松水肿，结缔组织间有大量
大小不一的血管。

（HE×100）

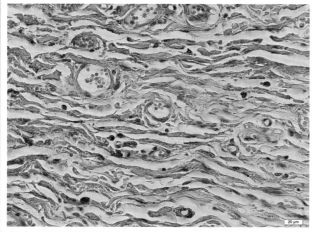

图23-86　犬　前列腺血管瘤（b）

增生的结缔组织疏松水肿，之间有许多小血管，
血管内皮由1～2层细胞组成，胞核嗜碱性
蓝染，形状不规则，呈椭圆形或
长梭形，细胞界限不清晰。

（HE×400）

23.5.2　前列腺的增生与肥大

前列腺的增生与肥大（hyperplasia and hypertrophy of the prostate）均为良性病变，由腺上皮和／或肌纤维间质增生引起。在未去势雄性犬中常见。大多数雄性犬会随着年龄的增长而出现这种情况。在良性弥漫性腺型中，可见继发性上皮增生，小叶增大，分泌上皮呈乳头状突起进入腺泡。这些乳头状突出物比正常较小，而单个细胞的体积增大。这种类型的发育不全通常在整个腺体内都是一致的，但也可形成结节。在组成较为复杂的前列腺增生中，腺体增生区混杂囊性腺泡，腺体的间质增多。慢性炎症常见于组成较为附加的前列腺增生中，此类复杂的组成通常被认为是腺上皮弥漫性增生导致。

【病例背景信息】

犬，6岁，雄性，已去势。肿物褐色，质中。（图23-87和图23-88）

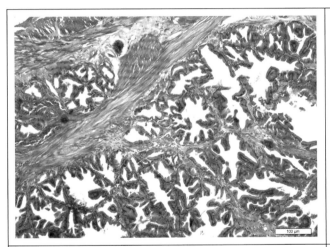

图23-87　犬　前列腺增生（a）

前列腺结构完整，可见分泌上皮向腺腔内
突起形成乳头状结构，轻度增生，
伴随着腺体周围的
结缔组织增生。

（HE×100）

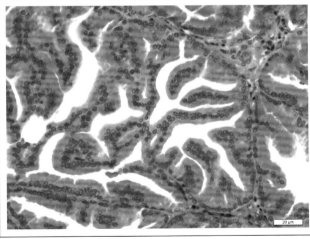

图23-88　犬　前列腺增生（b）

向内突起的分泌性上皮细胞仍旧呈单层
排列。细胞界限不清晰，胞核圆形呈
串珠样排列，胞核空亮，
可见核仁。

（HE×400）

◇ 病例2

【背景信息】

犬，9岁，雄性，已去势。排尿困难。前列腺肿物，褐色，质中；有包膜，无破溃，与周围组织有粘连。（图23-89和图23-90）

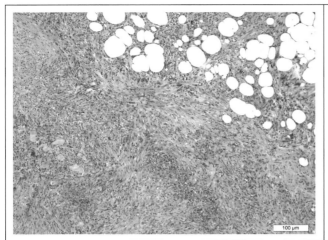

图 23-89　犬　前列腺纤维瘤（a）

大量组织增生，新生组织染色较深，
强嗜碱性，排列成不规则的
漩涡状或错乱排列的束状。

（HE×100）

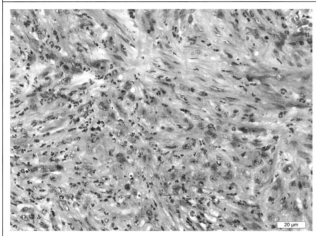

图 23-90　犬　前列腺纤维瘤（b）

增生的肿瘤细胞呈条索状、束状，排列紊乱，
胞体较长，胞浆丰富红染，胞核呈椭圆形
或细长形，蓝染。伴有坏死。

（HE×400）

23.6　雄性外生殖器肿瘤

雄性外生殖器肿瘤（tumors of the male external genitalia）发生于雄性外生殖器，在临床上较为常见。

23.6.1　上皮性肿瘤

鳞状细胞癌

阴茎和包皮的鳞状细胞癌（squamous cell carcinoma）是一类重要的上皮性肿瘤（epithelial tumors），在种马中最常见，但也发生于犬。与肿瘤相关的病变主要为增生或溃疡，多数发生于龟头，通常为溃疡性，且多为多中心性病变。这些肿瘤的组织学表现为典型的鳞状细胞癌，肿瘤分化程度越低，转移的可能性越大；淋巴转移首先发生在腹股沟浅淋巴结、深淋巴结。发生转移的淋巴结通常增大，但也可能维持正常大小。继发性淋巴结炎也可导致局部淋巴结肿大。

阴茎的鳞状乳头状瘤（squamous papilloma）也发生在犬上，是一种良性的外生性肿瘤，这些肿瘤由角化上皮增生伴稀疏纤维间质构成乳头状突起。上覆角质层可出现角化过度或角化不全。肿物一般较小，外观通常呈菜花样，手术切除后反应良好。

【病例背景信息】

雪纳瑞梗犬，8岁，雄性。阴茎包皮肿物，粉红色，无瘙痒，无明显生长，无转移，细胞学结果为上皮细胞。（图 23-91 至图 23-93）

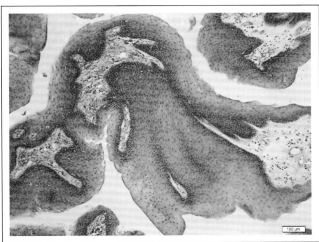

图 23-91 犬 阴茎鳞状乳头状瘤（a）
肿物轮廓呈乳头状，表皮完整无破溃，
增生的表皮层组织呈乳头状或
指状或团岛状或筛网状
向真皮层突出生长。
（HE×100）

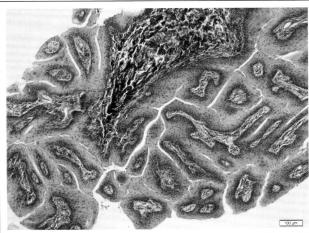

图 23-92 犬 阴茎鳞状乳头状瘤（b）
在乳头状凸起之间可见疏松结缔组织支持，
并且在结缔组织之间可见浆细胞等
炎性细胞散在浸润。
（HE×100）

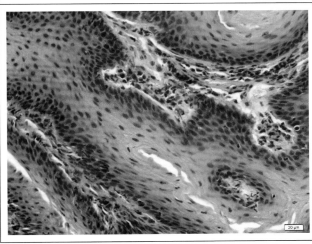

图 23-93 犬 阴茎鳞状乳头状瘤（c）
颗粒层和棘细胞层细胞是主要增生的细胞，
细胞体积大，胞核淡染，胞浆丰富，细胞
界限不明显。乳头状凸起之间的
结缔组织疏松水肿，其间可见
浆细胞、淋巴细胞等
炎性细胞浸润。
（HE×400）

23.6.2 间叶性肿瘤

犬传染性性病瘤

犬传染性性病瘤（transmissible venereal tumor of the dog，TVT）是一种可发生种植传播的间叶性肿瘤（mesenchymal tumors），最常在性交中传播；因此，TVT 是一种自然发生的异体肿瘤，通过活细胞在犬之间传播，而不是通过受累宿主的细胞转化。

【大体病变】

TVT 最常发生在外生殖器上，也可植入口腔、鼻腔、结膜或生殖器黏膜，甚至可发生于皮肤上，但更为少见。肿瘤可以是单个肿块，但通常为多个结节。如果肿瘤已被植入黏膜，肿瘤会在黏膜下层生长并伸展覆盖的上皮。TVT 可在种植原发部位变大（直径约 10 cm），并可能侵犯邻近组织。1 ~ 2 个月后生长迅速，肿瘤通常会自行消退。在没有免疫抑制的动物体内，肿瘤很少会持续存在超过 6 个月。退化之后可产生免疫力。

【镜下特征】

肿瘤的组织学外观取决于生长或退化的阶段。肿瘤细胞均匀地呈圆形或椭圆形，类似于淋巴母细胞（尽管它们可能起源于组织细胞）。肿瘤细胞呈片状排列，有时也以簇状的形式排列。其细胞学表现具有诊断性，特征是位于中心的、大的、椭圆形或圆形核，内含一个突出的核仁。细胞质稀疏，浅蓝色，均匀或呈细颗粒状，可能含有空泡。核分裂象很常见。在肿瘤早期，纤维血管间质很少，而在存在时间较长的肿瘤中丰富。淋巴细胞和其他炎症细胞浸润可见于自发消退的肿瘤中，在此阶段个别肿瘤细胞退化。

【病例背景信息】

德国牧羊犬，1.5 岁，雄性。阴茎肿物。（图 23-94 和图 23-95）

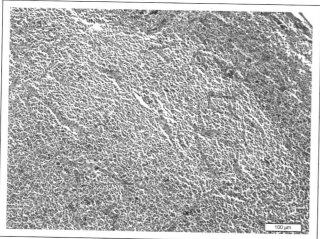

图 23-94　犬　传染性性病瘤（a）

组织表面被覆的鳞状上皮部分被破坏，肿瘤组织呈条索状或者片状排列，不同区域细胞排列的紧密度不同。

（HE×100）

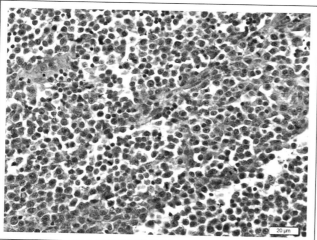

图 23-95　犬　传染性性病瘤（b）

肿瘤细胞呈现圆形或者椭圆形，大小较均匀，细胞之间界限明显，有时呈现网织状连接。细胞浆弱嗜碱性蓝染，边缘不规则，内部可见数量不等的透明空泡。

（HE×400）

23.6.3　其他肿瘤

在包皮和阴茎上可发生多种肿瘤，包括黑色素瘤、淋巴肉瘤、肥大细胞瘤、阴茎骨肉瘤、腺瘤、血管瘤和血管肉瘤。

◇ **病例1**

【背景信息】

金毛寻回犬，5岁，雄性，已去势。阴茎附近肿物，生长速度慢，无瘙痒，白色，无转移；用一周普维康后肿物减小。（图23-96和图23-97）

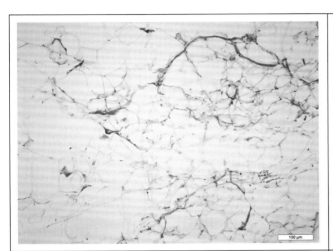

图23-96　犬　阴茎脂肪瘤（a）

肿物无明显包膜，绝大部分区域都是呈网格样的脂肪组织。

（HE×100）

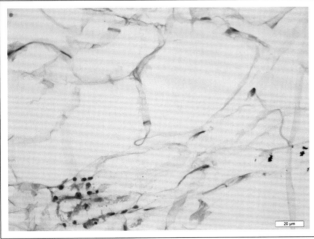

图23-97　犬　阴茎脂肪瘤（b）

脂肪细胞较大，胞浆被脂滴替代呈空泡状，胞核被挤向细胞一侧呈梭形、圆形或不规则状，大量脂肪细胞相互连接成一片，形成网格状。

（HE×400）

◇ **病例2**

【背景信息】

银狐犬，10岁，雄性，未去势。阴茎骨左侧肿物，生长速度快，生长约2周。（图23-98和图23-99）

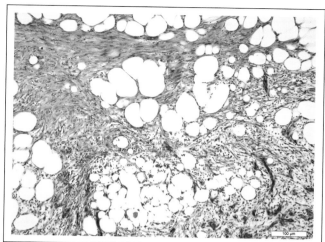

图 23-98 犬 阴茎脂肪肉瘤（a）

肿物主要由呈片状增生的脂肪细胞组成，脂肪
细胞大小不等，细胞之间由厚薄不一的
纤维结缔组织所分隔，结缔组织间
可见红染的出血区域。

（HE×100）

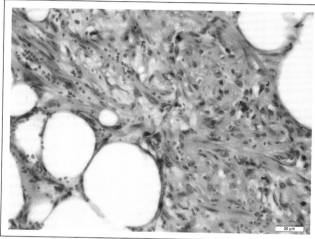

图 23-99 犬 阴茎脂肪肉瘤（b）

成熟的脂肪细胞呈大的圆形，其内含有一个大的
脂滴，胞核被挤压至细胞边缘；幼稚的脂肪
细胞核较大，呈多形性，位于细胞
中央，蓝染，胞浆内含有多个小的
脂滴；散在分布于纤维
结缔组织之间。

（HE×400）

◆ 病例 3

【背景信息】

犬，10 岁，雄性，已去势。阴茎旁包皮上原发肿物，有包膜，无破溃，与周围组织无粘连。（图 23-100 和图 23-101）

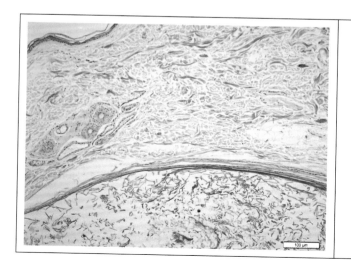

图 23-100 犬 包皮漏斗形毛囊囊肿（a）

肿物表皮完整，皮下结缔组织疏松水肿。主要
病变部位为皮下囊腔，外层细胞层包裹，
内衬细胞角化明显，囊腔内有大量
强嗜酸性角化物质，呈片状，
不规则排列。

（HE×100）

图 23-101　犬　包皮漏斗形毛囊囊肿（b）

角质分层排列，囊腔中也含有一些角质成分。

内衬细胞被挤压呈扁平状，细胞形态

不明显，胞核呈嗜碱性蓝染。外层

结缔组织，胞核呈长梭形，

胞浆丰富呈嗜酸性粉染。

（HE×400）

◇ 病例 4

【背景信息】

金毛寻回犬，2 岁，雄性。阴茎前端肿物，就诊 1 年前出现瘤状物，期间口服过癌肿平。（图 23-102 和图 23-103）

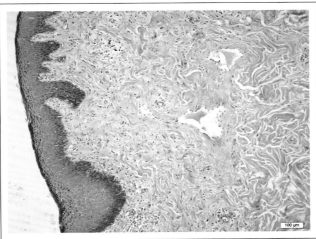

图 23-102　犬　阴茎胶原纤维错构瘤（a）

肿物表皮结构完整，层次清晰，在真皮层

可见大量胶原纤维增生。

（HE×100）

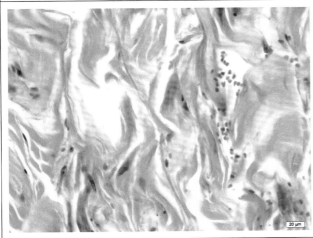

图 23-103　犬　阴茎胶原纤维错构瘤（b）

增生的胶原纤维结构杂乱，部分呈短粗形，

嗜酸性强，有红细胞散在分布。

（HE×400）

㉔ 乳腺肿瘤

【背景信息】

乳腺肿瘤（tumors of the mammary gland）发生于动物乳腺，雌性与雄性动物均可发生。乳腺癌是母犬最常见的恶性肿瘤。年发生率为0.198%。若兽医未注意到特别小的良性肿瘤或者没有对其进行摘除，乳腺肿瘤确切的发生率及良性和恶性的比例是很难确定的。基于组织学和生物学标准，摘除的肿瘤中大约有30%为恶性肿瘤。发育不良、良性肿瘤和恶性肿瘤从前部乳腺到后部乳腺都会发生。

猫的乳腺肿瘤是仅次于皮肤肿瘤和淋巴瘤的第三大肿瘤，占猫肿瘤病例中的12%，占雌性猫病例中的17%。不区分性别的年发生率为0.0128%，雌性猫发生率为0.0254%。2.5～13岁都会发生，平均确诊年龄为10～11岁。恶性和良性肿瘤的比例为（9～4）:1。许多肿瘤有相似的或者不同的组织学类型，同时应该考虑邻近原发肿瘤发生淋巴转移的可能性。

24.1 增生与发育不良

乳腺增生（hyperplasia）又称乳房囊性增生病、小叶增生、乳腺结构不良症和纤维囊性病等，命名较为混乱。乳腺增生是犬猫的良性病变，其特征是乳腺组织的持续性扩张以及退行性变化，并伴有腺上皮、肌上皮以及相关组织成分的异常变化。变化包括很多方面并可能产生明显的肿块。大多数上皮的增生可能起源于终末导管，有导管和小叶增生两种类型，在一些情况下，区分两者是比较困难的。主要临床表现为乳腺单发或多发性结节或界线不清的乳腺增厚区，不同程度的疼痛或胀痛，少数可见有乳头溢液或溢血性分泌物。

◇ 病例1

【背景信息】

贵宾犬，10岁，雌性。肿物位于右侧第五乳区，有游离性，有包膜，无瘙痒。（图24-1和图24-2）

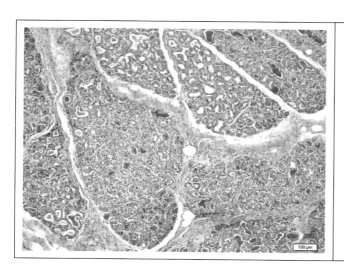

图24-1 犬 乳腺增生（a）
乳腺小导管数量增多，排列紧密，导管内有
红染的均质分泌物。
（HE×100）

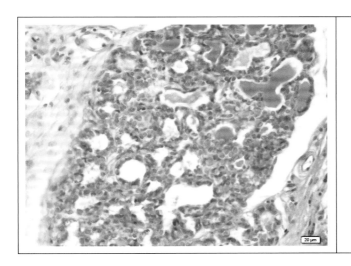

图24-2 犬 乳腺增生（b）

乳腺管腔上皮细胞呈扁平状，部分管腔内

含有红染的分泌物。

（HE×400）

◈ **病例2**

【背景信息】

英国短毛猫，2岁，雌性，未绝育。绝育时切开腹中线发现体型偏瘦，生产后3个月，腹部未见突起。细胞学结果为间质类。粉红色，无瘙痒，有游离性，表面破溃。（图24-3和图24-4）

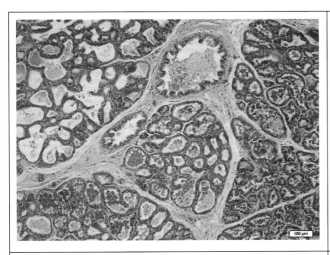

图24-3 猫 乳腺增生（a）

乳腺腺泡和导管数量增多，排列紧密，

管腔内可见粉染分泌物。

（HE×100）

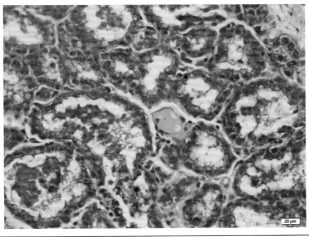

图24-4 猫 乳腺增生（b）

单层腺上皮细胞围绕形成管腔样结构，细胞

之间排列紧密，形态均一，多为立方状。

（HE×400）

24.1.1 导管扩张

导管扩张（duct ectasia）是乳腺发育不良（dysplasia）（纤维囊性）疾病的一种，一般在母犬和母猫常见，犬的发病率占肿瘤性疾病的3%。犬的乳腺导管扩张是一种非肿瘤性的可引起乳腺肿胀的疾病。切除病变部位是治疗的最佳方式，切除后很少复发。

【镜下特征】

当连续的上皮细胞层受到破坏时，细胞碎片聚集与脂类物质突破基底膜，与很多泡沫状的巨噬细胞混合，导管腔内可见胆固醇结晶。导管扩张可能继发于管腔内赘生物阻塞管腔。扩张不仅仅发生在导管，终端的小导管、小叶间的小导管以及腺泡也有可能发生。眼观可见乳腺组织体积增大。

很多的导管发生扩张，可见导管直径由 500 μm 至 2.5 cm，扩张的导管排列着 1 ～ 2 层柱状的上皮细胞，部分上皮细胞增生成乳头状结构，增生的上皮细胞突入管腔内。

【鉴别诊断】

导管扩张与囊肿不易区分。乳腺囊肿的上皮细胞发生萎缩或者表现出不同程度的增生或乳头状的生长，囊肿的空间通常较小，可辨认导管的起源。

【病例背景信息】

马尔济斯犬，11 岁，雌性。乳腺，左侧（L3）乳腺肿物，右侧（R3）乳区肿物。（图 24-5 至图 24-8）

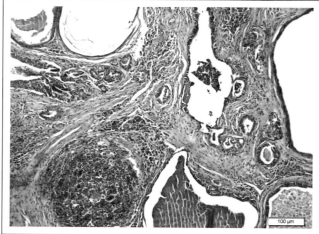

图 24-5　犬　乳腺导管扩张（a）

镜下未见表皮结构，真皮层中乳腺结构部分区域还可以看到较为正常呈圆形或椭圆形的腺管结构；肿物区域有大量扩张明显的管状结构，大小不一，呈圆形、椭圆形或不规则形，管腔内有大量粉染的分泌物或深蓝染的细胞团块。

（HE×100）

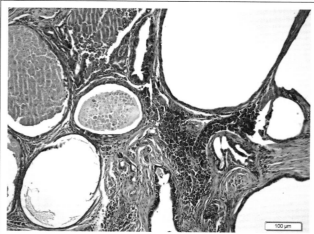

图 24-6　犬　乳腺导管扩张（b）

在间质部分可见散布其中的棕黄色颗粒，密集之处形成不规则的团块状。

（HE×100）

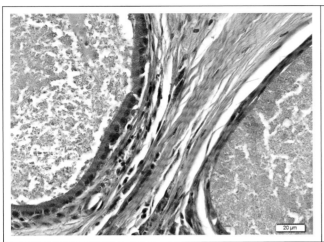

图 24-7　犬　乳腺导管扩张（c）

围成腺管的腺上皮细胞大致呈立方状，管腔扩张
明显处的上皮细胞由于挤压变得扁平，胞核
蓝染，胞浆较少呈嗜酸性红染；少量
腺管有轻度增生，细胞界限不清，
胞核呈圆形、立方状、椭圆形或
不规则形，蓝染，染色较深，
未见明显核分裂象。

（HE×400）

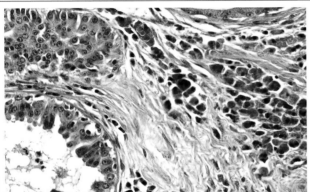

图 24-8　犬　乳腺导管扩张（d）

部分腺上皮细胞增生成数层，且排列较紊乱，
几乎不见管腔；呈不同程度扩张的腺管内有
大量粉染的团块状分泌物淤积，有的管腔
中则有少量或多量的细胞团块，可能是
脱落的上皮或炎性细胞的碎片；间质
中呈现黄褐色的区域聚集了吞噬含
铁血黄素的巨噬细胞，表明该处
可能存在陈旧性出血。

（HE×400）

24.1.2　小叶增生（腺病）

小叶增生（lobular hyperplasia）是小叶内导管的非肿瘤性增生，通常表现为导管数量的增多和小叶内腺泡的增多。在乳腺良性肿瘤或者恶性肿瘤边缘或者邻近部位可见小叶增生。

小叶增生有两种不同的类型：腺病（adenosis），即乳腺腺泡和小导管数量的增加；上皮增生（epitheliosis），即小叶内导管的上皮细胞增生。小导管的增生导致小导管数量的增加，即腺病。腺病以不同的比例包含以下的成分：小导管、腺上皮、肌上皮以及特异性或非特异性的相关组织。当纤维组织增生明显时，称为硬化性腺病（sclerosing adenosis），有可能误诊为浸润性癌。小叶的保留以及缺乏浸润性的表现更有可能是良性病变。犬猫中最常见的生长模式是管腔内生型、外生型或导管周围型。

腺病类型的小叶增生在犬猫中经常表现为单小叶增生和多小叶增生的聚集或腺瘤样增生（一种小叶增生与腺瘤或良性混合瘤的中间阶段）。炎性细胞可能明显存在于间质中。猫病例中的部分或全部纤维腺瘤的变化可能与腺瘤性增生有关联。

【鉴别诊断】

与导管增生鉴别。导管增生（ductal hyperplasia）包括单纯型上皮增生和非典型上皮增生，以正常或异常的导管上皮增生为特征。最终可能引起导管的部分或全部闭塞。该增生可能是弥散性的或多病灶性的，曾被称为乳头状增生（papillomatosis）或上皮增生（epitheliosis）。细胞及细胞核较小且大小均一，缺少核分裂象，存在极易辨认的肌上皮层，表明该病变是良性的。当异形性明显时，则称为非典型导管上皮增生（atypical ductal hyperplasia）。

与导管内癌的区别是细胞和细胞核的异形性程度。上皮细胞脱落到管腔内，也可能存在类巨噬细胞或未分化的癌细胞。伴有部分显著的异形性的导管增生被认为是癌前的征兆，极有可能发展成为浸润性癌。

【病例信息】

贵宾犬，10 岁，雌性。右侧倒数第二乳腺肿物。主述一年前发现右侧倒数第二个乳腺下有小结节。肿物生长 1 年，无瘙痒，无转移。（图 24-9 和图 24-10）

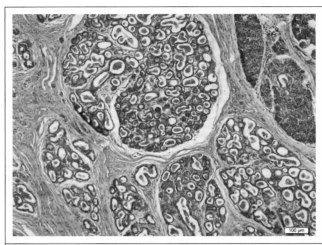

图 24-9　犬　乳腺小叶增生（a）

部分小叶中腺管有增生现象，纤维结缔组织内
未见明显炎性细胞浸润和出血。

（HE×100）

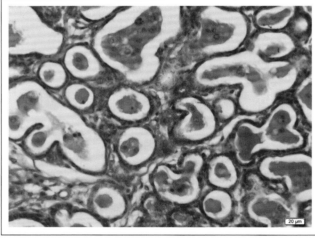

图 24-10　犬　乳腺小叶增生（b）

多数腺上皮因管腔扩张挤压而呈扁平状，细胞
界限不清，单层，胞核呈梭状，
胞浆嗜酸性。

（HE×400）

24.2　良性肿瘤

犬乳腺的良性肿瘤（benign neoplasms）的发生比率比猫的高（在犬的病例中，良性与恶性肿瘤的比为 70∶30，猫为 20∶80）。大多数良性肿瘤有清晰的界限，犬肿瘤的内部结构通常没有规则，包含多种型细胞类型，例如腺上皮细胞、肌上皮细胞或者基质细胞等。

24.2.1　单纯性腺瘤

单纯性腺瘤（simple adenoma）是良性肿瘤的一种，较为少见。手术切除是治疗本病的最佳选择。

【大体病变】

眼观呈界限清楚的无浸润性的结节状结构。

【镜下特征】

单纯性腺瘤一般形成管状，由分化良好的腺上皮细胞组成，腺管有均一的单层排列的立方形或柱状细胞组成，胞质适量、嗜酸性；核呈圆形或椭圆形位于中央；核仁较小。核大小不均和细胞大小不均少见，核分裂象少见。某些管腔中存在分泌性的产物，支持性的纤维血管基质成分较少。

实体型的单纯性腺瘤型主要有良性的梭形细胞组成，在美国的一些病理学家把它称为肌上皮瘤。在稀疏的间质中梭形细胞呈结节状生长，核分裂象不明显。

【鉴别诊断】

应与管状癌鉴别，后者小管的内层通常有 1 ～ 2 个细胞厚，细胞形态大小不一，具有多形性。胞核淡染，核仁大小不均，核分裂象明显，向周围的乳腺组织中浸润时，引发基质反应，大量成纤维细胞增生。

◇ 病例 1

【背景信息】

西施犬，9 岁，雌性；R4 乳腺肿物，有游离性，生长速度慢。（图 24-11 和图 24-12）

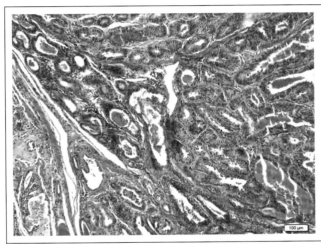

图 24-11　犬　单纯性腺瘤（a）

腺上皮增生形成大小不等的腺管结构，部分
管腔内含有红染的分泌物。

（HE×100）

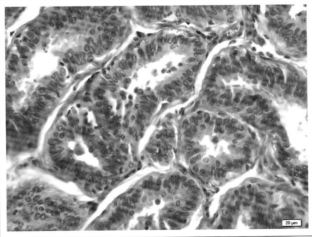

图 24-12　犬　单纯性腺瘤（b）

增生的腺上皮细胞胞核呈椭圆形至圆形，
蓝染，细胞之间界限不清楚，2 ～ 3 层
围绕形成腺管，腺管之间界限清晰。

（HE×400）

◇ 病例 2

【背景信息】

金吉拉猫，10 岁，雌性。右侧第 3、第 4 乳区肿物，扁平，有游离性，与腹壁无连接，生长 1 年。（图 24-13 和图 24-14）

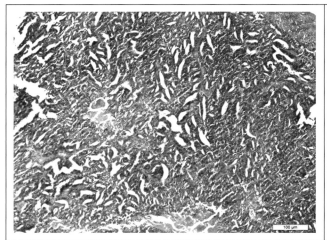

图 24-13　猫　单纯性腺瘤（a）
真皮层的间质内可见大量腺上皮的增生，
围成体积大小不等的管状结构，呈
椭圆形、梭形或不规则形。
（HE×100）

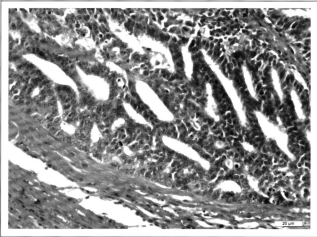

图 24-14　猫　单纯性腺瘤（b）
增生的腺上皮排列较单一，多为单层的
立方状上皮样结构，细胞呈圆形或
椭圆形，胞核呈圆形或椭圆形，
核仁明显，胞浆淡染。
（HE×400）

24.2.2　导管内乳头状腺瘤

【镜下特征】

导管内乳头状腺瘤（intraductal papillary adenoma）呈乳突状、树状生长模式，肿瘤上皮细胞由纤维血管柄支撑。乳突可发生在单个病灶或一个或多个腺体的多个导管的多个病灶。邻近的导管常发生扩张，粗略检查可呈囊性结构。

肿物的上皮细胞呈单层，核卵圆形，常染色质和少量中等数量的嗜酸性细胞质。上皮下为一层相对不明显的扁平肌上皮细胞。支持间质由成纤维细胞、胶原和血管组成，可被不同数量的淋巴细胞和浆细胞浸润。罕见核分裂象。

【病例背景信息】

法国斗牛犬，2017 年 12 月份做过子宫蓄脓手术，近期发现乳腺有肿块，乳腺肿物内有分泌物挤出，类似于乳汁。（图 24-15 和图 24-16）

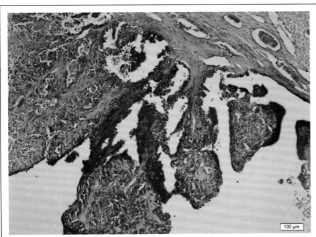

图 24-15　犬　导管内乳头状腺瘤（a）
从囊壁向囊腔内生长的乳头状结构，有的
部位生长呈树枝状深入管腔内，
细胞排列紧密，呈多层排列。
（HE×100）

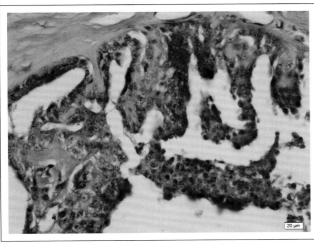

图 24-16　犬　导管内乳头状腺瘤（b）
增生的腺上皮细胞之间界限不清楚，
胞核呈空泡状，核仁清楚。
（HE×400）

24.2.3　导管腺瘤

导管腺瘤伴鳞状分化

【镜下特征】

导管腺瘤伴鳞状分化（ductal adenoma with squamous differentiation）是导管腺瘤的一种类型，其特征除腺上皮增生外还具有多个鳞状分化灶和胞质内角质透明细胞颗粒以及导管腔内含有角化物质。

肿物主要由大量增生的呈片状排列的腺管结构和大量管腔内含有均质粉染的角化物质或坏死物质的乳腺导管结构以及大片粉染、无组织形态的坏死组织所组成。乳腺导管数量增多，上皮发生鳞状分化，管腔扩张，大小不等，腔内含有大量角化物质，呈片状排列或散在分布于增生的腺管和坏死组织间。腺上皮细胞胞核呈椭圆形至圆形，蓝染，胞浆淡粉染，细胞之间界限不清晰；呈多层排列围绕形成不规则的管腔结构。呈片状排列的坏死区域细胞胞核固缩、碎裂、消失，胞浆呈絮状粉染，其间残存的乳腺导管内可见大量呈薄片状同心圆排列的角化物质。

【病例背景信息】

秋田犬。乳腺肿物，褐色，有空腔，并有液体流出。（图 24-17 和图 24-18）

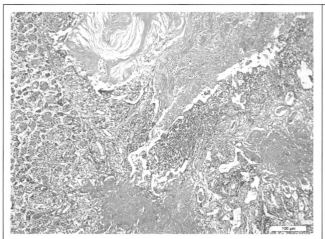

图 24-17 犬 导管腺瘤（a）

乳腺导管数量显著增多，上皮发生鳞状分化，
管腔扩张，大小不等，腔内含有大量
角化物质，呈片状排列或散在分布
于增生的腺管和坏死的组织间。

（HE×100）

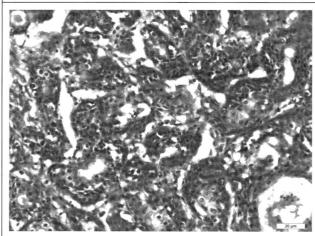

图 24-18 犬 导管腺瘤（b）

增生的腺上皮细胞核呈椭圆形至圆形，蓝染，
胞浆淡粉染，细胞之间界限不清晰；
呈多层排列围绕形成不规则的
管腔结构。

（HE×400）

24.2.4 纤维腺瘤

乳腺纤维腺瘤（fibroadenomas）是由异常增生的纤维组织和腺体组织两种成分组成的良性肿瘤。有人将乳腺纤维腺瘤以纤维和腺体增生比例多少分成3种类型，纤维为主腺管较少的为腺纤维瘤（adenofibroma），反之为纤维腺瘤（fibroadenoma），如由大量小腺管构成的则为腺瘤。

【大体病变】

腺纤维瘤在犬猫中相对常见，可发生于乳腺组织任何部位，通常生长缓慢，极少发生恶变。瘤体多单发，也见多发者，一般呈圆形或卵圆形，质地坚韧，有包膜，切面呈灰白色或灰红色，常见散在的小裂隙或小囊肿。

【镜下特征】

纤维腺瘤由腺上皮细胞和纤维性间质细胞共同组成，有时还伴有肌上皮细胞的存在。基质细胞丰富，常见核分裂象。腺管、腺泡和纤维组织都参与乳腺纤维腺瘤的形成，可分为管内型和围管型，也可见混合型。

管内型腺纤维瘤是由腺上皮下的纤维组织呈局灶性增生而引发的肿瘤，增生的纤维组织常由一处逐渐向腔内凸入，腺腔内被覆以双层细胞。瘤细胞呈梭形，伴有黏液样变。

围管型腺纤维瘤主要表现为乳导管弹力纤维层外的纤维组织增生，环绕于乳导管和腺泡周围。乳导管和腺泡呈弥漫性散在分布，上皮正常或伴有轻度增生，有时形成乳头状。

如果上述两种腺纤维瘤同时存在，则可称为混合型腺纤维瘤。

【鉴别诊断】

肌上皮细胞的存在可能会导致与复合性腺瘤的区分困难。

【病例信息】

犬，11岁，雌性，已绝育。乳腺，肿物大小为 1.5 cm × 0.8 cm × 1.0 cm，褐色，质中。无包膜、无破溃，仅肿瘤，乳腺周围肿块。（图24-19 和图24-20）

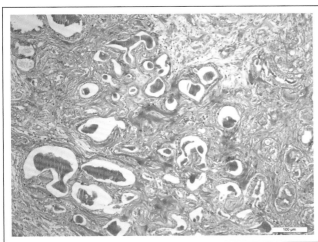

图24-19　犬　纤维腺瘤（a）

未见正常皮肤结构，肿物整体呈现嗜酸性粉染，可见有大量大小不一的管腔样结构组成，有些管腔内含有嗜酸性粉染的分泌物，周围有大量嗜酸性粉染的疏松结缔组织包裹，有些视野可见广泛增生的纤维组织。

（HE×100）

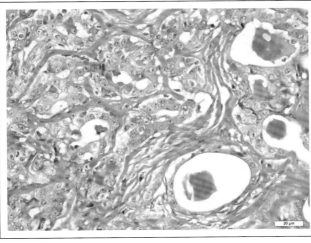

图24-20　犬　纤维腺瘤（b）

可见胞核圆形，胞浆丰富、嗜酸性粉染的腺上皮细胞呈管状排列，多个小管之间有纤维组织分割，有些管腔内含有嗜酸性粉染的分泌物，并可见呈漩涡状排列或者交织网状分布的胞核杆状的纤维细胞增生。

（HE×400）

24.2.5　肌上皮瘤

【镜下特征】

肌上皮瘤（myoepithelioma）较为罕见，由梭形细胞或圆形细胞混合细胞外纤维嗜碱性黏液样基质组成。细胞起源于肌上皮，边界不清，含少量原纤维胞浆，胞核呈梭形或圆形、浅染，染色质斑点。肌上皮瘤大小不一，累及一个或多个乳区。肌上皮瘤大多数为良性，有复发倾向，少数为恶性，可转移。肿瘤与周围组织界限清楚，有假包膜。可为实性或囊实性。镜下见分布不均的腺管外周可见明显增生的肌上皮。腺管呈圆形、椭圆形，多为小腺管，腺腔内可有嗜酸性分泌物。腺上皮呈立方形或低柱状，部分有顶浆分泌，胞质嗜酸性，核仁细小或无核仁，无异形性。部分腺管上皮可增生呈乳头状。肌上皮排列呈巢状、片状、条索状和小梁状，多为透明肌上皮细胞，呈多边形，胞核圆形，可有小核仁，胞质透明，部分肌上皮细胞呈梭形，胞质微嗜酸性；亦有部分肌上皮细胞呈多边形，胞质嗜酸性。肌上皮瘤分为以下三种类型。

梭形细胞型：以梭状肌上皮细胞增生为主，形成束状结构，增生细胞团可压迫管腔，腺上皮细胞常见顶浆分泌样化生，部分区域因缺乏腺上皮细胞成分，可与平滑肌瘤混淆。

腺管型：肌上皮细胞及腺上皮细胞围绕导管聚集性增生，似硬化性乳头状瘤、管状及腺管状腺瘤。

小叶型：增生的肌上皮细胞呈实性、巢状排列，细胞浆常透明或嗜酸性，有的似浆细胞样，并常围绕受压腺上皮细胞，肌上皮细胞可有轻度异形性，并可见少许核分裂象。肿瘤周围有完整或不完整的较厚的纤维包膜，并向瘤内伸展，将瘤组织分隔成结节状和小叶状，多数肿瘤中心有显著的透明样变，部分肿瘤有钙化及大块中心梗死。

【病例背景信息】

泰迪犬，8岁，雌性。乳腺肿物，单发性病变。（图24-21和图24-22）

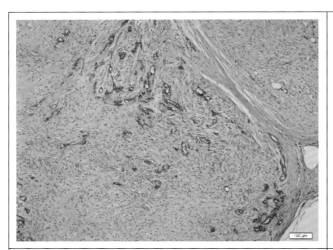

图24-21 犬 肌上皮瘤（a）

肌上皮细胞大量增生，分泌弱嗜碱性的黏液
样基质，乳腺腺泡和导管被增生的
肌上皮细胞挤压变形。

（HE×100）

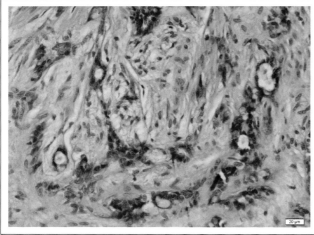

图24-22 犬 肌上皮瘤（b）

乳腺上皮呈立方状或扁平状，胞核嗜碱性
浓染，胞浆较少，肌上皮细胞多为梭形，
呈束状或漩涡状排列。

（HE×400）

24.2.6 复合性腺瘤（腺肌上皮瘤）

乳腺复合性腺瘤（腺肌上皮瘤）[complex adenoma（adenomyoepithelioma）] 常发于犬而少见于猫。复合腺瘤与良性混合瘤、纤维腺瘤以及小叶增生（腺病以及导管增生）区别比较困难。

【镜下特征】

肿瘤由腺上皮细胞与类似肌上皮细胞的纺锤形或星形细胞构成。后者细胞可以产生黏液样的物质，易被误认为是良性混合瘤（benign mixed tumors）特有的软骨样结构。其特征是有包膜、低有丝分裂指数、缺乏坏死区域以及低异形性。

【鉴别诊断】

与纤维腺癌的区别在于软骨、骨或脂肪是否存在。纤维腺瘤在犬猫相对较为常见。乳腺腺纤维瘤由腺上皮细胞以及成纤维间质细胞构成，有时混合有肌上皮细胞。基质细胞丰富，含有丰富的核分裂象。与小叶增生的区别见乳腺增生部分。与复合性癌的区别在于恶性程度的差异，表现为低有丝分裂指数、缺乏坏死区域以及低异形性。混合瘤由类腺上皮细胞、肌上皮细胞以及间质细胞产生的纤维组织组成，同时又存在软骨、骨或脂肪组织。

【病例背景信息】

泰迪犬，7岁，雌性，未绝育。左侧第4～5个乳头肿物，无包膜，无破溃，无粘连，多处性病变，肿瘤附带表层皮肤。（图24-23和图24-24）

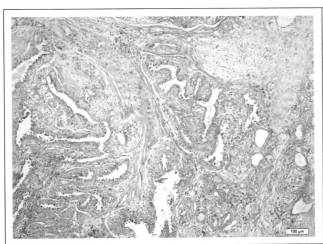

图24-23　犬　复合性腺瘤（a）

肿物主要由两种增生的成分所组成，大量
增生的肌上皮呈束状或小岛状排列，
局部可见淡蓝染的黏液基质。
增生的腺上皮细胞呈乳头状
向管腔内增生。

（HE×100）

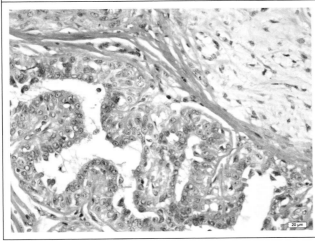

图24-24　犬　复合性腺瘤（b）

增生的腺上皮细胞胞核呈椭圆形至圆形，细胞
之间界限不清晰。增生的肌上皮细胞呈
长梭形，胞核呈梭形或不规则形，
蓝染，胞浆淡染，细胞之间
可见淡蓝染的黏液基质。

（HE×400）

24.2.7　良性混合瘤

良性混合瘤（benign mixed tumor）常见于犬，在猫中较为少见。

【镜下特征】

肿瘤细胞中包含两类细胞，其中一类是增生的腺上皮细胞，另一类是肌上皮细胞，同时还有间质细胞的增生。此外肿瘤通常含有软骨、骨或脂肪组织。

【鉴别诊断】

复合腺瘤也含有两类细胞，除管腔上皮外，另一类为梭形或星形细胞，可以产生黏液样的基质，容易与良性混合瘤的软骨样物质相混。纤维腺癌在犬猫中较为常见，除含有腺上皮细胞，还有成纤维细胞，有时还混有肌上皮细胞，区别在于软骨、骨或脂肪是否存在。

【病例背景信息】

金毛寻回犬，8岁，雌性。乳腺肿物，生长缓慢，无瘙痒，紫色。（图24-25和图24-26）

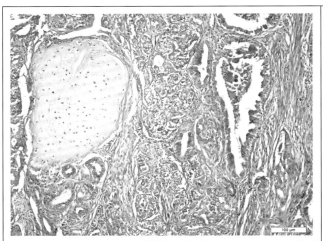

图24-25 犬 良性混合瘤（a）

肿物内可见腺上皮、肌上皮和纤维结缔
组织增生，并可见蓝染的软骨样结构。

（HE×100）

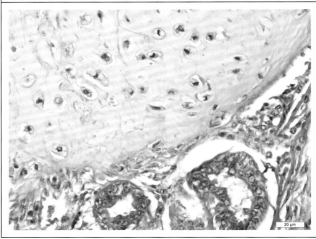

图24-26 犬 良性混合瘤（b）

腺上皮细胞呈类圆形，胞核呈网状、圆形、
蓝染，细胞分化较好，异性型小，
未见核分裂象。

（HE×400）

24.3 恶性上皮性肿瘤

24.3.1 单纯性癌

【背景知识】

乳腺单纯性癌（Carcinoma-simple）是犬猫发生的最常见的恶性上皮性肿瘤（malignant epithelial neoplasms），由一种肿瘤细胞组成，肿瘤细胞为单纯的腺上皮细胞或者肌上皮细胞。这类的肿瘤具有强烈的向周围组织和血管浸润的倾向，发生率大于50%。淋巴源性和血源性转移常见；平均存活10～12个月。肿瘤组织中，间质的成分各种各样，差别很大。癌细胞周围的淋巴细胞常见，这种淋巴细胞的浸润可能与坏死相关，也可能无关。乳腺单纯癌可以分为管状癌、管状乳头状癌、囊性乳头状癌和筛状癌。

管状癌

【镜下特征】

管状（tubular）癌常见，特点是主要形成管状结构，构成管状结构的细胞通常为一层或者两层，细胞的形态变异较大，细胞核内有一个较大的核仁或者多个小的核仁，细胞质嗜酸性，细胞间界限清晰，核分裂象或多或少，有管状结构的形成，细胞的形态和核分裂象的多少可以来判断肿瘤的恶性程度。在犬原发性和转移性肿瘤中，管状癌通常伴随着显著的间质性成纤维细胞增生。管状结构间的基质包含有血管和成纤维细胞，有时可见炎性细胞浸润，当增生的肿瘤细胞入侵到周围的乳腺组织时，能够引发基质反应，包括成纤维母细胞的增生。肿瘤增生的浸润性和细胞大小不均以及核分裂象的增加可以用来作为与腺癌的区别。

【病例背景信息】

猫，13岁，雌性。乳腺肿物，浅褐色，质中，已破溃。（图24-27和图24-28）

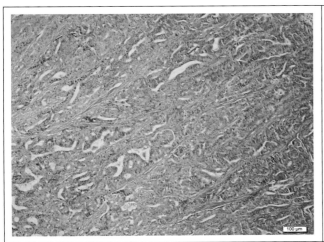

图24-27　猫　管状癌（a）

肿瘤细胞排列呈形状不规则的管状结构。

（HE×100）

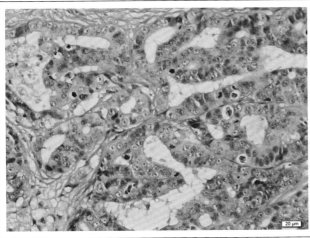

图24-28　猫　管状癌（b）

管状结构内衬1～2层的腺上皮细胞，胞核
呈圆形、淡染、呈空泡状，核仁清晰，
可见病理性核分裂象。

（HE×400）

24.3.2　实性癌

【镜下特征】

实性癌（carcinoma-solid）在犬猫中也非常常见。通常情况下边界不清晰，但是也会出现个别的病例边界清晰。特征是肿瘤细胞形成实质性的片层状、束状、巢状或小叶结构，并且由细小的纤维血管性基质支撑。细胞形态从多角形到卵圆形，细胞间界限不清晰，细胞质含有空泡（透明细胞型，clear cell type），这种细胞可能是肌上皮起源。这种类型的肿瘤细胞的间质数量从少量到中等程度。细胞核和细胞大小不一程度从中度到重度，核分裂象不等。肿瘤细胞常常浸润到周围的淋巴管，造成局部淋巴结的转移。

【病例背景信息】

犬，乳腺肿物，褐色，质中。（图24-29和图24-30）

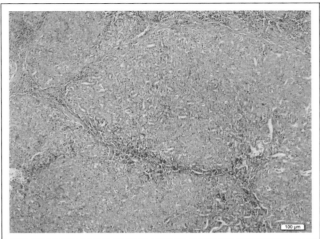

图24-29　犬　乳腺实性癌（a）

肿瘤细胞呈片状或实性排列，形成大小不
规则的小叶结构，小叶之间由细小的
纤维结缔组织分隔。

（HE×100）

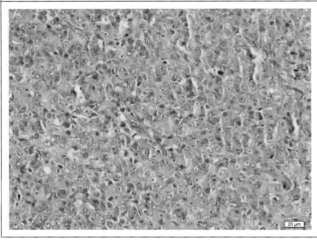

图24-30　犬　乳腺实性癌（b）

肿瘤细胞呈多角形或卵圆形，细胞间界限
不明显，胞浆少，胞核呈圆形、淡染，
核仁清晰，可见核分裂象。

（HE×400）

24.3.3　未分化癌

未分化癌（carcinoma-anaplastic）是乳腺癌中恶性程度最高的肿瘤形式。肿瘤表现为小叶间结缔组织和淋巴管的扩张性浸润性生长。这种癌在犬中有发生但是在猫中不常见。

【镜下特征】

这类肿瘤与周围组织界限不清，肿瘤细胞呈弥散性存在或者形成聚团的巢状分布，细胞呈圆形、卵圆形或多角形，细胞体积很大，细胞直径为15～70 μm，胞浆量多且嗜酸性，细胞核圆形或椭圆形，有的细胞核形状奇怪且染色质丰富。有些细胞出现多核。细胞及细胞核大小不一严重，核分裂象多见。癌细胞的刺激导致成纤维细胞明显增多，淋巴细胞、浆细胞、肥大细胞浸润明显，偶见中性粒细胞和嗜酸性粒细胞以及巨噬细胞等分布于瘤体和肿瘤间质中。肿瘤间质水肿，淋巴管扩张明显，胶原性的间质丰富。肿瘤细胞常入侵到淋巴管内，造成局部淋巴结转移，进而引起肺脏转移。因为易复发或发生转移，这种类型的癌预后不良。

【病例背景信息】

犬乳腺肿物，褐色，质中，肿物大，无包膜，有破溃，有粘连。（图24-31至图24-33）

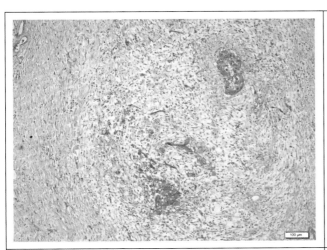

图 24-31　犬　乳腺未分化癌（a）

肿瘤细胞呈单个或小巢状排列，周围纤维

结缔组织丰富。

（HE × 100）

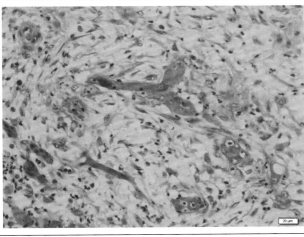

图 24-32　犬　乳腺未分化癌（b）

肿瘤细胞呈圆形或多角形，细胞大小不一，

胞核形态各异，胞浆丰富呈嗜酸性，

可见多核细胞，肿瘤间质

疏松水肿。

（HE × 400）

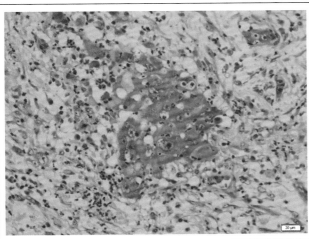

图 24-33　犬　乳腺未分化癌（c）

肿瘤细胞间可见大量淋巴细胞、巨噬细胞、

浆细胞和嗜中性粒细胞浸润。

（HE × 400）

24.3.4　复合性腺癌

复合性腺癌（carcinoma-complex type）为恶性肿瘤，在犬中较为常见，但是在猫是中少见。治疗方案为手术切除，平均存活时间为 10 个月。

【镜下特征】

复合性腺癌由恶性的腺上皮成分和肌上皮成分组成，肿瘤的特征是具有以上两种细胞，并且细胞成分由纤维血管性基质支持。由一层或者多层立方状到高柱状细胞的腺上皮样细胞排列形成不规则的管状，胞浆量较少且呈嗜酸性，细胞大小不一和核不均现象明显，分裂象不等，有时可见细胞形成的坏死灶，单个或者多个。部分细胞发生鳞状上皮化生现象。肌上皮样的梭形细胞呈星网状、网状或者不规则的束状排列于黏液样的基质中，黏液样的物质一般是从幼稚软骨分化而来。肌上皮细胞界限不清晰，胞浆轻度嗜酸性，细胞核呈圆形或者卵圆形，核仁位于中央，染色质呈点状分布。肿瘤周围可见炎性细胞浸润灶，多以淋巴细胞和浆细胞为主。复合性腺癌的膨胀性生长较为常见，但是很少伴随着淋巴管的生长。高分化的复合性腺癌和复合性腺瘤的区分比较困难。被膜消失、浸润性生长、坏死和高细胞分裂指数是肿瘤恶性程度增加的表现。

【鉴别诊断】

需要与复合性腺瘤进行区别：复合性腺癌细胞成分多、上皮细胞具有显著的多样性，核分裂象明显，出现坏死灶及呈现浸润性生长等特点。癌肉瘤中也可见与复合性腺癌相类似的幼稚软骨，但是这类肿瘤以其软骨基质的缺陷中镶嵌有肿瘤细胞为特点。

【病例背景信息】

泰迪犬，乳腺肿物，无游离性，生长速度快，无瘙痒，无包膜。（图 24-34 至图 24-36）

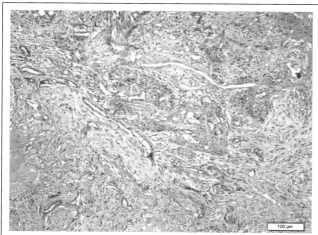

图 24-34 犬 乳腺复合性癌（a）

肿瘤由增生的腺上皮细胞和肌上皮细胞
组成，腺上皮细胞形成不规则的管腔
结构，肌上皮细胞呈星网状或
不规则的束状排列。

（HE×100）

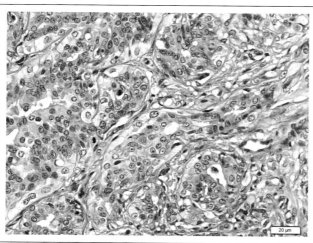

图 24-35 犬 乳腺复合性癌（b）

管腔内衬一层至多层腺上皮细胞，胞核呈
椭圆形至圆形、弱嗜碱性，胞浆较丰富、
呈嗜酸性；肌上皮细胞呈梭形，细胞
之间界限不清，可见核分裂象。

（HE×400）

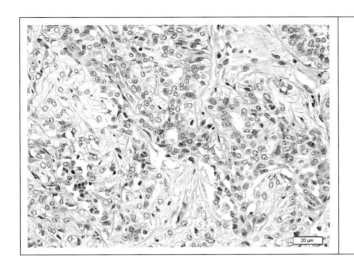

图 24-36　犬　乳腺复合性癌（c）

肌上皮样的梭形细胞呈网状或不规则的
束状排列于淡蓝染的黏液样基质中。

（HE × 400）

24.3.5　混合性癌

【镜下特征】

　　混合性癌（carcinoma-mixed type）是一种具有恶性上皮成分和良性间质成分（软骨和 / 或骨）的恶性肿瘤。肿瘤的特点是存在三种或三种以上不同细胞的增生，细胞之间由纤维血管间质支撑。第一种组分是内衬在不规则管腔中的腺上皮细胞，第二种是梭形的肌上皮细胞，第三种组分为无异形性的软骨和 / 或骨和 / 或脂肪组织。由膜内骨化形成的骨，可能被反应性但非肿瘤性的丰满的成骨细胞所包围。

【鉴别诊断】

　　混合性癌与良性混合瘤的鉴别诊断特点为混合性癌细胞更大，上皮成分具有明显的多形性，核分裂象多，坏死灶呈浸润性生长。

【病例背景信息】

　　博美犬，乳腺肿物，褐色，质硬，有包膜，无破溃。（图 24-37 至图 24-40）

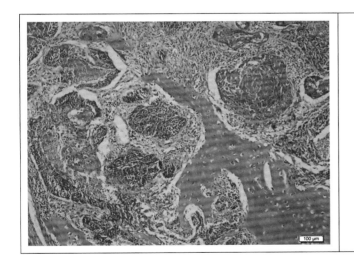

图 24-37　犬　乳腺混合性癌（a）

肿瘤由增生的腺上皮细胞、肌上皮细胞和
骨样结构组成。

（HE × 100）

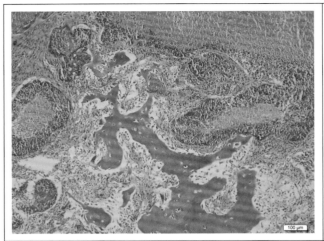

图 24-38 犬 乳腺混合性癌（b）
肿瘤局部可见片状弱嗜酸性染色的坏死区域，
呈小岛状排列的腺上皮中央也可见坏死。
（HE × 100）

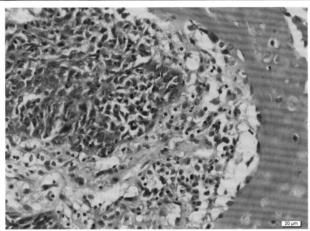

图 24-39 犬 乳腺混合性癌（c）
增生的腺上皮细胞呈团块状排列，细胞形态
多样，可见核分裂象；肌上皮细胞核呈
梭形或不规则形，排列疏松；红染的
骨基质间镶嵌有体积较小的骨细胞。
（HE × 400）

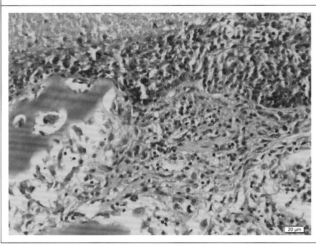

图 24-40 犬 乳腺混合性癌（d）
坏死区域与周围腺上皮细胞界限清楚。
（HE × 400）

24.4 特殊类型恶性上皮肿瘤

24.4.1 鳞状细胞癌

【镜下特征】

鳞状细胞癌（squamous cell carcinoma）仅由鳞状上皮组成（可与腺鳞癌区分），为特殊类型恶性上皮性肿瘤（malignant epithelial neoplasms-special types）。肿瘤起源于乳头导管的鳞状细胞或已发生鳞状上皮化生和肿瘤转化的导管上皮细胞。鳞状细胞癌是起源于乳腺的，还是起源于上覆的表皮并侵入乳腺的，通常很难区分。组织学上，肿瘤特征与皮肤鳞状细胞癌相同。在分化良好的肿瘤中可见岛状和束状上皮细胞以及角蛋白珠形成。肿瘤小叶周围的细胞通常较小，胞浆嗜碱性较强，而在小叶中心的细胞胞核较大，细胞产生胞浆内角蛋白张力丝和细胞间桥（桥粒）。肿瘤可出现明显的急性和慢性炎症细胞浸润。

【病例背景信息】

混血犬，13岁，雌性，乳头肿物。（图24-41至图24-44）

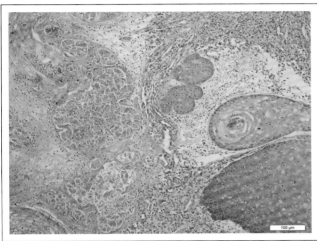

图24-41 犬 乳腺鳞状细胞癌（a）

肿瘤细胞呈大小不等的小岛状或巢状排列，局部可见肿瘤细胞发生坏死。肿瘤间质有大量蓝染的炎性细胞浸润。

（HE×100）

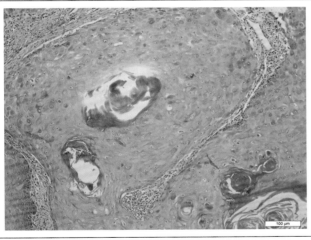

图24-42 犬 乳腺鳞状细胞癌（b）

增生的肿瘤细胞形成癌巢，其中心有红染的角化珠形成。

（HE×100）

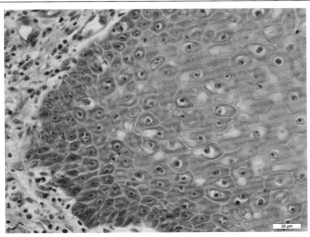

图24-43 犬 乳腺鳞状细胞癌（c）

癌巢外周细胞体积较小，核质比较大，胞核呈圆形或椭圆形，胞浆相对染色较深。靠近中心的细胞体积增大，界限不清；胞核增大、透亮，核仁明显；胞核周围细胞质透亮，部分细胞胞核消失，仅存留核影。

（HE×400）

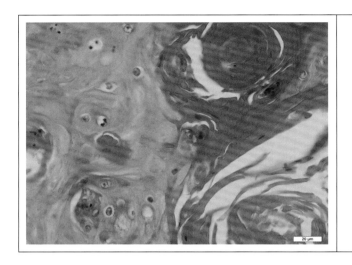

图 24-44 犬 乳腺鳞状细胞癌（d）

部分癌巢中心发生角化，形成同心圆样
排列，红色均质有折光度的癌珠。

（HE×400）

24.4.2 黏液癌

乳腺黏液癌（mucinous carcinoma）是一种特殊类型的浸润性乳腺癌，在临床上较少见，预后较好。根据是否含有无细胞外黏液区域的浸润性癌成分，将乳腺黏液癌分为单纯型和混合型。单纯型黏液癌的所有区域都含有大量细胞外黏液，小岛状的癌细胞团漂浮在丰富的细胞外黏液基质中，黏液占肿瘤总体积至少 33%。混合型黏液癌中既有大量细胞外黏液的区域，同时又含有缺乏细胞外黏液的浸润性癌区域，细胞外黏液至少占整个肿瘤的 25%。

乳腺黏液癌的临床表现与普通型乳腺癌相比无特征性的表现，多表现为可触及的包块，少数患病动物无明显包块而以乳头溢血或溢液为首发症状。黏液癌与其他类型乳腺癌均主要以发现乳腺包块为主要症状，但黏液癌生长速度较慢，呈推进式地向周围组织生长，肿物局限，较隆凸。乳腺 X 线检查可见边界尚清楚的叶状包块。淋巴结转移程度是决定乳腺癌预后的重要因素，黏液癌的淋巴结转移率明显低于普通型，说明其预后也较好。

【大体病变】

乳腺黏液癌少见于犬猫，可形成界限清晰的肿物，质地较柔软，呈胶样，有明显的光泽，肿瘤的直径一般为 1～4 cm。黏蛋白是由肌上皮细胞还是腺上皮细胞产生的还不能确定。

【镜下特征】

突出特点为存在大量的 PAS 染色阳性的黏液样物质。产生黏液物质的肿瘤细胞散在或呈巢状分布。有时可见黏液样的物质转变成软骨样的细胞间质。肿瘤细胞呈多边形。

【鉴别诊断】

乳腺黏液癌易与黏液样纤维腺瘤和黏液囊肿样病变混淆。纤维腺瘤具有受压的空腔，内衬腺上皮和肌上皮细胞，此外，黏液样间质中有肥大细胞浸润等特点。黏液囊肿样病变中可见在黏液中漂浮的细胞团呈条状，存在肌上皮细胞，此为良性特征；而黏液癌组织中，细胞簇为腺上皮细胞，缺乏肌上皮细胞，所以不难鉴别。此外，还需要与产生细胞外黏液样基质的复合性癌相区别。

【病例背景信息】

贵宾犬，12 岁，雌性，未绝育。左侧倒数第一、第二乳腺之间肿物，褐色，质中，有包膜，未破溃，多发性病变。偶然发现，无病史与用药经历。（图 24-45 至图 24-47）

图 24-45　犬　乳腺黏液癌（a）

可见蓝染的软骨样结构及黏液基质，黏液
基质间含有少量梭形细胞。

（HE×100）

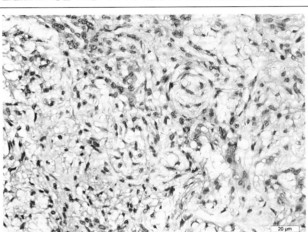

图 24-46　犬　乳腺黏液癌（b）

增生的黏液样细胞呈细长的梭形，排列成
漩涡状，胞核呈椭圆形，蓝染，较明显，
周围分泌一些淡蓝染的物质。

（HE×400）

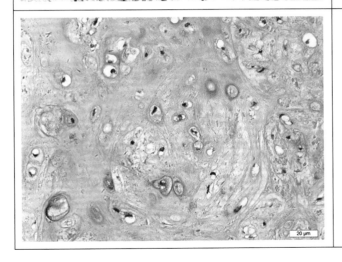

图 24-47　犬　乳腺黏液癌（c）

有些黏液样细胞分化为软骨细胞，软骨细胞
胞体较大，胞核蓝染、呈椭圆形，镶嵌在
蓝染的软骨基质中。

（HE×400）

24.5　肉瘤

【背景知识】

　　乳腺肉瘤（sarcomas）为恶性间叶性肿瘤（malignant mesenchymal neoplasms），占犬乳腺肿瘤的
10%～15%，但猫的发生率较低。老年猫的纤维肉瘤在软组织中常发，但有时乳腺也会发生。肉瘤一
般体积较大，且界限清晰，牢固地附着于骨样基质上。犬的纤维肉瘤和骨肉瘤是最常见的乳腺肉瘤，
软骨肉瘤少见。由于局部复发率高并易转移至局部淋巴结或肺脏，乳腺肉瘤一般预后不良，平均存活

355

时间为 10 个月。

24.5.1 骨肉瘤

骨肉瘤（osteosarcoma）是全乳腺间质组织最常发的肿瘤。临床上这种肿瘤发生时间较长，通常为数年，但最近有生长迅速的趋势。肿瘤的生物学特征通常类似于发生在其他部位的骨肉瘤，可通过血源性途径转移，主要是转移至肺。

【镜下特征】

这类肿瘤的特征是肿瘤细胞产生类骨样物质。肿瘤细胞的形态从纺锤形、星网状或圆形，与肿瘤骨样组织岛或者骨的形成密切相关。肿瘤骨组织直接形成的形式与通过软骨样中间阶段形成的骨为特征的软骨肉瘤的特点不同。骨肉瘤或为纯粹的骨肉瘤或者为骨组织、纤维组织和软骨样成分的混合物。后者由恶性骨组织和软骨样细胞组成，并且可能含有恶性纤维成分或脂肪细胞。通常情况下肿瘤中心的基质最密集，四周区域细胞成分比较丰富。核的多形性与核分裂象通常显著。

【病例背景信息】

可卡犬，乳腺肿物。（图 24-48 和图 24-49）

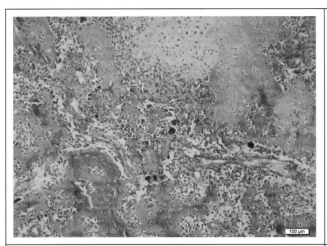

图 24-48　犬　乳腺骨肉瘤（a）

肿瘤细胞分化形成骨小梁的结构。

（HE×100）

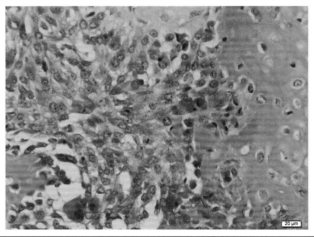

图 24-49　犬　乳腺骨肉瘤（b）

肿瘤细胞呈多形性，可见破骨细胞（含有多个核）。骨细胞镶嵌在红染的骨基质中。

（HE×400）

24.5.2 软骨肉瘤

软骨肉瘤（chondrosarcoma）发展迅速，不常发生转移，但是经常在局部复发。一般表现为界限清晰、质地坚硬、呈一定程度的多个小叶状，不附着于周围的组织和皮肤。预后不良，个体间平均存活时间差异较大。软骨肉瘤不常发生转移，但是经常复发。

【镜下特征】

软骨肉瘤界限清晰，由大片体积较大的、中度多形性的纺锤形细胞和卵圆形细胞组成，这些细胞具有大而细长的核（核中包含粗糙呈颗粒状的染色质）和中量的细胞质，胞质略呈嗜酸性。细胞周围存在大量胶原，有时混有黏液性间质，可见坏死、出血、水肿和散在的略微扩张的管腔，以及核分裂象。肿瘤小叶边缘部位的肿瘤细胞胞核小而圆，染色质丰富，偶见双核或者多核的肿瘤细胞。核分裂象数量不等，但在分化不好的肿瘤中更为常见。嗜碱性的软骨样基质的数量不等，软骨基质的数量和形态并不是预后的标志。

【病例背景信息】

博美犬，乳腺原发肿物，有包膜，无粘连，单处病变。（图 24-50 和图 24-51）

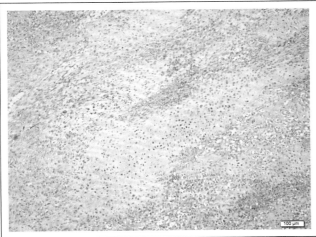

图 24-50　犬　乳腺软骨肉瘤（a）

肿瘤细胞实性排列，其间可见片状

蓝染的软骨组织。

（HE×100）

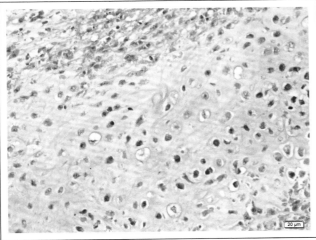

图 24-51　犬　乳腺软骨肉瘤（b）

软骨细胞大小不一，胞核呈圆形或卵圆形，

镶嵌于蓝染的软骨基质中。

（HE×400）

24.5.3　纤维肉瘤

【大体病变】

纤维肉瘤（Fibrosarcoma）是一种不常见的乳腺肿瘤，可以发生在已有的乳腺肿瘤内部或乳腺间质。

【镜下特征】

肿瘤细胞呈纺锤形，呈交织排列。肿瘤细胞边界不清，胞浆呈少量嗜酸性纤维状，胞核呈椭圆形至梭形，核内含有细小点状染色质和明显核仁。胞核大小不等和细胞大小不均，核分裂象多见。

【鉴别诊断】

纤维肉瘤必须通过免疫组化与恶性肌上皮瘤、梭形细胞癌以及犬血管壁肿瘤（血管外皮细胞瘤）相鉴别。血管壁肿瘤常见于胸腹部，由梭形细胞组成，具有典型的编织状和血管周围漩涡状。

【病例背景信息】

比熊犬，乳腺肿物。（图24-52和图24-53）

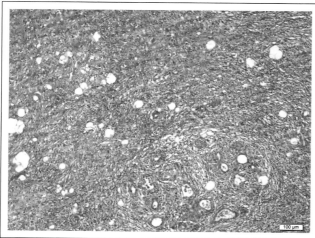

图24-52　犬　乳腺纤维肉瘤（a）

肿瘤细胞呈相互交织的束状排列，局部可见

残存的乳腺腺泡结构。

（HE×100）

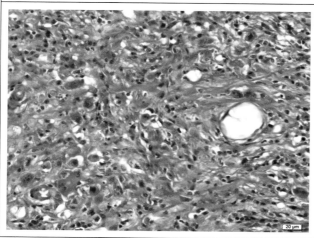

图24-53　犬　乳腺纤维肉瘤（b）

肿瘤细胞大小不等，胞核形态多样，

大小不一，可见核分裂象。

（HE×400）

24.5.4　血管肉瘤

【大体病变】

血管肉瘤（hemangiosarcoma）作为原发肿瘤，可以在乳腺组织内发现（不是真皮或皮下）。乳腺血管肉瘤的组织病理学特征与脾脏和真皮或皮下的血管肉瘤相同。

【病例背景信息】

犬，左侧第三乳腺肿物，褐色，质中，无包膜，无破溃，与周围组织不粘连，多处性病变。（图24-54和图24-55）

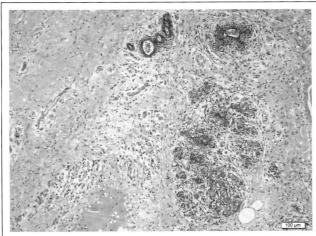

图 24-54　犬　乳腺血管肉瘤（a）

肿瘤细胞形成大小不等的血管结构，其间有

较丰富的纤维结缔组织；局部可见

残存的乳腺小叶的结构。

（HE×100）

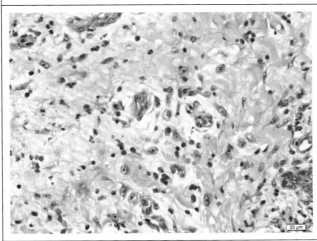

图 24-55　犬　乳腺血管肉瘤（b）

增生的血管内皮细胞胞核呈椭圆形或梭形，

核仁明显，单个或多个细胞围绕形成

血管腔，腔内含有红细胞。

（HE×400）

24.6　癌肉瘤

乳腺癌肉瘤（carcinosarcoma）为恶性混合乳腺肿瘤（malignant mixed mammary tumor），又称为乳腺化生性癌，是指癌和肉瘤共同发生的肿瘤。乳腺癌肉瘤是一种罕见的具有侵袭性的肿瘤。在犬中不常见，在猫中更少发生，现在的证据证明癌肉瘤是由一种多能干细胞向上皮和间叶细胞双向分化的结果。

【大体病变】

这类肿瘤通常界限清晰，切面坚硬，有时甚至如骨组织一样。乳腺癌肉瘤通过血液或淋巴循环途径进行传播，肺脏是其最常见的转移部位。乳房切除术是外科治疗根本的首选方法。随后按照常规的乳腺癌的术后治疗、化疗和免疫疗法进行治疗。一般术后平均存活时间为18个月。肿瘤的大小、分化程度、细胞的异形性及核分裂象可作为评价其预后的参考指标。

【镜下特征】

肿瘤组织由恶性上皮细胞（腺上皮细胞和/或肌上皮细胞）和恶性的结缔组织构成。临床上可见各种癌成分混合类型的肿瘤。有些肿瘤的形态学外观类似于良性肿瘤，肿瘤癌性部位与软骨性部位的融合往往是预示着分化发生。

【鉴别诊断】

犬乳腺癌肉瘤与犬乳腺复合性癌、良性混合瘤、纤维腺瘤在病理学上需要加以区别。犬乳腺复合性癌由腺上皮和肌上皮两种成分组成，腺上皮细胞排列成管状乳头状或实体样，肌上皮细胞的排列表现出一定程度的星网状，有时细胞内存在黏液样物质。良性混合瘤由良性的腺上皮细胞和肌上皮细胞组成，混有各种各样的纤维组织、软骨、骨和／或脂肪细胞。纤维腺瘤由腺上皮成分和丰富的纤维样间质细胞组成，有时混有肌上皮成分，没有清晰的软骨、骨或脂肪存在。而乳腺癌肉瘤则同时包含有恶性上皮和恶性间质。

【病例背景信息】

京巴犬，乳腺肿物，褐色，质硬；取材时肿物如石头般坚硬。（图24-56 至图24-59）

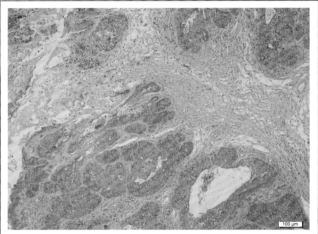

图 24-56　犬　乳腺癌肉瘤（a）

腺上皮细胞增生形成巢状或管状，肌上
皮细胞呈片状或束状增生。

（HE×100）

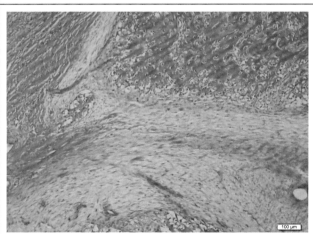

图 24-57　犬　乳腺癌肉瘤（b）

可见片状红染的骨样组织。

（HE×100）

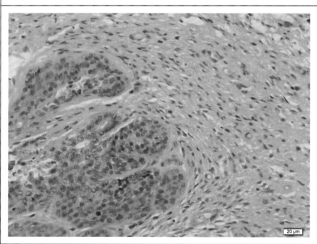

图 24-58　犬　乳腺癌肉瘤（c）

腺上皮细胞胞核呈椭圆形至圆形，胞浆较少
红染，可见核分裂象；肌上皮细胞胞核呈
梭形或不规则形，可见核分裂象。

（HE×400）

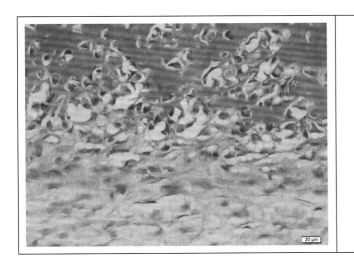

图 24-59 犬 乳腺癌肉瘤（d）

肿瘤细胞形态多样，散在分布于红染的

骨基质周围。

（HE×400）

25 眼部肿瘤

【背景信息】

眼部肿瘤（tumors of the eye）根据发生部位可分为眼表面组织肿瘤、眼球肿瘤以及视神经和眼眶肿瘤。

25.1 眼表面组织的肿瘤

眼表面组织的肿瘤（tumors of the ocular surface tissues）除包括部分常见上皮性肿瘤（如鳞状细胞癌等）和间叶性肿瘤（如血管瘤和血管肉瘤等），还可发源于睑板腺、第三眼睑、结膜等眼部组织。

鳞状细胞癌

犬、猫的结膜、角膜鳞状细胞癌（squamous cell carcinoma）十分罕见，而且在表现上有很大的差异。这些肿瘤可以是多灶性、外生性乳头状瘤样病变，也可以是破坏眼眶组织或穿透眼球的侵袭性浸润性癌。犬和猫的鳞状细胞癌与慢性结膜炎偶尔同时发生。猫的结膜鳞状细胞癌可以高度侵入眼眶。由于这些肿瘤具有刺激性，而且有可能侵袭局部深部，因此摘除是治疗的选择。犬角膜鳞状细胞癌几乎发生在短头犬身上，同时伴有浅表定向角膜炎。肿瘤通常位于角膜轴向，很少侵袭到表层基质的深处，因此可以通过表层角膜切除术成功治疗。

【病例背景信息】

萨摩耶犬，8岁10个月，雄性。右眼的眼睑肿物，手术切除送检。首次发现时切除一次，间隔5个月后再切除一次，此次面积较大，大小约为 0.5 cm × 0.7 cm。（图 25-1 和图 25-2）

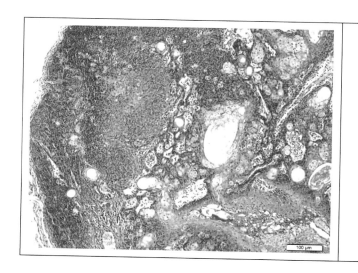

图 25-1　犬　鳞状细胞癌（a）

表皮下可见大量增生的排列致密的瘤细胞被

结缔组织分割成多个小岛样结构，增生的

瘤细胞中还可见一些角质化

腔隙散在分布。

（HE×100）

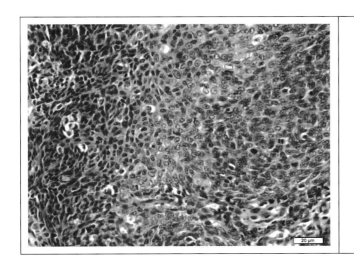

图 25-2　犬　鳞状细胞癌（b）
肿瘤细胞较大，胞浆淡粉染，胞核呈圆形，
较大，透亮，核仁清晰，可见
较多核分裂象。
（HE×400）

25.2　眼球的肿瘤

发生于眼球的肿瘤（tumors of the globe）较为罕见，犬眼球黑色素瘤较为多发，其余还包括有猫弥漫性虹膜黑色素瘤、犬猫虹膜睫状体上皮肿瘤、犬葡萄膜神经鞘瘤等。

猫弥漫性虹膜黑色素瘤

在黑色素瘤发生之前，通常会出现虹膜色素的变化，包括局部的色素灶、扩大或合并的虹膜色素沉着和弥漫性的色素变化。色素变化可在瘤变发生前数年发生。猫最常见的黑色素细胞眼部肿瘤被称为猫弥漫性虹膜黑色素瘤（feline diffuse iris melanoma），因为这些肿瘤倾向于扩散到虹膜间质，随后侵袭睫状体和巩膜。非典型黑素瘤的边缘或脉络膜或肿瘤产生多灶遍及全球是罕见的。

【大体病变】

猫弥漫性虹膜黑色素瘤通常以虹膜异常色素沉着开始。局部色素性病变起源于小的、角状的，附着在虹膜表面的色素性细胞群。这些色素细胞没有脱落或侵入虹膜间质的倾向。当色素病变扩大，变成结节，或扭曲虹膜或瞳孔轮廓时，瘤变已经取代了良性色素灶。

【镜下特征】

恶性转化的特点是细胞的组织学特征发生变化。尽管在早期黑色素瘤中仍可看到附着在虹膜表面的角细胞，但肿瘤细胞也已脱落进入前房，植入虹膜角膜角，侵入虹膜间质。转化后的细胞呈圆形，细胞核大而圆，核仁突出。在肿瘤转化的早期，肿瘤细胞很少出现细胞学上的发育不全。在疾病晚期，弥漫性虹膜黑色素瘤的特征是细胞间变。最常见的肿瘤细胞是多形性圆形细胞，含有不同数量的胞质色素沉淀。核增大型和巨细胞型是常见的，继发于细胞质内陷的核伪包涵体也是常见的。肿瘤梭形细胞是第二常见的细胞类型，肿瘤球囊细胞的特征是丰富的空泡状到颗粒状的透明细胞质和小而圆的细胞核。

肿瘤可以完全由一种细胞类型或三种细胞类型的混合物组成。

【病例背景信息】

柯基犬，11 岁。肿物位于眼部虹膜、睫状体。（图 25-3 至图 25-6）

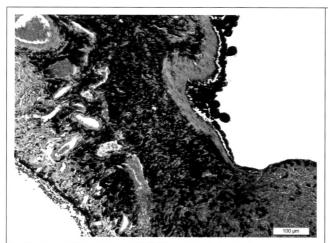

图 25-3 犬 扩散性虹膜黑色素瘤（a）
可见肿物主要位于眼部虹膜、睫状体处，呈
典型的广泛性、闭塞性生长方式。最外层为
角膜至巩膜层过渡区域，较完整，巩膜
主要由致密结缔组织组成，有少量的
色素细胞和血管。

（HE×100）

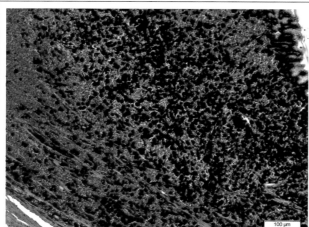

图 25-4 犬 扩散性虹膜黑色素瘤（b）
虹膜位于血管膜的前部，由疏松结缔组织、
平滑肌组成，血管丰富，肿物内可见大量
体积较大的、呈圆形、梭形、多形性的色素
团块，色素细胞向后蔓延至睫状体处，
范围较大，形成大小不等、形态不一的
色素团块，密集散布在蓝染的细胞
之间，且有向后扩散的趋势。

（HE×100）

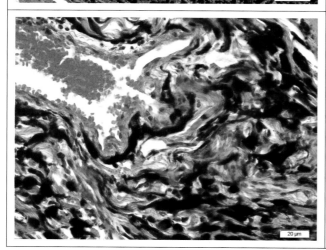

图 25-5 犬 扩散性虹膜黑色素瘤（c）
虹膜处，可见肿物主要位于虹膜基质内，可见
少量色素细胞，细胞呈梭形或多形性，胞浆
中有数量不等的泡状、颗粒状色素颗粒，
胞核深染；有大量大小不等、形态各异
的黑色素团块，密集散布在胶原纤维
形成的小梁网状结构中，可见少量
成纤维细胞，血管较丰富，部分
管腔受周围组织挤压变形。

（HE×200）

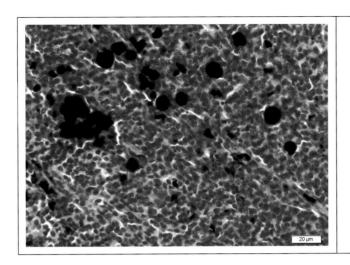

图 25-6 犬 扩散性虹膜黑色素瘤（d）

在睫状体处明显增厚，可见大量大小不等，圆形、
多形性的黑色素团块广泛分布在细胞界限不清、
胞浆粉染、胞核浅蓝染、核仁明显的细胞
之间，细胞形态较幼稚，有少量病理性
核分裂象；少量梭形的色素细胞
分布其间；色素团块有向后
延伸至脉络膜的趋势。

（HE×400）

26 耳部肿瘤

【背景信息】

动物耳部肿瘤（tumors of the ear）根据发生部位可分为外耳肿瘤、中耳肿瘤和内耳肿瘤。

内耳通常由于体积较小、处理较困难等原因，很难进行组织学评估。因此，动物内耳肿瘤的发病率可能较难准确统计。累及内耳的肿瘤包括颅神经的神经鞘肿瘤、压迫颅神经的原发性颅内肿瘤、破坏颞骨岩部的中耳肿瘤，以及罕见的转移性肿瘤。

外耳肿瘤（external ear）发生于外耳，可分为上皮性肿瘤、耵聍腺肿瘤、鳞状细胞癌、黑色素瘤、梭形细胞瘤、软骨瘤、圆形细胞瘤、血管肉瘤、颞齿瘤等。

26.1 鳞状细胞癌

癌前病变可能开始于光化性角化或原位癌。由于大多数鳞状细胞癌（squamous cell carcinomas）发生在无毛发和无色素的皮肤中，暴露于紫外线通常被认为是这些肿瘤的主要原因。有证据表明：乳头瘤病毒在猫皮肤鳞状细胞癌的发展中起作用。耳部鳞状细胞癌通常不转移，局部淋巴结转移，眼周和眼内转移，以及扩散到中耳或内耳。

鳞状细胞癌是最常见的皮肤恶性肿瘤之一。患病猫的年龄为 5～17 岁，平均发病年龄为 12 岁。犬和马的耳廓鳞状细胞癌很少被报道。

【大体病变】

鳞状细胞癌易发生于鼻平面、鼻翼、眼睑和耳周等缺乏色素的部位。病变可能是单侧的，但大多数是双侧的。肿瘤特征与一般鳞状细胞癌相似。局部侵袭性肿瘤会侵袭耳廓软骨。

【病例背景信息】

短毛家猫，14 岁，雄性，耳道肿物。患病动物长期耳道分泌物多。送检样本为体积小、无形状的絮状组织，呈灰白色，质地软。（图 26-1 和图 26-2）

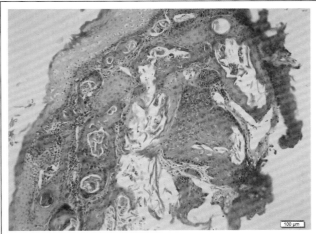

图 26-1　猫　鳞状细胞癌（a）

肿瘤细胞呈巢状、小岛状或束状排列，可见
红染的角化物质，结缔组织间可见蓝染的
炎性细胞浸润。

（HE×100）

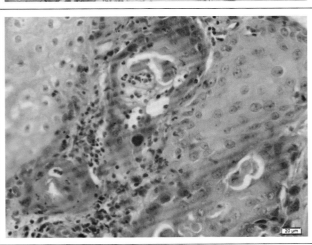

图 26-2　猫　鳞状细胞癌（b）

增生的肿瘤细胞外部为低柱状或立方状，
胞核蓝染的基底细胞层；中间为细胞较大，
呈多边形，胞浆较丰富，胞核淡染呈
圆形、椭圆形，核仁清晰的
棘细胞层。

（HE×400）

26.2　血管肉瘤

皮肤和皮下的血管瘤和血管肉瘤（hemangiosarcomas）在猫中很少见。它们可以发生在任何位置，但猫血管肿瘤往往涉及头部和相关组织，如松果体。受影响的猫年龄在 10 岁及以上，通常色素减少。皮下血管肉瘤的复发率高达 50%，但具体原因尚不清楚。

【镜下特征】

与其他部位的血管肉瘤相似。

【病例背景信息】

金毛犬，7 岁，雄性，已去势。左耳肿物，有破溃，肿物大小为 2.5 cm×3.0 cm×2.0 cm（图 26-3 和图 26-4）

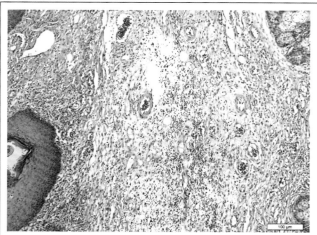

图 26-3　犬　血管肉瘤（a）

表皮下层有大量细胞增生，可见红细胞聚集

和大小不同的管腔状结构生成。

（HE×100）

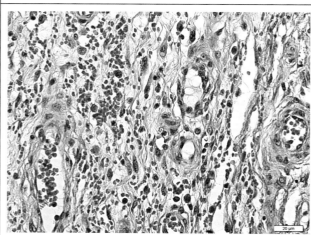

图 26-4　犬　血管肉瘤（b）

细胞体积较大，呈圆形或椭圆形，细胞间

界限不清，胞浆染色较淡，胞核深染，

核仁明显；可见核分裂象。

（HE×400）

第三部分

水生动物组织病理学

27 中华鲟病理学

【背景知识】

中华鲟（acipenser sinensis）属于鲟形目鲟科鲟属的动物。是一种典型的江海洄游性鱼类，为鲟属中个体最大、寿命也较长的物种。主要分布于我国东海和黄海的大陆架水域及长江干流，偶尔进入通江湖泊和支流，在闽江和钱塘江时有发现。但随着中华鲟的生存空间受到如水电开发、航运、渔业捕捞、沿江及近海区域开发等人类涉水活动的挤压，其关键生存环境碎片化，野生种群逐年下降。在2010年，被世界自然保护联盟列为 IUCN 极危物种。

【解剖特点】

中华鲟的皮肤由表皮和真皮构成，表皮为复层上皮，其中分布有黏液腺。真皮层于表皮层之间有色素细胞分布，并含有退化的盾鳞，盾鳞可分为棘、基板和髓腔三部分。皮肤表面覆盖有坚硬的骨样板硬鳞。

中华鲟的体腔由腹腔隔膜分隔为前、后两部，前部为围心腔，腔壁即为心包壁层，内含心脏，腔体较小；后部为腹腔，腔壁具有腹膜，容纳胃、肠道等主要脏器。

中华鲟的消化道主要由口腔、咽、食道、胃、十二指肠、瓣肠和直肠构成。成体鲟口腔内无牙齿结构，舌也不发达，口腔内衬黏膜组织。食道前段较厚，内壁具有纵行的黏膜褶，纵行褶上分布有横褶；食道后段较薄，也具有纵行的黏膜褶皱。近贲门胃的食道固有层中可见单管状腺体，腺细胞内含有嗜酸性颗粒。胃内具有发达的黏膜皱襞，与食道相接的部位为贲门部，与十二指肠相连接的部位为幽门部，黏膜固有层内可见团状或管状腺体结构。胃幽门部的后段肌肉层发达，在与十二指肠交界处具有幽门括约肌，并具有幽门盲囊。十二指肠较细，起始段具有幽门盲囊与胆管的开口，黏膜褶发达，黏膜上皮中具有丰富的杯状细胞，固有层内分布有淋巴组织和色素细胞。十二指肠后为膨大的瓣肠，其内含有螺旋瓣，黏膜下层分布有血管和腺体，经过消化的营养物质在此处被吸收后，残渣通过直肠再从肛门排出。

中华鲟的消化腺主要包括肝脏、幽门盲囊和胰脏，并具有胆囊。与常见的具有肝胰脏的鲤科鱼类不同的是：中华鲟的肝脏和胰脏是独立的。肝脏具有小叶结构，但小叶间结缔组织不发达，分布有较多的黑色素细胞，肝细胞内富含糖原颗粒和脂类物质。胰脏可分为胰腺和胰岛，与哺乳动物相似。幽门盲囊壁由肌层和黏膜层向腔内突起形成褶皱，黏膜层发达，褶皱突起形成网状。

中华鲟用鳃进行呼吸，鳃间隔半退化，将一片鳃丝分隔成两半，鳃丝上布满血管。中华鲟的鳔壁厚，内壁分布有丰富的血管。

中华鲟的心脏外具有心包膜，心包膜可分为壁层和脏层。其心脏主要分为四个部分：腹侧为动脉圆锥和心室，背侧为心耳和静脉窦。

中华鲟的脾脏位于胃和十二指肠之间的系膜上，形状不规则，大体呈略扁平的三角形。脾脏可分为白髓和红髓，白髓中央区面积大而边缘区较小，红髓连接成片，并可在白髓中观察到聚集成团的黑色素——巨噬细胞中心。

中华鲟的肾脏由中肾发育而来，头肾则属于淋巴组织，位于肾脏头侧。

雌性中华鲟具有一对卵巢，呈细叶分枝状，外有卵膜覆盖。成熟的卵子经过喇叭口、输卵管、鲟鱼特有的内输卵管和尿殖管进入尿殖道，从尿殖孔排出体外。

雄性中华鲟具有一对睾丸，也呈分叶状，未成熟时小叶间具有不等量的脂肪组织。精子成熟后经过输精小管和尿殖管，进入尿殖道，最后经尿殖孔排出体外。

27.1 充血

【组织病理学变化】见图 27-1 和图 27-2。

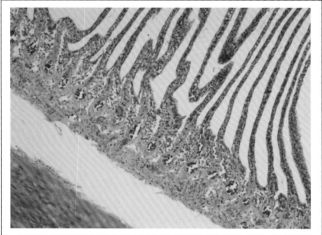

图 27-1　鳃丝　充血（a）

可见初级鳃丝中存在丰富的血管，
鳃丝内红细胞增多。

（HE×100）

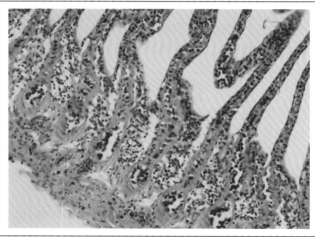

图 27-2　鳃丝　充血（b）

鳃丝表面覆盖有复层上皮，其间可见
胞浆蓝染的黏液细胞。
血管扩张充血。

（HE×200）

27.2　淤血

【组织病理学变化】见图 27-3 至图 27-6。

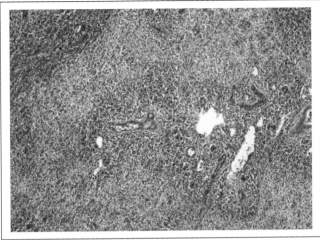

图 27-3　脾　淤血（a）

脾窦扩张，其内充满红细胞。

（HE×100）

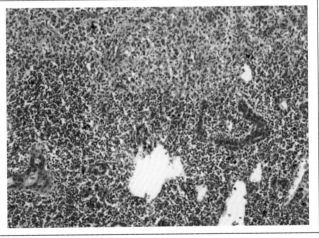

图 27-4　脾　淤血（b）

脾窦扩张，其内充满红细胞。

（HE×400）

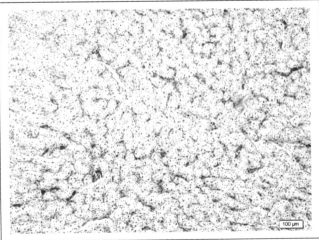

图 27-5　性腺　淤血（c）

间质血管扩张，其内充满红细胞。

（HE×100）

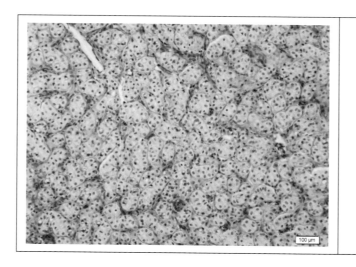

图 27-6　性腺　淤血（d）

间质血管扩张，其内充满红细胞。

（HE×200）

27.3　坏死

【组织病理学变化】见图 27-7 和图 27-8。

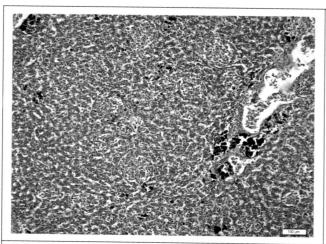

图 27-7　肝脏　局灶性坏死（a）

可见肝脏实质中，有多个坏死灶。坏死灶内，

肝索结构消失。可见肝实质内分布有

大量黑色素细胞。

（HE×100）

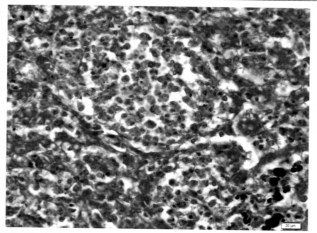

图 27-8　肝脏　局灶性坏死（b）

坏死灶内，可见崩解的肝细胞及炎性细胞。

（HE×400）

27.4　含铁血黄素沉着

【组织病理学变化】见图 27-9 和图 27-10。

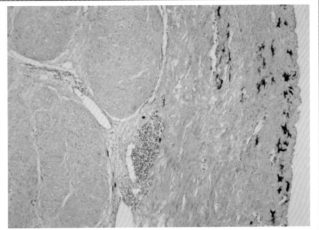

图 27-9　胃　含铁血黄素沉着（a）

肌层可见充血、淤血和出血，轻度水肿，

局部可见含铁血黄素沉着。

（HE×100）

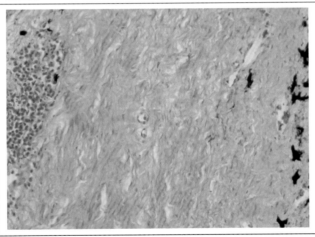

图 27-10　胃　含铁血黄素沉着（b）

局部可见含铁血黄素沉着。

（HE×200）

27.5　心内膜炎

【组织病理学变化】见图 27-11 和图 27-12。

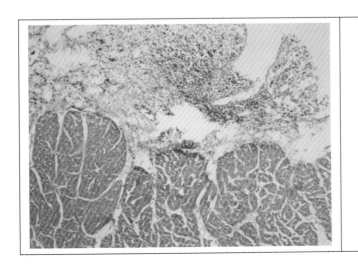

图 27-11　心　心内膜炎（a）

心内膜可见明显的水肿、增宽，大量的

炎性细胞浸润。

（HE×100）

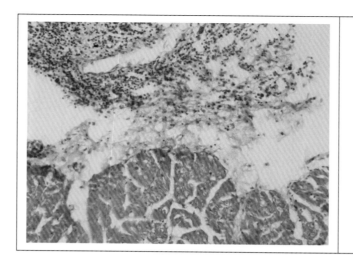

图 27-12　心　心内膜炎（b）

心内膜内可见的炎性细胞主要为巨噬细胞和

淋巴细胞，并可见轻微出血。

（HE×200）

27.6　坏死性肠炎

【组织病理学变化】见图 27-13 和图 27-14。

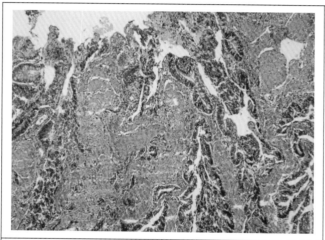

图 27-13　十二指肠　坏死性肠炎（a）

肠腔中有脱落的黏膜上皮细胞、炎性细胞和

粉红染分泌物；黏膜固有层、肌层和

浆膜层中可见大量炎性细胞浸润；

组织结构疏松水肿。

（HE×100）

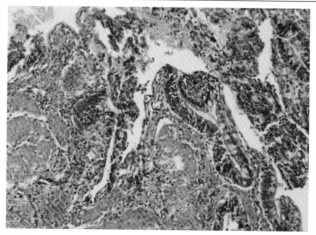

图 27-14　十二指肠　坏死性肠炎（b）

炎性细胞为淋巴细胞。

（HE×200）

27.7 间质性肾炎

【组织病理学变化】见图 27-15 和图 27-16。

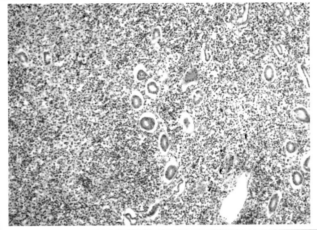

图 27-15 肾 间质性肾炎（a）
肾小管脱离基底膜并发生萎缩，其周围充满
蓝染的细胞，间质明显增宽。
（HE×100）

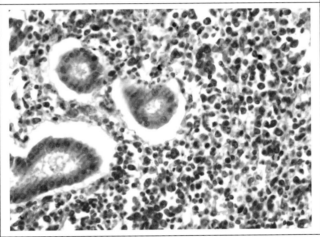

图 27-16 肾 间质性肾炎（b）
可见间质中有少量梭形红染、胞核为梭形的
红细胞和比淋巴细胞大、胞浆红染、核在
胞浆一侧的巨噬细胞，大量胞核蓝染、
圆形、胞浆少的淋巴细胞。
（HE×400）

27.8 肾小球肾炎

【组织病理学变化】见图 27-17 和图 27-18。

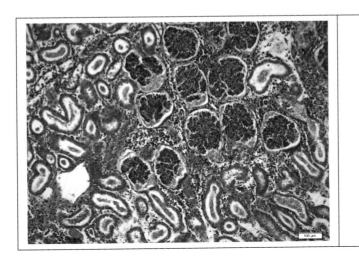

图 27-17 肾 肾小球肾炎（a）
肾小球集中分布，部分区域有局灶性的细胞
变性、坏死和大量炎性细胞浸润。
（HE×100）

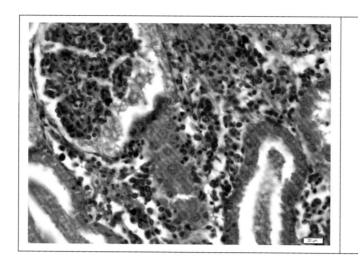

图 27-18 肾 肾小球肾炎（b）
远曲小管和近曲小管部分上皮细胞肿胀、脱落、
坏死，肾小管管腔内脱落的上皮细胞及细胞
碎片、管型。肾小囊明显扩张，囊中有
网状、丝状的粉红色的蛋白性物质。
炎性细胞浸润，可见大量
嗜酸性粒细胞。
（HE×400）

27.9 咽炎

【组织病理学变化】见图 27-19 和图 27-20。

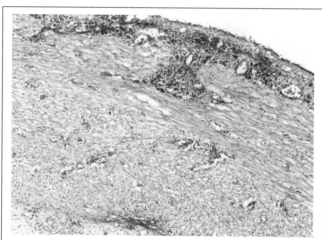

图 27-19 咽 咽炎（a）
浆膜下有淤血、出血和炎性细胞浸润，黏膜
下层有轻微水肿，黏膜组织结构正常。
（HE×100）

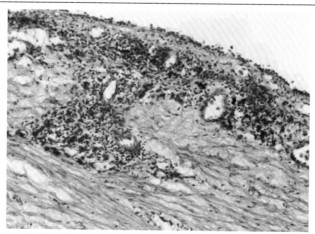

图 27-20 咽 咽炎（b）
浆膜下可见炎性细胞浸润，血管扩张充血，
组织间可见散在红细胞。
（HE×200）

27.10　胃炎

【组织病理学变化】见图 27–21 和图 27–22。

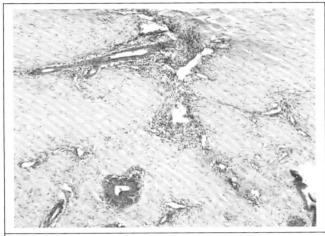

图 27–21　胃　胃炎（a）

黏膜下层局部血管周围有炎性细胞。

（HE×100）

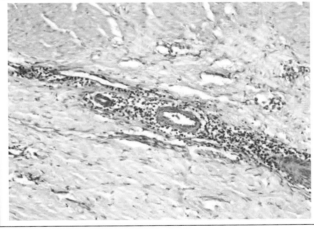

图 27–22　胃　胃炎（b）

浸润的炎性细胞主要为淋巴细胞。

（HE×100）

27.11　食道炎

【组织病理学变化】见图 27–23 和图 27–24。

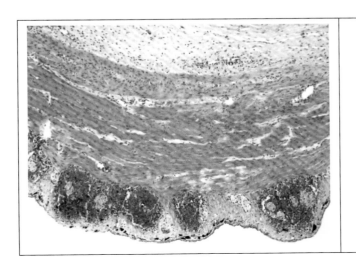

图 27–23　食道　食道炎（a）

食道浆膜层可见出血及炎性细胞浸润。

（HE×400）

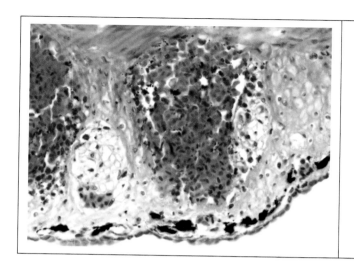

图 27-24　肾　食道炎（b）
可见有核红细胞及少量淋巴细胞浸润。
（HE×400）

28 绿海龟病理学

【背景知识】

绿海龟（chelonia mydas）属于脊索动物门脊椎动物亚门龟鳖目海龟总科的动物，广泛分布于南北纬30°～40°的温水海域中。我国东海至南海海域均有发现。近年来，绿海龟数量急剧减少，已被《濒危野生动植物种国际贸易公约（CITES）》列为I类濒危物种，我国将其列为国家二级重点保护动物。绿海龟的人工饲养在各地均早有报道，被列为濒危动物，也是国家二级保护动物。

【解剖特点】

绿海龟的心肌纤维排列较鸟类和哺乳动物的疏松，且横纹也不如骨骼肌明显。爬行动物龟鳖类的肝脏在进化程度上较低，接近于两栖动物。

在绿海龟的肝脏细胞可观察到大小不等的空泡，这与其肝脏细胞内含有丰富的糖和脂类物质有关。鱼类的脾髓仅有红髓，两栖类出现红髓和白髓，动脉周围淋巴组织鞘较薄，而绿海龟动脉周围淋巴鞘丰富，但仍无脾小体的形成，禽类和哺乳动物进化完善，脾脏具有典型的脾小体。

绿海龟气管、支气管结构分化完全，海龟颈部的出现使气管延长，这都增强了肺的功能活动，使气体交换效率大大提高。

绿海龟的肾小管上皮细胞的质膜内褶较淡水生类爬行动物发达，这与海水的高渗透压其要求肾脏有较强的重吸收能力有关。致密斑是鸟类和哺乳类肾脏结构的特点，绿海龟肾脏内观察到了致密斑说明其肾脏已开始向哺乳类进化。

绿海龟的消化道和其他龟鳖类动物相似，主要由口腔、咽、食管、胃、小肠、大肠和泄殖腔组成。除口腔和泄殖腔外，消化道管壁均由内到外依次由黏膜层、黏膜下层、肌层和外膜层组成。黏膜层由覆盖于消化道内表面的上皮和固有层组成，固有层下可见黏膜肌层；黏膜下层为疏松的结缔组织，其中含有较丰富的血管和神经；除食管壁中可见纵行骨骼肌外，消化道其他部分的肌层均由内环外纵的平滑肌组成，且环形肌均较纵行肌发达，外膜层主要是由疏松结缔组织和间皮构成的浆膜。

绿海龟的食管壁内表面分布有致密的粗刺样倒齿结构，与哺乳动物、鸟类、淡水龟及鳖的皱襞结构不同。其食管上皮与哺乳动物和鸟类一样为复层扁平上皮，但表面高度角化。绿海龟食管壁除了含有内环外纵的平滑肌层外，还在黏膜固有层下有纵行的骨骼肌，绿海龟胃壁内侧皱襞结构发达，且固有层中存在大量的胃腺。胃腺细胞能分泌大量胃液，有助于软化、充分消化食物并保护胃黏膜。胃体部的纵行皱襞和发达的肌层可保证胃有充分的容受性，以容纳较多的食物，并促进胃的蠕动。

绿海龟的小肠前段无皱襞但绒毛结构发达。肠绒毛向后逐渐变短并最终过渡为低矮的皱襞结构，大肠无绒毛仅有低矮的皱襞，其不同的结构与其不同肠段的消化能力有关。绿海龟的各段肠壁中均未见肠腺，黏膜上皮中的杯状细胞可分泌的黏液和消化酶，起到润滑作用和促进食物的消化与吸收作用。绿海龟肠道的肌层中环形肌较纵行肌发达，绿海龟食管、胃、肠的黏膜固有层中均可见弥散淋巴组织存在，但未见成形的孤立淋巴小结。

28.1 充血

【组织病理学变化】见图 28-1 至图 28-4。

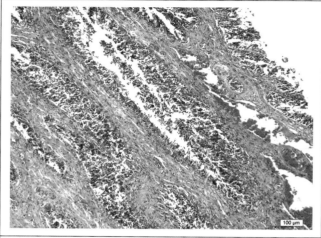

图 28-1 十二指肠 充血（a）

黏膜层和黏膜下层血管充血。

（HE×100）

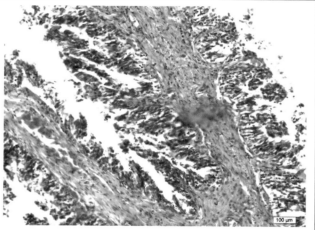

图 28-2 十二指肠 充血（b）

血管中充满红细胞。

（HE×200）

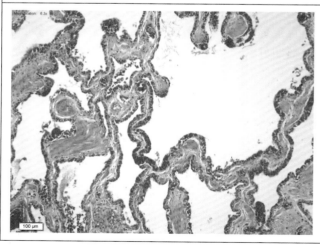

图 28-3 肺脏 充血（c）

局部区域可见扩张的血管。

（HE×100）

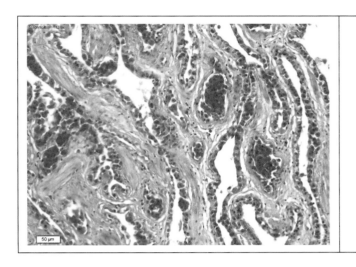

图28-4 肺脏 充血（d）

扩张的小血管中充满红细胞。

（HE×100）

28.2 淤血

【组织病理学变化】见图28-5和图28-6。

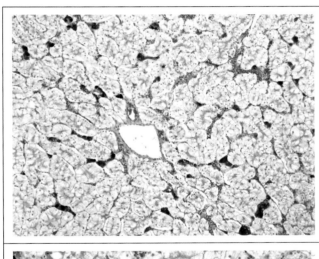

图28-5 肝脏 淤血（a）

肝细胞索排列整齐，肝窦红细胞清晰可见，

有的红细胞聚集成团，呈淤血表现。

（HE×100）

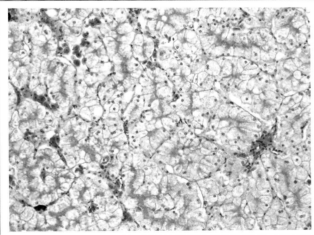

图28-6 肝脏 淤血（b）

肝窦扩张，红细胞聚集，呈淤血状态。

（HE×200）

28.3 坏死

【组织病理学变化】见图 28-7 和图 28-8。

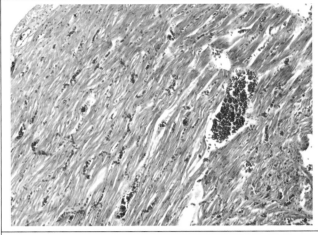

图 28-7　心室　坏死（a）

心肌纤维断裂、坏死，心肌纤维间毛细
血管或小静脉内充满红细胞。

（HE×100）

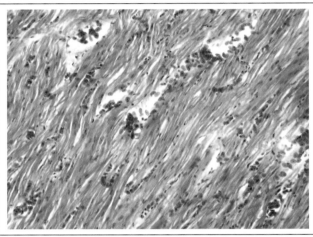

图 28-8　心室　坏死（b）

肌纤维排列不整齐，发生断裂坏死部位的
肌纤维结构消失，仅见粉红淡染均质
物质，核溶解或消失。

（HE×200）

28.4 局灶性肝炎

【组织病理学变化】见图 28-9 和图 28-10。

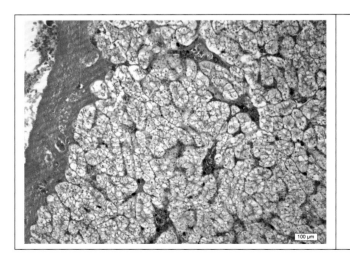

图 28-9　肝脏　局灶性肝炎（a）

可见肝脏结构完整，肝被膜毛细血管充血。
被膜外有纤维渗出，中央静脉和小叶间
静脉淤血，局部可见炎性细胞浸润。

（HE×100）

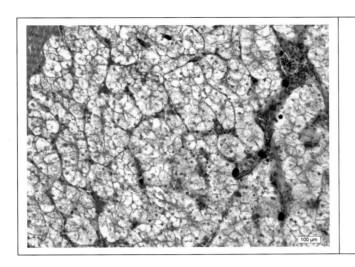

图 28-10　肝脏　局灶性肝炎（b）
肝细胞结构完整，呈泡沫样结构，核偏向
一侧；浸润的炎性细胞为淋巴细胞。
（HE×200）

28.5　间质性肺炎

【组织病理学变化】见图 28-11 和图 28-12。

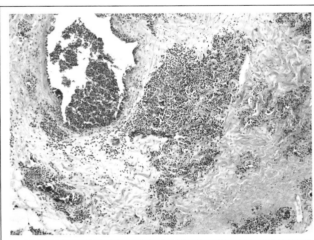

图 28-11　肺脏　间质性肺炎（a）
肺脏的完整结构消失，可见气管和肺泡囊内
有大量细胞和液体渗出，有的肺泡囊结构
消失，仅见大量炎性细胞和红细胞。
（HE×100）

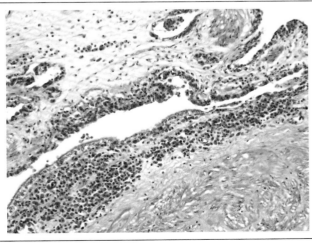

图 28-12　肺脏　间质性肺炎（b）
气管和肺泡囊有大量的巨噬细胞，肺泡囊间质
有大量巨噬细胞和淋巴细胞浸润，并有大量
红细胞。间质结缔组织增生，有大量
胶原纤维和少量成纤维细胞分布。
（HE×200）

28.6　坏死性脾炎

【组织病理学变化】见图 28-13 和图 28-14。

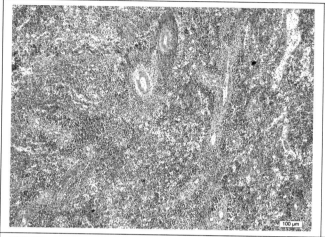

图 28-13　脾脏　坏死性脾炎（a）

脾脏红白髓界限清晰，脾窦增宽。白髓
萎缩，淋巴细胞明显减少。

（HE×100）

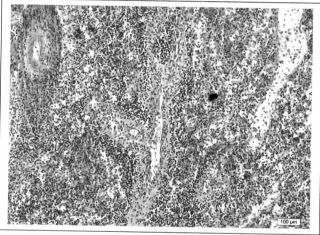

图 28-14　脾脏　坏死性脾炎（b）

脾脏红白髓界限清晰，脾窦增宽。白髓
萎缩，淋巴细胞明显减少。

（HE×200）

28.7　肠炎

【组织病理学变化】见图 28-15 和图 28-16。

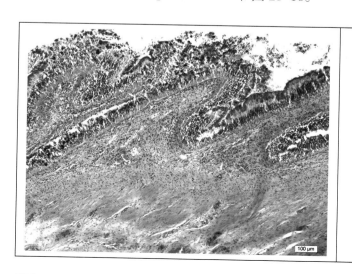

图 28-15　肠　肠炎（a）

可见肠黏膜层结构紊乱，大量黏膜上皮
脱落，黏膜层和黏膜下层血管
充血、出血。

（HE×100）

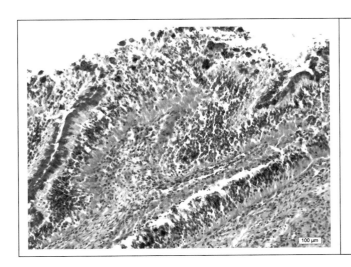

图 28-16　肠　肠炎（b）

黏膜上皮细胞大量脱落、崩解和坏死，脱落的
上皮细胞和黏液形成深染的团块，固有层
可见大量的巨噬细胞和淋巴细胞浸润。

（HE×200）

28.8　肾病

【组织病理学变化】见图 28-17 和图 28-18。

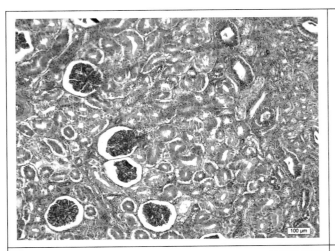

图 28-17　肾脏　肾病（a）

肾小管管腔缩小，有的上皮细胞脱离基底膜。

（HE×100）

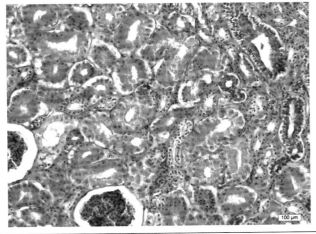

图 28-18　肾脏　肾病（b）

近曲小管上皮细胞变性、坏死，脱离基底膜。

（HE×200）

28.9 胃炎

【组织病理学变化】见图 28-19 和图 28-20。

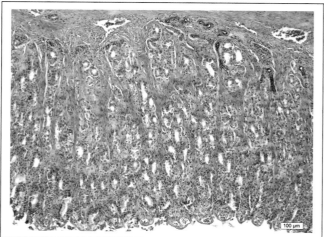

图 28-19 胃 炎症（a）
胃黏膜上皮脱落，黏膜下层毛细血管扩张
充血，并可见炎性细胞浸润。
（HE×100）

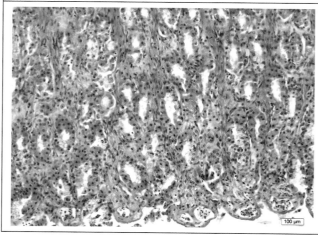

图 28-20 胃 炎症（b）
固有层毛细血管充血、出血，可见巨噬
细胞和淋巴细胞浸润。
（HE×200）

28.10 膀胱炎

【组织病理学变化】见图 28-21 和图 28-22。

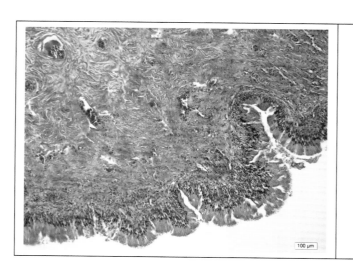

图 28-21 膀胱 膀胱炎（a）
黏膜上皮有断裂和缺损，固有层和黏膜
下层血管扩张充血、淤血。
（HE×100）

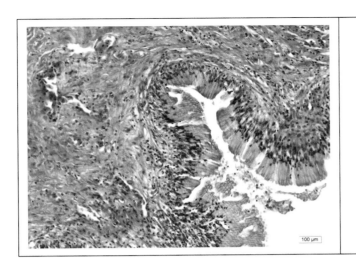

图 28-22　膀胱　膀胱炎（b）
黏膜面有蓝染的黏液和巨噬细胞渗出，
固有层可见散在的巨噬细胞和
淋巴细胞浸润。
（HE×200）

29 斑马鱼病理学

【背景知识】

斑马鱼（danio rerio）是一种热带淡水鱼，为辐鳍鱼纲鲤形目鲤科的其中一种。原产于南亚的孟加拉国、印度、巴基斯坦、缅甸、尼泊尔等地的溪流，后来被引进其他国家和地区，如美国、斯里兰卡、菲律宾、毛里求斯等。斑马鱼由于其养殖方便、繁殖周期短、产卵量大、胚胎体外受精、体外发育、胚体透明等特点，已成为生命科学研究的新宠。全球范围内有超过1500个斑马鱼实验室。利用斑马鱼，可以研究生命科学的基础问题，揭示胚胎和组织器官发育的分子机理；可以构建人类的各种疾病和肿瘤模型，建立药物筛选和治疗的研究平台；可以建立毒理学和水产育种学模型，研究和解决环境科学和农业科学的重大问题。

【解剖特点】

斑马鱼的体形通常为纺锤形，成年斑马鱼的平均长度为2.5～4 cm。它们的身体通常呈半透明状态，便于观察内部器官。鱼体上有5～7条黑色纵纹，这些斑纹是斑马鱼的独特标志之一。

斑马鱼的骨骼系统是其解剖学特点之一。它们具有骨骼系统，包括脊椎骨、头骨和鳃骨。这些骨骼结构在研究骨骼发育和维护方面具有重要意义。

斑马鱼的心血管系统与人类有一些相似之处，包括心脏、血管和血液。这使得斑马鱼成为心血管疾病研究的模式生物。

斑马鱼的消化系统包括口腔、食道、胃、肠道等器官。这些器官的结构与人类的类似，可以用于研究食物消化和营养吸收。

斑马鱼的神经系统在研究神经生物学和行为学方面具有重要价值。它们具有脑部、脊髓和感觉器官，可以用于研究神经信号传导和行为表现。

斑马鱼的生殖系统包括精巢、输精管、卵巢、输卵管。它们的生殖特点使其成为生殖生物学研究的理想模式生物。鳞片和皮肤：斑马鱼的皮肤覆盖着鳞片，这些鳞片具有特定的排列方式，可以用于研究皮肤发育和维护。

29.1　脂肪变性

【组织病理学变化】见图 29-1 至图 29-6。

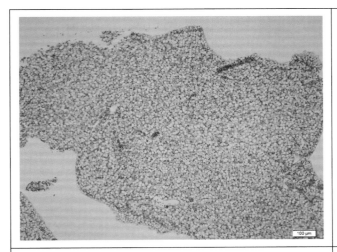

图 29-1　斑马鱼成年鱼　肝脏　脂肪变性（a）

肝脏结缔组织较少，肝细胞肿胀变性。

（HE×100）

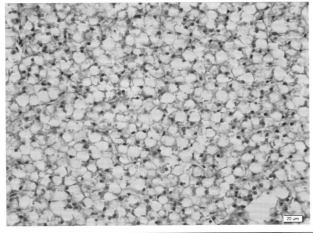

图 29-2　斑马鱼成年鱼　肝脏　脂肪变性（b）

肝细胞呈圆形或多边形，细胞间界限清晰，

胞核呈圆形，位于细胞中央。胞浆内

可见大小不一的空泡。

（HE×400）

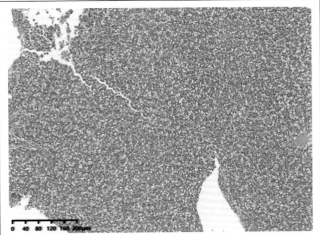

图 29-3　斑马鱼成年鱼　肝脏　脂肪变性（c）

肝实质结缔组织不发达，肝脏不形成

明显的肝小叶结构。

（HE×100）

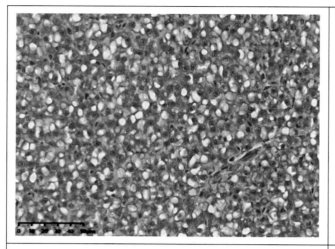

图 29-4 斑马鱼成年鱼 肝脏 脂肪变性（d）

胞浆内可见大小不一的空泡。

（HE×400）

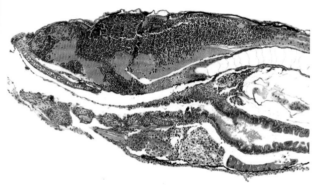

图 29-5 斑马鱼仔鱼 肝脏 脂肪变性（e）

可见肝脏位于仔鱼的腹部。

（HE×100）

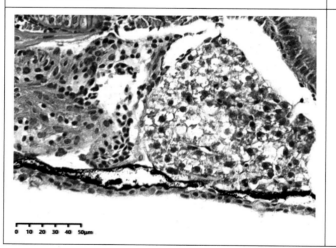

图 29-6 斑马鱼仔鱼 肝脏 脂肪变性（f）

胞浆内可见大小不一的空泡。

（HE×400）

29.2　坏死

【组织病理学变化】见图 29-7 和图 29-8。

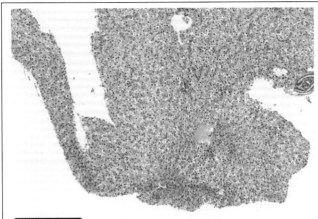

图 29-7　斑马鱼成年鱼　肝脏　局灶性坏死（a）

局部可见一坏死灶。

（HE×100）

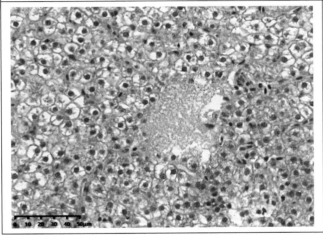

图 29-8　斑马鱼成年鱼　肝脏　局灶性坏死（b）

可见坏死的肝细胞无明显细胞轮廓，

胞核消失，胞浆崩解。

（HE×400）

29.3　坏死性肠炎

【组织病理学变化】见图 29-9 和图 29-10。

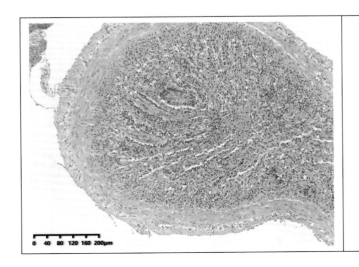

图 29-9　斑马鱼成年鱼　肠　坏死性肠炎（a）

浆膜层增厚，肌层及黏膜下层轻度疏松水肿。

（HE×100）

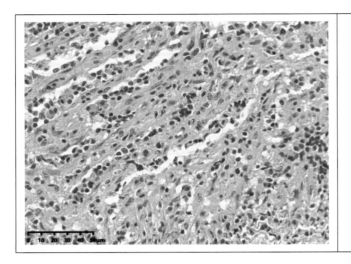

图 29-10 斑马鱼成年鱼 肠 坏死性肠炎（b）
肠绒毛坏死脱落，脱落的肠绒毛正常结构消失，
细胞坏死崩解，残余粉染无定形物质及
细胞碎片并可见淋巴细胞浸润。
（HE×400）

29.4 胰腺炎

【组织病理学变化】见图 29-11 和图 29-12。

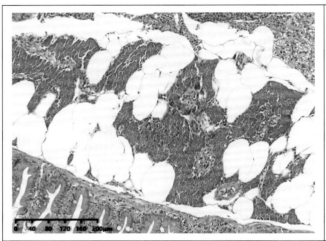

图 29-11 斑马鱼成年鱼 胰腺 胰腺炎（a）
斑马鱼的胰腺较小，为弥漫型，弥散地分布在
肝脏、胆囊和肠道周围，胰腺周围
弥漫分布着脂肪细胞。
（HE×100）

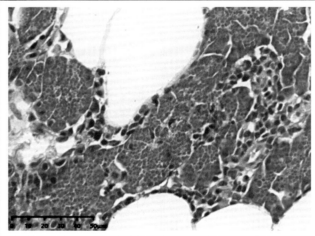

图 29-12 斑马鱼成年鱼 胰腺 胰腺炎（b）
血管周围间质明显增宽，可见淋巴细胞浸润。
（HE×400）

29.5 卵巢炎

【组织病理学变化】见图 29-13 和图 29-14。

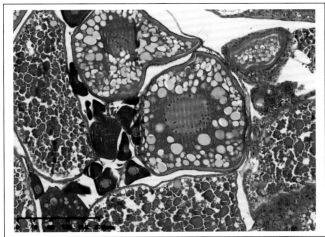

图 29-13 斑马鱼成年鱼 卵巢 卵巢炎（a）

卵巢位于腹腔，呈囊状，由平滑肌和结缔
组织形成的卵巢膜包围。

（HE×100）

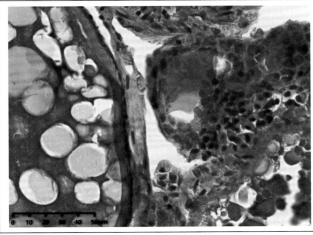

图 29-14 斑马鱼成年鱼 卵巢 卵巢炎（b）

局部间质区域增宽，可见淋巴细胞浸润。

（HE×400）

29.6 肾病

【组织病理学变化】见图 29-15 和图 29-16。

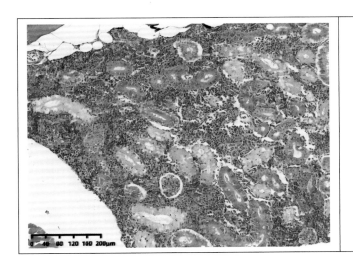

图 29-15 斑马鱼成年鱼 肾 肾病（a）

部分肾小管上皮细胞坏死，胞核染色质边集、
碎裂，核膜轮廓消失，残余的染色质呈
嗜碱性碎片。

（HE×100）

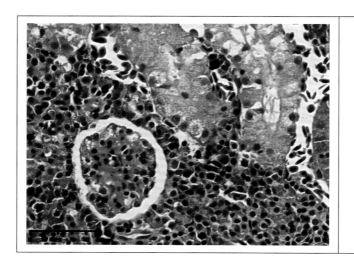

图 29-16　斑马鱼成年鱼　肾　肾病（b）
部分肾小管上皮细胞坏死，细胞轮廓界限
不清，胞核固缩、碎裂溶解、消失。
（HE×400）

30 鲤鱼病理学

【背景知识】

鲤鱼（cyprinus carpio）属于鲤形目鲤科鲤属的动物，有三个亚种：欧洲鲤、亚洲鲤和日本鲤。鲤鱼原产于亚洲，后来被引入欧洲、北美洲、非洲、大洋洲等地，成为一种世界性的养殖鱼类。鲤鱼是杂食性的底栖鱼类，以藻类、水生植物、软体动物、昆虫等为食。它们有两对须，用来探测食物和环境。鲤鱼是一种适应性强的鱼类，能耐寒、耐碱、耐缺氧，能生活在各种不良环境中。它们也很活泼，喜欢跳跃和游动。鲤鱼的繁殖期一般在 4～5 月份，卵黏附在水草上发育。人工繁殖时，可以用激素注射或按摩法促进排卵排精。

【解剖特点】

鲤鱼的体长可达 1 m，体重可达 30 kg。它们的体色多样，有金黄色、黑色、白色、红色等，有的还有斑点或条纹。鲤鱼的身体呈纺锤形，略扁，背部灰黑色，腹部近白色。身体可分为头、躯干和尾三部分。鲤鱼的内部结构包括以下几个系统：消化系统、循环系统、呼吸系统、排泄系统、神经系统和生殖系统。

鲤鱼的消化系统由口腔、咽、食管、肠管和消化腺组成。食管很短，其背面有通向气囊（即鳔）的管道。肠管为特别迂曲的圆筒形，是体长的 2～3 倍。肠前端接于食管，后端为直肠，以肛门开口于臀鳍基部前方。消化腺包括肝脏、胆囊和胰腺。

鲤鱼的循环系统由心脏、血管和血液组成。心脏位于身体前端的腹侧，即左、右胸鳍之间，由静脉窦、心房和心室三部分组成。心室前端有一白色三角形的圆锥形部分叫动脉球。血液为红色液体，含有红细胞、白细胞和血浆等成分。血管分为动脉、静脉和毛细血管三种类型。

鲤鱼的呼吸系统由咽、喉头、气囊（即鳔）和鳃组成。咽两侧有四对鳃裂，每个鳃裂上有一根鳃弓，鳃弓的外侧附着许多鳃丝而构成鳃瓣，鳃弓内侧生有许多突出物——鳃耙。鳃丝中分布血管，借以进行气体交换。气囊为位于体腔内消化管背方的一个囊，呈纺锤状，分成前、后二室，自后室接近中央部发出气囊管，此管通向消化道。气囊能调节鱼的浮沉和平衡。

鲤鱼的排泄系统由肾脏、输尿管和膀胱组成。肾脏为紧贴于腹腔背壁正中线两侧的红褐色狭长形器官，在鳔的前、后室相接处或鳔最宽处。每肾最宽处各通出一细管，即输尿管，沿腹腔背壁后行，在近末端处两管汇合通入膀胱。膀胱为两输尿管后端汇合后稍扩大形成的囊，其末端稍细，开口于泄殖窦。

鲤鱼的神经系统由中枢神经系统和周围神经系统组成。中枢神经系统包括脑和脊髓。脑由前向后分为嗅球、端脑、间脑、中脑、小脑、菱形窝和延脑等部分。嗅球与嗅束相连，嗅束为两根细长的神经束，从嗅球向前伸出，与鼻孔相连。端脑为最大的部分，位于头部正中央，表面有皱纹。间脑位于端脑后方，下面有一小圆形体——垂体。中脑位于间脑后方，上面有一对小突起——视丘。小脑位于中脑后方，呈半球形，表面有横向皱纹。菱形窝位于小脑下方，呈菱形凹陷。延脑位于菱形窝后方，呈圆柱形，与脊髓相连。

鲤鱼的生殖系统由生殖腺和生殖导管组成。生殖腺外包有极薄的膜。雌性有一对卵巢，性未成熟时为淡橙黄色，呈长带状，性成熟时呈微黄红色，呈长囊形，内有许多小型卵粒。雄性有一对精巢，性未成熟时往往呈淡红色，性成熟时纯白色，呈扁长囊状。生殖导管为生殖腺表面的膜向后延伸的细管，即输卵管或输精管，很短，左、右两管后端合并，通入泄殖窦，泄殖窦以泄殖孔开口于体外。

30.1 肝炎

【组织病理学变化】见图 30-1 和图 30-2。

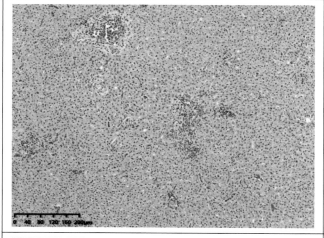

图 30-1 肝 局灶性肝炎（a）

肝实质中及血管周可见数量较多的炎性灶。

（HE×100）

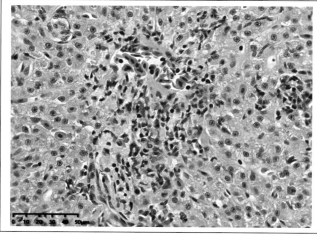

图 30-2 肝 局灶性肝炎（b）

炎性细胞以淋巴样细胞为主，血管周可见
较多巨噬细胞浸润。

（HE×400）

30.2 坏死性肝炎

【组织病理学变化】见图 30-3 和图 30-4。

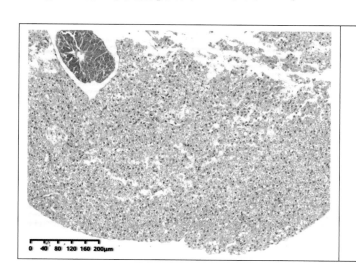

图 30-3 肝 坏死（a）

肝实质可见坏死灶。

（HE×100）

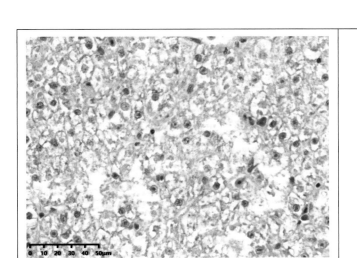

图 30-4 肝 坏死（b）

坏死灶内可见细胞崩解后残余的细胞
碎片及红细胞，少量巨噬细胞及
淋巴细胞浸润。

（HE×100）

30.3 坏死性肠炎

【组织病理学变化】见图 30-5 和图 30-6。

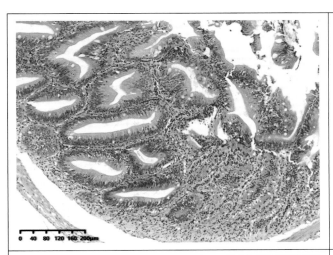

图 30-5 肠 坏死性肠炎（a）

局部区域肠绒毛断裂，脱落至管腔。

（HE×100）

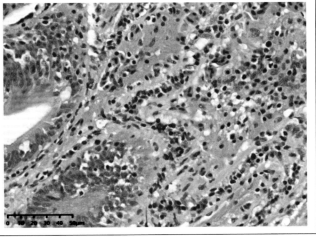

图 30-6 肠 坏死性肠炎（b）

肠绒毛上皮细胞变性、坏死，绒毛正常
形态消失，固有层可见淋巴样
细胞浸润。

（HE×400）

30.4 鳃炎

【组织病理学变化】见图 30-7 和图 30-8。

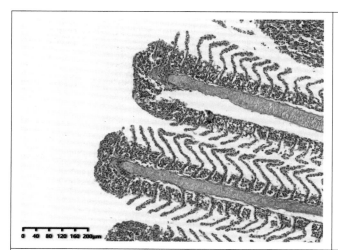

图 30-7 鳃 鳃炎（a）
局部鳃小片弯曲，局部鳃丝间充斥大量
红细胞及炎性细胞。
（HE×100）

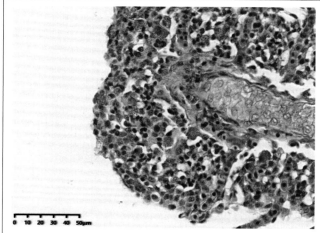

图 30-8 鳃 鳃炎（b）
可见大量淋巴细胞、巨噬细胞等炎性细胞
浸润，鳃小片融合。
（HE×400）

③1 牡蛎组织学

【背景知识】

牡蛎产于海水或咸淡水交界处，以食浮游生物为生。牡蛎通常生活在不断浸没的状态，并且非常扁平，壳呈圆形。它们与大多数双壳类动物不同，它们的壳完全由方解石组成，但内部具有由文石成分组成的肌肉疤痕。

牡蛎有幼生和卵生两种，两种类型都是雌雄同体。幼生种在每个个体内表现出交替的性别模式，而卵生种是同时的雌雄同体，根据情况产生雌性或雄性配子。牡蛎生殖腺饱满后，只要受外界的影响即会开始排卵、放精，像是暴风雨后的盐分变化、满潮露出的温度变化等（满月的满潮排卵放精最多）。在水中受精后发育成浮游的担轮幼虫，待时机成熟则固着在基质上发育成带壳的小牡蛎。牡蛎的外套膜随着个体的成长，持续分泌物质形成其含有高量钙质的外壳，保护柔软的身体。

【解剖特点】

牡蛎的贝壳由两个不等的壳片组成，左壳较大、凸出，右壳较小、较平。左壳通常用来附着在岩石或其他物体上，右壳像一个盖子一样覆盖在左壳上。

牡蛎的外套膜是包裹软体的薄膜，左、右各一片，边缘有三层突起：贝壳突起、感觉突起和缘膜突起。贝壳突起分泌贝壳，感觉突起有许多触手，缘膜突起可以控制进、出水孔的大小。

牡蛎的鳃是呼吸和过滤食物的器官，左、右各一对，共四片。每一片鳃由一排下行鳃和一排上行鳃组成，中间有一个食物运送沟。鳃上有不同类型的纤毛，可以帮助水流和食物的运动。

牡蛎的消化系统包括唇瓣、口、食道、胃、消化盲囊、晶杆囊、肠、直肠和肛门。唇瓣位于鳃前方，有两对，内、外各一对。口位于内外唇瓣基部之间，为一横裂。胃呈不规则囊状，四周被消化盲囊包围。晶杆囊是一个长管状器官，内有一根几丁质棒，称为晶杆。肠从胃后方延伸至直肠，直肠穿过心脏后开口于肛门。

牡蛎的循环系统是开放式的，由心脏、副心脏、血管和血液组成。心脏位于围心腔中，由一个心室和两个心耳构成。心室分出前大动脉和后大动脉，分别向前后部分输送血液。副心脏位于外套膜内侧，左、右各一个，主要接受来自排泄器官的血液，并将其压送到外套膜中去。

牡蛎的排泄系统由肾囊、肾管和肾围漏斗组成。肾囊位于心耳下方，左、右各一个，呈棕色囊状。肾管从肾囊后端延伸至肾围漏斗，肾围漏斗开口于围心腔中。牡蛎通过肾囊和肾管将代谢废物排出体外。

牡蛎的神经系统由三对神经节和神经纤维组成。神经节分别为脑神经节、足神经节和脏神经节。牡蛎在变态后失去足部，足神经节也随之退化。脑神经节位于唇瓣基部，左、右各一，由环绕食道的连络神经相连。脏神经节位于闭壳肌前方的内侧，左右合并为一。神经纤维从神经节发出，分布于各器官和组织中。

牡蛎的生殖系统由生殖腺、生殖管、生殖输送管和生殖孔组成。生殖腺位于内脏囊的两侧，呈黄色或橙色，占据大部分体腔。生殖管是由许多细管组成的网状结构，分布于内脏囊周围。

31.1 外套膜

【**正常组织结构**】见图 31-1 至图 31-6。

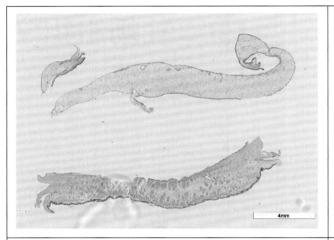

图 31-1　牡蛎　外套膜（a）

可见两段外套膜。

（HE×4）

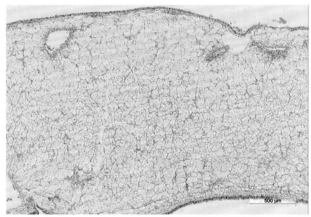

图 31-2　牡蛎　外套膜（b）

上段外套膜主要由内、外上皮层及中间
结缔组织基质构成，结缔组织基质中
可见血淋巴窦。

（HE×40）

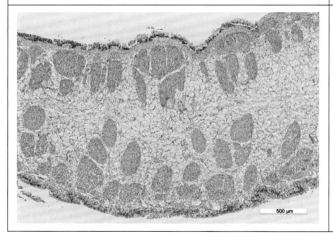

图 31-3　牡蛎　外套膜（c）

下段外套膜除内、外上皮层及中间部位结缔
组织基质外，还可见大量肌纤维束。

（HE×40）

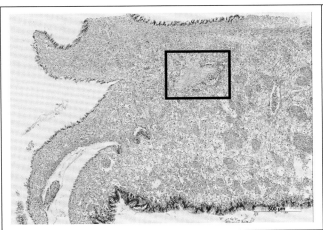

图 31-4　牡蛎　外套膜（d）

边缘膜处可见三个突起的结构以及

神经节（黑色方框）。

（HE×40）

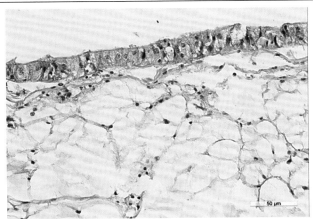

图 31-5　牡蛎　外套膜（e）

上段外套膜上皮细胞主要为单层、矮柱状

上皮细胞，胞核圆形，位于细胞中央。

其间散在分布有嗜酸性

颗粒分泌细胞。

（HE×400）

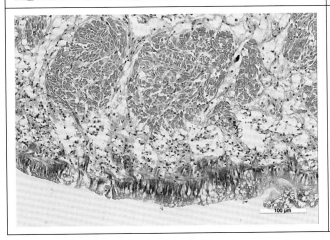

图 31-6　牡蛎　外套膜（f）

下段外套膜上皮细胞呈高柱状，胞核呈长

椭圆形，位于细胞基部，其间散在

分布有嗜酸性颗粒分泌细胞。

（HE×400）

31.2 闭壳肌

【正常组织结构】见图 31-7 和图 31-8。

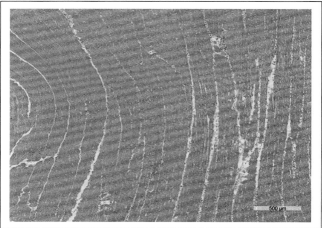

图 31-7　牡蛎　闭壳肌（a）

肌纤维被结缔组织间质分隔呈束状

排列，排列较规则。

（HE×400）

图 31-8　牡蛎　闭壳肌（b）

肌纤维胞核呈梭形位于细胞边缘，

核仁明显。

（HE×400）

31.3 唇瓣

【正常组织结构】见图 31-9 至图 31-11。

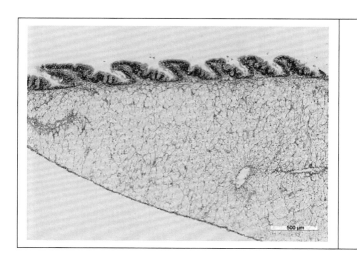

图 31-9　牡蛎　唇瓣（a）

唇瓣由两侧上皮层及中央结缔组织构成，

结缔组织间可见血淋巴窦，其中一侧

上皮呈嵴状排列，另一侧光滑。

（HE×40）

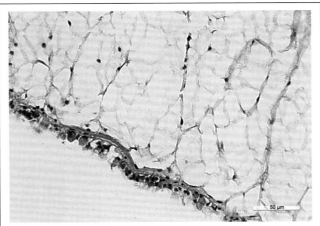

图31-10　牡蛎　唇瓣（b）

光滑侧上皮细胞呈矮柱状，胞核位于细胞

中央，其间散在分布有嗜酸性颗粒

分泌细胞。

（HE×400）

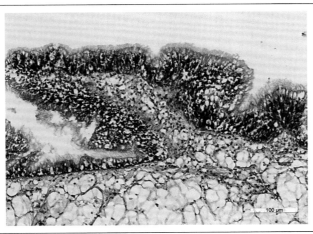

图31-11　牡蛎　唇瓣（c）

褶皱侧上皮主要由高柱状纤毛上皮细胞

以及嗜酸性颗粒分泌细胞组成。

（HE×400）

31.4　消化腺

【正常组织结构】见图31-12至图31-14。

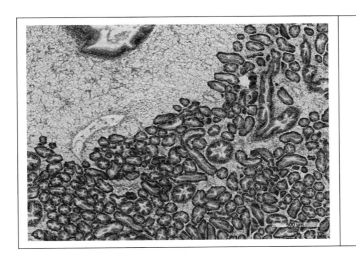

图31-12　牡蛎　消化腺（a）

消化腺中众多具分枝的小腺管，腺管汇集

于小的导管，而后再进一步通向较大的

导管，间质由大量疏松结缔组织

构成，可见血管窦。

（HE×40）

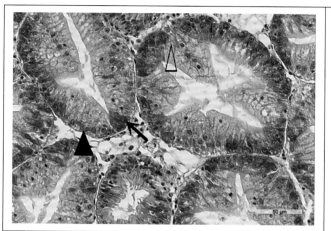

图 31-13　牡蛎　消化腺（b）

腺管上皮由消化细胞和分泌细胞组成。消化细胞呈柱状，高低不等，胞浆呈泡沫状，胞核多位于基部（实心三角示）；分泌细胞呈锥形，胞浆强嗜碱性深蓝染，胞核较大、近圆形，核仁明显（箭头示），数个嗜碱性细胞集中一起在腺管中分布；腺管上皮中可见黄色球形残留小体（空心三角示）。

（HE×400）

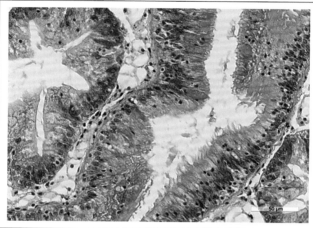

图 31-14　牡蛎　消化腺（c）

导管上皮由纤毛柱状细胞、嗜酸性分泌细胞及少量嗜碱性黏液细胞组成。

（HE×400）

31.5　鳃

【正常组织结构】见图 31-15 至图 31-17。

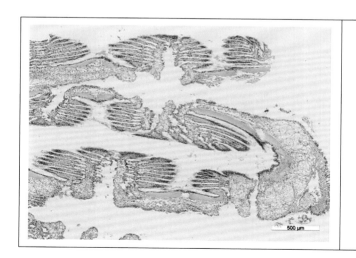

图 31-15　牡蛎　消化腺（a）

消化腺中有众多具分枝的小腺管，腺管汇集于小的导管，而后再进一步通向较大的导管，间质由大量疏松结缔组织构成，可见血管窦。

（HE×40）

图 31–16　牡蛎　消化腺（b）

腺管上皮由消化细胞和分泌细胞组成。消化
细胞呈柱状，胞浆呈泡沫状，似有许多大小
不一的囊泡，胞核多位于基部；分泌细胞
呈锥形，胞浆强嗜碱性深蓝染，核较大、
近圆形，核仁明显，数个嗜碱性细胞
集中一起在腺管中分布；腺管上皮中
可见黄色球形残留小体。

（HE×400）

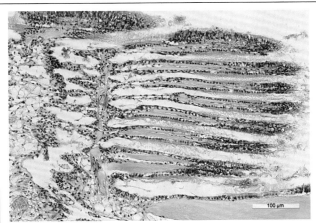

图 31–17　牡蛎　消化腺（c）

导管上皮由纤毛柱状细胞、嗜酸性分泌
细胞及少量嗜碱性黏液细胞组成。

（HE×400）

第四部分

实验动物组织
病理学

32 大鼠组织学

大鼠（rattus norvegicus）在实验动物中具有重要的历史地位。自 20 世纪初以来，大鼠一直被广泛用作生物医学和生物学研究的模型动物。

19 世纪末，法国生理学家克劳德·贝尔纳首次将大鼠用于实验室研究，以探索生物体内的生理过程。贝尔纳的工作为后来的研究奠定了基础。

大鼠之所以成为实验动物的首选之一，是因为它们具有许多特点使其适合研究。首先，大鼠的生理结构和生理功能与人类相似，特别是在心血管、消化、神经和免疫系统方面。其次，大鼠具有相对较短的繁殖周期和较高的繁殖率，这使得大鼠能够在相对短的时间内产生大量的后代，方便研究者进行大规模实验。此外，大鼠的基因组已被广泛研究和序列化，使得研究者能够更好地理解大鼠与人类的遗传相似性和差异。

在实验室中，大鼠被广泛应用于各种研究领域，包括药物研发、基因功能研究、疾病模型研究等。大鼠模型已被用于研究多种疾病，如癌症、神经退行性疾病、心血管疾病、糖尿病等，为人类疾病的预防、治疗和控制提供了重要的参考。

32.1　心血管系统

心血管系统由心脏、动脉、静脉与毛细血管组成。心脏将血液泵入各级血管中，并在全身进行循环代谢与物质交换。交换后的血液及不同阶段的代谢组分再通过各级血管流回心脏。

啮齿类动物的心力衰竭可能难以辨认，但通常会导致舌头发蓝、口腔黏液发蓝，尸体剖检时，心脏可能会扩张，壁薄而松弛。研究表明，心包内积液可能是广泛的水肿征兆。在实验动物中，心血管系统的肿瘤是罕见的，其具体需要按照相关肿瘤的特征进行诊断。

心脏是一个高度特化的肌性器官，分为左、右两个心房与心室。其基础结构为心肌，其他特殊结构还包括心瓣膜、心骨、腱索、传导系统。心腔壁由心外膜、心肌层与心内膜构成。心内膜衬于腔壁内侧面，主要由于单层扁平内皮与皮下结缔组织组成，并与大血管内皮相延续，形成连续的基底膜。心肌层主要是由心肌纤维束构成，为心壁的主要成分。心房与心室间被心纤维环分隔，心房的心肌较薄，排列不规则，且纤维短而细，肌纤维的横小管少，肌纤维间具有大量的缝隙连接；心室心肌层较厚，肌纤维粗而长，排列规整，且两心室之间存在室间隔。心外膜是心包的脏层，位于心腔最外层。主要由单层扁平上皮与结缔组织组成，中间夹杂着胶原纤维、弹性纤维、冠状血管、神经纤维和脂肪细胞。心外膜富含致密结缔组织，厚度不规则。心瓣膜位于心房与心室之间，由心内膜层在动静脉与房室孔折叠形成。

血管为管状结构，其基本结构主要为同心圆排列的内膜、中膜与外膜（因与血管孔径大小不同而有所差异）。内膜（tunica intima）主要为内皮与下层的结缔组织组成。内皮光滑，便于血液流动，呈单层扁平状，其下层为一层较薄的纤维结缔组织，含少量胶原纤维、弹性纤维及平滑肌纤维。中膜（tunica media）一般较厚，由环状排列的平滑肌纤维与弹性纤维组成，具有支持与回缩血管的作用。外膜（tunica externa / adventitia）由疏松结缔组织组成，富含弹性纤维与胶原纤维。血管可大致分为动脉、静脉和毛细血管 3 种。

正常组织结构见图 32-1 和图 32-2。

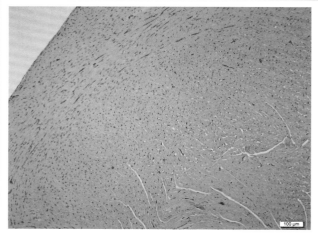

图 32-1 SD 大鼠 心脏（a）

心肌纤维排列整齐且纹理清晰。

（HE×100）

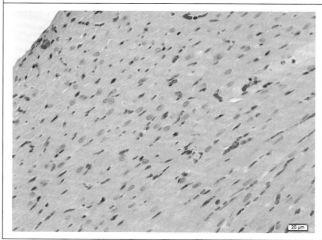

图 32-2 SD 大鼠 心脏（b）

心肌细胞呈长梭形或卵圆形，细胞核排列整齐，呈梭形，蓝色淡染，胞质嗜酸性红染。心肌纤维之间散在红细胞。

（HE×400）

32.2 呼吸系统

呼吸系统主要由呼吸道、肺和呼吸肌组成，通常分为导气部与呼吸部。导气部主要由鼻、咽、喉和各级支气管构成，肺的呼吸部主要包括呼吸性细支气管、肺泡管、肺泡囊和肺泡。肺是气体交换的最终场所。

肺（lung）由导气部和呼吸部组成，导气部负责肺内气体传导，呼吸部负责气体交换。导气部由肺内支气管（bronchus）、细支气管（bronchiole）和终末细支气管（terminal bronchiole）组成。肺内支气管的黏膜上皮为假复层或单层柱状纤毛上皮，杯状细胞逐渐减少。细支气管的黏膜上皮变为单层柱状纤毛上皮，非纤毛上皮细胞增多，杯状细胞减少。终末细支气管由单层柱状或立方上皮覆盖，以无纤毛的克拉细胞为主，纤毛上皮细胞和杯状细胞极少或消失。呼吸部由呼吸性细支气管（respiratory bronchiole）、肺泡管（alveolar duct）、肺泡囊（alveolar sac）和肺泡组成。其中呼吸性细支气管上皮由单层扁平或立方上皮细胞覆盖。肺泡管被单层立方或扁平上皮覆盖。肺泡囊和肺泡上皮主要由 I 型和 II 型肺泡上皮细胞构成。I 型肺泡细胞扁平，非常薄，胞质少，细胞器少，吞饮小泡多。II 型肺泡细胞呈椭圆形或立方状，突入肺泡腔内，细胞游离面有少量微绒毛，胞质内有丰富的细胞器。

气管与肺外支气管也称为一级支气管，主要分为黏膜层、黏膜下层与外膜层。黏膜层为假复层纤毛柱状上皮，以纤毛细胞与杯状细胞为主，散在有其他细胞；黏膜下层为疏松结缔组织与黏膜层、外膜层分界不清，主要为混合腺；外膜层较厚，主要为透明软骨环，气管平滑肌与结缔组织。

啮齿类动物呼吸系统病变主要可分为增生性与非增生性的病变。实验中主要是通过造模研究呼吸道癌症与慢性阻塞性肺病，其主要病变在肺上皮细胞的一系列相关病变，如癌变、坏死、炎症反应等相关病变。鼻与肺的上皮细胞对外源性的物质具有极强的吸收作用，其病变取决于沉积、摄取的位置及持续的时间与细胞的敏感性。啮齿类动物的增生性病变可由于感染或老龄化，但主要是由于吸入了有毒有害物质，可以造成肺泡上皮、纤毛柱状上皮的损害；非增生性病变通常与实验相关，或者与老龄相关的退行性疾病相关。实验动物相关操作所造成的自发性感染较为少见。

【正常组织结构】见图 32-3 和图 32-4。

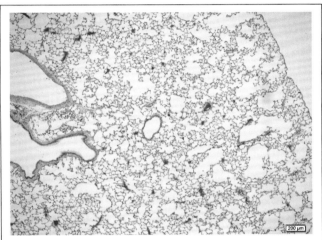

图 32-3　SD 大鼠　肺脏（a）

肺泡上皮结构清晰。

（HE×40）

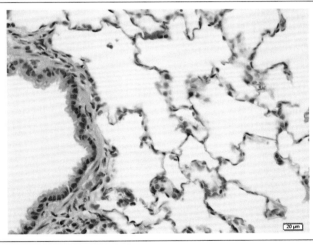

图 32-4　SD 大鼠　肺脏（b）

肺泡上皮结构清晰，包含多种

上皮细胞形态。

（HE×400）

32.3　消化系统

消化系统主要分为消化道与消化腺。消化道包括口腔、咽、食管、胃、小肠和大肠；消化腺主要包括肝、胰和涎腺等独立腺体。

消化道的管壁可分为黏膜层、黏膜下层、肌层和浆膜层，管壁内充满腺体、血管、神经和结缔组织等。黏膜层（mucosa）是发挥消化功能的主要部分，主要有黏膜上皮、固有层、黏膜肌层、黏膜下层。其上皮主要为复层扁平上皮、单层立方状至单层柱状上皮；固有层以疏松结缔组织为主；黏膜肌层为一薄层平滑肌，可促进营养物质吸收。黏膜下层（submucosa）结构和成分与动物种属有关，主要以结缔组织为主，含有其他神经与消化腺体。肌层（muscularis）结构与动物种属有关，一般具有内环与外纵两层，中间夹杂一定的神经丛。外膜层（serosa / adventitia）以薄层疏松结缔组织为主，表面光滑，利于肠胃运动。

啮齿类动物胃肠道是检测的重点部位，常规经口腔给药与胃内给药可导致啮齿类动物消化道损伤，严重时会导致许多与炎症相关的消化道损伤。研究发现，啮齿类动物多表现出胃内溃疡与出血，胃内容物出现黑色。某些药物会使胃壁增厚，导致胃壁腺体增生、胃酸分泌加剧，进而导致胃内肿瘤发生。腹泻在实验动物中较为常见，许多药物也可导致肠道的反应，引发腹泻。肠道常发生炎症反应，存在于固有层及局部淋巴结附近，当肠壁变厚、增宽，提示动物肠道存在明显炎症。肠道肿瘤较为少见，但诸如息肉、腺瘤／癌等，在实验过程中可能由药物作用导致。

消化腺主要有肝、胰腺与涎腺。此外，各消化管的管壁黏膜层或黏膜下层也含有特定的消化腺。这些腺体的主要作用是促进物质分解与吸收。

肝是体内最大的腺体，具有多种重要生理功能，包括生物转化与解毒功能。其结构由许多小叶组成，由弹性纤维被膜与浆膜覆盖。肝小叶（hepatic lobules）是肝的基本结构和功能单位，通常分为肝小叶、门小叶和腺小叶3类。肝小叶以中央静脉为中心，由肝细胞构成。肝细胞体积大，呈多角形或多面体，胞核大而圆，位于中央，偶见双核，胞质丰富，呈嗜酸性；肝窦（sinusoids）位于肝板之间互相分支吻合的网状腔隙，为有孔上皮，其内可见枯否氏细胞及储脂细胞。肝门管区（peripheral areas）由相邻肝小叶三角形或不规则结缔组织区域构成，其中有小叶间胆管、小叶间动脉、小叶间静脉构成，小叶间胆管狭小，由单层立方状或低柱状上皮构成。

胰腺（pancreas）分为外分泌腺与内分泌腺。薄层结缔组织被膜伸入腺实质内形成间质，并形成许多小叶。其外分泌部为浆液性复合泡状腺，由腺泡和各级导管组成，腺细胞为椎体形，胞核圆形，位于基底部。

涎腺（包括腮腺、颌下腺和舌下腺）主要包括以下几类细胞。

腺细胞：腺细胞是涎腺中最主要的细胞类型，负责合成和分泌唾液。它们具有丰富的内质网和高度分泌颗粒，用于合成和包裹唾液分泌物。腺细胞通常呈囊泡状或梭形，排列成腺泡结构，有助于最大限度地增加表面积以促进唾液分泌。

导管细胞：导管细胞位于涎腺的腺管中，负责将合成的唾液从腺体输送到口腔。这些细胞通常呈长柱状，具有排列整齐的形态，以便形成通道并排出唾液。

基底细胞：基底细胞位于涎腺的基底部，是腺体的支持细胞，负责维持腺体的结构和稳定。它们通常较小，形态较为简单，但在维持腺体功能和结构上起着重要作用。唾液腺均为复管泡状腺，腺实质由分支的导管及腺泡构成。

三种唾液腺结构不同，下颌下腺为混合性腺，浆液性腺泡多，分泌物含有唾液淀粉酶和黏液。舌下腺为混合腺，以黏液性腺泡为主，分泌物主要为黏液。腮腺为浆液性腺，分泌物含有唾液淀粉酶。

啮齿类动物常见的肝脏病变主要有脂肪变性、磷脂质病、淀粉样物质沉积、色素沉积、核内包涵体病变、肝细胞肥大（或萎缩）和炎性细胞浸润等病变。

图32-5至图32-20主要呈现了胃、肠道、肝脏、胰腺的正常组织结构；图32-21至图32-27主要呈现了涎腺、腮腺、颌下腺、舌下腺的正常组织结构。

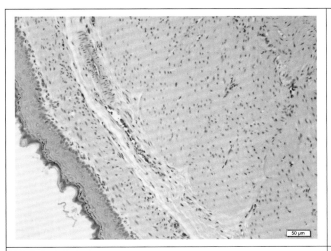

图 32-5 SD 大鼠 胃（a）

SD 大鼠前胃，无腺体。

（HE×200）

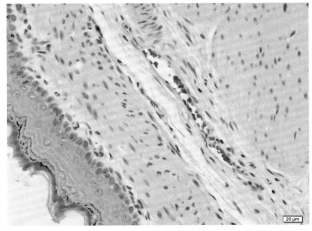

图 32-6 SD 大鼠 胃（b）

SD 大鼠的前胃，表面由复层扁平上皮

覆盖，无腺体。

（HE×400）

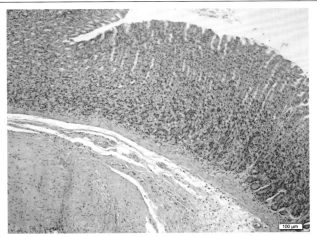

图 32-7 SD 大鼠 胃（c）

SD 大鼠胃底部。

（HE×200）

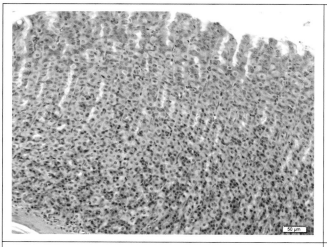

图 32-8　SD 大鼠　胃（d）

SD 大鼠胃底腺。

（HE×400）

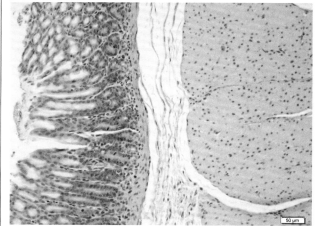

图 32-9　SD 大鼠　胃（e）

SD 大鼠幽门部。

（HE×200）

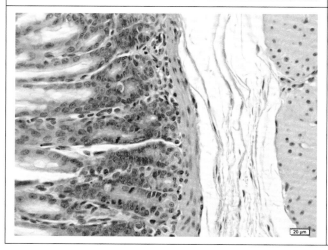

图 32-10　SD 大鼠　胃（f）

SD 大鼠幽门部，幽门腺主要为
管状黏液腺。

（HE×400）

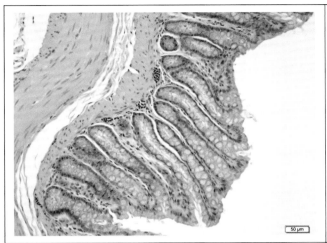

图 32-11 SD 大鼠 肠道（a）

SD 大鼠的大肠由黏膜、黏膜下层、

肌层和外膜组成。

（HE×200）

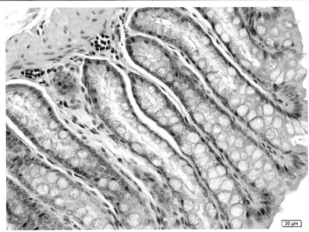

图 32-12 SD 大鼠 肠道（b）

大肠没有绒毛结构，黏膜上皮细胞以吸收

细胞和杯状细胞为主。

（HE×400）

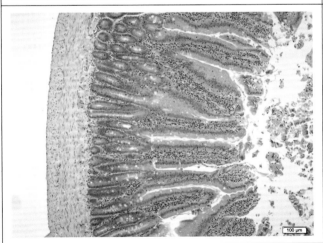

图 32-13 SD 大鼠 肠道（c）

十二指肠由黏膜、肌层和外膜组成，小肠

黏膜具有发达的肠绒毛结构。

（HE×100）

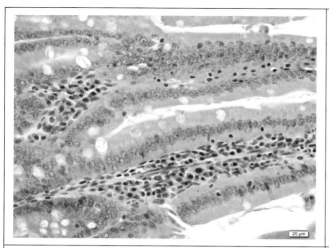

图 32-14　SD 大鼠　肠道（d）

十二指肠黏膜上皮为单层柱状上皮。

（HE×400）

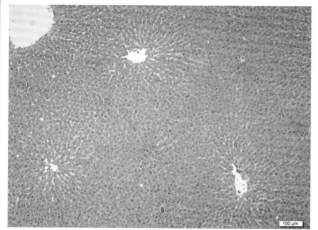

图 32-15　SD 大鼠　肝脏（a）

肝小叶呈不规则的多面体或棱柱体，肝细
胞以中央静脉为中心，呈放射状向
周围排列成板层状结构。

（HE×100）

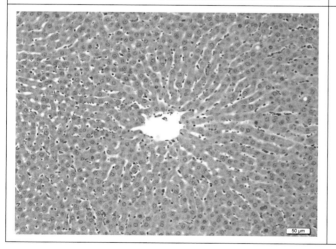

图 32-16　SD 大鼠　肝脏（b）

肝索以中央静脉为中心呈放射状排列。

（HE×200）

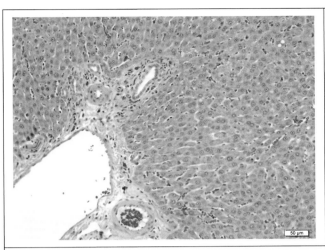

图 32-17 SD 大鼠 肝脏（c）

相邻肝小叶之间的三角形或不规则结缔

组织小区称为门管区。

（HE×200）

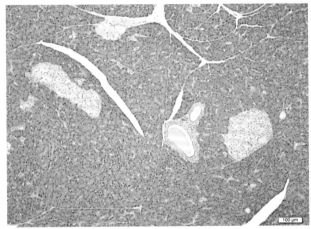

图 32-18 SD 大鼠 胰腺（a）

胰腺结构清晰。

（HE×100）

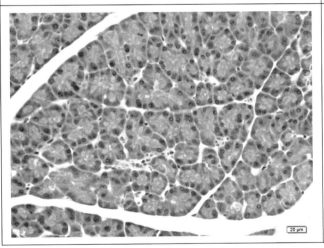

图 32-19 SD 大鼠 胰腺（b）

腺上皮细胞排列紧凑。

（HE×400）

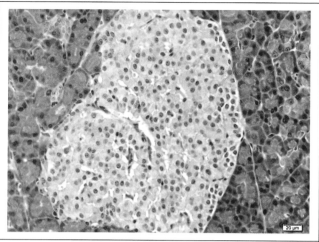

图 32-20　SD 大鼠　胰腺（c）
胰岛结构清晰。
（HE×400）

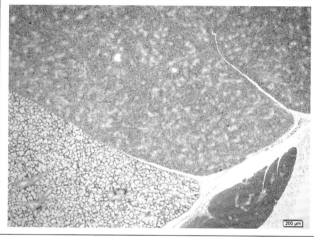

图 32-21　SD 大鼠　涎腺（a）
颌下腺、舌下腺、腮腺交界处。
（HE×40）

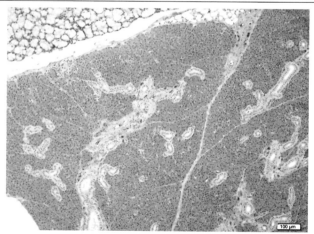

图 32-22　SD 大鼠　腮腺（a）
腮腺属于浆液腺。
（HE×100）

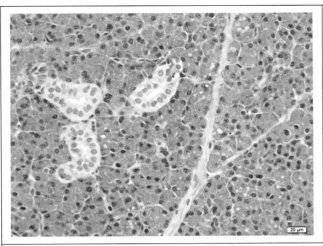

图 32-23　SD 大鼠　腮腺（b）

浆液性腺泡，胞核圆形，位于基底部，

顶部胞浆富含分泌颗粒。

（HE×400）

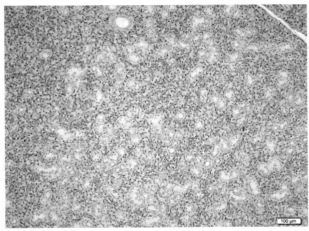

图 32-24　SD 大鼠　颌下腺（a）

颌下腺属于混合腺。

（HE×100）

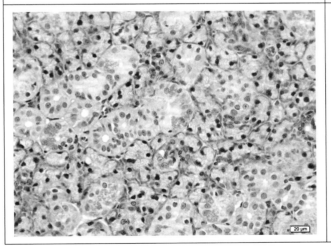

图 32-25　SD 大鼠　颌下腺（b）

颌下腺为混合型腺泡，由浆液性腺泡和

黏液性腺泡混合组成。

（HE×400）

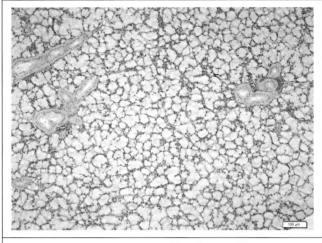

图 32-26　SD 大鼠　舌下腺（a）

舌下腺属于黏液腺。

（HE×100）

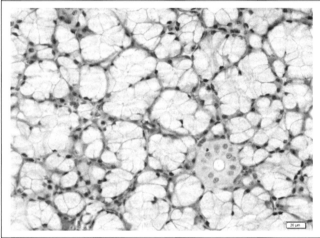

图 32-27　SD 大鼠　舌下腺（b）

黏液性腺泡，胞核扁圆形或半月形，

胞浆富含黏液分泌物。

（HE×400）

32.4　泌尿系统

泌尿系统主要由肾、输尿管、膀胱和尿道组成。泌尿系统主要通过过滤、分泌和重吸收，保证血液功能的最佳化。同时，肾脏还可以分泌或转化一些活性物质。

大多数实验动物为单乳头肾，多为椭圆形，被致密结缔组织包裹。肾实质通常被分为5个区域：皮质、外髓质外带、外髓质内带、内髓质和乳头，啮齿类动物外髓质比较明显，犬类和食蟹猴则不明显。在皮质与髓质交界处，有与被膜垂直、呈放射状的条纹，称为髓放线，主要由部分肾小管与集合管构成。髓放线之间的皮质称为皮质迷路，主要由肾小球与部分肾小管构成。髓放线与两侧各1/2的皮质迷路合称为一个肾小叶，是肾的基本功能单位。与之相对，肾单位（nephron）由肾小球与其相连的肾小管组成，是肾结构与尿形成基本单位，分为皮质单位与髓质单位两种。皮质单位主要负责尿形成，髓质单位主要负责尿浓缩作用。肾小球（glomerulus，又称肾小体）为球形，位于皮质迷路内，具有过滤作用，由肾小囊、血管囊和系膜组成。肾小管（renal tubules）为细长弯曲的单层上皮管状结构，具有重吸收、分泌、排泄作用，分为近端小管、髓袢、远端小管。近端小管细胞体积较大，为立方状，胞核圆形，髓袢细支为单层扁平上皮，粗支细胞为矮立方状，远端小管为矮立方状。集合管分为连接小管、集合小管、皮质集合管、髓质集合管。不同种属的动物，其集合管形态过渡不同，但均分为主细胞与间界细胞两种，主细胞着色浅，间界细胞着色深。乳头管覆有单层或复层立方状或柱状上皮。肾小球旁复合体（juxtaglomerular apparatus）位于肾小球的血管极，由球旁细胞、致密斑和球外系膜细胞组成。球旁细胞主要由微动脉平滑肌细胞转化而成，细胞较大，立方状或多角形，胞核大而圆，胞质弱嗜碱性；致密斑由肾小管上皮细胞转化而成，细胞为圆形、椭圆形，位于顶部；球外系膜细胞位于入球微动脉、出球微动脉和致密斑的三角区域内。

排尿管道包括肾盂、输尿管、膀胱和尿道，其均由黏膜、肌层和外膜组成。黏膜层由变移上皮覆盖，又称为尿上皮，细胞体积大，为多角形、椭圆形，偶见双核细胞。肾盂（renal pelvis）上皮与肾乳头上皮相移行，大多数动物的肾盂上皮由单层立方状上皮或假复层柱状上皮细胞覆盖，下层多有结缔组织和内纵或外环平滑肌包围。输尿管（ureter）由黏膜、肌层和外膜组成。黏膜层形成纵行的皱褶，切面为多角形或星形，细胞较大；肌层主要为2层或3层及以上的纵形或环形平滑肌；外膜为疏松结缔组织，与周围结缔组织相延续或融合。膀胱（urinary bladder）由黏膜、肌层和外膜层组成。黏膜上皮细胞较大，具有多种连接方式，肌层主要为平滑肌组成，外膜主要为疏松结缔组织。

啮齿类动物泌尿系统常见病变主要有非增生性退行性肾病，包括慢性进行性肾病综合症，这些疾病可能由于外源性物质的处理而加剧疾病进程。肾脏是疾病治疗的常见靶器官，其相关损伤可由肾小球、肾小管的直接作用，或是血液变化，其给药剂量的不同也可引起病变的不同。啮齿类动物的增生性疾病主要包括自发性或暴露于毒性物质诱发的肿瘤疾病，通常可借助免疫组化手段进行定位，并最终确定病变部位，肾脏病变多伴有炎性细胞的浸润。

【正常组织结构】见图 32-28 至图 32-34。

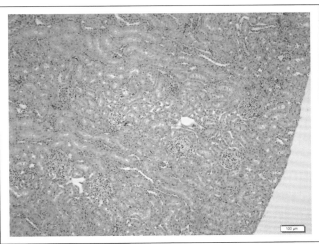

图 32-28　SD 大鼠　肾脏（a）

肾实质分为皮质、外髓质外带、外髓质
内带、内髓质和乳头。

（HE×100）

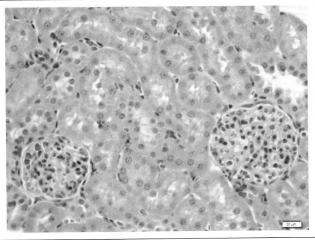

图 32-29　SD 大鼠　肾脏（b）

肾小球位于皮质迷路内，呈球形，
具有过滤作用。

（HE×400）

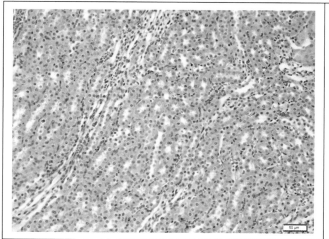

图 32-30　SD 大鼠　肾脏（c）

肾小管为细长弯曲的单层上皮管状结构。

（HE×200）

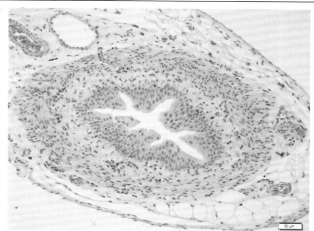

图 32-31　SD 大鼠　输尿管（a）

输尿管由黏膜、肌层和外膜组成，当空虚时，

黏膜层形成纵行的皱褶，管腔切面呈

多角形或星形。

（HE×200）

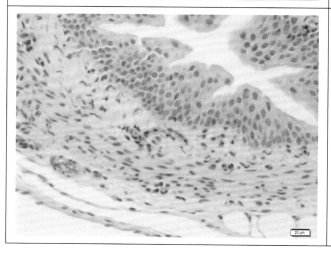

图 32-32　SD 大鼠　输尿管（b）

输尿管的黏膜上皮为尿上皮，表层上皮

体积大，细胞游离面有

尿上皮膜斑。

（HE×400）

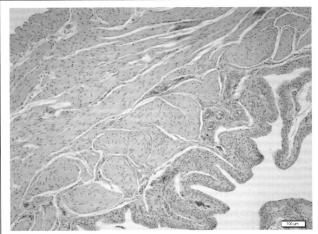

图 32-33　SD 大鼠　膀胱（a）

膀胱由黏膜、肌层和外膜层组成。

（HE×100）

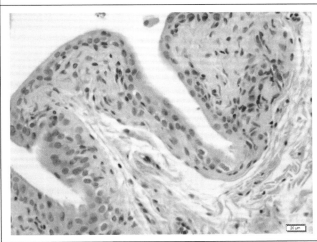

图 32-34　SD 大鼠　膀胱（b）

膀胱黏膜尿上皮表层细胞大，黏膜固有层内
含丰富的血管、神经、胶原纤维和
弹性纤维等结缔组织成分。

（HE×400）

32.5　生殖系统

　　雄性生殖系统主要由睾丸、输精管道、副性腺及外生殖器官组成，主要功能为产生精子并分泌性激素。睾丸由被膜、实质和睾丸网组成，被膜分为鞘膜脏层、白膜、血管膜。白膜为不规则的致密结缔组织，深入睾丸实质内形成纵隔，将睾丸分隔成许多睾丸小叶（大鼠与小鼠无睾丸小叶）。睾丸实质分为生精小管和间质两部分，不同种属的动物具有不同数量的生精小管与周期。生精小管内储存着不同发育阶段的精细胞，是精子发育的主要场所。睾丸间质中可见间质细胞，其数量与动物种类有关，间质细胞体积较大，为圆形、多边形，胞核为圆形，位于中央，胞浆具有强嗜酸性。附睾是精子储存与成熟的主要场所，其头部主要由单个或多个输出小管盘曲而成，覆有单层立方状至假复层柱状上皮，其体部与尾部由单个附睾管盘曲而成，上皮为假复层柱状上皮，由主细胞和基细胞组成，管壁外被大量血管、疏松结缔组织及平滑肌包绕。不同动物前列腺位置不同，其腺上皮为单层立方状上皮或柱状上皮细胞构成。尿道球腺为圆形、卵圆形，为复管泡状腺，其腺上皮为单层立方状、柱状或假复层柱状上皮，胞核为椭圆形或半月形，位于细胞基底部。

　　雄性啮齿动物睾丸中的生殖细胞对引发凋亡的环境极为敏感，在减数分裂过程中可变成异物性抗原，当生精上皮受到刺激时可激发免疫反应。支持细胞很少发生凋亡或坏死，除肿瘤病变外，其在实验中较少受到损伤。间质细胞为屏障细胞，除了对类固醇生成的直接毒性外，该类细胞会受到促性激素的间接影响。并且在外界用药的作用下，细胞变性会不具有特异性，其作用周期会导致睾丸组成细胞发生阶段性变化。

【正常组织结构】见图 32-35 至图 32-38。

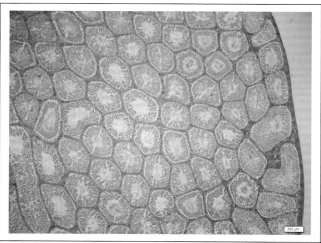

图 32-35　SD 大鼠　睾丸（a）
睾丸由被膜、实质和睾丸网组成。
（HE×40）

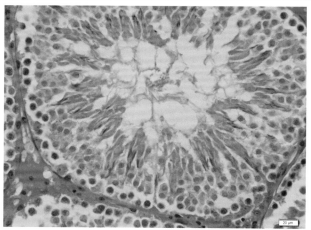

图 32-36　SD 大鼠　睾丸（b）
生精小管内的生精上皮由支持细胞和
不同发育阶段的生精细胞组成。
（HE×400）

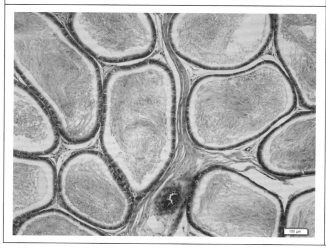

图 32-37　SD 大鼠　附睾（a）
附睾分头、体和尾三部分，头部主要由
输出小管组成，体部和尾部
由附睾管组成。
（HE×100）

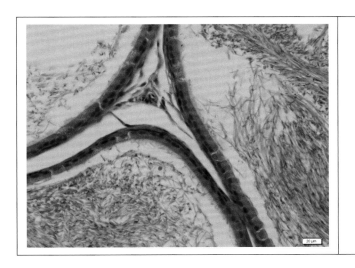

图 32-38　SD 大鼠　附睾（b）

附睾是精子储存和成熟的场所，附睾头
覆有单层立方状至假复层柱状上皮。

（HE×400）

　　雌性生殖系统包括卵巢、输卵管、子宫、阴道、外生殖器和乳腺。其主要功能是产生卵子、分泌雌激素和胚胎发育。卵巢通常分为皮质、髓质和被膜。髓质位于中央，由结缔组织构成，由血管、神经、间质细胞构成，皮质位于白膜深面和卵巢外围，被膜（白膜）为纤维结缔组织，被覆单层扁平、立方状或柱状间皮。输卵管可分为漏斗部、壶腹部、峡部和子宫部，其管壁主要分为 3 个部分，即黏膜层、肌层、浆膜层。黏膜层主要是疏松结缔组织和单层柱状上皮，壶腹部、峡部均存在纤毛，肌层为内环和外纵平滑肌纤维，浆膜层由间皮和疏松结缔组织构成。子宫为肌性管状或腔状器官，分为内膜、肌层和外膜。内膜层由单层扁平或柱状上皮和固有层组成，腺上皮主要为分泌细胞，顶浆分泌。子宫肌层较厚，可分为纵、环或斜等层，分界不明显，结缔组织有未分化的间充质细胞。子宫颈壁由外膜、肌层和黏膜组成。外膜为纤维结缔组织，平滑肌间有丰富的结缔组织，不同种属的实验动物，其子宫颈腺体含量具有较大差异。乳腺在不同种属的实验动物中具有数量差异。乳腺由腺泡、导管和乳头组成，间质中富含脂肪组织。其腺上皮主要由单层立方状上皮组成，分泌后变扁平。腺泡和导管上皮细胞与基底膜之间可见肌上皮，促进机体排乳。

　　啮齿类动物雌性生殖系统病变可包含增生性与非增生性病变，雌性卵泡为周期性变化，表现为卵泡细胞与黄体的一系列相关变化。当受到大剂量的毒物刺激后，卵泡会大量减少，发生一系列变化。

【正常组织结构】见图 32-39 至图 32-46。

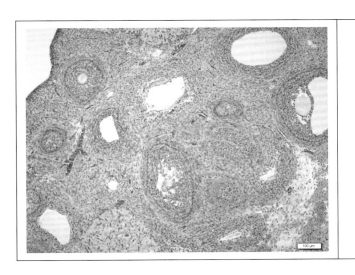

图 32-39　SD 大鼠　卵巢（a）

卵巢分为皮质、髓质和被膜。

（HE×100）

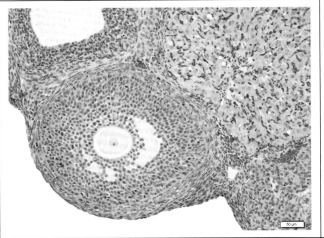

图 32-40　SD 大鼠　卵巢（b）

次级卵泡，卵母细胞体积达到最大，
卵泡细胞间出现不规则腔隙。

（HE×200）

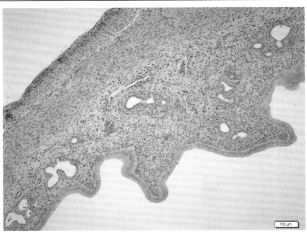

图 32-41　SD 大鼠　子宫（a）

子宫壁可分为内膜、肌层和外膜。

（HE×100）

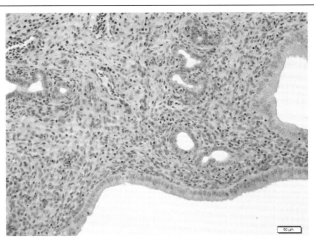

图 32-42　SD 大鼠　子宫（b）

子宫内膜层主要由单层扁平或柱状
上皮和固有层组成。

（HE×200）

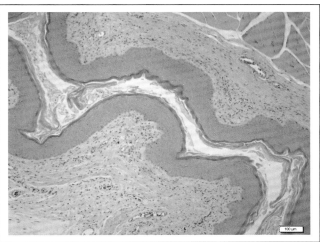

图 32-43　SD 大鼠　阴道（a）

阴道是一个纤维和肌性管道。

（HE×100）

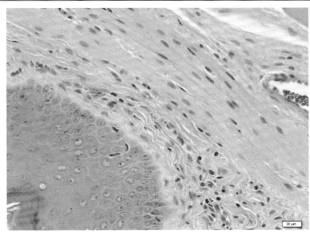

图 32-44　SD 大鼠　阴道（b）

阴道肌层由交叉的平滑肌纤维束组成。

（HE×400）

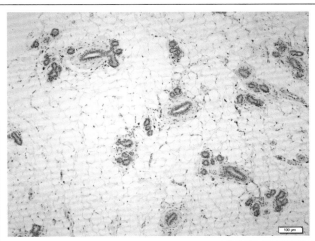

图 32-45　SD 大鼠　乳腺（a）

乳腺由腺泡、导管和乳头组成。

（HE×100）

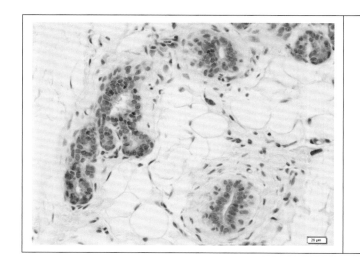

图 32-46　SD 大鼠　乳腺（b）
乳腺腺泡分泌乳汁，可见腺泡由
单层立方状上皮组成。
（HE×400）

32.6　皮肤、肌肉与骨组织

皮肤系统具有重要的物理保护功能，具有排泄、感觉、保护、代谢的重要作用。其主要包括表皮、真皮和皮下组织 3 个部分。表皮主要为复层扁平上皮，起源于外胚层。表皮为复层扁平上皮，位于皮肤表层，主要由角质细胞构成，存在少量非角质细胞（黑色素细胞、朗格罕细胞、梅克尔细胞）。基底层细胞为圆形或矮柱状，单层排列在基底膜上；棘层细胞具有较多棘突，细胞为卵圆形或多边形，细胞较大，胞核位于中央，胞质嗜碱性；颗粒层细胞为扁平、梭形，与基底膜平行；透明层主要由梭形扁平细胞组成，细胞界限不清。真皮层主要由结缔组织和皮肤衍生物组成，可见一些非细胞成分。皮肤附属结构主要包括毛发、汗腺、皮脂腺细胞成分。皮下组织位于真皮下，两者之间分界不清，主要由疏松结缔组织和脂肪组成。

肌肉组织主要包括骨骼肌、心肌、平滑肌。骨骼肌由许多平行排列的骨骼肌纤维组成，每条肌纤维和肌肉群均存在结缔组织膜分隔和包绕。骨骼肌纤维为细棱柱或圆柱形，两端钝圆，与肌腱纤维相连接。心肌纤维为短柱状，胞核为卵圆形，位于中央，多为单核，偶有双核。平滑肌没有横纹，细胞为长梭形，胞质嗜酸性、淡染，没有横纹结构。

啮齿类动物骨骼肌在进行药物实验时，通常进行肌张力等效力评价，评价外源注射物对肌肉张力的作用，通常观察肌纤维的形态与结构的变化。

啮齿类动物骨组织主要是由多种类型的骨组织构成，其主要组织结构均由骨细胞和基质构成，基质中还存在骨盐矿物质的沉积。其中长骨主要是由骨干、骨垢、骨膜、关节软骨、骨髓、血管及神经等构成，大鼠的长骨板一般在 6～9 月龄开始消失。

啮齿类动物皮肤疾病包括多种自发性与设施相关的疾病，在病理报告中多以"综合症"来进行描述。啮齿类动物皮肤毛发缺损需要与打斗、营养不良等因素进行区分。当外界毒性因素刺激皮肤后，会引发皮肤刺激，主要包括真皮炎症与表皮角化及增生，伴有其他病变如溃疡、糜烂等。当在某些因素刺激下，也会导致皮肤附属器官发生诸如萎缩、增生等病变。

【正常组织结构】见图 32-47 至图 32-53。

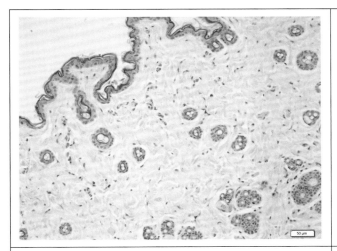

图 32-47 SD 大鼠 皮肤（a）
皮肤由表皮、真皮和皮下组织 3 部分组成。
（HE×200）

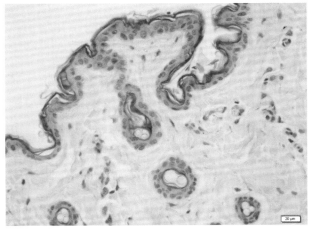

图 32-48 SD 大鼠 皮肤（b）
表皮为角化的复层扁平上皮，真皮
主要为致密结缔组织。
（HE×400）

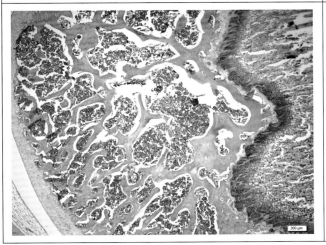

图 32-49 SD 大鼠 骨（a）
骨骺主要由骨松质构成，成年动物
骨松质内的腔隙有骨髓。
（HE×40）

图 32-50　SD 大鼠　骨（b）

骨干内侧有少量骨松质形成的骨小梁。

（HE×40）

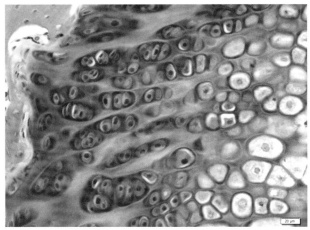

图 32-51　SD 大鼠　骨（c）

生长板由软骨组成，没有血管或

淋巴管分布。

（HE×400）

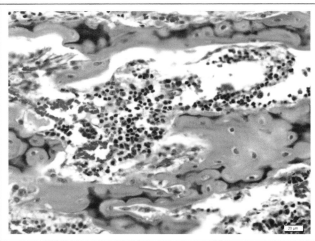

图 32-52　SD 大鼠　骨（d）

骨髓位于骨骼内，是造血组织。

（HE×400）

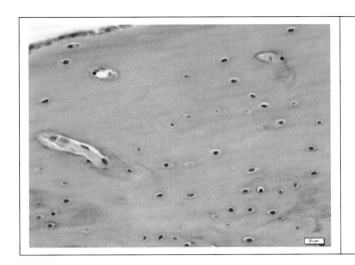

图 32-53 SD大鼠 骨（e）

骨细胞主要包括骨祖细胞、成骨细胞、

骨细胞和破骨细胞等。

（HE×400）

33 稀有鮈鲫组织学

　　稀有鮈鲫（gobiocypris rarus）属于鲤科鮈鲫属，是我国特有的一种小型鱼类，主要分布于我国四川省的成都平原及其西部边缘地区的水体中，主要包括岷江中游、沱江上游、大渡河中下游和青衣江中下游，呈不连续的点状分布。作为我国水生生态系统中具有代表性的鱼种，具有成为本土模式物种的潜力和广泛的应用前景。

　　稀有鮈鲫的皮肤由表皮和真皮构成。与哺乳动物不同的是，稀有鮈鲫的表皮由数层非角质化的立方上皮构成，最外侧有梭形的上皮细胞被覆。表皮中含有丰富的黏液细胞，黏液细胞可以分泌原始黏液，含有包括糖蛋白、酶类、免疫球蛋白等多种物质，覆于鱼体表面有润滑、保护等作用。鳞片穿插于皮肤中，游离端可见数量不等的色素细胞分布。

　　稀有鮈鲫消化道主要由口腔、咽、食道、肠等部分组成，没有明显分化的胃。咽部与食道的分界处可见由第五对鳃弓退化形成的咽齿，据此可对消化道进行分段。鱼类食道有较为明显的角化层，并含有大量的黏液细胞。大多数鱼类的齿是不断更替的，新生的齿会从旧齿的基部长出并逐渐取代之。

　　稀有鮈鲫的食道前接口腔，后部直接与肠道相连，食道黏膜褶明显，黏膜下的肌层较厚，肌纤维交错排列，外有浆膜层包被。稀有鮈鲫的肠道褶皱明显，黏膜层与固有层向腔内突起，形成肠绒毛，肠道前段的黏膜上皮细胞呈长柱状，固有层中不具有乳糜管结构；肠道后段黏膜中杯状细胞显著增多。肠道肌层较厚，在后段可见肌层分层。稀有鮈鲫的肝脏位于腹腔前部，前端连接于心腹隔膜的后方，后端则游离于腹腔内。肝脏无小叶结构，主要可见清晰的肝索、肝血窦和静脉。肝细胞中可见大小不一的脂质空泡。在已有的文献中，稀有鮈鲫并不像其他鲤科动物一样在肝组织中分布有胰脏相关的结构，尚需要进一步的研究。

　　稀有鮈鲫依靠鳃进行呼吸，与其他鲤科鱼类一样，其第五对鳃弓退化为咽齿，且具有两行咽齿，鳃丝血管化，便于进行气体交换。鳃瓣中还分布有淋巴细胞、巨噬细胞、黏液细胞、氯细胞及一些未分化的细胞。稀有鮈鲫的鱼鳔在呼吸中也起到一定的作用。

　　稀有鮈鲫的心脏与其他硬骨鱼类一样，具有4个腔室，即静脉窦、心房、心室和动脉圆锥。各个腔室的室壁在镜下各有特征。心室的肌层较厚，心房的心肌呈松散的海绵状，静脉窦则没有明显的肌层，主要由结缔组织组成。

　　稀有鮈鲫作为一种硬骨鱼，没有淋巴结和脾脏，位于脊柱腹侧的前肾（头肾）为其主要过滤血液的器官，通常专一性地进行造血，清除血液循环异物和衰老的血细胞。

　　稀有鮈鲫的后肾，又被称为排泄肾，也含有一部分具有造血和免疫功能的组织，但主要起到维持水－盐平衡作用和排泄作用，中和流经鳃和皮肤的水，稀释后能够生成大量的尿液。

　　稀有鮈鲫属于分化型的雌雄异体，在解剖学上，通常以性腺的形态结构作为性腺分化的标志，目前的研究中，雄性精巢的分化以输精管原基和精小叶的出现为标志，而雌性稀有鮈鲫遵照一般鱼类的卵巢腔的形成作为卵巢分化标志。

　　稀有鮈鲫的脑部大致可分为端脑、间脑、中脑、后脑和脑脊髓等几部分。端脑，位于脑部最前端，由两个半球和一对嗅叶组成。间脑由背侧的上丘脑、中间的丘脑和腹侧的下丘脑组成，还有其他各种附件。中脑由背侧的视叶和腹侧的大脑被盖组成。后脑即小脑，由小脑体和小脑瓣组成。脑脊髓即延髓，是后脑的延续与脊髓的连接。脊髓位于脊椎背侧，两侧有骨质结构保护。

　　稀有鮈鲫的骨骼系统主要由颅骨、脊柱和脊索构成，起到支持和保护鱼体及其内部脏器的作用。脊柱的各体节之间由有弹性的组织构成，对脊髓和腹侧血管具有保护作用。稀有鮈鲫具有 33 节脊椎骨，每节椎体并无肋骨，但有脉棘和脉弓。脊髓腹侧的骨性支架之间亦有软骨组织。鳔和鱼鳍是鱼类特有的运动器官。鳔的充盈程度的调节有助于鱼类在不同深度的水域中自由活动，除此之外，鳔还参与了鱼类的呼吸循环。稀有鮈鲫的背鳍由 3 个不分支的鳍条、间鳍骨和鳍条基骨（支鳍骨）等组成；腹鳍、胸鳍由鳍条和支鳍骨组成；臀鳍则由 2 根不分支的鳍条和 6 根分支的鳍条组成。稀有鮈鲫的肌肉主要分布在骨骼肌、心脏和其他有腔脏器的壁层。其中骨骼肌和心肌为横纹肌，而有腔脏器的肌层则为平滑肌。

　　稀有鮈鲫的眼由 3 层结构组成，最外侧为巩膜和透明角膜，继而是中间层，内层是神经组织和视网膜。还有一些附属结构，如房水、玻璃体、晶状体等。

33.1　被皮系统

　　稀有鮈鲫的皮肤由外侧表皮和内部真皮构成，镜下可见稀有鮈鲫的表皮最外侧的是一些梭形的上皮细胞，具有分裂能力，可对损伤进行修复。表皮中除了最外侧的梭形细胞，更多的是黏液细胞。黏液细胞形态各异、大小不一，胞核多位于细胞中央呈圆形或卵圆形，胞浆内多有不等量的粉红均染的黏液样物质。真皮层主要由结缔组织构成，位于表皮层与肌肉之间，有多量的成纤维细胞。镜下呈均质红色的、前后相连的、长条状的骨质支架穿插于真皮层，起到支撑作用。

　　【正常组织结构】见图 33-1 和图 33-2。

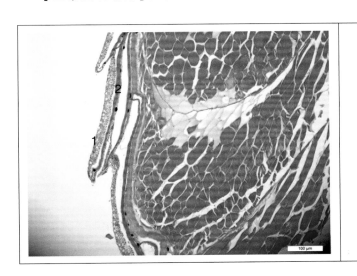

图 33-1　皮肤

1. 表皮；

2. 真皮。

（HE×100）

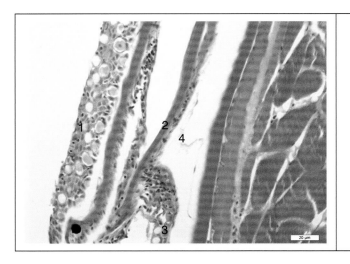

图33-2　皮肤

1.鳞片；

2.骨性鳞片；

3.黏液细胞；

4.疏松结缔组织。

（HE×100）

33.2　消化系统

33.2.1　齿

　　稀有鮈鲫的齿分布于口腔的上下颌，其发育程度、形态各不相同。稀有鮈鲫的咽齿由第五对鳃弓退化而来，两侧各一枚，可依此作为局部视野的定位。镜下可见未成熟的齿，红色的牙本质围成的中央腔中可见牙髓，蓝染的造釉细胞可分泌釉质形成釉冠。

　　【正常组织结构】见图33-3和图33-4。

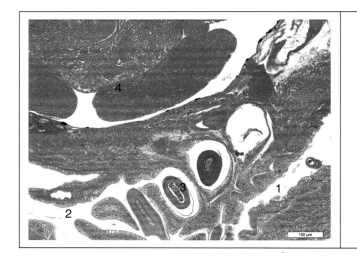

图33-3　齿

1.口腔；

2.咽；

3.齿；

4.心脏。

（HE×100）

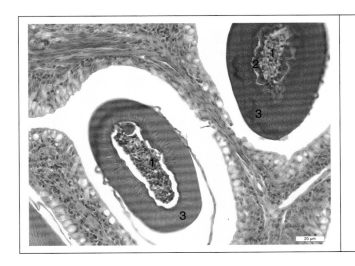

图 33-4　齿

1. 牙髓；

2. 成釉细胞；

3. 牙本质。

（HE×400）

33.2.2　食管

食管由内向外可分为 3 层，即黏膜层、肌层和浆膜层。从图 33-5 中看到的是食管与咽的衔接部。该部黏膜层由上皮和固有层组成，褶皱较多且明显，背侧黏膜表面覆有厚的扁平鳞状细胞层，接近腔体一侧角化明显，侧壁与底壁的黏膜表面则为多层的杯状细胞，细胞大小不一，胞浆丰富而呈透亮；扁平基底层细胞位于黏膜层与肌层之间，蓝色深染的胞核细长，排列紧密；黏膜下肌层较厚，可见嗜酸性染色的肌纤维交错排列，相互交叉形成网状；腹侧一边可见一颗咽齿。

【正常组织结构】见图 33-5。

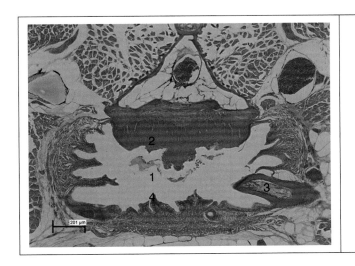

图 33-5　食管与咽部结合处

1. 口腔；

2. 角化上皮；

3. 咽齿；

4. 黏膜上皮。

（HE×100）

33.2.3　肠

可见清晰的黏膜层、肌层和浆膜层，褶皱明显，肠上皮与固有层向腔内突起形成绒毛。单层柱状上皮细胞排列紧密，胞浆嗜酸性，胞核蓝色深染；胞浆透明淡蓝染的杯状细胞夹在肠上皮细胞间。固有层中并没有哺乳动物常见的乳糜管等组织。肌层位于黏膜层与浆膜层之间，较厚，有序、紧密地包围于黏膜层外侧，在肠管后段可见肌层分层。

【正常组织结构】见图 33-6 和图 33-7。

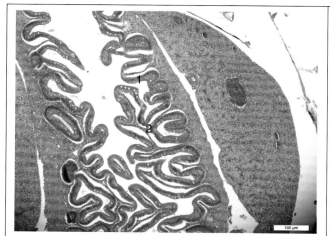

图 33-6 肠管（a）

　1. 肠绒毛；

　2. 固有层。

　（HE×100）

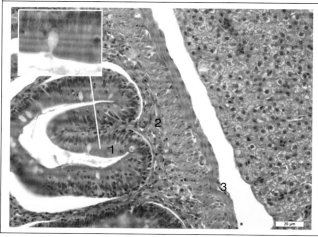

图 33-7 肠管（b）

　1. 黏膜层；

　2. 肌层；

　3. 浆膜层。

　（HE×400）

33.2.4 肝脏

　　镜下肝脏无小叶结构，可见清晰的静脉、肝索、肝血窦等结构。多个多边形的肝细胞紧密相连形成小岛状或曲管状，蓝染的胞核大而圆，核仁明显，胞浆丰富呈嗜酸性。静脉中可见大量的有核红细胞；肝血窦中亦可见少量的红细胞。视野中，有的肝细胞胞浆中有明显的空泡样变，大小不一的空泡将胞核挤向一侧，但细胞界限清晰，胞核分明，可能与鱼类肝脏脂肪含量较高有关。

　　【正常组织结构】见图 33-8 和图 33-9。

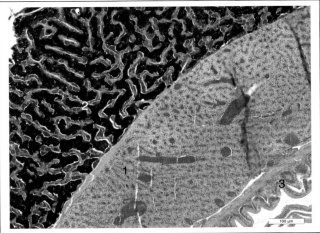

图 33-8　肝脏（a）

　　1. 肝脏；

　　2. 精巢；

　　3. 肠管。

（HE×100）

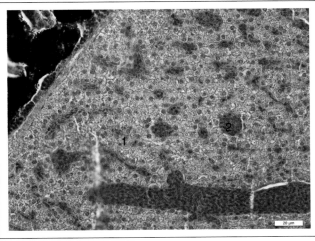

图 33-9　肝脏（b）

　　1. 肝细胞；

　　2. 中央静脉。

（HE×400）

33.3　呼吸系统

33.3.1　鳃

　　稀有鮈鲫的鳃弓由鳃骨、咽骨及咽齿组成，具有鳃盖和鳃板结构，其薄板样的鳃瓣在鳃腔中舒展分布。每个鳃弓都有软骨作为支架，在鳃弓上附着全鳃，全鳃的两组鳃丝以反向平行的方式向鳃腔分布。鳃瓣的游离部远端都分布有输入、输出的血管，血管中充血明显。上皮细胞包围着鳃弓部，且该部富含黏液分泌细胞。软骨组织亦是鳃丝的支架，支持组成呼吸膜的二级鳃瓣，二级鳃瓣相互平行排列，并与原始鳃瓣呈垂直角度连接。血管化的鳃丝壁围成的管腔中可见大量的红细胞。

　　每个原始鳃瓣都被复层细胞所覆，鳃瓣上还有一些其他类型的细胞，如扁平上皮细胞、淋巴细胞、巨噬细胞、黏液细胞及未分化的细胞等。氯细胞位于原始鳃瓣与二级鳃瓣连接处附近的鳃丝上皮内，胞核大而圆，胞质丰富。基底膜上的一层或双层的立方上皮为柱细胞所支持，覆于二级鳃瓣上。

　　正常组织结构见图 33-10 至图 33-12。

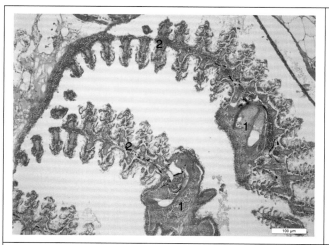

图 33-10　鳃

1. 鳃弓；

2. 鳃丝。

（HE×100）

图 33-11　鳃瓣

1. 鳃弓；

2. 鳃瓣；

3. 血管。

（HE×100）

图 33-12　二级鳃瓣

1. 鳃丝；

2. 软骨支架；

3. 氯细胞；

4. 血管。

（HE×100）

33.3.2　鳔

　　稀有鮈鲫的鱼鳔同一般的硬骨鱼一样，都位于脊柱腹侧，气体充盈时可见囊体高度扩张，囊壁薄。囊壁具有多层结构，镜下可见纤维肌性的外膜层、肌层、内膜层等。鳔同时也在稀有鮈鲫的运动中起到重要作用。

【正常组织结构】见图 33-13。

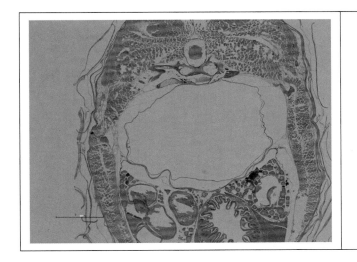

图 33-13　鱼鳔

（HE×100）

33.4　心血管系统

心脏

心肌细胞为特化的平滑肌细胞，胞浆呈嗜酸性红染，胞核狭长深染。血液从心房中流出经房室瓣进入心室，心室和心房中均可见大量的有核红细胞。心室腔由贴于心肌纤维上的内皮细胞围成，其胞核形似逗号。

【正常组织结构】见图 33-14 和图 33-15。

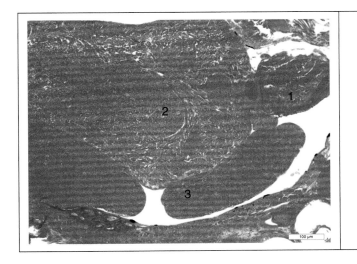

图 33-14　心脏

1. 具有高度弹性的动脉；

2. 心室；

3. 心房。

（HE×100）

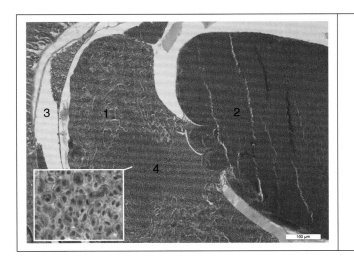

图 33-15　心脏

1. 心室；

2. 心房；

3. 静脉窦；

4. 红细胞。

（HE×100）

33.5　免疫系统

前肾（头肾）

头肾富含血管组织，但与泌尿功能无关，在头肾的一些肾小管之间分布有造血组织。其基质中有类似哺乳动物骨髓的造血母细胞。内皮细胞排列构成不连续的毛细血管，血液经此过滤。在造血组织中可见黑色素巨噬细胞中心。黑色素巨噬细胞是含有不等数量色素（包括黑色素等）的巨噬细胞。鱼的健康程度越差，可见的黑色素巨噬细胞越多。

【正常组织结构】见图 33-16 和图 33-17。

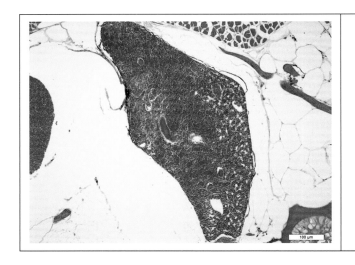

图 33-16　头肾

（HE×100）

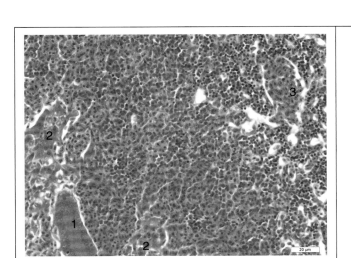

图 33-17　头肾

1. 肾小管;

2. 造血组织;

3. 红细胞。

（HE×400）

33.6　泌尿系统

后肾（排泄肾）

肾小球外的肾小囊腔为其扁平的脏层和壁层细胞之间的空隙，使得肾小球与周围组织有一定的空间。近曲小管上皮细胞具有刷状缘结构，顶部呈空泡样，底部贴于基底膜上。远曲小管的上皮细胞较近曲小管的细胞形体更长，但不具有刷状缘结构。集合小管和集合管则显轻度嗜酸性，也不具有刷状缘，大的集合管还有平滑肌和结缔组织。

【正常组织结构】见图 33-18 和图 33-19。

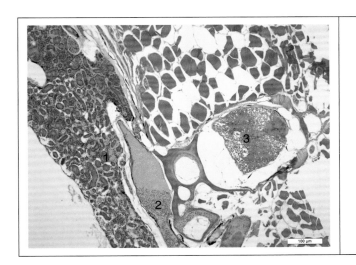

图 33-18　后肾

1. 排泄肾;

2. 背侧主动脉;

3. 脊髓。

（HE×100）

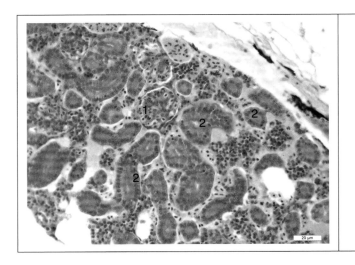

图 33-19 后肾

1. 肾小球；

2. 肾小管。

（HE×400）

33.7 生殖系统

33.7.1 雄性生殖系统

精巢位于气囊腹侧。嗜酸性染色的结缔组织将实质组织分割成裂隙状，而不呈典型的小叶形。支持细胞构成精小囊的外侧，小囊内壁紧贴生长的是各个阶段的精原细胞（体积最大，数量最少，染色较浅，并可以看到染色稍深些的胞核）和精母细胞（胞核明显，其中可见丝状的染色质）。视野中分布于结缔组织围成的腔隙中，染色最深、密度最大的细胞是各个阶段的生殖细胞，如精子细胞（缺乏胞质，具有深染的嗜碱性胞核）等。每个精小囊的体积、包含生殖细胞的数量和发育时期都不尽相同，且随着细胞的分化，精小囊不断增大，直至破裂释放出精子。释放的精子进入输精管中，并逐渐沿管向腹侧的泄殖孔移动。

【正常组织结构】见图 33-20 至图 33-22。

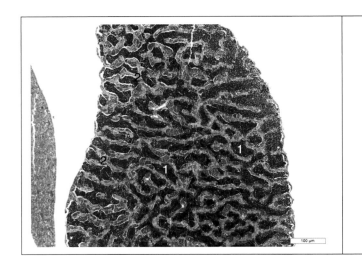

图 33-20 精巢（a）

1. 生殖细胞；

2. 结缔组织。

（HE×100）

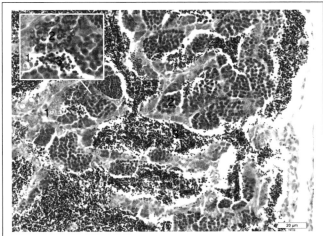

图 33-21　精巢（b）

1. 精母细胞；

2. 精原细胞；

3. 精子。

（HE×400）

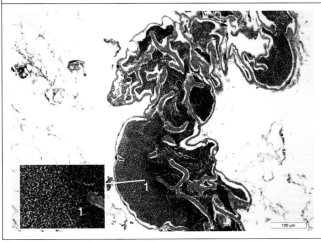

图 33-22　输精管

1. 精子。

（HE×100）

33.7.2　雌性生殖系统

稀有鮈鲫的卵巢呈长条形，位于脊柱腹侧，呈包围体腔状，有短的输卵管将卵输送至肛门与泌尿孔之间的出口。卵巢中可见处于不同发育阶段的卵母细胞。生殖上皮和滤泡上皮细胞形成了薄层状的卵巢壁层，并有血管化的结缔组织为基质所支持，其中可见卵黄生成前后的滤泡细胞。卵泡的发育一般分为六个阶段：第一阶段——卵圆细胞（Oogonia）：它们成群分布在卵母细胞的外围，是生殖系最小的细胞，胞核大而嗜碱，单个核仁，核周围有一层薄膜。第二阶段——早期卵母细胞（Early oocyte）：胞体和胞核增大，线状染色质分布在整个细胞核中。第三阶段——晚期卵母细胞（Late oocyte）：胞核浅染，核仁数量增加，通常排列在细胞核的外围。第四阶段——空泡卵泡（Vaculated follicles）：核质嗜酸，核膜不规则，小卵黄泡排列在外周，形成卵泡周围间隙。第五阶段——卵黄球阶段（Yolk globule stage）：卵黄颗粒积聚，卵母细胞中心附近出现数个圆形卵黄球，直至只剩下薄薄的细胞质外层。整个卵原细胞中出现了许多脂肪空泡。第六阶段——成熟卵泡（Mature follicles）：卵母细胞中出现许多大空泡，卵黄球增大，胞核逐渐消失。

如图 33-24 所示的卵巢中的卵母细胞绝大多数处于发育三期：卵母细胞胞核浅染，胞浆中含有嗜碱性圆形团块，即核仁，排列在细胞核外围。

【正常组织结构】见图 33-23 和图 33-24。

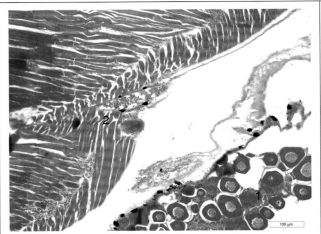

图 33-23　卵巢（a）

　　1. 卵巢；

　　2. 背侧肌群。

（HE×100）

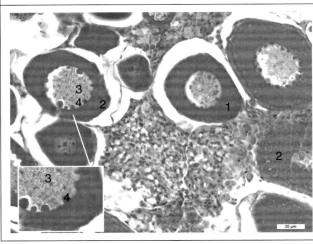

图 33-24　卵巢（b）

1. 发育三期的卵母细胞；

2. 卵黄颗粒；

3. 刷形染色体；

4. 核仁。

（HE×400）

33.8　神经系统

33.8.1　脑

　　脑部的冠状面可见中脑的视叶呈穹顶状位于脑的最背侧，由外围的分子层与内侧的颗粒层组成。分子层较厚，含大量神经纤维，但神经元数量较少且分散；颗粒层较薄，但蓝染的颗粒细胞排列密集。腔体中的小脑瓣切面呈蝴蝶状，亦有分层，背侧为分子层，腹侧角两端为颗粒层。视野中央为脑被盖，主要由神经纤维构成。腹侧的下丘脑可见明显的颗粒层与分子层分层，下丘脑两瓣之间以及下丘脑与脑被盖之间依稀可见脑水管的腔隙。

　　从矢状面观察则可见端脑位于脑的最前端，可见由大量的神经纤维构成，神经元数量较少。中脑的视叶形成穹窿状结构，腔中可见小脑瓣的颗粒层组织，小脑体紧贴于中脑的尾侧，可见明显的分子层和颗粒层结构，间脑位于中脑与后脑的腹侧，在下丘脑中间部位可见脑水管的狭小管腔。脑脊髓（延髓）位于后脑尾腹侧，组织密度较中脑、间脑、后脑疏松，可见大量的神经纤维。

【正常组织结构】见图 33-25 至图 33-27。

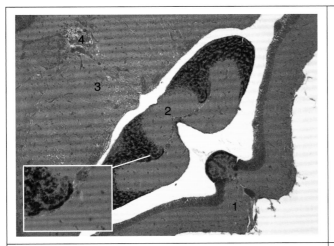

图 33-25　脑（冠状面）（a）

1. 中脑盖；

2. 小脑瓣；

3. 脑被盖；

4. 脑血管。

（HE×100）

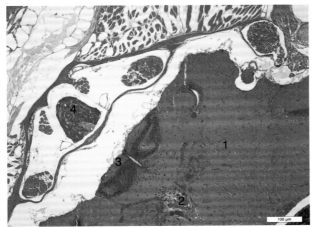

图 33-26　脑（冠状面）（b）

1. 脑被盖；

2. 脑血管；

3. 下丘脑；

4. 血管。

（HE×100）

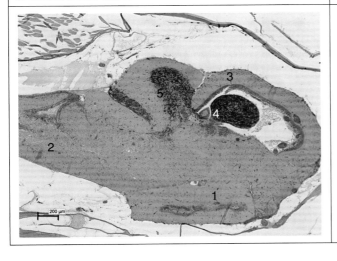

图 33-27　脑

1. 丘脑；

2. 延髓；

3. 中脑；

4. 小脑瓣；

5. 小脑体。

（HE×100）

33.8.2　脊髓

脊髓整体呈正三角形，灰质、白质界限清晰。灰质致密，深染的神经元散布实质中，腹侧角的灰质相互分离，而背侧角的灰质则左右相接紧密，使得灰质总体呈倒置的"Y"字形。白质疏松呈网状，主要由神经纤维构成，嵌于灰质背侧角和腹侧角之间。灰质中央可见圆形孔状的中央管，脑膜附着使其中央管的边界呈黑色；灰质腹侧角间的白质中可见两个对称分布的巨轴突。

【正常组织结构】见图 33-28 和图 33-29。

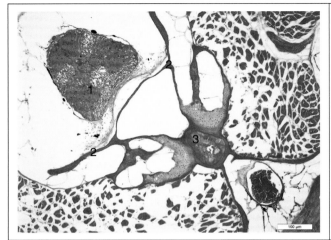

图 33-28　脊髓（a）

1. 脊髓；

2. 椎骨；

3. 脊索。

（HE×100）

图 33-29　脊髓（b）

1. 灰质；

2. 白质；

3. 中央管；

4. 巨轴突。

（HE×400）

33.9　运动系统

33.9.1　骨骼

椎骨由均质红染的骨基质构成，偶见深蓝染的胞核。脊髓腹侧的骨性支架之间亦有软骨组织，镜下可见软骨细胞位于蓝色透明的软骨陷窝中，其胞核呈深染的逗号形或椭圆形。

【正常组织结构】见图 33-30。

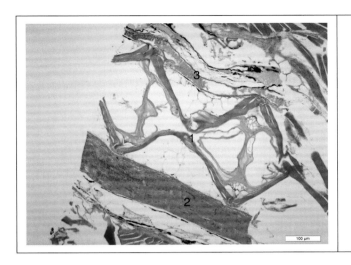

图 33-30　脊柱（a）

1. 脊索；

2. 脊髓；

3. 背侧主动脉。

（HE×100）

33.9.2　肌肉

骨骼肌纵切面可见纤维集合成束，每条肌纤维由结缔组织构成的肌内膜包裹；骨骼肌细胞呈长条状，胞质染色呈均匀嗜酸性，少量扁圆形的细胞核位于细胞周围近肌膜处；胞浆中可见明显的肌小节。骨骼肌横切面可见纤维外都有由结缔组织构成的肌内膜包裹；若干肌束又被由结缔组织和血管构成的肌束膜分隔；在粉染的结缔组织中偶见蓝色深染的成纤维细胞的胞核和极少量的红细胞。

【正常组织结构】见图 33-31 和图 33-32。

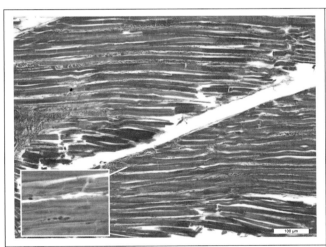

图 33-31　骨骼肌（a）

（HE×100）

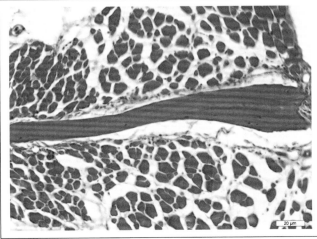

图 33-32　骨骼肌（b）

（HE×100）

33.9.3 鱼鳍

鱼鳍由多支鳍条作为支架，被覆皮肤；每一支鳍条由两个弯曲的棒状部分组成，这些鳍条都呈平行排列，彼此不相连接；鳍条两个凹凸面组件中间有血管；鳍条外侧都有真皮层的疏松结缔组织包绕，表皮可见角化。

【正常组织结构】见图 33-33 和图 33-34。

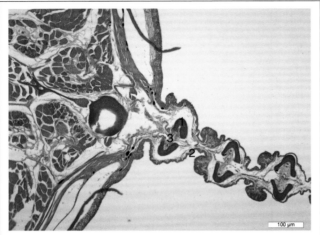

图 33-33　鱼鳍（a）

　1. 鳍条；

　2. 皮肤；

　3. 血管。

（HE×100）

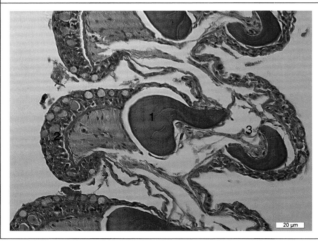

图 33-34　鱼鳍（b）

　1. 鳍条；

　2. 皮肤；

　3. 疏松结缔组织。

（HE×100）

33.9.4　鳔

鱼鳔是稀有鮈鲫运动系统的一部分。

33.10　感觉系统

眼

视网膜各层次由外向内分别为色素上皮、感光细胞层、外界膜（由放射状胶质细胞的外层游离缘及其视细胞之间的连接组成）、外核层（由光感受器细胞核组成）、外丛状层、内核层、内丛状层、神经节细胞层、神经纤维层和内界膜。

【正常组织结构】见图 33-35 和图 33-36。

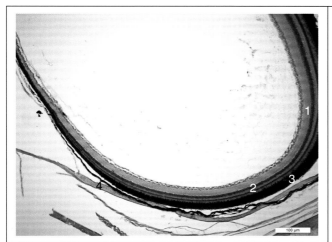

图 33-35　视网膜（a）

1. 内颗粒层；

2. 外颗粒层；

3. 色素上皮；

4. 透明软骨。

（HE×100）

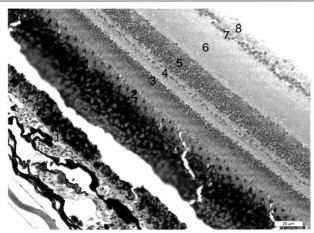

图 33-36　视网膜（b）

1. 色素上皮；

2. 感光细胞层；

3. 外颗粒层；

4. 外丛状层；

5. 内颗粒层；

6. 内丛状层；

7. 节细胞层；

8. 节细胞层轴突。

（HE×400）

34 实验动物模型组织病理学评价

　　使用实验动物构建疾病模型在科学研究中具有重大意义。疾病模型是指通过模拟人类疾病在动物体内的表现和机制来研究疾病的发生、发展和治疗的工具。首先，使用实验动物构建疾病模型可以帮助我们深入了解疾病的发病机制，疾病模型能够模拟人类疾病的特征和病理过程，从而揭示疾病的发生和发展机制。通过观察动物体内的病理变化、分子机制和生理功能的改变，我们可以更好地理解疾病的病因、病理生理学和分子机制。其次，使用实验动物构建疾病模型可以评估新药和治疗方法的疗效和安全性。在药物研发过程中，疾病模型可以用于评估新药的疗效和副作用。通过在动物体内测试新药的药效和毒性，我们可以预测其在人体内的反应，并筛选出最有希望的候选药物。此外，使用实验动物构建疾病模型还可以探索疾病的遗传基础和环境因素对疾病发展的影响。通过基因编辑技术和遗传模型，可以研究特定基因突变对疾病的贡献，进而理解疾病的遗传基础。总之，使用实验动物构建疾病模型对于研究疾病的发生机制、评估药物疗效和安全性，以及探索遗传和环境因素对疾病的影响具有重要意义。这一研究方法为我们提供了一个可控的实验平台，促进了疾病研究的进展，并为疾病的预防和治疗提供了新的思路和方法。

　　组织病理学评价对动物模型构建具有重要意义。通过对动物模型进行组织病理学评价，可以更全面地了解疾病的发展和机制。第一，组织病理学评价可以帮助确定适当的动物模型。通过观察动物体内的组织病理学变化，如细胞形态学改变、组织结构异常和器官功能损伤，可以确定与人类疾病相似的病理特征。这有助于选择最适合模拟特定疾病的动物模型，提高研究的可靠性和可重复性。第二，组织病理学评价可以评估动物模型的有效性。通过对动物模型进行组织病理学分析，可以确定模型是否能够准确地模拟人类疾病的病理变化。这有助于评估动物模型对疾病发展的适应性，并验证模型的可靠性和可行性。第三，组织病理学评价可以揭示疾病的病理生理学和病理机制。通过观察动物模型中的组织病理学变化，可以深入地了解疾病的发生和发展过程，以及潜在的病理机制。这有助于揭示疾病的病理生理学机制，为疾病的预防和治疗提供新的思路和方法。

34.1　$FeCl_3$ 表面处理大鼠心脏

　　低浓度及高浓度氯化铁（$FeCl_3$）表面处理活体大鼠心脏。（图 34-1 至图 34-3）

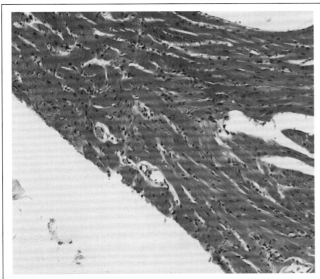

图 34-1　大鼠低浓度 FeCl₃ 处理心肌（a）

□心肌颗粒变性；

□局部心肌纤维肿胀，排列紊乱，间隙扩大。

（HE×200）

图 34-2　大鼠低浓度 FeCl₃ 处理心肌（b）

□心肌颗粒变性；

□局部出血、淤血，心肌纤维轻度颗粒变性。

（HE×400）

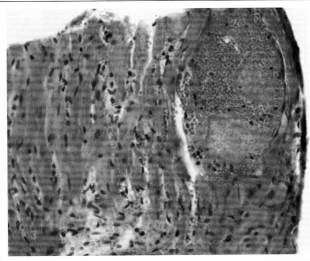

图 34-3　高浓度 FeCl₃ 处理心肌（c）

□血栓；

□局部心肌纤维排列疏松，肌纤维断裂，出血，心肌近外膜处可见血栓。

（HE×400）

34.2 动脉粥样硬化

高脂饲料饲养小型猪，构建动脉粥样硬化模型。（图 34-4 至图 34-6）

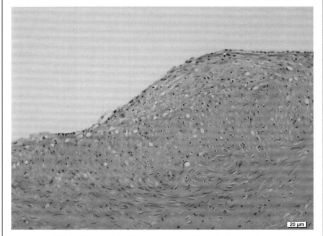

图 34-4 小型猪动脉粥样硬化（a）

□ 动脉粥样硬化；

□ 内皮细胞下可见大量泡沫样细胞聚集。

（HE×200）

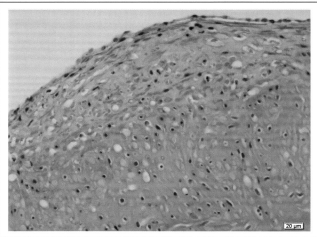

图 34-5 小型猪动脉粥样硬化（b）

□ 动脉粥样硬化；

□ 内皮下泡沫样细胞呈圆形，体积较大，胞质内可见空泡，还可见平滑肌细胞。

（HE×400）

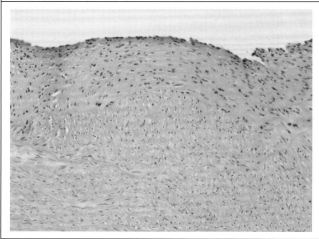

图 34-6 小型猪动脉粥样硬化（c）

□ 动脉粥样硬化；

□ 泡沫样细胞表面出现一层纤维帽，由多量平滑肌细胞及大量细胞外基质组成。

（HE×400）

34.3　小鼠感染链球菌模型

昆明小鼠通过腹腔注射，感染链球菌，感染后第9天取肝脏、肾脏样本。（图34-7至图34-10）

图34-7　昆明小鼠感染链球菌——肝脏（a）

□肝炎；

□肝小叶分界不清，中央静脉淤血，局部中央静脉周围可见炎性灶。

（HE×100）

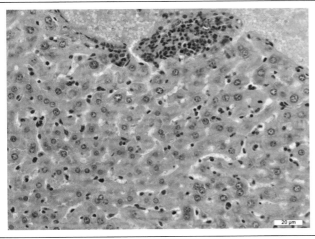

图34-8　昆明小鼠感染链球菌——肝脏（b）

□肝炎；

□中央静脉周围淋巴样细胞灶，肝血窦散在的枯否氏细胞明显增多。

（HE×400）

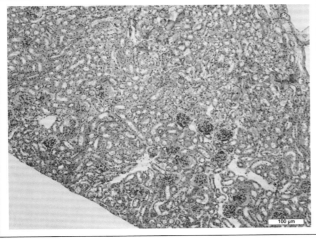

图34-9　昆明小鼠感染链球菌——肾脏（a）

□肾病；

□局部肾小管变性，可见管型。

（HE×100）

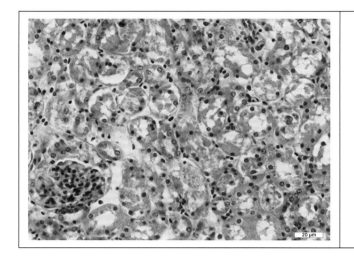

图 34-10　昆明小鼠感染链球菌——肾脏（b）

□ 肾病；

□ 肾小管上皮细胞变性坏死，部分脱离基底膜，间质散在淋巴细胞。

（HE×400）

34.4　小鼠金黄色葡萄球菌乳腺炎模型

小鼠乳腺灌注金黄色葡萄球菌液后 24 h 后取材，观察乳腺情况。（图 34-11 和图 34-12）

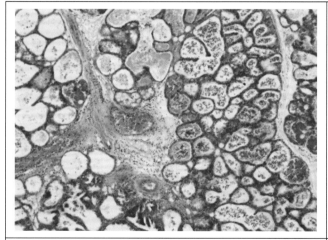

图 34-11　小鼠　金黄色葡萄球菌乳腺炎模型（a）

□ 化脓性乳腺炎；

□ 间质血管充血，腺泡腔内可见粉染渗出物及细胞成分。

（HE×100）

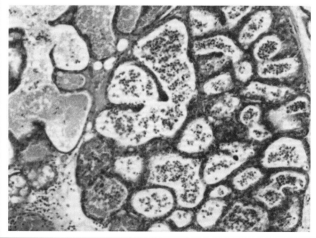

图 34-12　小鼠　金黄色葡萄球菌乳腺炎模型（b）

□ 化脓性乳腺炎；

□ 腺泡腔上皮细胞脱落，腺泡腔及结缔组织间质可见炎性细胞浸润。

（HE×200）

34.5 大鼠乳腺炎模型

大鼠乳腺炎模型。（图 34-13 和图 34-14）

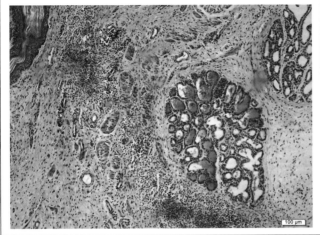

图 34-13 大鼠 乳腺炎模型（a）

☐ 化脓性乳腺炎；

☐ 小叶周围结缔组织间可见大量小而深染
的细胞浸润。

（HE×100）

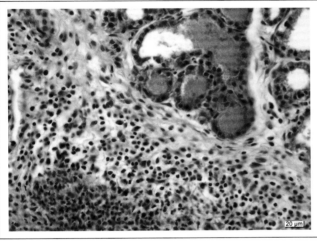

图 34-14 大鼠 乳腺炎模型（b）

☐ 化脓性乳腺炎；

☐ 小叶周围结缔组织嗜中性粒细胞、淋巴
细胞、浆细胞浸润。

（HE×400）

34.6 猪颈部肌肉药物注射试验

经猪颈部肌肉注射含有植物油等有机溶剂的药物。药物可导致肌肉组织肿胀、变性、崩解、坏死。用药部位可见肉芽组织增生。（图 34-15 至图 34-18）

图 34-15　猪　颈部注射部位肌肉（横切）（a）

□ 肌肉肉芽组织；

□ 肌束萎缩甚至消失，局部肌肉组织被结缔
　组织包围。

（HE×100）

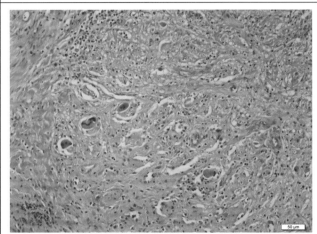

图 34-16　猪　颈部注射部位肌肉（横切）（b）

□ 肌肉肉芽组织；

□ 肌束萎缩，周边肉芽组织增生，局部可见
　多核巨细胞。

（HE×200）

图 34-17　猪　颈部肌肉（纵切）（a）

□ 肌肉肉芽组织；

□ 局部肌肉组织肿胀、变性、崩解、坏死，
　结缔组织增生。

（HE×200）

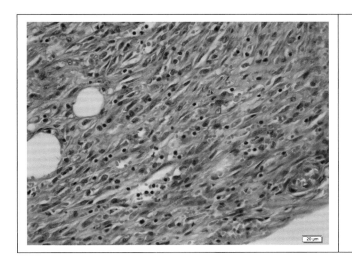

图 34-18　猪　颈部肌肉（纵切）（b）

□ 肌肉肉芽组织；

□ 可见成纤维细胞增生及新生毛细血管。

（HE × 400）

34.7　尼莫地平注射液注射兔耳部损伤模型

白兔经耳静脉注射尼莫地平注射液。（图 34-19 至图 34-21）

图 34-19　兔　耳部损伤模型（a）

□ 增生性化脓性炎；

□ 全耳严重水肿，血管扩张，局部出血严重，坏死灶。

（HE × 40）

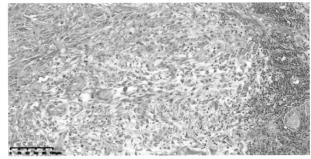

图 34-20　兔　耳部损伤模型（b）

□ 增生性化脓性炎；

□ 局部结缔组织水肿，成纤维细胞增生，炎性细胞分布。

（HE × 200）

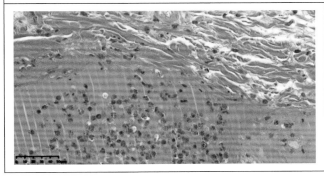

图 34-21　兔　耳部损伤模型（c）

□ 增生性化脓性炎；

□ 病变区域可见大量嗜中性粒细胞、淋巴细胞、巨噬细胞等炎性细胞浸润。

（HE × 400）

34.8 裸鼠肿瘤模型

使用裸鼠构建肿瘤模型，取材左侧膝关节及周围组织。（图34-22至图34-24）

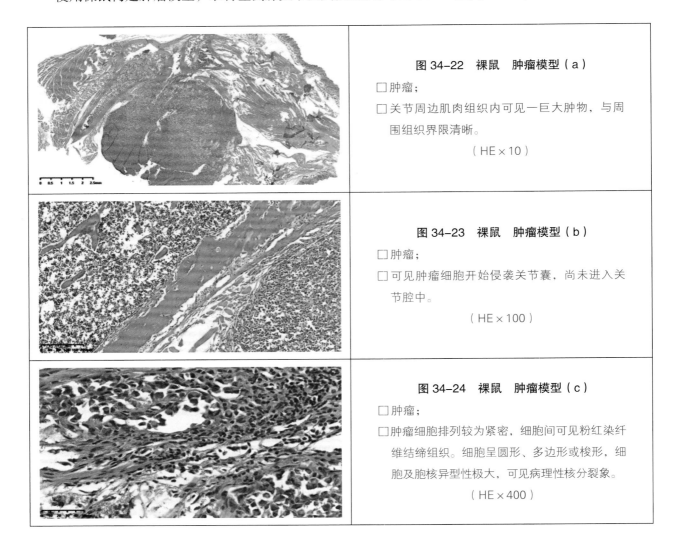

图34-22 裸鼠 肿瘤模型（a）

□ 肿瘤；

□ 关节周边肌肉组织内可见一巨大肿物，与周围组织界限清晰。

（HE×10）

图34-23 裸鼠 肿瘤模型（b）

□ 肿瘤；

□ 可见肿瘤细胞开始侵袭关节囊，尚未进入关节腔中。

（HE×100）

图34-24 裸鼠 肿瘤模型（c）

□ 肿瘤；

□ 肿瘤细胞排列较为紧密，细胞间可见粉红染纤维结缔组织。细胞呈圆形、多边形或梭形，细胞及胞核异型性极大，可见病理性核分裂象。

（HE×400）

34.9 胎鼠肺脏发育迟缓模型

使用药物硝基酚、维甲酸组、西地那非抑制SD大鼠的肺脏发育，观察肺脏结构。（图34-25至图34-28）

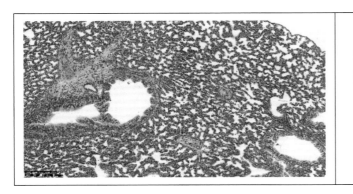

图34-25 胎鼠 肺脏发育迟缓模型（a）

□ 肺脏发育迟缓；

□ 肺组织发育主要处于囊泡期（saccular stage），在此时期，肺泡结构明显，肺泡腔相对较大，肺泡隔相对较薄且均匀，呼吸性细支气管末端呈囊泡状，肺小动脉管壁相对较薄，管腔相对较大。

（HE×100）

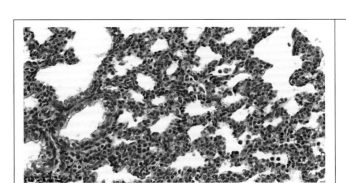

图 34-26　胎鼠　肺脏发育迟缓模型（b）

□ 肺脏发育迟缓；

□ 囊泡期肺脏可见较多 II 型肺泡上皮细胞和少量 I 型肺泡上皮细胞，肺泡隔可见较多毛细血管，支气管上皮为假复层纤毛柱状上皮，管壁可见平滑肌层。

（HE×400）

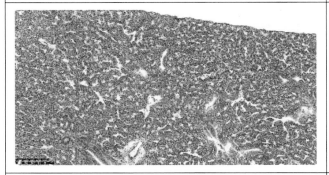

图 34-27　胎鼠　肺脏发育迟缓模型（c）

□ 肺脏发育迟缓；

□ 肺组织发育主要处于假腺期（pseudoglandular stage），在此时期，支气管上皮呈腺样结构，部分管腔可见红细胞，部分肺小动脉管壁较厚，管腔较小。

（HE×100）

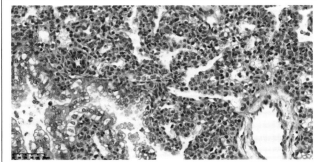

图 34-28　胎鼠　肺脏发育迟缓模型（d）

□ 肺脏发育迟缓；

□ 假腺期支气管上皮呈空泡样立方状，部分立方状上皮可见纤毛，部分管腔可见粉染蛋白样物质，肺组织中可见 II 型肺泡上皮细胞，肺组织中可见较多毛细血管。

（HE×400）

34.10　小鼠感染基孔肯雅病毒模型

基孔肯雅病毒（chikungunya virus，CHIKV）感染雌性普通级小鼠，攻毒后第 6 天取样（肝脏、肾脏、肺脏、脾脏）。（图 34-29 至图 34-35）

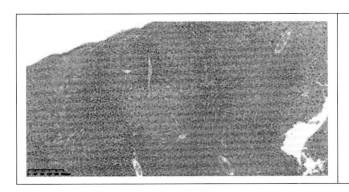

图 34-29　小鼠　感染基孔肯雅病毒模型（a）

□ 脂肪变性；

□ 局部区域染色较浅，肝细胞肿胀变性。

（HE×100）

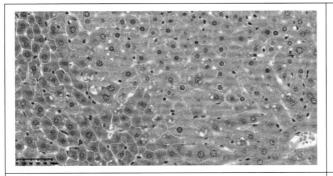

图 34-30　小鼠　感染基孔肯雅病毒模型（b）

□ 脂肪变性；

□ 局部区域肝细胞胞质中可见大量大小不一的
空泡。

（HE×400）

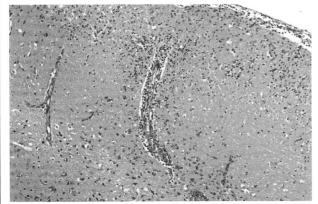

图 34-31　小鼠　感染基孔肯雅病毒模型（c）

□ 病毒性脑炎；

□ 大脑不同区域（皮层、海马区、丘脑等）均
可见神经元变性坏死灶。血管周围可见炎性
细胞浸润，形成典型的血管套。

（HE×100）

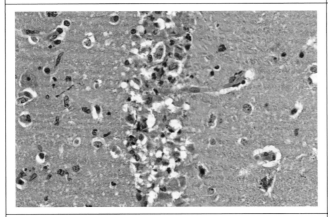

图 34-32　小鼠　感染基孔肯雅病毒模型（d）

□ 病毒性脑炎；

□ 神经元核碎裂、溶解至消失，可见淋巴细胞
及中性粒细胞浸润；局部区域可见小胶质细
胞围绕神经元形成"卫星现象"，以及噬神经
元现象。

（HE×400）

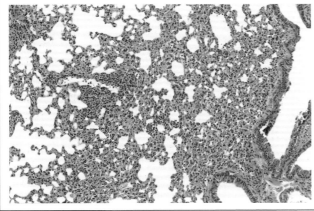

图 34-33　小鼠　感染基孔肯雅病毒模型（e）

□ 间质性肺炎；

□ 肺泡隔、支气管、细支气管、血管内及周围可
见少量淋巴细胞、巨噬细胞等浸润。

（HE×400）

图 34-34　小鼠　感染基孔肯雅病毒模型（f）

□ 脾坏死；

□ 红髓和白髓界限较清楚，红髓内可见少量含铁血黄素沉积，并可见白髓生发中心，红髓内细胞成分减少。

（HE×100）

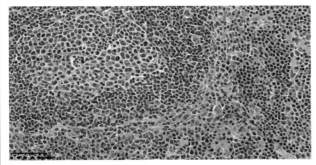

图 34-35　小鼠　感染基孔肯雅病毒模型（g）

□ 脾坏死；

□ 局部白髓内也可见淋巴细胞坏死排空现象，呈星空样。

（HE×400）

34.11　小鼠川崎病模型

C57BL/6 雄性小鼠，4～5 周龄，使用干酪乳酸菌细胞壁成分（lactobacillus casei cell wall extract，LCWE）腹腔注射，构建川崎病（kawasaki disease，KD）模型。注射后第 3 天取样。（图 34-36 至图 34-40）

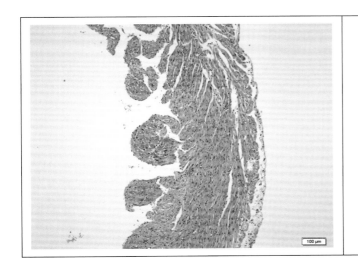

图 34-36　小鼠　川崎病模型（a）

□ 心肌炎；

□ 局部心肌间可见炎性细胞浸润，心外膜弥漫性水肿、增厚。

（HE×100）

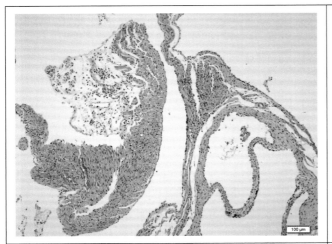

图34-37　小鼠　川崎病模型（b）

□动脉炎；

□动脉周围可见炎性细胞浸润。

（HE×100）

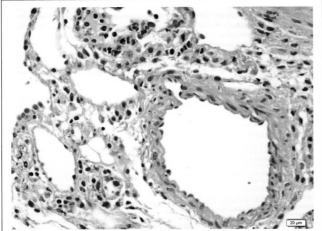

图34-38　小鼠　川崎病模型（c）

□动脉炎；

□动脉周围组织水肿，可见淋巴细胞、巨噬细胞以及嗜中性粒细胞浸润。

（HE×400）

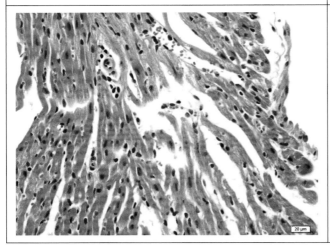

图34-39　小鼠　川崎病模型（d）

□心肌炎；

□组织水肿，可见少量淋巴细胞和巨噬细胞浸润。

（HE×400）

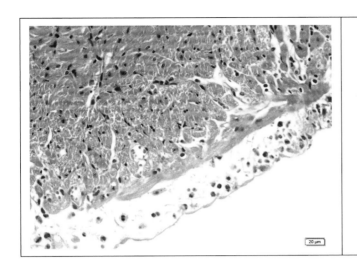

图 34-40 小鼠 川崎病模型（e）

□ 心外膜炎；

□ 心外膜水肿增厚，可见淋巴细胞、嗜中
　性粒细胞以及巨噬细胞浸润。

（HE×400）

34.12 小鼠劳力热射病与经典热射病模型

雄性普通级 C57BL/6 小鼠高温高湿环境下跑步一天构建劳力型热射病模型（图 34-41 和图 34-42）；
雄性普通级 C57BL/6 小鼠高温高湿环境下休息一天构建经典热射病模型（图 34-43 和图 34-44）。

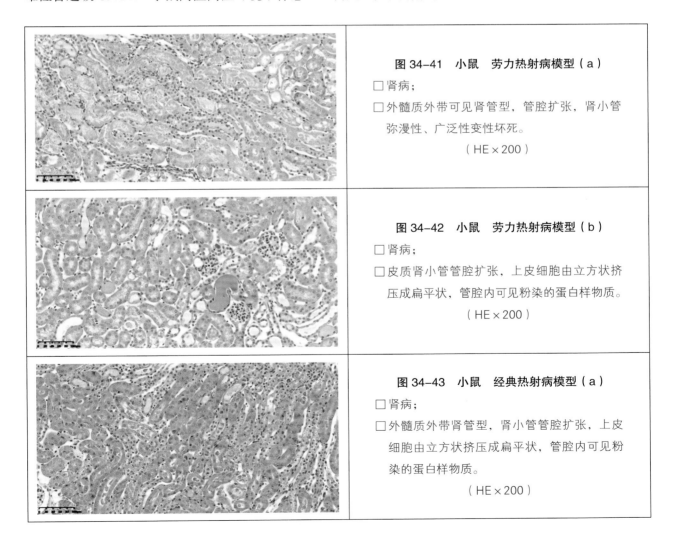

图 34-41 小鼠 劳力热射病模型（a）

□ 肾病；

□ 外髓质外带可见肾管型，管腔扩张，肾小管
　弥漫性、广泛性变性坏死。

（HE×200）

图 34-42 小鼠 劳力热射病模型（b）

□ 肾病；

□ 皮质肾小管管腔扩张，上皮细胞由立方状挤
　压成扁平状，管腔内可见粉染的蛋白样物质。

（HE×200）

图 34-43 小鼠 经典热射病模型（a）

□ 肾病；

□ 外髓质外带肾管型，肾小管管腔扩张，上皮
　细胞由立方状挤压成扁平状，管腔内可见粉
　染的蛋白样物质。

（HE×200）

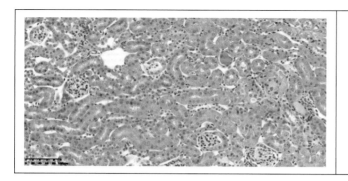

图 34-44　小鼠　经典热射病模型（b）

□ 肾病；

□ 皮质肾小管广泛性变性、坏死，肾小管上皮
　细胞胞浆可见大小不一的空泡。

（HE×200）

34.13　猪血管取栓模型

使用取出血栓装置对猪右肾动脉进行取栓操作，观察血管损伤。（图 34-45 至图 34-49）

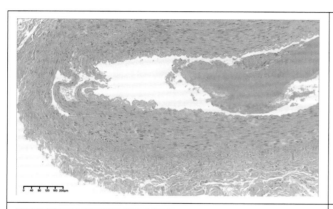

图 34-45　猪　血管取栓模型（a）

□ 血管撕裂，血栓；

□ 局部内膜层和中膜层撕裂。管腔内可见大量
　粉染的纤维蛋白样物质。

（HE×100）

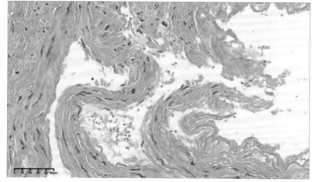

图 34-46　猪　血管取栓模型（b）

□ 血管撕裂，血栓；

□ 局部内膜层和中膜层撕裂，与周围正常组织
　分离。

（HE×400）

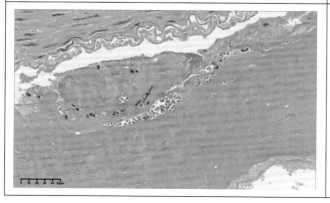

图 34-47　猪　血管取栓模型（c）

□ 血管撕裂，血栓；

□ 局部内膜层疏松水肿，管腔内可见血栓。

（HE×400）

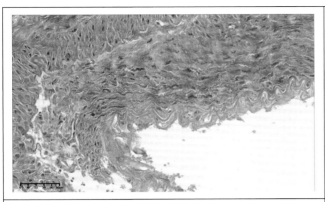

图 34-48　猪　血管取栓模型（d）

□ 血管撕裂，血栓；

□ 局部内膜层和中膜层撕裂，与周围正常组织
　分离。

（Masson×400）

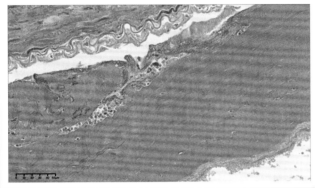

图 34-49　猪　血管取栓模型（e）

□ 血管撕裂，血栓；

□ 局部内膜层疏松水肿，管腔内可见血栓。

（Masson×400）

34.14　小鼠新冠模型

基因工程小鼠 C57/BL6（Ad5-hACE1）感染 WT 毒株新冠病毒。（图 34-50 至图 34-52）

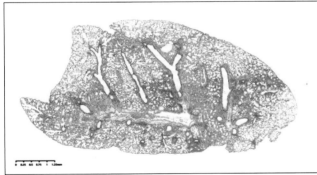

图 34-50　小鼠　新冠模型（a）

□ 间质性肺炎；

□ 局部区域肺脏细胞成分增多，大面积出血。

（HE×20）

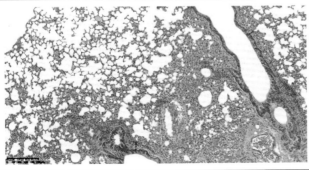

图 34-51　小鼠　新冠模型（b）

□ 间质性肺炎；

□ 局部细支气管及血管周围可见较多淋巴细胞
　等炎性细胞浸润。

（HE×100）

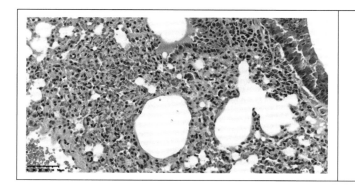

图 34-52　小鼠　新冠模型（c）

☐ 间质性肺炎；

☐ 肺脏出血，淋巴细胞、巨噬细胞等炎性细胞浸润，偶见粉染的蛋白样物质。

（HE×400）

34.15　小鼠非酒精性脂肪肝模型

C57 小鼠使用含有高脂、高果糖、高胆固醇的配方饮食诱导制作非酒精性脂肪肝（nonalcoholic fatty liver disease，NASH）模型。（图 34-53 和图 34-54）

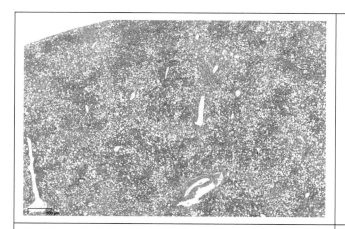

图 34-53　小鼠　非酒精性脂肪肝模型（a）

☐ 肝脂变；

☐ 肝小叶正常结构消失，大部分肝细胞发生脂肪变性。

（HE×100）

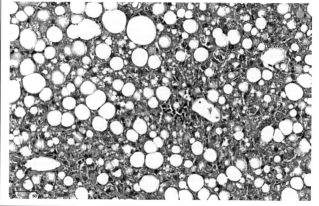

图 34-54　小鼠　非酒精性脂肪肝模型（b）

☐ 肝脂变；

☐ 部分肝细胞的胞浆内出现大小不等的空泡，胞核常被挤于一侧。

（HE×400）

34.16　高脂饮食和 CCl₄ 联合诱导的大鼠肝纤维化模型

高脂饲料和四氯化碳（CCl₄）诱导的 Wistar 大鼠（SPF 级）非酒精性脂肪性肝炎模型。（图 34-55 至图 34-57）

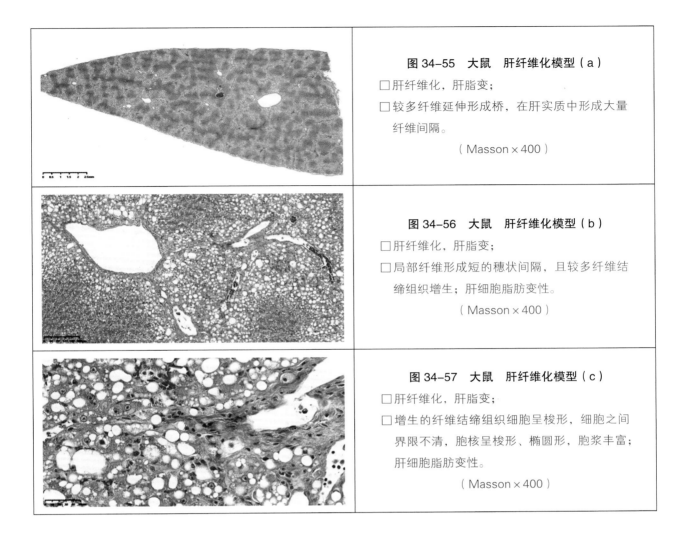

图 34-55　大鼠　肝纤维化模型（a）

□ 肝纤维化，肝脂变；

□ 较多纤维延伸形成桥，在肝实质中形成大量
　 纤维间隔。

（Masson×400）

图 34-56　大鼠　肝纤维化模型（b）

□ 肝纤维化，肝脂变；

□ 局部纤维形成短的穗状间隔，且较多纤维结
　 缔组织增生；肝细胞脂肪变性。

（Masson×400）

图 34-57　大鼠　肝纤维化模型（c）

□ 肝纤维化，肝脂变；

□ 增生的纤维结缔组织细胞呈梭形，细胞之间
　 界限不清，胞核呈梭形、椭圆形，胞浆丰富；
　 肝细胞脂肪变性。

（Masson×400）

34.17　小鼠感染大肠杆菌模型

昆明小鼠通过腹腔注射，感染大肠杆菌（*colibacillus*），感染后第9天取肝脏、肾脏等样本。
（图 34-58 至图 34-61）

图 34-58　昆明小鼠　感染大肠杆菌肝脏（a）

□ 坏死性肝炎；

□ 肝小叶分界不清，中央静脉淤血。

（HE×100）

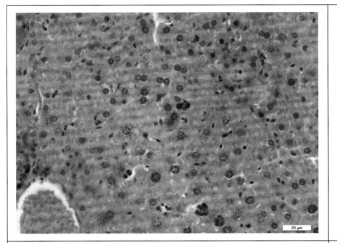

图 34-59　昆明小鼠　感染大肠杆菌肝脏（b）
□ 坏死性肝炎；
□ 肝细胞肿胀，肝血窦几乎消失，肝细胞之间可见少量红细胞、淋巴样细胞和枯否氏细胞。
（HE×400）

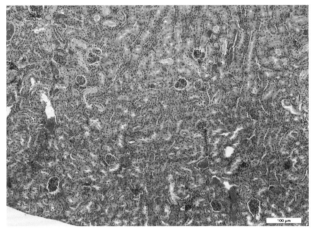

图 34-60　昆明小鼠　感染大肠杆菌肾脏（a）
□ 肾病；
□ 肾间质血管充血、出血；肾小球血管球充血；肾小管管腔可见粉染的渗出物。
（HE×100）

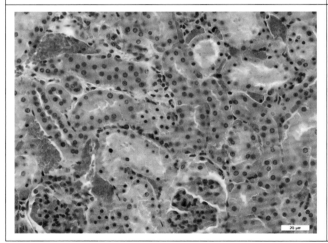

图 34-61　昆明小鼠　感染大肠杆菌肾脏（b）
□ 肾病；
□ 肾小管上皮细胞肿胀变性，管腔变窄，部分上皮细胞核固缩，管腔内可见粉染蛋白样渗出物；肾小球充血，间质血管显著充血、出血
（HE×400）

35 实验动物基础病变

35.1　小鼠

35.1.1　增生性心包炎

心包炎（pericarditis）累及心包脏层和壁层。增生性心包炎通常表现为心包结缔组织增生，被膜明显增厚。

【组织病理学变化】见图 35-1 和图 35-2。

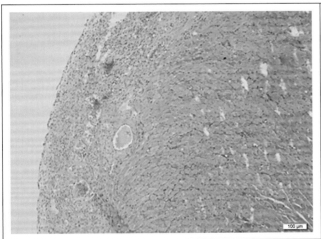

图 35-1　小鼠　增生性心包炎（a）
心脏被膜增厚，心肌纤维结构不清，
血管扩张。
（HE×100）

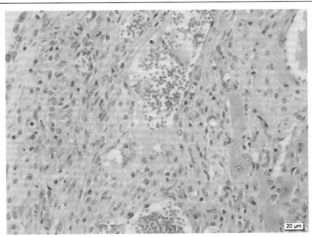

图 35-2　小鼠　增生性心包炎（b）
增生的心包被新生的肉芽组织所取代，
血管扩张充血，大量炎性
细胞浸润。
（HE×400）

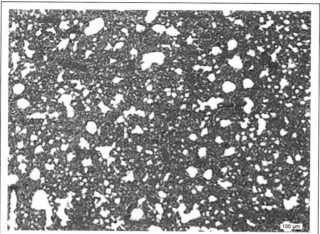

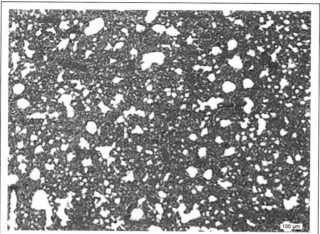

35.1.2　出血性肺炎

【组织病理学变化】见图 35-3 和图 35-4。

图 35-3　小鼠　出血性肺炎（a）
局部区域肺泡间隔，支气管、细支气管及血管
周围间质增宽，细胞成分增多，血管充血、
出血明显，炎性细胞浸润；局部支气管及
细支气管管腔中可见脱落的上皮
细胞及炎性细胞。
（HE×100）

图 35-4　小鼠　出血性肺炎（b）
增宽的肺间质内出血，可见大量散在存在的
红细胞。局部肺泡腔内及增宽的间质中
可见变性、坏死的肺泡上皮细胞，
淋巴细胞及巨噬细胞浸润。
（HE×400）

35.1.3　化脓性肺炎

肺脓肿（pulmonary abscess）又称化脓性肺炎（suppurative pneumonia），是肺泡内蓄积化脓性产物的一种炎症。主要由多种病原菌感染肺部引起，早期为肺组织的感染性炎症，继而坏死、液化，可形成脓肿。

【组织病理学变化】见图 35-5 和图 35-6。

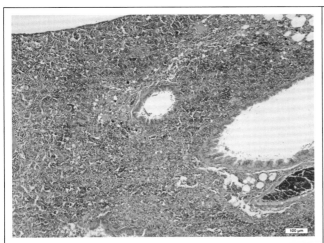

图 35-5 小鼠 化脓性肺炎（a）

可见肺脏大面积肺泡失去其结构，充满炎性
细胞；多处肺泡隔增厚；多处血管周围与
细支气管周围有大量炎性细胞浸润。
局部支气管周可见坏死灶，局部
血管可见明显充血、淤血。

（HE×100）

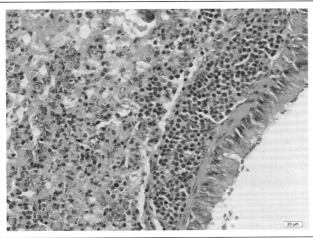

图 35-6 小鼠 化脓性肺炎（b）

肺泡隔增宽区域与血管周围可见大量以中性
粒细胞为主的炎性细胞浸润；局部支气管
周围坏死灶可见大量粉染的坏死细胞
碎片与中性粒细胞浸润。

（HE×400）

35.1.4 间质性肾炎

间质性肾炎（interstitial nephritis）是指在肾间质发生以淋巴细胞和巨噬细胞浸润、水肿和结缔组织增生为主要病变的非化脓性炎症。

【组织病理学变化】见图 35-7 和图 35-8。

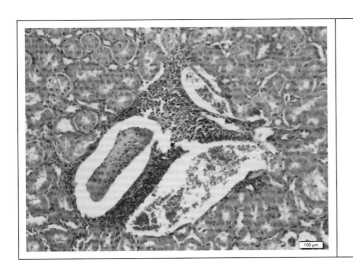

图 35-7 小鼠 间质性肾炎（a）

局部血管周围肾间质区域可见蓝染的
炎性细胞浸润，间质毛细
血管红细胞充盈。

（HE×100）

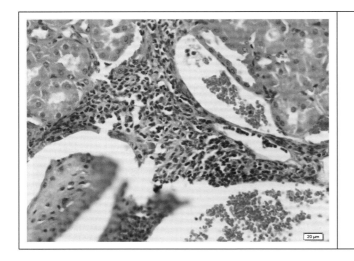

图 35-8 小鼠 间质性肾炎（b）
浸润的炎性细胞主要是胞核为圆形且深蓝染、
核质比高的淋巴细胞。部分肾小管的上皮
细胞发生变性坏死，胞体消失，仅剩
细胞核碎片。肾脏间质淤血。
（HE×400）

35.1.5 肠炎

肠炎（enteritis）是肠道黏膜炎症的总称。

【组织病理学变化】见图 35-9 和图 35-10。

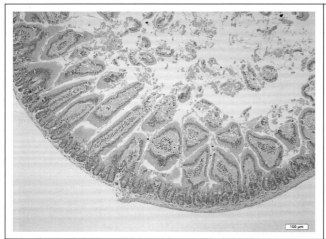

图 35-9 小鼠 肠炎（a）
局部肠绒毛变短，大量肠绒毛断裂，脱落入
肠腔；固有层肠隐窝数量减少。
（HE×100）

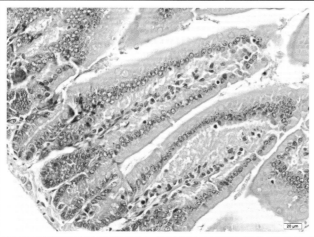

图 35-10 小鼠 肠炎（b）
肠绒毛黏膜固有层内可见炎性细胞浸润，
包括淋巴细胞与少量中性粒细胞。
（HE×400）

35.1.6 寄生虫性肠炎

寄生虫性肠炎（parasitic enteritis）是由寄生虫侵犯肠道引起的感染性疾病。临床表现为急性和慢性腹泻。病原体主要为溶组织内阿米巴、日本血吸虫、贾第鞭毛虫、隐孢子虫、弓形体、蛔虫、钩虫等。

【组织病理学变化】见图 35-11 和图 35-12。

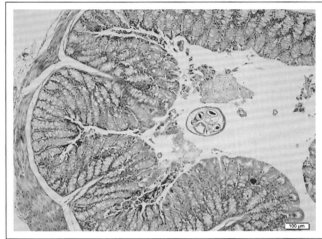

图 35-11　小鼠　寄生虫性肠炎（a）

黏膜层顶部坏死脱落，肠腔内可见虫卵及
坏死脱落的细胞碎片。

（HE×100）

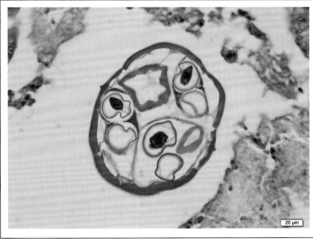

图 35-12　小鼠　寄生虫性肠炎（b）

肠腔内可见寄生虫卵。

（HE×400）

35.1.7 坏死性肠炎

发生坏死性肠炎（necrotic enteritis）的肠道组织镜检时可观察到肠道黏膜不同程度的坏死，黏膜层细胞坏死、脱落、碎裂。

【组织病理学变化】见图 35-13 和图 35-14。

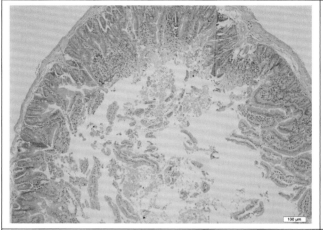

图 35-13　小鼠　坏死性肠炎（a）

局部肠绒毛变短，大量肠绒毛断裂、脱落入
肠腔，固有层可见大量炎性细胞浸润。

（HE×100）

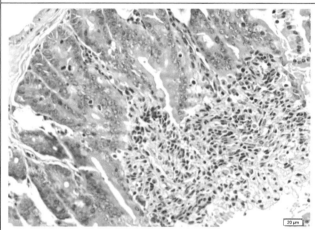

图 35-14　小鼠　坏死性肠炎（b）

可见坏死脱落的小肠黏膜上皮细胞，细胞结构、
界限不清，胞核固缩、碎裂；小肠固有层
有大量淋巴细胞与中性粒细胞等
炎性细胞浸润。

（HE×400）

35.2　大鼠

35.2.1　心肌炎

心肌炎（myocarditis）是伴发心肌兴奋性增强和心肌收缩机能减弱为特征的心肌炎症。一般呈急性过程，慢性心肌炎过程实质是心肌营养不良过程。

【组织病理学变化】见图 35-15 和图 35-16。

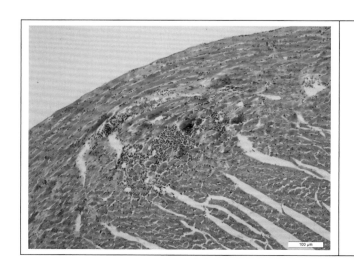

图 35-15　大鼠　心肌炎（a）

心肌纤维排列紊乱，横纹消失，可见一较大
范围炎性灶，其间有多量炎性
细胞浸润。

（HE×100）

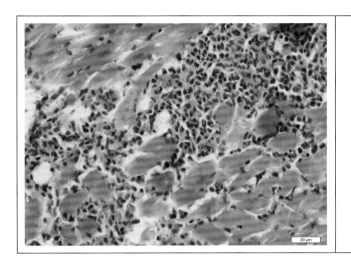

图 35-16 大鼠 心肌炎（b）

可见心肌细胞坏死崩解，形成肌浆块，
浸润的炎性细胞以中性粒细胞和
淋巴细胞为主。

（HE×400）

35.2.2 嗜酸性粒细胞性心肌炎

【组织病理学变化】见图 35-17 和图 35-18。

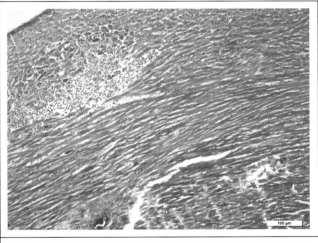

**图 35-17 大鼠 嗜酸性粒细胞性
心肌炎（a）**

可见较大坏死灶，周围心肌纤维断裂崩解，
大量炎性细胞浸润。

（HE×100）

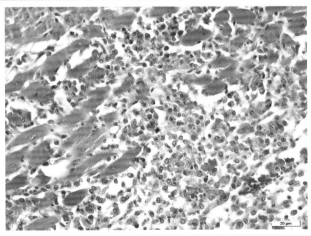

**图 35-18 大鼠 嗜酸性粒细胞性
心肌炎（b）**

可见大量以含有红染颗粒的嗜酸性粒细胞为
主的炎性细胞浸润。

（HE×400）

35.2.3 肝炎

肝炎（hepatitis）是肝的实质或（和）间质炎症的总称。通常表现为肝脏内可见炎性细胞浸润，伴有肝细胞变性坏死、崩解，局部可见渗出。

【组织病理学变化】见图 35-19 和图 35-20。

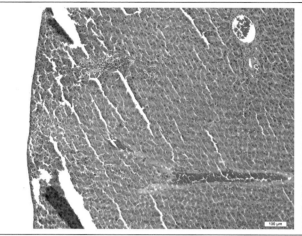

图 35-19　大鼠　肝炎（a）

肝索排列紊乱，肝小叶内可见一较小炎性灶，

位于血管周，周围肝细胞坏死崩解。

（HE×100）

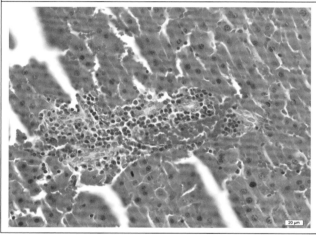

图 35-20　大鼠　肝炎（b）

可见炎性细胞浸润，以中性粒细胞和

淋巴细胞为主。

（HE×400）

35.2.4　坏死性脾炎

坏死性脾炎（necrotic splenitis）是指脾脏实质坏死明显而脾脏未见明显肿大的急性脾炎。主要由病原微生物引起，多见于急性传染病。

【组织病理学变化】见图 35-21 和图 35-22。

图 35-21　大鼠　坏死性脾炎（a）

脾脏实质内白髓减少，红髓局部可见

大小不一的坏死区域。

（HE×100）

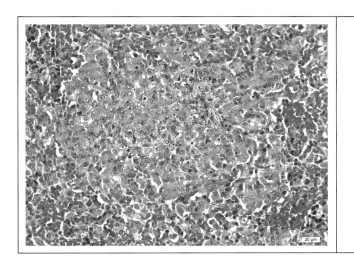

图 35-22　大鼠　坏死性脾炎（b）

可见淋巴细胞变性坏死，胞核固缩、
碎裂形成核碎片。

（HE×400）

35.2.5　出血性肺炎

【组织病理学变化】见图 35-23 和图 35-24。

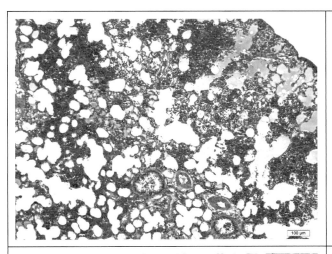

图 35-23　大鼠　出血性肺炎（a）

部分肺泡隔增厚，细胞成分增多，可见局部
区域肺泡腔内有粉染絮状物质渗出；
多处肺泡隔及血管充血、
出血明显。

（HE×100）

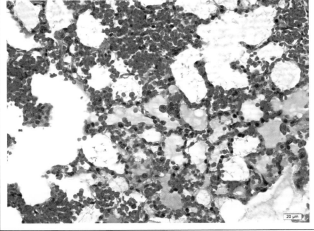

图 35-24　大鼠　出血性肺炎（b）

增厚的肺间质内出血，可见大量散在红细胞；
局部肺泡腔内及增厚的间质中可见变性、
坏死的肺泡上皮细胞，伴有淋巴
细胞及巨噬细胞浸润。

（HE×400）

35.2.6 支气管肺炎

支气管肺炎（bronchopneumonia）是以细支气管为中心、肺小叶为单位的急性渗出性炎症。病原体通过支气管侵入，引起细支气管、终末支气管、终末细支气管和肺泡的炎症。

【组织病理学变化】见图35-25和图35-26。

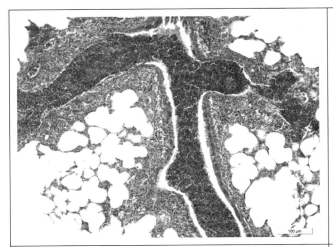

图35-25　大鼠　支气管肺炎（a）

可见支气管内充满渗出物，支气管周围增厚，

疏松水肿，并伴有较严重渗出，

周围肺泡壁断裂融合，

肺泡腔扩大。

（HE×100）

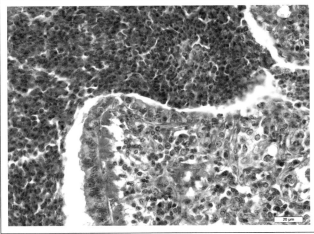

图35-26　大鼠　支气管肺炎（b）

支气管管腔内充满大量以中性粒细胞和淋巴

细胞为主的炎性细胞，并伴有渗出，

支气管黏膜上皮细胞坏死脱落，

周围间质水肿增厚，并可见

炎性细胞浸润。

（HE×400）

35.2.7 间质性肾炎

间质性肾炎是由各种原因引起的肾小管间质性急慢性损害的临床病理综合征。根据病程通常可分为急性间质性肾炎和慢性间质性肾炎。

【组织病理学变化】见图35-27和图35-28。

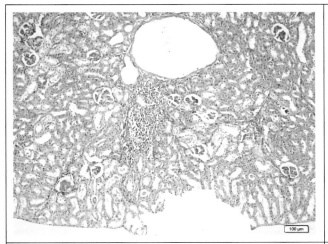

图 35-27　大鼠　间质性肾炎（a）

局部血管周围肾间质区域可见蓝染的
炎性细胞浸润。

（HE×100）

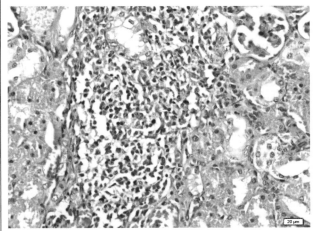

图 35-28　大鼠　间质性肾炎（b）

可见浸润的炎性细胞主要为胞核是圆形且深蓝染、
核质比大的淋巴细胞。部分肾小管的上皮
细胞发生变性坏死，胞体消失，仅剩
细胞核碎片。肾脏间质毛细血管也
充盈红细胞，肾脏间质淤血。

（HE×400）

35.2.8　肠炎

【组织病理学变化】见图 35-29 和图 35-30。

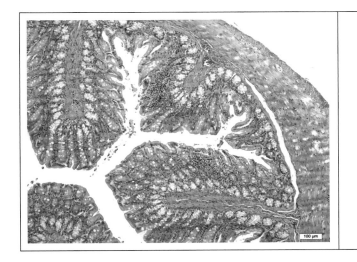

图 35-29　大鼠　肠炎（a）

可见局部区域大肠固有层有炎性灶。

（HE×100）

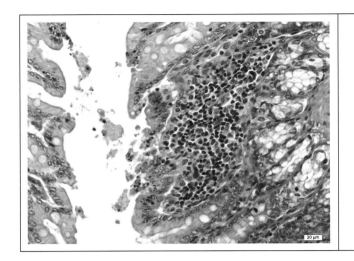

图 35-30　大鼠　肠炎（b）

可见大肠柱状上皮细胞胞核固缩、碎裂，残留
粉染不定型物质；固有层局部有以淋巴
细胞为主的炎性细胞浸润。

（HE×400）

35.2.9　嗜酸性粒细胞性肠炎

嗜酸性粒细胞性肠炎（eosinophilic enteritis）是一种病因不明的原发性嗜酸性粒细胞性胃肠道疾病，其特征是病理学检查可见小肠黏膜各组织层次中存在严重的嗜酸性粒细胞浸润。

【组织病理学变化】见图 35-31 和图 35-32。

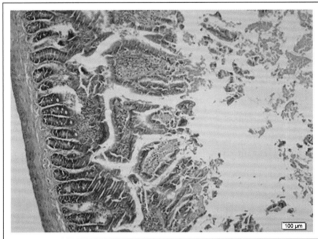

图 35-31　大鼠　嗜酸性粒细胞性肠炎（a）

肠绒毛结构不完整，部分肠绒毛断裂、坏死
脱落入肠腔。肠绒毛变短。局部黏膜
固有层内细胞成分增多。

（HE×100）

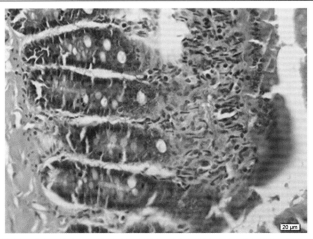

图 35-32　大鼠　嗜酸性粒细胞性肠炎（b）

脱落入肠腔的组织坏死，呈均质粉染蛋白样
物质。黏膜固有层内可见嗜酸性
粒细胞增多。

（HE×400）

35.3　豚鼠

35.3.1　心肌炎

【组织病理学变化】见图 35-33 和图 35-34。

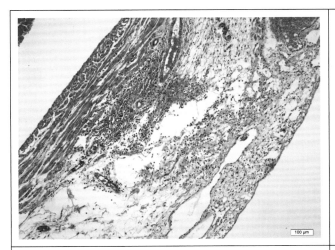

图 35-33　豚鼠　心肌炎（a）

多处心肌纤维断裂，伴有炎性细胞浸润。

（HE×100）

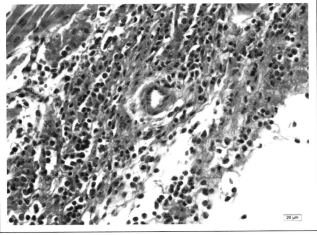

图 35-34　豚鼠　心肌炎（b）

血管内膜损坏，覆盖有含铁血黄素和
巨噬细胞碎片；中膜和外膜结构
基本完整，弹性层变薄。

（HE×400）

35.3.2　轻度肝炎

【组织病理学变化】见图 35-35 和图 35-36。

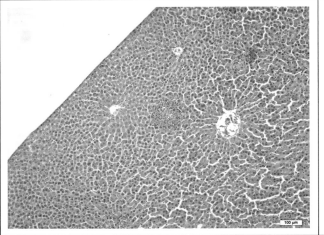

图 35-35　豚鼠　轻度肝炎（a）
绝大部分肝脏结构正常，在局部靠近
肝被膜处可见一明显炎性坏死灶。
（HE×100）

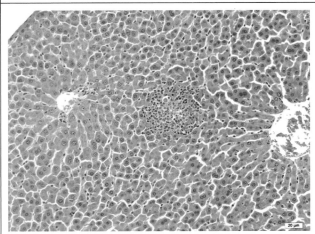

图 35-36　豚鼠　轻度肝炎（b）
肝小叶中局部炎性坏死区域可见肝细胞轮廓
界限不清，肝细胞胞膜破裂、核固缩、
碎裂、溶解消失，并伴有淋巴细胞、
枯否氏细胞等炎性细胞浸润。
（HE×400）

35.3.3　坏死性脾炎

【组织病理学变化】见图 35-37 和图 35-38。

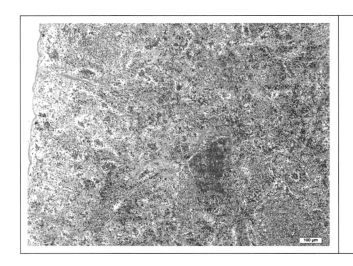

图 35-37　豚鼠　坏死性脾炎（a）
脾脏红髓、白髓界限不清，白髓显著减少。
（HE×100）

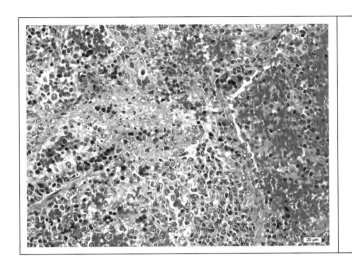

图 35-38　豚鼠　坏死性脾炎（b）

脾脏局部区域可见变性、坏死的淋巴细胞，

胞核崩解形成核碎片，残留

不定型粉染物质。

（HE×400）

35.3.4　化脓性脾炎

【组织病理学变化】见图 35-39 和图 35-40。

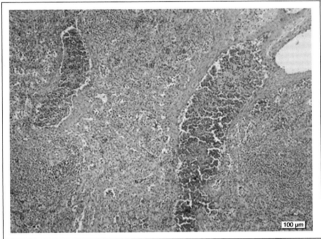

图 35-39　豚鼠　化脓性脾炎（a）

脾脏实质局部血管内可见充血、淤血，并可见

大量炎性细胞浸润。局部红髓内以及

白髓边缘区也可见较多炎性

细胞浸润。

（HE×100）

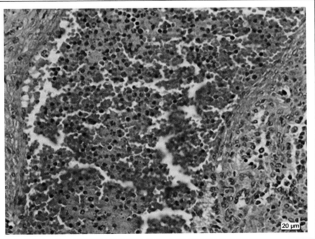

图 35-40　豚鼠　化脓性脾炎（b）

脾脏局部血管内以及局部红髓、白髓内可见

较多核呈分叶状的中性粒细胞浸润。

（HE×400）

35.3.5　脾脏白髓萎缩、网状细胞增生

【组织病理学变化】见图 35-41 和图 35-42。

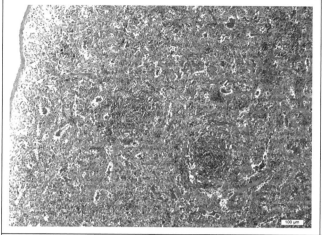

图 35-41　豚鼠　脾脏白髓萎缩、网状细胞增生（a）

脾脏红髓、白髓界限不清，红髓和白髓减少，红髓区域有大量网状细胞增生。

（HE×100）

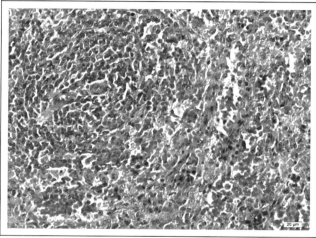

图 35-42　豚鼠　脾脏白髓萎缩、网状细胞增生（b）

脾脏白髓胞核深染、胞浆稀少的淋巴细胞数量减少，红髓区域有大量胞核不规则呈多形性，胞浆淡粉染的网状细胞增生。

（HE×400）

35.3.6　间质性肺炎

【组织病理学变化】见图 35-43 和图 35-44。

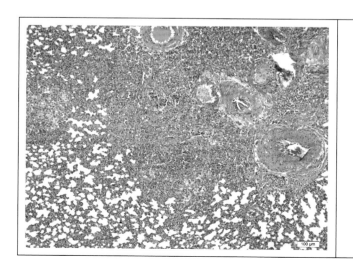

图 35-43　豚鼠　间质性肺炎（a）

局部肺泡隔显著增宽，细胞成分增多，偶见肺泡腔内有变性、脱落的上皮细胞；肺间质局部充血、淤血、出血；局部血管及细支气管周围疏松水肿，可见较多炎性细胞浸润。偶见细支气管内有变性、脱落的细胞成分。

（HE×100）

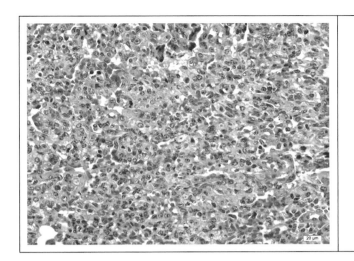

图 35-44　豚鼠　间质性肺炎（b）

局部肺泡隔明显增厚区域可见变性、坏死的
肺泡上皮细胞，伴有淋巴细胞等炎性细胞
浸润；局部血管周、细支气管周可见
较多淋巴细胞等炎性细胞浸润。

（HE×400）

35.3.7　化脓性肺炎

【组织病理学变化】见图 35-45 和图 35-46。

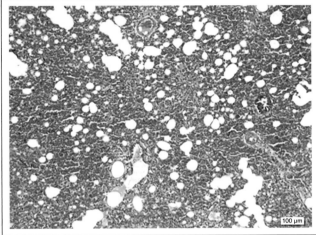

图 35-45　豚鼠　化脓性肺炎（a）

局部肺泡隔可见明显增宽，肺泡隔局部可见
明显充血、淤血；局部血管周、细支气管
周疏松水肿，可见较多炎性细胞浸润；
局部细支气管管腔内可见较多坏死
脱落的上皮细胞以及均质粉染的
蛋白样物质。

（HE×100）

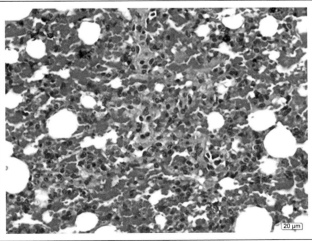

图 35-46　豚鼠　化脓性肺炎（b）

局部肺泡隔明显增宽区域可见较多中性粒细胞、
淋巴细胞等炎性细胞浸润；局部血管周、
细支气管周可见较多中性粒细胞、淋巴细胞、
巨噬细胞等炎性细胞浸润；局部细支气管
管腔内偶见少量坏死脱落的上皮细胞
碎片以及中性粒细胞等
炎性细胞浸润。

（HE×400）

35.3.8　出血性肺炎

【组织病理学变化】见图35-47和图35-48。

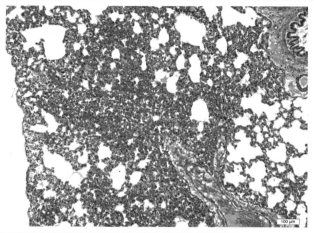

图35-47　豚鼠　出血性肺炎（a）
可见局部区域肺泡间隔、支气管、细支气管及
血管周围间质增宽，细胞成分增多，血管
充血、出血明显、炎性细胞浸润；局部
支气管及细支气管管腔中可见脱落的
上皮细胞及炎性细胞。
（HE×100）

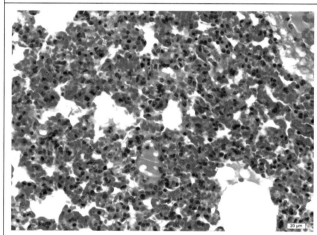

图35-48　豚鼠　出血性肺炎（b）
增宽的肺间质内出血，可见大量散在存在的
红细胞。局部肺泡腔内及增宽的间质中
可见变性、坏死的肺泡上皮细胞，
淋巴细胞及巨噬细胞浸润。
（HE×400）

35.3.9　肉芽肿性肺炎

肺部受到某种刺激或损伤后，免疫系统过度反应，巨噬细胞等炎症细胞增生并聚集在损伤部位，试图清除和修复受损组织，会在肺部形成肉芽肿。肉芽肿由巨噬细胞及其衍生细胞增生形成的界限清楚的结节状病灶，内部可能包含坏死或干酪样坏死的组织。

肉芽肿性肺炎可以由多种原因引起，包括各种微生物感染（如结核、真菌、寄生虫等）、外源性过敏性肺泡炎等。此外，一些非感染性疾病，如血管炎，也可能导致肉芽肿性肺炎的发生。

【组织病理学变化】见图35-49至图35-53。

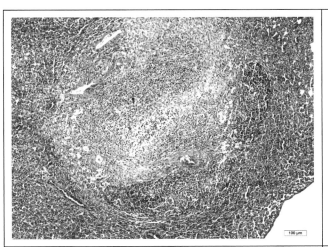

图 35-49　豚鼠　肉芽肿性肺炎（a）

肺脏肺泡腔塌陷，无完整肺泡腔结构；肺泡
隔间质增厚，可见较大结节，肺脏有
弥漫性的出血、淤血。

（HE×100）

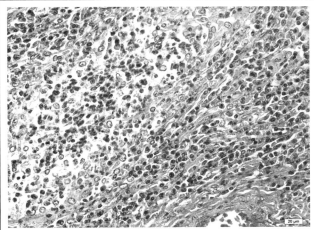

图 35-50　豚鼠　肉芽肿性肺炎（b）

可见结节外周有成纤维细胞增生形成的
包膜，与周围组织界限清楚，结节
周围有淋巴细胞与肺泡
上皮细胞增生。

（HE×400）

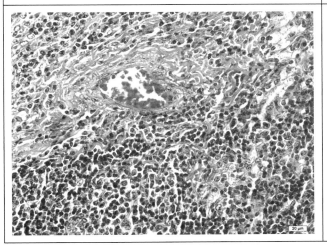

图 35-51　豚鼠　肉芽肿性肺炎（c）

结节内部包裹有坏死细胞成分，伴有嗜中性
粒细胞与上皮样细胞浸润。

（HE×400）

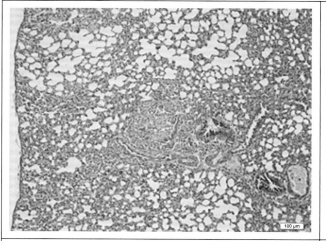

图 35-52　豚鼠　肉芽肿性肺炎（d）
部分肺泡隔增厚，肺泡壁断裂融合，
可见一明显肉芽肿。
（HE×100）

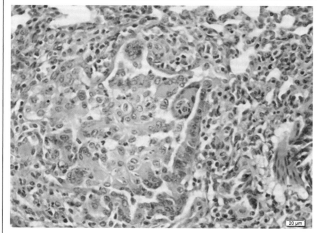

图 35-53　豚鼠　肉芽肿性肺炎（e）
肉芽肿与周围肺泡隔界限不清，肺泡结构
不可见，可见明显多核巨细胞浸润。
（HE×400）

35.3.10　间质性肾炎

【组织病理学变化】见图 35-54 和图 35-55。

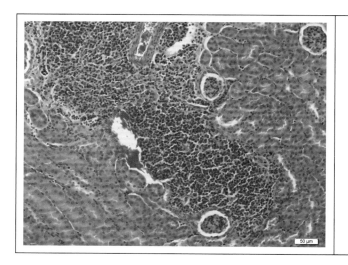

图 35-54　豚鼠　间质性肾炎（a）
局部肾脏间质内可见炎性灶，周围血管
扩张，间质轻度出血。
（HE×100）

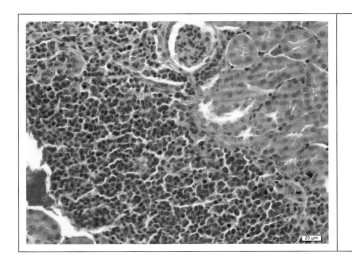

图 35-55　豚鼠　间质性肾炎（b）
可见以淋巴细胞为主的炎性细胞浸润。部分
肾小管的上皮细胞发生变性坏死。肾脏
间质毛细血管也充盈红细胞，
肾脏间质淤血。
（HE×400）

35.3.11　肾蛋白管型

【组织病理学变化】见图 35-56 和图 35-57。

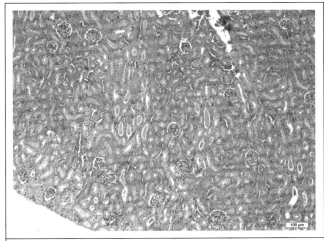

图 35-56　豚鼠　肾蛋白管型（a）
可见肾脏被膜完整，肾小球结构清晰，
肾小管与集合管排列整齐，
细胞稍有肿胀。
（HE×100）

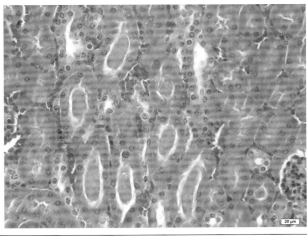

图 35-57　豚鼠　肾蛋白管型（b）
部分肾小管中，可见管腔内含有粉染的无定形
物质，为蛋白管型。部分肾小管上皮
细胞发生变性，细胞肿胀、
细胞核染色变淡。
（HE×400）

35.3.12　肾细胞管型

肾上皮细胞管型（renal epithelial casts）内含肾小管上皮细胞，常见于肾小管病变如急性肾小管坏

死、肾淀粉样变性等。有时管型中的细胞成分难以区别，可笼统地称为细胞管型。

【组织病理学变化】见图 35-58 和图 35-59。

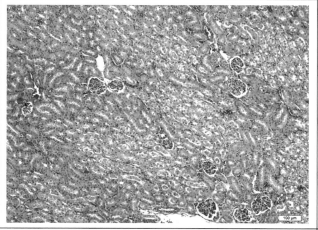

图 35-58　豚鼠　肾细胞管型（a）
肾脏被膜完整，外观颜色质地大小正常。
（HE×100）

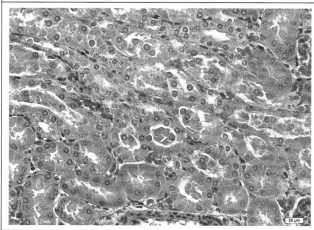

图 35-59　豚鼠　肾细胞管型（b）
肾小球血管未见明显异常，肾小囊中干净、
未见异物。肾小管排列紧密整齐，局部
区域肾小管上皮细胞变性坏死，
管内可见细胞管型，
集合管排列整齐。
（HE×400）

35.3.13　小肠含铁血黄素沉积

豚鼠的饮食中因缺乏某些必要的营养素（如维生素 C 或维生素 E 等抗氧化剂）可能会导致红细胞容易受到氧化损伤，进而引发含铁血黄素沉积。

【组织病理学变化】见图 35-60 和图 35-61。

图 35-60　豚鼠　小肠含铁血黄素沉积（a）
肠壁各层结构完整，皱壁和肠绒毛结构清楚。
其中黏膜层的黏膜上皮和固有层向
肠腔内突起形成的肠绒毛，绒毛
中轴可见中央乳糜管。
（HE×100）

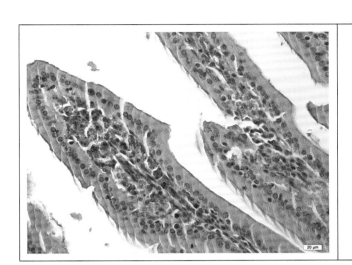

图 35-61　豚鼠　小肠含铁血黄素沉积（b）

肠绒毛黏膜固有层可见数量不等的
呈棕红色的含铁血黄素沉积。

（HE×400）

35.3.14　慢性增生性肠炎

慢性增生性肠炎在肠道黏膜可见慢性炎症和增生性改变，黏膜层会出现细胞增生和炎症细胞浸润，可能导致肠道壁增厚、肠腔狭窄以及肠道功能异常。

【组织病理学变化】见图 35-62 和图 35-63。

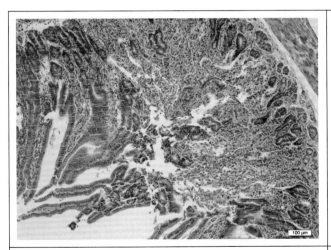

图 35-62　豚鼠　慢性增生性肠炎（a）

肠绒毛结构破坏，较大面积肠绒毛断裂、
坏死，脱落入肠腔。局部黏膜固有层
明显增厚，细胞成分增多。

（HE×100）

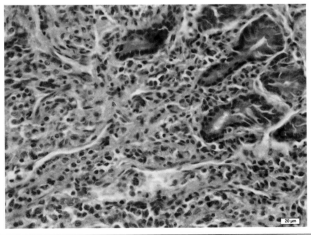

图 35-63　豚鼠　慢性增生性肠炎（b）

黏膜固有层显著增厚，肠绒毛结构不清，
伴有大量炎性细胞浸润。

（HE×400）

35.4 金黄地鼠

35.4.1 轻度肝炎

【组织病理学变化】见图 35-64 和图 35-65。

图 35-64 金黄地鼠 轻度肝炎（a）

绝大部分肝脏结构正常，在局部靠近肝被膜处
可见一明显炎性坏死灶。

（HE×100）

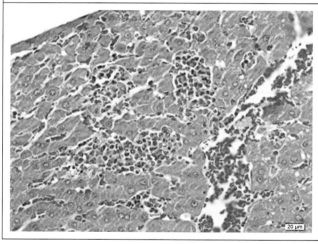

图 35-65 金黄地鼠 轻度肝炎（b）

肝小叶中局部炎性坏死区域可见肝细胞轮廓
界限不清，肝细胞胞膜破裂，核固缩、
碎裂、溶解消失，并伴有淋巴
细胞、枯否氏细胞等
炎性细胞浸润。

（HE×400）

35.4.2 肝脏脂肪变性

【组织病理学变化】见图 35-66 至图 35-68。

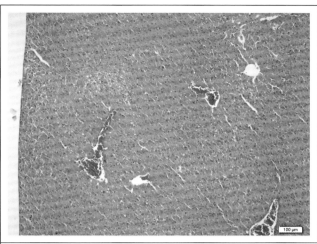

图 35-66　金黄地鼠　肝脏脂肪变性（a）

肝脏边缘染色较浅，肝脏内可见

大小不等的圆形空泡。

（HE×100）

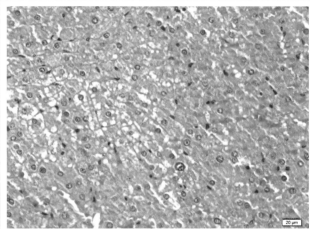

图 35-67　金黄地鼠　肝脏脂肪变性（b）

肝脏边缘肝细胞界线不清，细胞肿胀，胞浆

呈颗粒状，胞浆内可见大小不一的

空泡形成，将细胞核挤于一侧。

肝窦内见少量枯否氏

细胞分布。

（HE×400）

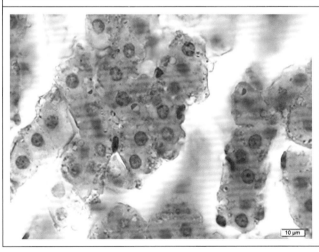

图 35-68　金黄地鼠　肝脏脂肪变性（c）

肝细胞轮廓清晰，胞核蓝染，局部胞浆内

可见红染脂滴。

（油红 O 油镜 ×1000）

35.5 裸鼠

35.5.1 心外膜炎

心外膜炎（epicarditis）是指发生于心包脏层的炎症。
【组织病理学变化】见图 35-69 和图 35-70。

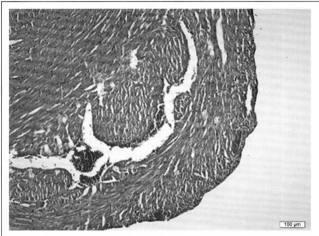

图 35-69 裸鼠 心外膜炎（a）
局部区域的心外膜轻度增厚，
细胞成分增多。
（HE×100）

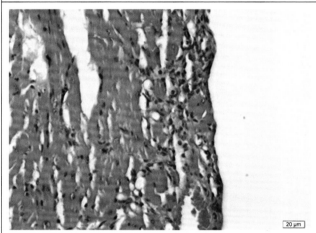

图 35-70 裸鼠 心外膜炎（b）
增厚的心外膜区域可见少量炎性细胞浸润，
其中主要是嗜中性粒细胞和淋巴细胞。
心肌纤维未见异常，细胞排列整齐
度高，可见分支，互联成网。
（HE×400）

35.5.2 心外膜钙化

心外膜钙化是指在心外膜（心脏的外层膜）上出现的钙质沉积现象，呈局限性或是弥漫性，其程度和范围因个体和疾病类型而异。
【组织病理学变化】见图 35-71 和图 35-72。

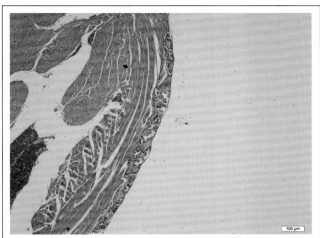

图35-71 裸鼠 心外膜钙化（a）

心外膜下有多量深蓝染钙化灶；

心肌纤维排列整齐。

（HE×100）

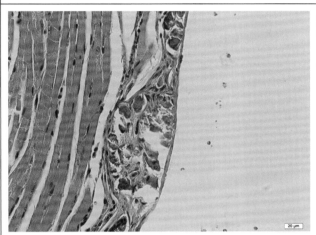

图35-72 裸鼠 心外膜钙化（b）

心肌细胞胞核呈梭形，嗜碱性蓝染，

胞浆嗜酸性红染。

（HE×400）

附　录

附表 1　皮肤上皮和黑色素细胞肿瘤

无鳞状或皮肤附属结构分化的表皮肿瘤（epithelial neoplasms without squamous and adnexal differentiation）	基底细胞瘤（basal cell neoplasms）	
	基底细胞癌（basal cell carcinoma）	
表皮肿瘤（neoplasms of the epidermis）	乳头状瘤（papilloma）	内翻性乳头状瘤（inverted papilloma）
		色素病毒性斑块（pigmented viral plaques）
		马耳斑（equine aural plaques）
	多中心鳞状细胞原位癌（multicentric squamous cell carcinoma in situ）	
	鳞状细胞癌（squamous cell carcinoma）	
	基底鳞癌（basosquamous carcinoma）	
皮肤附属结构分化的肿瘤（neoplasms with adnexal differentiation）	滤泡性肿瘤（follicular neoplasms）	漏斗状角质化棘皮瘤（infundibular keratinizing acanthoma）
		外毛根鞘瘤（tricholemmoma）
		毛母细胞瘤（trichoblastoma）
		毛囊瘤（trichofolliculoma）
		毛发上皮瘤（trichoepithelioma）
		恶性毛发上皮瘤（malignant trichoepithelioma）
		毛母质瘤（pilomatricoma）
		恶性毛母质瘤（malignant pilomatricoma）
	皮脂腺及特化皮脂腺肿瘤（sebaceous and modified sebaceous gland neoplasms）	皮脂腺腺瘤（sebaceous adenoma）
		皮脂腺导管腺瘤（sebaceous ductal adenoma）
		皮脂腺上皮瘤（sebaceous epithelioma）
		皮脂腺癌（sebaceous carcinoma）
		睑板腺腺瘤（meibomian adenoma）
		睑板腺导管腺瘤（meibomian ductal adenoma）
		睑板腺上皮瘤（meibomian epithelioma）
		睑板腺癌（meibomian carcinoma）

皮肤附属结构分化的肿瘤（neoplasms with adnexal differentiation）	肝样腺肿瘤（hepatoid gland neoplasms）	肛周腺腺瘤（circumanal adenoma）
		肝样腺上皮瘤（hepatoid gland epithelioma）
		肝样腺癌（hepatoid gland carcinoma）
	顶浆腺和特化顶浆腺肿瘤（apocrine and modified apocrine gland neoplasms）	顶浆腺腺瘤（apocrine adenoma）
		顶浆腺导管腺瘤（apocrine ductal adenoma）
		复合型和混合型顶浆腺腺瘤（complex and mixed apocrine adenoma）
		顶浆腺癌（apocrine carcinoma）
		顶浆腺导管癌（apocrine ductal carcinoma）
		复合型和混合型顶浆腺癌（complex and mixed apocrine carcinoma）
		耵聍腺腺瘤（ceruminous adenoma）
		复合型和混合型耵聍腺腺瘤（complex and mixed ceruminous adenoma）
		耵聍腺癌（ceruminous gland carcinoma）
		复合型和混合型耵聍腺癌（complex and mixed ceruminous carcinoma）
	肛门囊腺肿瘤（anal sac gland neoplasms）	肛门囊腺腺瘤（anal sac gland adenoma）
		肛门囊腺癌（anal sac gland carcinoma）
	小汗腺腺瘤和癌（eccrine adenoma and carcinoma）	
	透明细胞附件癌（clear cell adnexal carcinoma）	
	默克尔细胞瘤（Merkel cell tumor）	
黑色素细胞肿瘤（melanocytic neoplasms）	黑色素细胞瘤（melanocytoma）	
	黑色素棘皮瘤（melanoacanthoma）	
	恶性黑色素瘤（malignant melanoma）	
甲床/甲下肿瘤（nailbed/subungual neoplasms）	甲下恶性黑色素瘤（subungual malignant melanoma）	
	甲下角化棘皮瘤（subungual keratoacanthoma）	
	甲下鳞状细胞癌（subungual squamous cell carcinoma）	
错构瘤（hamartomas）	表皮错构瘤（epidermal hamartoma）	
	滤泡性错构瘤（follicular hamartoma）	
	大汗腺错构瘤（apocrine hamartoma）	
	纤维附件错构瘤（fibroadnexal hamartoma）	
囊肿（cysts）	漏斗状囊肿（infundibular cyst）	
	峡部囊肿（isthmus cyst）	
	毛孔扩张（dilated pore）	

囊肿 （cysts）	全滤泡囊肿（panfollicular cyst）
	皮样囊肿（dermoid cyst）
	皮脂腺管囊肿（sebaceous duct cyst）
	甲下上皮包涵囊肿（subungual epithelial inclusion cyst）
	顶浆囊肿（apocrine cyst）
	耵聍囊肿（ceruminous cysts）
	纤毛囊肿（ciliated cyst）
瘤样病变 （tumor-like lesions）	脂溢性角化病（seborrheic keratosis）
	鳞状乳头状瘤（squamous papilloma）
	黑头粉刺（pressure point comedones）
	皮角（cutaneous horn）
	皮脂腺增生（sebaceous hyperplasia）
	纤维上皮"息肉"（fibroepithelial "polyp"）

附表 2　来源于皮肤和软组织的间叶细胞肿瘤

纤维细胞起源的肿瘤	纤维瘤（fibroma）
	瘢痕纤维瘤（keloidal fibroma）
	纤维肉瘤（fibrosarcoma）
	猫疫苗相关纤维肉瘤（feline vaccine-associated fibrosarcoma）
	犬分化良好的上颌骨肉瘤（canine maxillary well-differentiated fibrosarcoma）
	多形性肉瘤（pleomorphic sarcoma）
	黏液瘤和黏液肉瘤（myxoma and myxosarcoma）
瘤样病变 （tumor-like lesions）	胶原纤维错构瘤（collagenous hamartoma）
	结节性皮肤纤维化（nodular dermatofibrosis）
	结节性筋膜炎（nodular fasciitis）
犬血管外皮细胞瘤（canine hemangiopericytoma）	
外周神经鞘瘤（peripheral nerve sheath tumor）	
平滑肌瘤（leiomyoma）	
脂肪细胞起源的肿瘤	脂肪瘤（lipoma）
	脂肪肉瘤（liposarcoma）
血管内皮起源的肿瘤	血管瘤（hemangioma）
	血管肉瘤（hemangiosarcoma）

淋巴管瘤和淋巴管肉瘤（lymphangioma and lymphangiosarcoma）	
血管瘤病（angiomatosis）	进行性血管瘤病（progressive angiomatosis）
	阴囊血管错构瘤（scrotal vascular hamartoma）
犬皮肤组织细胞瘤（canine cutaneous histiocytoma）	
反应性组织细胞增多症（reactive histiocytosis）	
组织细胞肉瘤复合体（histiocytic sarcoma complex）	
浆细胞肿瘤（plasma cell tumor）	
淋巴瘤（lymphoma）	
犬传染性性病瘤（canine transmissible venereal tumor）	

附表 3　血液淋巴系统肿瘤

淋巴系统的肿瘤——B 细胞肿瘤（B-cell neoplasms）	前体 B 细胞肿瘤（precursor B-cell neoplasms）	B 淋巴母细胞白血病 / 淋巴瘤（B-cell lymphoblastic leukemia/lymphoma）	
	成熟 B 细胞淋巴瘤（mature B-cell neoplasms）	慢性淋巴细胞白血病 / 淋巴瘤（chronic lymphocytic leukemia/lymphoma）	
		幼淋巴细胞白血病（prolymphocytic leukemia）	
		淋巴浆细胞淋巴瘤（lymphoplasmacytic lymphoma, LPL）	
		浆细胞母细胞性淋巴瘤（plasmablastic lymphoma）	
		套细胞淋巴瘤（mantle cell lymphoma,mcl）	
		滤泡性淋巴瘤（follicular lymphoma）	
		弥漫性大 B 细胞淋巴瘤（diffuse large B-cell lymphoma，DLBLC）	T 细胞丰富的大 B 细胞淋巴瘤（T-cell-rich large B-cell lymphoma）
			原发纵隔（胸腺）大 B 细胞淋巴瘤［primary mediastinal（thymic）large B-cell lymphoma］
		血管中心性 B 细胞淋巴瘤（angiocentric B-cell lymphoma）	
		边缘区淋巴瘤（marginal zone lymphoma, MZL）	黏膜相关淋巴组织淋巴瘤（mucosa-associated lymphoid tissue, MALT）
	伯基特淋巴瘤 / 白血病（Burkitt's lymphoma/burkitt's cell leukemia）		
	高级别 B 细胞淋巴瘤（high-grade B-cell lymphoma Burkitt's-like）		
	浆细胞骨髓瘤（plasma cell myeloma）		
	浆细胞瘤（plasmacytoma）		

淋巴系统的肿瘤——T 细胞和假定的 NK 细胞肿瘤（T-cell and putative NK-cell neoplasms）	前体 T 细胞肿瘤（precursor T-cell neoplasms）	T 淋巴母细胞白血病 / 淋巴瘤（T-cell lymphoblastic leukemia/lymphoma）	
	成熟（外周）T 细胞和 NK 细胞肿瘤［mature（peripheral）T-cell and NK-cell neoplasms］	慢性淋巴细胞白血病 / 小淋巴细胞淋巴瘤（chronic lymphocytic leukemia, CLL/ small cell lymphoma, SLL）	
		幼淋巴细胞白血病（prolymphocytic leukemia）	
		大颗粒淋巴细胞白血病 / 淋巴瘤［large granular lymphocytic（LGL）leukemia/ lymphoma］	
		T 区淋巴瘤（T-zone lymphoma, TZL）	
		肠道相关 T 细胞淋巴瘤［intestinal T-cell lymphoma（enteropathy associated）］	
		肝脾 γδT 细胞淋巴瘤（hepatosplenic γδ T-cell lymphoma）	
		蕈样肉芽肿 / 赛扎里综合征（mycosis fungoides/Sézary syndrome）	
		血管内淋巴瘤（intravascular lymphoma）	
		皮下脂膜炎样 T 细胞淋巴瘤（subcutaneous panniculitis-like T-cell lymphoma）	
		血管免疫母细胞性 T 细胞淋巴瘤（angioimmunoblastic T-cell lymphoma）	
		侵袭性 NK 细胞白血病 / 淋巴瘤［aggressive natural killer（NK）-cell leukemia/ lymphoma］	
		成年 T 淋巴细胞白血病 / 淋巴瘤（adult T-cell lymphoma/leukemia）	
		间变性大细胞淋巴瘤（anaplastic large cell lymphoma）	皮肤性（cutaneous）
			系统性（systemic）
		外周 T 细胞淋巴瘤 – 非特指型（peripheral T-cell lymphoma not otherwise specified, PTCL-NOS）	
骨髓肿瘤（myeloid neoplasms）	急性髓系白血病（acute myeloid leukemia, AML）		
	骨髓增殖性肿瘤（myeloproliferative neoplasms, MPN）		
	骨髓增生异常综合征（myelodysplastic syndrome, MDS）		
胸腺肿瘤（tumors of the thymus）	胸腺瘤（thymoma）		
脾脏肿瘤（tumors of the spleen）	血管肿瘤（vascular tumors）	血管瘤（hemangioma）	
		血管肉瘤（hemangiosarcoma）	
	血肿 (hematoma)		
	间叶性肿瘤（mesenchymal tumors）	间质瘤（stromal tumors）	
		髓性脂肪瘤（myelolipoma）	
	结节性增生（和纤维组织细胞结节）［nodular hyperplasia（and fibrohistiocytic nodules）］		
	转移性肿瘤（metastatic tumors）		

附表 4　组织细胞疾病

犬组织细胞疾病（canine histiocytic diseases）	皮肤组织细胞瘤（cutaneous histiocytoma）	
	皮肤朗格汉斯细胞组织细胞增生症（cutaneous Langerhans cell histiocytosis）	
	组织细胞肉瘤复合物（histiocytic sarcoma complex）	
	特殊的组织细胞肉瘤综合征（distinctive histiocytic sarcoma syndromes）	噬血细胞性组织细胞肉瘤（hemophagocytic histiocytic sarcoma）
		关节组织细胞肉瘤（articular histiocytic sarcoma）
		中枢神经系统组织细胞肉瘤（central nervous system histiocytic sarcoma）
		树突状细胞白血病（dendritic cell leukemia）
	反应性组织细胞增多症（canine reactive histiocytoses）	皮肤组织细胞增生症（cutaneous histiocytosis）
		全身性组织细胞增生症（systemic histiocytosis）
猫组织细胞疾病（Feline histiocytic diseases）	进行性组织细胞增生症（feline progressive histiocytosis）	
	猫朗格汉斯细胞组织细胞增生症（feline pulmonary Langerhans cell histiocytosis）	
	组织细胞肉瘤复合物（feline histiocytic sarcoma complex）	

附表 5　关节肿瘤

恶性肿瘤（malignant tumors）	滑膜细胞肉瘤（synovial cell sarcoma）
	组织细胞肉瘤（histiocytic sarcoma）
	其他肉瘤（other sarcomas）
良性肿瘤（benign tumors）	滑膜黏液瘤（synovial myxoma）
	滑膜血管瘤（synovial hemangioma）
	关节周围纤维瘤（periarticular fibroma）
	腱鞘巨细胞瘤（giant cell tumor of tendon sheath）
肿瘤样增生（tumor-like lesions）	滑膜软骨瘤（synovial chondromatosis）
	滑膜囊肿（synovial cysts）
	血管错构瘤（vascular hamartoma）
	滑膜垫增生（synovial pad proliferation）
	局限性钙质沉着（calcinosis circumscripta）

附表 6　骨肿瘤

良性肿瘤 （benign tumors）	骨瘤（osteoma）		
	骨化性纤维瘤（ossifying fibroma）		
	骨纤维异常增殖症（fibrous dysplasia）		
	骨软骨瘤（osteochondroma）		
	猫骨软骨瘤（feline osteochondromatosis）		
	软骨瘤（chondroma）		
	骨血管瘤（hemangioma of bone）		
	非骨化性纤维瘤（non-ossifying fibroma）		
恶性肿瘤 （malignant tumors）	骨肉瘤（osteosarcoma）	中心性（central）	分化不良型（poorly differentiated）
			成骨型（osteoblastic）
			非增殖型（nonproductive）
			增殖型（productive）
			成软骨型（chondroblastic）
			成纤维型（fibroblastic）
			毛细血管扩张型（telangiectatic）
			巨细胞型（giant cell type）
		表面性（surface）	骨膜型（periosteal）
			骨旁型（parosteal）
		骨外性（extraskeletal）	
	软骨肉瘤（chondrosarcoma）	中心性（central）	
		骨膜性（periosteal）	
		骨外性（extraskeletal）	
	纤维肉瘤（fibrosarcoma）	中心性（central）	
		骨膜性（periosteal）	
		犬上颌和下颌性（maxillary and mandibular, dogs）	
	血管肉瘤（hemangiosarcoma）		
	骨巨细胞瘤（giant cell tumor of bone）		
	多小叶骨瘤（multilobular tumor of bone）		
	脂肪肉瘤（liposarcoma）		
	多发性骨髓瘤（multiple myeloma）		
	骨恶性淋巴瘤（malignant lymphoma of bone）		
继发性肿瘤 （secondary tumors）	转移性（metastatic）		
	侵袭性（invasive）		

肿瘤样病变 （tumor-like lesions）	骨折后高度增生的骨痂（exuberant fracture callus）	
	进行性肌肉骨化症（fibrodysplasia ossificans progressiva）	
	囊肿（cysts）	良性 / 单房性骨囊肿（benign/unicameral bone cyst）
		动脉瘤样骨囊肿（aneurysmal bone cyst）
		软骨下囊性病变（subchondral cystic lesions）
		骨内表皮样囊肿（intraosseous epidermoid cyst）

附表 7　肌肉的肿瘤

平滑肌肿瘤 （tumors of smooth muscle）	良性（benign）	平滑肌瘤（leiomyoma）
	恶性（malignant）	平滑肌肉瘤（leiomyosarcoma）
骨骼肌肿瘤 （tumors of skeletal muscle）	良性（benign）	横纹肌瘤（rhabdomyomas）
	恶性（malignant）	横纹肌肉瘤（rhabdomyosarcoma）
	非肌源性骨骼肌肿瘤（non-myogenic tumors of skeletal muscle）	
心肌肿瘤 （tumors of cardiac muscle）	心脏横纹肌瘤（cardiac rhabdomyoma）	
	心脏横纹肌肉瘤（cardiac rhabdomyosarcoma）	
	心脏血管肉瘤（cardiac hemangiosarcoma）	
	心脏淋巴瘤（cardiac lymphoma）	
	牛心血管瘤（cardiac angioleiomyoma in cattle）	
	肿瘤样病变（tumor-like cardiac lesions）	

附表 8　呼吸道的肿瘤

犬鼻腔及 鼻窦的肿瘤 （nasal cavity and paranasal sinus tumors of the dog）	上皮性肿瘤 （epithelial tumors）	良性（benign）	乳头状瘤（papilloma）
		恶性（malignant）	鳞状细胞癌（squamous cell carcinoma）
			移行细胞癌（transitional carcinoma）
			腺癌（adenocarcinoma）
			腺泡细胞癌（acinic cell carcinoma）
			腺样囊性癌（adenoid cystic carcinoma）
			腺鳞癌（adenosquamous carcinoma）
			未分化癌（undifferentiated carcinoma）

续表

犬鼻腔及鼻窦的肿瘤（nasal cavity and paranasal sinus tumors of the dog）	间叶性肿瘤（mesenchymal tumors）	纤维瘤 / 纤维肉瘤（fibroma/fibrosarcoma）
		软骨瘤 / 软骨肉瘤（chondroma/chondrosarcoma）
		骨肉瘤（osteosarcoma）
		血管瘤 / 血管肉瘤（hemangioma/hemangiosarcoma）
		血管平滑肌瘤（angioleiomyoma）
		平滑肌肉瘤（leiomyosarcoma）
		横纹肌瘤 / 横纹肌肉瘤（rhabdomyoma/rhabdomyosarcoma）
		恶性间叶瘤（malignant mesenchymoma）
		黏液肉瘤（myxosarcoma）
		肌上皮瘤（myoepithelioma）
		未分化肉瘤（undifferentiated sarcoma）
	其他肿瘤及肿瘤样病变（other tumors and tumor like lesions）	嗅神经母细胞瘤（鼻腔神经胶质瘤）[olfactory neuroblastoma (esthesioneuroblastoma)]
		神经内分泌癌（neuroendocrine carcinoma）
		筛骨血肿（ethmoid hematoma）
		息肉（polyps）
		鼻侧脑膜瘤（paranasal meningioma）
		恶性周围神经鞘膜瘤 / 恶性神经鞘瘤（malignant peripheral nerve sheath tumor / malignant schwannoma）
		淋巴样和肥大细胞肿瘤（lymphoid and mast cell tumors）
		恶性纤维组织细胞瘤（malignant fibrous histiocytoma）
		犬传染性性病瘤（canine transmissible venereal tumor）
		恶性黑色素瘤（malignant melanoma）
喉和气管的肿瘤（tumors of the larynx and trachea）	喉头（larynx）	犬喉横纹肌瘤（laryngeal rhabdomyoma of the dog）
		喉鳞状细胞癌（laryngeal squamous cell carcinoma）
	气管（trachea）	平滑肌瘤（leiomyomas）
		软骨肉瘤（chondrosarcoma）

附表 9　肺脏的肿瘤

上皮性肿瘤（epithelial tumors）	非典型肺泡增生（atypical alveolar hyperplasia）
	支气管肺泡腺瘤 / 原位腺癌（bronchioloalveolar adenoma /adenocarcinoma in situ）
	微浸润腺癌（minimally invasive adenocarcinoma）

		鳞屑样（lepidic）
上皮性肿瘤 （epithelial tumors）	腺癌 （adenocarcinoma patterns）	乳头状（papillary）
		微乳头型（micropapillary）
		腺泡样（acinar）
		实性型为主伴黏液产生型（solid predominant with mucin production）
		鳞腺癌（squamous）
	复合癌（combined carcinoma）	
	神经内分泌或类癌肿瘤（neuroendocrine or carcinoid tumor）	
	肺母细胞瘤（pulmonary blastoma）	
	绵羊逆转录病毒肺癌（ovine retroviral pulmonary carcinoma）	
间叶性肿瘤 （mesenchymal tumors）	骨肉瘤（osteosarcoma）	
	软骨肉瘤（chondrosarcoma）	
	未分化肉瘤（undifferentiated sarcoma）	
	颗粒细胞瘤（granular cell tumor）	
	恶性组织细胞增生症（malignant histiocytosis）	
	血管中心炎性 B 细胞淋巴瘤（angiocentric inflamed large B-cell lymphoma）	
	间皮瘤（mesothelioma）	

附表 10　消化道的肿瘤

口腔的肿瘤 （oral tumors）	口腔上皮性肿瘤 （epithelial neoplasia of the oral cavity）	鳞状乳头状瘤（squamous papilloma）
		鳞状细胞癌（squamous cell carcinomas）
	口腔间叶性肿瘤 （mesenchymal tumors of the oral cavity）	纤维瘤（fibroma）
		纤维肉瘤（fibrosarcoma）
		颗粒细胞瘤（granular cell tumor）
		猫口腔肉瘤（feline oral sarcoid）
		肌肉肿瘤（tumors of muscle）
		血管肿瘤（vascular tumors）
		髓外浆细胞瘤（extramedullary plasmacytoma）
		肥大细胞瘤（mast cell tumor）
		淋巴瘤（lymphoma）
		神经鞘瘤（nerve sheath tumors）
		脂肪肉瘤（liposarcoma）
		其他间质肿瘤（other mesenchymal tumors）

续表

口腔的肿瘤 （oral tumors）	黑色素瘤（melanocytic neoplasms）	犬口腔黑色素细胞瘤（canine oral melanocytic tumors）
		猫口腔黑色素细胞瘤（feline oral melanocytic tumors）
	口腔非肿瘤性肿物（non-neoplastic oral tumors）	
舌、扁桃体肿瘤 （tumors of the tongue and tumors of the tontils）	舌肿瘤（tumors of the tongue）	犬舌肿瘤（canine lingual neoplasia）
		其他动物的舌肿瘤（lingual neoplasia in other species）
	扁桃体肿瘤（tumors of the tonsils）	犬扁桃体鳞状细胞癌（canine tonsillar squamous cell carcinomas）
		其他犬扁桃体肿瘤（other canine tonsillar neoplasia）
		其他动物扁桃体肿瘤（tonsillar neoplasia of other species）
食道的肿瘤 （tumors of the esophagus）	上皮性肿瘤（epithelial tumors）	鳞状细胞癌（squamous cell carcinomas）
		其他上皮性肿瘤（other epithelial tumors）
	间叶性肿瘤（mesenchymal tumors）	平滑肌瘤/平滑肌肉瘤（leiomyoma and leiomyosarcoma）
		其他间质肿瘤（other mesenchymal tumors）
		与寄生虫相关的肿瘤（tumors associated with spirocerca lupi）
牙源性肿瘤于囊肿 （odontogenic tumors and cysts）	牙源性上皮肿瘤，含成熟的纤维间质，无牙源性外间质（tumors of odontogenic epithelium with mature fibrous stroma and without odontogenic ectomesenchyme）	成釉细胞瘤（ameloblastoma）
		犬棘细胞型成釉细胞瘤（canine acanthomatous ameloblastoma）
		成釉细胞癌（ameloblastic carcinoma）
		产淀粉样蛋白的牙源性肿瘤（amyloid-producing odontogenic tumor）
	含牙源性外间质的牙源性上皮肿瘤，有或无牙齿硬组织形成（tumors of odontogenic epithelium with odontogenic ectomesenchyme with or without hard tissue formation）	成釉细胞纤维瘤 & 成釉细胞纤维牙瘤（ameloblastic fibroma & ameloblastic fibro-odontoma）
		浸润性诱导性成釉细胞纤维瘤（infiltrative inductive ameloblastic fibroma）
		成釉细胞纤维牙肉瘤（ameloblastic fibro-odontosarcoma）
		复合型/混合型牙瘤（complex and compound odontoma）
	有或无牙源性上皮的间质和/或牙源性外间质肿瘤（mesenchyme and/or odontogenic ectomesenchyme with or without odontogenic epithelium）	牙骨质瘤和牙骨质母细胞瘤（cementoma, cementoblastoma）
		牙源性黏液瘤（odontogenic myxoma）
		牙源性黏液肉瘤（odontogenic myxosarcoma）
		外周牙源性纤维瘤（peripheral odontogenic fibroma）
	非肿瘤性肿物（non-neoplastic tumors）	牙龈增生（gingival hyperplasia）
		外周巨细胞肉芽肿（peripheral giant cell granuloma）
		增生性龈炎（proliferative gingivitis）
		淋巴细胞性龈炎（lymphoplasmacytic gingivitis）

胃的肿瘤（tumors of the stomach）	上皮性肿瘤（epithelial tumors）	腺瘤（adenoma）
		腺癌（adenocarcinoma）
		胃鳞状细胞癌（gastric squamous cell carcinoma）
		神经内分泌癌（neuroendocrine carcinomas）
	间叶性肿瘤（mesenchymal tumors）	平滑肌瘤（leiomyoma）
		平滑肌肉瘤（leiomyosarcomas）
		胃肠道间质瘤（gastrointestinal stroma tumors）
		淋巴瘤（lymphoma）
		其他间质肿瘤（other mesenchymal neoplasms）
肠道的肿瘤（tumors of the intestine）	上皮性肿瘤（epithelial tumors）	腺瘤（adenoma）
		腺癌（adenocarcinoma）
		神经内分泌癌（neuroendocrine carcinomas）
	间叶性肿瘤（mesenchymal tumors）	淋巴瘤（lymphoma）
		浆细胞肿瘤（plasma cell tumors）
		肥大细胞瘤（mast cell tumors）
		球状白细胞的肿瘤（tumors of globule leukocytes）
	非血管生成、非淋巴源性肠间充质肿瘤（non-angiogenic, non-lymphogenic intestinal mesenchymal tumors）	胃肠道间质瘤（gastrointestinal stromal tumors）
		肠平滑肌瘤（intestinal smooth muscle tumors）
		肠神经源性肿瘤（intestinal neurogenic tumors）
		其他非淋巴源性肠间充质瘤（other non-lymphogenic intestinal mesenchymal tumors）
		肠道血管肿瘤和血管畸形（intestinal angiogenic tumors and vascular malformations）
直肠的肿瘤（tumors of the rectum）	犬直肠的上皮性肿瘤（epithelial tumors of the canine rectum）	增生性息肉（hyperplastic polyp）
		腺瘤（adenoma）
		腺癌（adenocarcinoma）
	其他犬直肠肿瘤（other tumors of the canine rectum）	
腹膜和腹膜后腔的肿瘤（tumors of the peritoneum and retroperitoneum）	间皮瘤（mesothelioma）	犬腹膜间皮瘤（canine peritoneal mesothelioma）
		猫腹膜间皮瘤（feline peritoneal mesothelioma）
	腹膜后肿瘤（retroperitoneal neoplasms）	脂肪瘤（lipoma）
		其他腹膜后肉瘤（other retroperitoneal sarcomas）
	继发肿瘤（secondary tumors）	
胰腺外分泌的肿瘤（tumors of the exocrine pancreas）	上皮性肿瘤（epithelial tumors）	腺瘤（adenoma）
		腺癌（adenocarcinoma）
	其他胰腺肿瘤（canine pancreatic adenocarcinoma）	

附表 11　肝脏和胆囊肿瘤

肝脏上皮性肿瘤（epithelial neoplasms of the liver）	结节性增生（nodular hyperplasia）
	再生性结节（regenerative nodules）
	肝细胞腺瘤（hepatocellular adenoma）
	肝细胞癌（hepatocellular carcinoma）
	混合型肝细胞和胆管细胞癌（mixed hepatocellular and cholangiocellular carcinoma）
	肝母细胞癌（hepatoblastoma）
胆管肿瘤（biliary neoplasms）	胆管细胞腺瘤（胆管腺瘤）［cholangiocellular adenoma（biliary adenoma）］
	胆管细胞癌（胆管癌）［cholangiocellular carcinoma（biliary carcinoma, bile duct carcinoma）］
	胆囊腺瘤和胆囊癌（adenomas and carcinomas of the gallbladder）
	胆囊囊性黏液性增生（cystic mucinous hyperplasia of the gallbladder）
	肝脏类癌（hepatic carcinoids）
肝脏间叶肿瘤（mesenchymal tumors of the liver）	血管肉瘤（hemangiosarcoma）
	肉瘤和其他间叶性肿瘤（sarcomas and other mesenchymal tumors）
	肝脏髓脂瘤（hepatic myelolipoma）
转移性肿瘤（metastatic neoplasia）	

附表 12　泌尿系统肿瘤

肾脏肿瘤（renal tumors）	上皮性肿瘤（epithelial tumors）	腺瘤（adenoma）
		腺癌（carcinoma）
		嗜酸细胞瘤（oncocytoma）
	结节性皮肤纤维化与肾细胞肿瘤（nodular dermatofibrosis and renal cell tumors）	尿路上皮（移行）细胞乳头状瘤和癌、鳞状细胞癌和未分化癌［urothelial（transitional）cell papilloma and carcinoma, squamous cell carcinoma, and undifferentiated carcinoma］
	胚胎性肿瘤（embryonal tumors）	肾母细胞瘤（胚胎性肾瘤）［nephroblastoma（embryonal nephroma）］
	间叶性肿瘤（mesenchymal tumors）	未分化肉瘤（undifferentiated sarcoma）
		血管瘤和血管肉瘤（hemangioma and hemangiosarcoma）
		纤维瘤和纤维肉瘤（fibroma and fibrosarcoma）
		肾间质细胞瘤（renal interstitial cell tumor）
		中胚层肾瘤（mesoblastic nephroma）
		血管黏液瘤（angiomyxoma）
	转移性肿瘤（metastatic tumors）	淋巴瘤（lymphoma）
		肾上腺肿瘤（adrenal tumors）

肾脏肿瘤 （renal tumors）	瘤样病变（tumor-like lesions）	错构瘤（hamartoma）
		毛细血管扩张（telangiectasia）
		肉芽肿（granulomas）
		囊肿/息肉（cysts/polyps）

肾盂和输尿管肿瘤（tumors of the renal pelvis and ureter）

膀胱和尿道肿瘤 （tumors of the urinary bladder and urethra）	上皮性肿瘤（epithelial tumors）	乳头状瘤（papilloma）
		腺瘤（adenoma）
	移行细胞癌（尿路上皮癌）[transitional cell carcinoma, TCC（urothelial carcinoma）]	
	鳞状细胞癌（squamous cell carcinoma）	
	腺癌（adenocarcinoma）	
	未分化癌（undifferentiated carcinoma）	
	间叶性肿瘤（mesenchymal tumors）	平滑肌瘤和平滑肌肉瘤（leiomyoma and leiomyosarcoma）
		横纹肌肉瘤（rhabdomyosarcoma）
		纤维瘤和纤维肉瘤（fibroma and fibrosarcoma）
		血管瘤和血管肉瘤（hemangioma and hemangiosarcoma）
		转移性肿瘤（metastatic tumors）
	瘤样病变（tumor-like lesions）	息肉样（乳头）膀胱炎[polypoid（papillary）cystitis]
		嗜酸性膀胱炎（eosinophilic cystitis）
		Brunn 巢（Von Brunn's nests）
		炎性假瘤（inflammatory pseudotumors）
		纱布瘤（gossypiboma）

附表 13　生殖系统肿瘤

卵巢肿瘤 （tumors of the ovary）	上皮性肿瘤（epithelial tumors）	
	性索间质瘤（sex cord stromal tumor）	颗粒细胞瘤（granulosa cell tumor）
		黄体瘤、卵巢 Leydig 细胞瘤和脂肪细胞瘤（luteoma, Leydig cell tumor of the ovary, and lipid cell tumors）
		卵泡细胞瘤（thecoma）
	生殖细胞肿瘤（germ cell tumors）	无性细胞瘤（dysgerminoma）
		畸胎瘤（teratoma）
	其他肿瘤（other tumors）	混合瘤（mixed tumors）
		间叶性肿瘤（mesenchymal tumors）
		血管错构瘤（vascular hamartoma）

卵巢肿瘤 （tumors of the ovary）	囊肿（cysts）	卵巢囊肿（ovarian cysts）
		卵巢血肿（ovarian hematoma）
		卵巢旁囊肿（parovarian cysts）
输卵管和子宫肿瘤 （tumors of the uterine tube（oviduct）and uterus）	上皮性肿瘤（epithelial tumors）	子宫内膜上皮肿瘤（tumors of the uterine epithelium）
		子宫绒毛膜上皮肿瘤（tumors of the chorionic epithelium）
	间叶性肿瘤（mesenchymal tumors）	
	子宫增生性和瘤样病变 （hyperplastic and tumor-like lesions of the uterus）	子宫腺肌病（adenomyosis）
		囊性子宫内膜增生（cystic endometrial hyperplasia）
		子宫间质息肉（uterine stromal polyp）
		胎盘复旧不全（subinvolution of placental sites）
子宫颈、阴道和外阴肿瘤 （tumors of the cervix, vagina, and vulva）	上皮性肿瘤（epithelial tumors）	乳头状瘤（papilloma）
		鳞状细胞癌（squamous cell carcinoma）
		前庭癌（carcinoma of the vestibule）
	间叶性肿瘤（mesenchymal tumors）	
睾丸肿瘤 （tumors of the testicle）	性索间质瘤 （sex cord stromal tumors）	支持细胞瘤（sertoli cell tumor）
		间质细胞瘤［interstitial（Leydig）cell tumor］
	生殖细胞肿瘤（germ cell tumors）	精原细胞瘤（seminoma）
		畸胎瘤（teratoma）
		胚胎性癌（embryonal carcinoma）
		卵黄囊癌（yolk sac carcinoma）
	睾丸混合瘤 （mixed tumors of the testicle）	混合性生殖细胞-性索间质瘤（mixed germ cell-sex cord）
		性腺母细胞瘤（gonadoblastoma）
	睾丸其他肿瘤 （other tumors of the testicle）	间皮瘤（mesothelioma）
		睾丸网状腺瘤/癌（adenoma/carcinoma of the rete testis）
	睾丸周围其他组织的瘤样病变 （tumor-like lesions）	囊肿（cysts）
		脊索瘤（choristoma）
精索、附睾和附属性腺肿瘤 （tumors of the spermatic cord, epididymis, and accessory sex glands）	精索和附睾周围肿瘤（tumors of the spermatic cord and epididymis）	
	前列腺肿瘤和其他瘤样病变 （tumors and tumor-like lesions of the prostate）	鳞状化生（squamous metaplasia）
		增生与肥大（hyperplasia and hypertrophy）
		癌（carcinoma）
		前列腺其他肿瘤（other tumors of the prostate）
雄性外生殖器肿瘤 （tumors of the male external genitalia）	上皮性肿瘤（epithelial tumors）	鳞状细胞癌（squamous cell carcinoma）
	间叶性肿瘤（mesenchymal tumors）	犬传染性性病瘤（transmissible venereal tumor of the dog）
	其他肿瘤（other tumors）	

附表 14　乳腺肿瘤

增生 / 发育不良（hyperplasia/ dysplasia）	导管扩张（duct ectasia）	
	小叶增生（腺病）（lobular hyperplasia (adenosis)）	规则（regular）
		伴分泌活动（with secretory activity）
		伴纤维化（with fibrosis）
		伴异型性（with atypia）
	上皮增生（epitheliosis）	
	乳头瘤样增生（papillomatosis）	
	纤维腺瘤性病变（fibroadenomatous change）	
	雄性乳房发育症（gynecomastia）	
良性肿瘤（benign neoplasms）	单纯性腺瘤（adenoma-simple）	
	导管内乳头状腺瘤（intraductal papillary adenoma）	
	导管腺瘤（ductal adenoma）	导管腺瘤伴鳞状分化（ductal adenoma with squamous differentiation）
	纤维腺瘤（fibroadenoma）	
	肌上皮瘤（myoepithelioma）	
	复合性腺瘤（腺肌上皮瘤）[complex adenoma (adenomyoepithelioma)]	
	良性混合瘤（benign mixed tumor）	
恶性上皮肿瘤（malignant epithelial neoplasms）	原位癌（carcinoma-in situ）	
	单纯性腺癌（carcinoma-simple）	管状（tubular）
		管状乳头状（tubulopapillary）
		囊性乳头状（cystic-papillary）
		筛状（cribriform）
	微乳头状浸润性癌（carcinoma-micropapillary invasive）	
	实性癌（carcinoma-solid）	
	粉刺癌（comedocarcinoma）	
	未分化癌（carcinoma-anaplastic）	
	复合性腺瘤 / 混合性肿瘤来源的癌（carcinoma arising in a complex adenoma/mixed tumor）	
	复合性癌（carcinoma-complex type）	
	癌和恶性肌上皮瘤（carcinoma and malignant myoepithelioma）	
	混合性癌（carcinoma-mixed type）	
	导管癌（ductal carcinoma）	
	导管内乳头状癌（intraductal papillary carcinoma）	

恶性上皮肿瘤 – 特殊类型（malignant epithelial neoplasms-special types）	鳞状细胞癌（squamous cell carcinoma）	
	腺鳞癌（adenosquamous carcinoma）	
	黏液癌（mucinous carcinoma）	
	脂质丰富（分泌）癌［lipid-rich (secretory) carcinoma］	
	梭形细胞癌（spindle cell carcinoma）	恶性肌上皮瘤（malignant myoepithelioma）
		鳞状细胞癌 – 梭形细胞变异型癌（squamous cell carcinoma-spindle cell variant）
		梭形细胞变异型癌（carcinoma-spindle cell variant）
	炎性癌（inflammatory carcinoma）	
恶性间质肿瘤 – 肉瘤（malignant esenchymal neoplasms-sarcomas）	骨肉瘤（osteosarcoma）	
	软骨肉瘤（chondrosarcoma）	
	纤维肉瘤（fibrosarcoma）	
	血管肉瘤（hemangiosarcoma）	
	其他肉瘤（other sarcomas）	
癌肉瘤 – 恶性混合乳腺肿瘤（carcinosarcoma-malignant mixed mammary tumor）		
乳头肿瘤（neoplasms of the nipple）	腺瘤（adenoma）	
	癌（carcinoma）	
	表皮浸润性癌（Paget 样疾病）［carcinoma with epidermal infiltration (Paget-like disease)］	
乳头增生 / 发育不良（hyperplasia/dysplasia of the nipple）	乳头皮肤黑变病（melanosis of the skin of the nipple）	

附表 15　眼部肿瘤

眼表面组织肿瘤（tumors of the ocular surface tissues）	起源于睑板腺的肿瘤（tumors of meibomian gland origin）
	结膜黑色素瘤（conjunctival melanoma）
	鳞状细胞癌（squamous cell carcinoma）
	犬猫第三眼睑腺癌（adenocarcinoma of the gland of the third eyelid in dogs and cats）
	猫结膜表面腺癌（黏液表皮样癌）［feline conjunctival surface adenocarcinoma（mucoepidermoid carcinoma）］
	所有种类的血管瘤和血管肉瘤（hemangioma and hemangiosarcoma of all species）
	猫结膜脂肪肉芽肿（conjunctival lipogranuloma of cats）
	犬的乳头状结膜肿瘤（papillary conjunctival tumors of dogs）
	犬的眼睑、结膜和眼球的组织细胞增生性疾病（the histiocytic proliferative disorders of the lids, conjunctiva, and globes of dogs）

眼球肿瘤 （tumors of the globe）	犬眼球黑色素瘤（canine ocular melanoma）	
	猫弥漫性虹膜黑色素瘤（feline diffuse iris melanoma）	
	犬和猫的虹膜睫状体上皮肿瘤（iridociliary epithelial tumors in dogs and cats）	
	蓝眼犬的犬葡萄膜神经鞘瘤（canine uveal schwannoma in blue-eyed dogs）	
	犬、猫和马的原始神经外胚层肿瘤和髓质上皮瘤（primitive neuroectodermal tumors and medulloepithelioma of dogs, cats, and horses）	
	猫创伤后肉瘤（feline post-traumatic sarcoma）	梭形细胞肿瘤（spindle cell tumor）
		淋巴瘤（lymphoma）
		骨肉瘤/软骨肉瘤（osteosarcoma/ chondrosarcoma）
	转移性眼部肿瘤（metastatic ocular neoplasia）	
视神经和眼眶肿瘤 （tumors of the optic nerve and orbit）	犬眼眶脑膜瘤（orbital meningioma of dogs）	
	视神经或视网膜的神经胶质瘤/星形细胞瘤（glioma/astrocytoma of the optic nerve or retina）	
	猫限制性眼眶肌成纤维细胞肉瘤（feline restrictive orbital myofibroblastic sarcoma）	
	犬小叶眶腺瘤（canine lobular orbital adenoma）	
	犬眼眶冬眠瘤（canine orbital hibernoma）	
	犬眼眶横纹肌肉瘤（canine orbital rhabdomyosarcoma）	
	犬和猫的其他眼眶肿瘤样病变（other orbital mass lesions of dogs and cats）	

附表 16　耳部肿瘤

内耳肿瘤 （tumors of the internal ear）	神经鞘瘤 （nerve sheath neoplasms）	三叉神经鞘瘤（trigeminal nerve schwannoma）
		多中心神经鞘瘤（multicentric nerve sheath tumor）
	淋巴瘤（lymphoma）	
	鳞状细胞癌（squamous cell carcinoma）	
中耳肿瘤 （tumors of the middle ear）	上皮性肿瘤（epithelial tumors）	乳头状腺瘤（papillary adenoma）
		癌（carcinomas）
	非上皮性肿瘤 （non-epithelial tumors）	淋巴瘤（lymphoma）
		颈鼓室副神经节瘤（jugulotympanic paraganglioma）
		间叶性肿瘤（mesenchymal tumors）
	耳炎性息肉（aural inflammatory polyps）	
	胆脂瘤［tympanokeratomas（cholesteatomas）］	
	胆固醇肉芽肿（cholesterol granulomas）	
	黏骨膜外露（耳石症）［mucoperiosteal exostoses（otolithiasis）］	

续表

外耳肿瘤 （tumors of the external ear）	上皮性肿瘤（epithelial tumors）	毛母细胞瘤（trichoblastomas）
		听觉乳头状瘤（aural papillomas）
	耵聍腺肿瘤（ceruminous gland tumors）	
	鳞状细胞癌（squamous cell carcinomas）	
	不明来源癌（carcinomas of undetermined origin）	
	听觉黑色素瘤（aural melanomas）	
	梭形细胞瘤（spindle cell tumors）	
	软骨肿瘤（cartilage tumors）	
	圆形细胞瘤（round cell tumors）	
	血管肉瘤（hemangiosarcomas）	
	颞齿瘤（含牙囊肿）[temporal odontomata（dentigerous cyst）]	
	耳软骨膜炎（auricular chondritis）	
	耳软骨病（auricular chondrosis）	
	耵聍囊瘤病（ceruminous cystomatosis）	

续表

参考文献

［1］代丽，刘彬，王志坚.稀有鮈鲫性腺分化的组织学观察[J].西南师范大学学报（自然科学版），2013,38(1):55-61.

［2］董常生.家畜组织学与胚胎学实验指导[M].北京：中国农业出版社,2015.

［3］高丰，贺文琦.动物疾病病理诊断学[M].北京：科学出版社,2010.

［4］孔庆喜，吕建军，王和枚，等.实验动物背景病变彩色图谱[M].北京：北京科学技术出版社,2018.

［5］李宪堂，Khan K N，Burkhardt J E.实验动物功能性组织学图谱[M].北京：科学出版社,2019.

［6］李小娟，唐琼英，刘焕章.稀有鮈鲫(Gobiocypris rarus)的骨骼特征及系统发育地位[J].Zoological Research,2013(4):379-386.

［7］秦川.实验动物比较组织学彩色图谱[M].北京：科学出版社,2017.

［8］沈伟.鱼类鳞片研究概况[J].江苏农业科学,2011,39(3):307-310.

［9］王宏伟，周变华，杨国栋.大鼠组织彩色图谱[M].北京：化学工业出版社,2018.

［10］王剑伟，曹文宣.中国本土鱼类模式生物稀有鮈鲫研究应用的历史与现状[J].生态毒理学报,2017,12(2):20-33.

［11］王永明，史晋绒，张耀光，等.人工养殖稀有鮈鲫消化道组织学观察[J].四川动物,2013,32(3):410-414.

［12］温龙岚，王志坚.鱼类泌尿系统组织学研究概况[J].遵义师范学院学报,2007,9(2):61-65.

［13］吴晟旻，张圣虎，吉贵祥，等.稀有鮈鲫作为水生模式生物的研究及探讨[J].生态毒理学报,2017,12(6):38-46.

［14］熊洪林.翘嘴鲌、大鳍鳠和斑鳜肝脏胰脏的形态学研究[D].重庆：西南大学,2006.

［15］杨洁，陈伟兴，吴宏达，等.三倍体和二倍体银鲫精巢组织学的比较[J].水产学报,2008,32(1):21-26.

［16］岳兴建.南方鲇头肾和肾的结构与发育研究[D].重庆：西南师范大学,2002.

［17］张惠铭，姚大林.药物毒性诊断病理学[M].北京：科学出版社,2021.

［18］赵颖，赵德明，王剑伟，等.稀有鮈鲫被皮、呼吸与心血管系统组织学观察[J].实验动物科学,2018,35(1):8-14.

［19］赵颖，赵德明，周向梅，等.稀有鮈鲫消化系统与神经系统的组织学观察[J].实验动物科学,2018,35(5):1-6.

［20］Abadie J, Hédan B, Cadieu E, et al. Epidemiology, Pathology, and Genetics of Histiocytic Sarcoma in the Bernese Mountain Dog Breed[J]. The Journal of heredity, 2009,100(suppl-1):S19-S27.

［21］Affolter V K, Moore P F. Localized and Disseminated Histiocytic Sarcoma of Dendritic Cell Origin in Dogs[J]. Veterinary pathology, 2002,39(1):74-83.

［22］Avallone G, Boracchi P, Stefanello D, et al. Canine perivascular wall tumors: high prognostic impact of site, depth, and completeness of margins[J]. Vet Pathol, 2014,51(4):713-721.

［23］Avallone G, Helmbold P, Caniatti M, et al. Spectrum of Canine Cutaneous Perivascular Wall Tumors: Morphologic, Phenotypic and Clinical Characterization[J]. Veterinary pathology, 2007,44(5):607-620.

［24］Benigni L, Lamb C R, Corzo-Menendez N, et al. Lymphoma affecting the urinary bladder in three dogs and a cat[J]. Vet Radiol Ultrasound, 2006,47(6):592-596.

［25］Böhme B, Ngendahayo P, Hamaide A, et al. Inflammatory pseudotumours of the urinary bladder in dogs resembling human myofibroblastic tumours: A report of eight cases and comparative pathology[J]. The Veterinary Journal, 2010,183(1):89-94.

［26］Borczuk A C. Assessment of invasion in lung adenocarcinoma classification, including adenocarcinoma in situ and minimally invasive adenocarcinoma[J]. Modern pathology, 2012,25 Suppl 1(S1):S1-S10.

［27］Bulman-Fleming J C, Gibson T W, Kruth S A. Invasive cutaneous angiomatosis and thrombocytopenia in a cat[J]. Journal of the American Veterinary Medical Association, 2009,234(3):381.

［28］Cancer Genome Atlas Research Network. Comprehensive genomic characterization of squamous cell lung cancers[J]. Nature, 2012,489(7417):519-525.

［29］Cangul I T, Wijnen M, Van Garderen E, et al. Clinico-pathological Aspects of Canine Cutaneous and Mucocutaneous Plasmacytomas[J]. Journal of veterinary medicine. Series A, 2002,49(6):307-312.

［30］Caserto B G. A Comparative Review of Canine and Human Rhabdomyosarcoma With Emphasis on Classification and Pathogenesis[J]. Veterinary pathology, 2013,50(5):806-826.

［31］Chijiwa K, Uchida K, Tateyama S. Immunohistochemical Evaluation of Canine Peripheral Nerve Sheath Tumors and Other Soft Tissue Sarcomas[J]. Veterinary pathology, 2004,41(4):307-318.

［32］Cissell D D, Wisner E R, Textor J, et al. Computed tomographic appearance of equine sinonasal neoplasia[J]. Vet Radiol Ultrasound, 2012,53(3):245-251.

［33］Constantino-Casas F, Mayhew D, Hoather T M, et al. The clinical presentation and histopathologic-immunohistochemical classification of histiocytic sarcomas in the Flat Coated Retriever[J]. Vet Pathol, 2011,48(3):764-771.

［34］Cornegliani L, Vercelli A, Abramo F. Idiopathic mucosal penile squamous papillomas in dogs[J]. Vet Dermatol, 2007,18(6):439-443.

［35］Craig L E, Julian M E, Ferracone J D. The diagnosis and prognosis of synovial tumors in dogs: 35 cases[J]. Vet Pathol, 2002,39(1):66-73.

［36］D Costa S, Yoon B I, Kim D Y, et al. Morphologic and Molecular Analysis of 39 Spontaneous Feline Pulmonary Carcinomas[J]. Veterinary pathology, 2012,49(6):971-978.

［37］Dennis M M, McSporran K D, Bacon N J, et al. Prognostic Factors for Cutaneous and Subcutaneous Soft Tissue Sarcomas in Dogs[Z]. Los Angeles, CA: SAGE Publications, 2011: 48, 73-84.

［38］Dreyfus J, Schobert C S, Dubielzig R R. Superficial corneal squamous cell carcinoma occurring in dogs with chronic keratitis[J]. Vet Ophthalmol, 2011,14(3):161-168.

［39］Endicott M M, Charney S C, McKnight J A, et al. Clinicopathological findings and results of bone marrow aspiration in dogs with cutaneous mast cell tumours: 157 cases (1999—2002)[J]. Veterinary & comparative oncology, 2007,5(1):31-37.

［40］Fiani N, Arzi B, Johnson E G, et al. Osteoma of the oral and maxillofacial regions in cats: 7 cases (1999—2009)[J]. Journal of the American Veterinary Medical Association, 2011,238(11):1470.

［41］Franck Genten, Eddy Terwinghe, Andre Danguy. Atlas of fish histology[M]. USA: Science Publishers, 2009.

［42］Friedrichs K R, Young K M. Histiocytic sarcoma of macrophage origin in a cat: case report with a literature review of feline histiocytic malignancies and comparison with canine hemophagocytic histiocytic sarcoma[J]. Veterinary clinical pathology, 2008,37(1):121-128.

［43］Fuentealba I C, Illanes O G. Eosinophilic cystitis in 3 dogs[J]. Canadian veterinary journal, 2000,41(2):130-131.

［44］Galeotti F, Barzagli F, Vercelli A, et al. Feline lymphangiosarcoma - definitive identification using a lymphatic vascular marker[J]. Veterinary dermatology, 2004,15(1):13-18.

［45］Gelberg H B. Urinary Bladder Mass in a Dog[J]. Veterinary pathology, 2010,47(1):180-183.

［46］GOLDSCHMIDT M H, KENNEDY J S, HARTNETT B J, et al. Severe Papillomavirus Infection Progressing to Metastatic Squamous Cell Carcinoma in Bone Marrow-Transplanted X-Linked SCID Dogs[J]. Journal of Virology, 2006,80(13):6621-6628.

［47］Gorra M, Burk R L, Greenlee P, et al. OSTEOID OSTEOMA IN A DOG[J]. Veterinary radiology & ultrasound, 2002,43(1):28-30.

［48］Gramer I, Killick D, Scase T, et al. Expression of VEGFR and PDGFR-alpha/-beta in 187 canine nasal carcinomas[J]. Vet Comp Oncol, 2017,15(3):1041-1050.

［49］Griffiths D J, Martineau H M, Cousens C. Pathology and Pathogenesis of Ovine Pulmonary Adenocarcinoma[J]. Journal of Comparative Pathology, 2010,142(4):260-283.

［50］Guerin V J, T Hooft K W V, L'Eplattenier H F, et al. Transitional cell carcinoma involving the ductus deferens in a dog[J]. Journal of the American Veterinary Medical Association, 2012,240(4):446.

［51］Hifumi T, Miyoshi N, Kawaguchi H, et al. Immunohistochemical detection of proteins associated with multidrug resistance to anti-cancer drugs in canine and feline primary pulmonary carcinoma[J]. J Vet Med Sci, 2010,72(5):665-668.

［52］Hodik V, Loeb E, Ranen E. Chondroma of the vertical ramus of the feline mandible[J]. Journal of feline medicine and surgery, 2012,14(12):924-927.

［53］Hofacre A, Fan H. Jaagsiekte sheep retrovirus biology and oncogenesis[J]. Viruses, 2010,2(12):2618-2648.

［54］Hurcombe S D A, Slovis N M, Kohn C W, et al. Poorly differentiated leiomyosarcoma of the urogenital tract in a horse[J]. Journal of the American Veterinary Medical Association, 2008,233(12):1908.

［55］Ilha M R S, Newman S J, van Amstel S, et al. Uterine Lesions in 32 Female Miniature Pet Pigs[J]. Veterinary pathology, 2010,47(6):1071-1075.

［56］Johannes C M, Henry C J, Turnquist S E, et al. Hemangiosarcoma in cats: 53 cases (1992—2002)[J]. Journal of the American Veterinary Medical Association, 2007,231(12):1851.

［57］Kaplan I, Nicolaou Z, Hatuel D, et al. Solitary central osteoma of the jaws: a diagnostic dilemma[J]. Oral Surgery, Oral Medicine, Oral Pathology, Oral Radiology, and Endodontology, 2008,106(3):e22-29.

［58］Kim Y, Reinecke S, Malarkey D E. Cutaneous Angiomatosis in a Young Dog[J]. Veterinary pathology, 2005,42(3):378-381.

［59］Krimer P M, Duval J M. Pathology in practice. Postsurgical urinary incontinence caused by gossypiboma in a dog[J]. Journal of the American Veterinary Medical Association, 2010,236(11):1181.

［60］Lange C E, Tobler K, Lehner A, et al. EcPV2 DNA in Equine Papillomas and In Situ and Invasive Squamous Cell Carcinomas Supports Papillomavirus Etiology[J]. Veterinary pathology, 2013,50(4):686-692.

［61］Larrea-Oyarbide N, Valmaseda-Castellon E, Berini-Aytes L, et al. Osteomas of the craniofacial region. Review of 106 cases[J]. J Oral Pathol Med, 2008,37(1):38-42.

［62］Larregina A T, Morelli A E, Spencer L A, et al. Dermal-resident CD14+ cells differentiate into Langerhans cells[J]. Nat Immunol, 2001,2(12):1151-1158.

［63］Li X, Gao L, Li H, et al. Human Papillomavirus Infection and Laryngeal Cancer Risk: A Systematic Review and Meta-Analysis[J]. The Journal of infectious diseases, 2013,207(3):479-488.

［64］Liu S M, Mikaelian I. Cutaneous Smooth Muscle Tumors in the Dog and Cat[J]. Veterinary pathology, 2003,40(6):685-692.

［65］Lowseth L A, Gerlach R F, Gillett N A, et al. Age-related changes in the prostate and testes of the beagle dog[J]. Vet Pathol, 1990,27(5):347-353.

［66］Majzoub M, Breuer W, Platz S J, et al. Histopathologic and Immunophenotypic Characterization of Extramedullary Plasmacytomas in Nine Cats[J]. Veterinary pathology, 2003,40(3):249-253.

［67］Mann P C, Vahle J, Keenan C M, et al. International harmonization of toxicologic pathology nomenclature: an overview and review of basic principles[J]. Toxicol Pathol, 2012,40(4 Suppl):7S-13S.

［68］Marchal T, Dezutter-Dambuyant C, Fournel C, et al. Immunophenotypic and Ultrastructural Evidence of the Langerhans Cell Origin of the Canine Cutaneous Histiocytoma[J]. Acta anatomica, 1995,153(3):189-202.

［69］Marconato L, Bettini G, Giacoboni C, et al. Clinicopathological Features and Outcome for Dogs with Mast Cell Tumors and Bone Marrow Involvement[J]. Journal of veterinary internal medicine, 2008,22(4):1001-1007.

［70］McKnight J A, Mauldin G N, McEntee M C, et al. Radiation treatment for incompletely resected soft-tissue sarcomas in dogs[J]. Journal of the American Veterinary Medical Association, 2000,217(2):205.

［71］McNiel E A, Prink A L, O'Brien T D. Evaluation of risk and clinical outcome of mast cell tumours in pug dogs[J]. Veterinary & comparative oncology, 2006,4(1):2-8.

［72］Meuten D J. Tumors in Domestic Animals[M]. 5th ed. New Jersey: Wiley-Blackwell, 2017.

［73］Miller M A, Towle H A M, Heng H G, et al. Mandibular Ossifying Fibroma in a Dog[J]. Veterinary pathology, 2008,45(2):203-206.

［74］Mirkovic T K, Shmon C L, Allen A L. Urinary obstruction secondary to an ossifying fibroma of the os penis in a dog[J]. The Journal of the American Animal Hospital Association, 2004,40(2):152.

［75］Moore P F, Affolter V K, Vernau W. Canine Hemophagocytic Histiocytic Sarcoma: A Proliferative Disorder of CD11d+ Macrophages[J]. Veterinary pathology, 2006,43(5):632-645.

［76］Moore P F. A Review of Histiocytic Diseases of Dogs and Cats[J]. Veterinary pathology, 2014,51(1):167-184.

［77］Mozos E, Novales M, Ginel P J, et al. A NEWLY RECOGNIZED PATTERN OF CANINE OSTEOCHONDROMATOSIS[J]. Veterinary radiology & ultrasound, 2002,43(2):132-137.

［78］Mukaratirwa S, Gruys E. Canine transmissible venereal tumour: cytogenetic origin, immunophenotype, and immunobiology. A review[J]. The Veterinary quarterly, 2003,25(3):101.

［79］Munday J S, French A F, Gibson I R, et al. The presence of p16 CDKN2A protein immunostaining within feline nasal planum squamous cell carcinomas is associated with an increased survival time and the presence of papillomaviral DNA[J]. Veterinary pathology, 2013,50(2):269-273.

［80］Munday J S, French A F, Peters-Kennedy J, et al. Increased p16CDKN2A Protein Within Feline Cutaneous Viral Plaques, Bowenoid In Situ Carcinomas, and a Subset of Invasive Squamous Cell

Carcinomas[J]. Veterinary pathology, 2011,48(2):460-465.

［81］Munday J S, Gibson I, French A F. Papillomaviral DNA and increased p16CDKN2A protein are frequently present within feline cutaneous squamous cell carcinomas in ultraviolet-protected skin[J]. Vet Dermatol, 2011,22(4):360-366.

［82］Munday J S, Gibson I, French A F. Papillomaviral DNA and increased p16CDKN2A protein are frequently present within feline cutaneous squamous cell carcinomas in ultraviolet-protected skin[J]. Vet Dermatol, 2011,22(4):360-366.

［83］Newman S J, Mrkonjich L, Walker K K, et al. Canine Subcutaneous Mast Cell Tumour: Diagnosis and Prognosis[J]. Journal of Comparative Pathology, 2007,136(4):231-239.

［84］O'Brien D, Jacob A G, Qualman S J, et al. Advances in pediatric rhabdomyosarcoma characterization and disease model development[J]. Histol Histopathol, 2012,27(1):13-22.

［85］Otrocka-Domagala I, Pazdzior-Czapula K, Gesek M, et al. Aggressive, Solid Variant of Alveolar Rhabdomyosarcoma with Cutaneous Involvement in a Juvenile Labrador Retriever[J]. Journal of Comparative Pathology, 2015,152(2):177-181.

［86］Park M S, Kim Y, Kang M S, et al. Disseminated transmissible venereal tumor in a dog[J]. Journal of veterinary diagnostic investigation, 2006,18(1):130-133.

［87］Penrose L C, Brower A, Kirk G, et al. Primary cardiac lymphoma in a 10-year-old equine gelding[J]. Veterinary record, 2012,171(1):20.

［88］Perrier M, Schwarz T, Gonzalez O, et al. Squamous cell carcinoma invading the right temporomandibular joint in a Belgian mare[J]. Canadian veterinary journal, 2010,51(8):885-887.

［89］Pinto Da Cunha N, Palmieri C, Della Salda L, et al. Subcutaneous Embryonal Rhabdomyosarcoma in a Dog[J]. Journal of Comparative Pathology, 2009,141(4):280.

［90］Ramos-Vara J A, Miller M A, Valli V E O. Immunohistochemical Detection of Multiple Myeloma 1/Interferon Regulatory Factor 4 (MUM1/IRF-4) in Canine Plasmacytoma: Comparison with CD79a and CD20[J]. Veterinary pathology, 2007,44(6):875-884.

［91］Reis-Filho J S, Ricardo S, Gärtner F, et al. Bilateral Gonadoblastomas in a Dog with Mixed Gonadal Dysgenesis[J]. Journal of Comparative Pathology, 2004,130(2):229-233.

［92］Ródenas S, Pumarola M, Añor S. Imaging Diagnosis-Cervical Spine Chondroma in a Dog[J]. Veterinary radiology & ultrasound, 2008,49(5):464-466.

［93］Rousseaux C. Reproductive Pathology of Domestic Animals[Z].San Diego, Academic Press Inc: Book Review, 1991:32, 426.

［94］Sabattini S, Mancini F R, Marconato L, et al. EGFR overexpression in canine primary lung cancer: pathogenetic implications and impact on survival[J]. Vet Comp Oncol, 2014,12(3):237-248.

［95］Salvadori C, Cantile C, Arispici M. Meningeal Carcinomatosis in Two Cats[J]. Journal of Comparative Pathology, 2004,131(2):246-251.

［96］Scott E M, Teixeira L B C, Flanders D J, et al. Canine orbital rhabdomyosarcoma: a report of 18 cases[J]. Veterinary ophthalmology, 2016,19(2):130-137.

［97］Shortman K, Naik S H. Steady-state and inflammatory dendritic-cell development[J]. Nature Reviews: Immunology, 2007,7(1):19-30.

［98］Skorupski K A, Clifford C A, Paoloni M C, et al. CCNU for the Treatment of Dogs with Histiocytic Sarcoma[J]. Journal of veterinary internal medicine, 2007,21(1):121-126.

［99］Smedley R C, Spangler W L, Esplin D G, et al. Prognostic Markers for Canine Melanocytic

Neoplasms: A Comparative Review of the Literature and Goals for Future Investigation[Z]. Los Angeles, CA: SAGE Publications, 2011: 48, 54-72.

［100］Smith J. Canine prostatic disease: A review of anatomy, pathology, diagnosis, and treatment[J]. Theriogenology, 2008,70(3):375-383.

［101］Snyder L A, Michael H. Alveolar rhabdomyosarcoma in a juvenile labrador retriever: case report and literature review[J]. The Journal of the American Animal Hospital Association, 2011,47(6):443.

［102］Spangler W L, Kass P H. Histologic and Epidemiologic Bases for Prognostic Considerations in Canine Melanocytic Neoplasia[J]. Veterinary pathology, 2006,43(2):136-149.

［103］Stefanello D, Avallone G, Ferrari R, et al. Canine cutaneous perivascular wall tumors at first presentation: clinical behavior and prognostic factors in 55 cases[J]. J Vet Intern Med, 2011,25(6):1398-1405.

［104］Suchak R, Wang W L, Prieto V G, et al. Cutaneous digital papillary adenocarcinoma: a clinicopathologic study of 31 cases of a rare neoplasm with new observations[J]. Am J Surg Pathol, 2012,36(12):1883-1891.

［105］Sugiyama A, Takeuchi T, Morita T, et al. Lymphangiosarcoma in a Cat[J]. Journal of Comparative Pathology, 2007,137(2):174-178.

［106］Tetè S, Zara S, Zizzari V L, et al. Immunohistochemical analysis of matrix metalloproteinase-9, vascular endothelial growth factor, bone sialoprotein and i-nitric oxide synthase in calvaria vs. iliac crest bone grafts[J]. Clinical oral implants research, 2012,23(11):1254-1260.

［107］Thompson J J, Pearl D L, Yager J A, et al. Canine subcutaneous mast cell tumor: characterization and prognostic indices[J]. Vet Pathol, 2011,48(1):156-168.

［108］Top J G B V, Heer N D, Klein W R, et al. Penile and preputial tumours in the horse: A retrospective study of 114 affected horses[J]. Equine veterinary journal, 2008,40(6):528-532.

［109］Travis W D, Brambilla E, Noguchi M, et al. International Association for the Study of Lung Cancer/American Thoracic Society/European Respiratory Society International Multidisciplinary Classification of Lung Adenocarcinoma[J]. Journal of Thoracic Oncology, 2011,6(2):244-285.

［110］Une Y, Shirota K, Nomura Y. Cardiac angioleiomyoma in 44 cattle in Japan (1982—2009)[J]. Vet Pathol, 2010,47(5):923-930.

［111］Watine S, Hamaide A, Peeters D, et al. Resolution of chylothorax after resection of rib chondroma in a dog[J]. Journal of small animal practice, 2003,44(12):546-549.

［112］White C R, Hohenhaus A E, Kelsey J, et al. Cutaneous MCTs: associations with spay/neuter status, breed, body size, and phylogenetic cluster[J]. The Journal of the American Animal Hospital Association, 2011,47(3):210.

［113］Williams J H. Lymphangiosarcoma of dogs: a review[J]. J S Afr Vet Assoc, 2005,76(3):127-131.

［114］Yu D L, Linnerth-Petrik N M, Halbert C L, et al. Jaagsiekte sheep retrovirus and enzootic nasal tumor virus promoters drive gene expression in all airway epithelial cells of mice but only induce tumors in the alveolar region of the lungs[J]. J Virol, 2011,85(15):7535-7545.